线性代数进阶

主　编　钱　盛　孙明正
副主编　徐文琴　梁成瑜

清华大学出版社
北　京

内 容 简 介

本书共分六章，包括行列式、矩阵、向量空间、线性方程组、矩阵的相似对角化、二次型等。每一章先介绍本章的主要知识点，然后列举典型例题，继而精选难度中等偏上的考研真题进行讲解，每章最后都配有一定数量难易适中的习题，并在书后给出了提示与答案。

本书可作为一般高等院校工科和经管类各专业的与教材配套的教辅书，也可作为考研学生的参考资料。

图书在版编目(CIP)数据

线性代数进阶/钱盛，孙明正主编.—北京：清华大学出版社，2021.7
ISBN 978-7-302-58599-2

Ⅰ.①线… Ⅱ.①钱… ②孙… Ⅲ.①线性代数—研究生—入学考试—自学参考资料 Ⅳ.①O151.2

中国版本图书馆 CIP 数据核字(2021)第 131546 号

责任编辑：刘 颖
封面设计：傅瑞学
责任校对：王淑云
责任印制：宋 林

出版发行：清华大学出版社
网 址：http://www.tup.com.cn，http://www.wqbook.com
地 址：北京清华大学学研大厦 A 座 **邮 编**：100084
社 总 机：010-62770175 **邮 购**：010-62786544
投稿与读者服务：010-62776969，c-service@tup.tsinghua.edu.cn
质量反馈：010-62772015，zhiliang@tup.tsinghua.edu.cn
印 装 者：三河市君旺印务有限公司
经 销：全国新华书店
开 本：185mm×260mm **印 张**：12 **字 数**：287 千字
版 次：2021 年 8 月第 1 版 **印 次**：2021 年 8 月第 1 次印刷
定 价：36.00 元

产品编号：092940-01

前言

线性代数是高等学校理工科和经管类各专业的重要基础课。大学阶段的数学课程都具有高度的抽象性,线性代数尤为如此。学好线性代数课,一方面要对重要概念、重要结论有深刻的理解;另一方面就是要通过足够多的题目加深印象、巩固学习成果。所以一部题型丰富、难易适中、贴近课堂教学的辅导书对于学生是必不可少的。本书的编写正是基于这样的想法。

本书共分 6 章,每章内容基本由:本章要点、补充内容、典型例题、考研真题选讲、习题与解答五个模块构成。其中本章要点模块先以框图的形式梳理了本章的脉络,然后详细罗列了本章的主要知识点,为便于总结归纳,各知识点间的顺序与其在教材中出现的顺序略有出入,学生可以利用这一模块查找知识点上的漏洞。补充内容模块,用于讲授两部分内容:一部分是少见于教材的解题方法,比如按多行多列展开行列式;另一部分就是本章知识在各领域的应用,这一模块可以扩大学生的知识面,并了解本章知识是以何种形式应用在后续课程中的。典型例题模块则是按照考点的多少安排了一定数量的例题,展示本章的常见题型以及这些类型的常规解法,其中一部分题目给出多种解法,另一部分题目则是选取了最优解。考研真题选讲部分,我们选取了有代表性、解法有特点的考研真题,为了体现时效性,我们选题的时间下限是 2021 年,考研真题的优点在于难度适中、有一定综合性、技巧性,这一模块,可以使学生的解题能力得到进一步的提升,也可以帮助有志于考研的学生加深对考研题目的全方位了解。最后习题与解答模块由 20 余个中等难度的习题构成,这一模块可以用于学生自测。我们建议读者沿着:本章要点—典型例题—考研真题选讲的顺序通读下来,然后再完成自测,这样既可以很好地巩固学习成果,也可以提升学生的自信心。

本书是由北方工业大学公共数学团队的钱盛、孙明正、徐文琴、梁成瑜四位老师共同编写,徐文琴、梁成瑜还承担了校对整理工作。我们水平有限,但是常年主讲线性代数这门课,也积累了一些教学经验,本书可以算是我们这个团队近几年工作的一个总结。本书的编写是北方工业大学公共数学团队的带头人邹杰涛教授提议的,本书的主要架构也是在邹杰涛教授的指导下搭建起来的,除此之外邹老师还承担了本书的统筹工作和第一稿的核查审读工作。邹老师从教将近 30 年,经验非常丰富,深受学生爱戴,但是为了提携年轻人,邹老师坚持不参与署名,我们只能在前言中对于邹老师对我们四个青年教师的长期指导表示衷心的感谢。此外本书在出版过程中得到了学院领导、校领导在政策、经济方面的支持,特别是张建国教授一直关心本书的出版工作，并提出了很多指导意见，解答了我们在编写中的一些困惑，在此表示诚挚的感谢。

本书编写者是四位青年教师，水平有限，疏漏之处在所难免，欢迎读者批评指正。如果读者发现错误，请与我们联系。

编　者

2021年4月于北方工业大学

目录

第1章 行列式

1.1 本章要点

一、内容小结

本章首先通过对二阶、三阶行列式的推广，给出了 n 阶行列式的定义，然后研究了 n 阶行列式的性质和按行(列)展开的问题，最后，给出了解由 n 个 n 元线性方程组成的线性方程组的克莱姆法则。本章的基本要求包括：了解行列式的概念，掌握行列式的性质；会应用行列式的性质和展开定理计算行列式；会根据行列式的特点采用不同的数学方法(比如化上下三角形法，内加边法，数学归纳法，利用范德蒙行列式结论等)计算行列式；会利用克莱姆法则解线性方程组。

二、知识框架

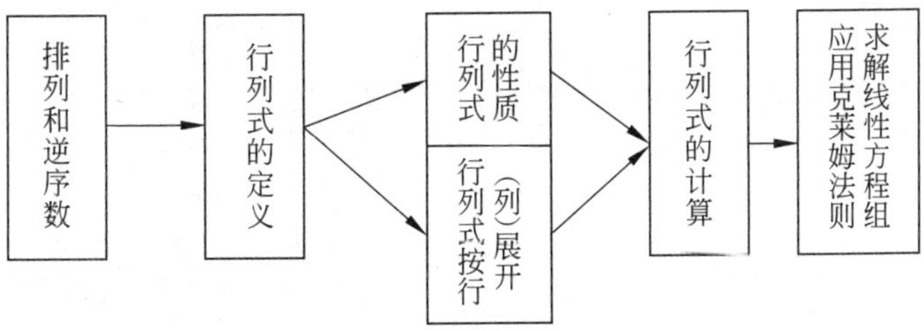

三、知识要点

1. 行列式的定义

$$D=\begin{vmatrix} a_{11} & a_{12} & \cdots & a_{1n} \\ a_{21} & a_{22} & \cdots & a_{2n} \\ \vdots & \vdots & & \vdots \\ a_{n1} & a_{n2} & \cdots & a_{nn} \end{vmatrix}=\sum(-1)^{\tau(i_1\cdots i_n)+\tau(j_1\cdots j_n)}a_{i_1j_1}a_{i_2j_2}\cdots a_{i_nj_n}。$$

n 阶行列式是所有取自不同行不同列的 n 个元素乘积的代数和，它由 $n!$ 项组成，其中带正号与带负号的项各占一半，$\tau(j_1j_2\cdots j_n)$表示排列 $j_1j_2\cdots j_n$ 的逆序数。

2. 行列式的性质

(1) 行列式与它的转置行列式的值相等;

(2) 互换行列式的两行(列),行列式改变符号;

(3) 行列式中某一行(列)所有元素的公因子可以提到行列式符号的外面;

(4) 把行列式某一行(列)的元素同乘以数 k,加到另一行(列)的对应元素上去,行列式的值不变;

(5) 如果行列式的某一行(列)元素都是两个数之和,那么可以把行列式表示成两个行列式的和。

3. 行列式按行(列)展开定理

(1) 按行(列)展开法:行列式等于它的任一行(列)的各元素与其对应的代数余子式乘积之和,即 $D=a_{i1}A_{i1}+a_{i2}A_{i2}+\cdots+a_{in}A_{in}(i=1,2,\cdots,n)$,或

$$D=a_{1j}A_{1j}+a_{2j}A_{2j}+\cdots+a_{nj}A_{nj}\quad (j=1,2,\cdots,n)。$$

其中 $A_{ij}=(-1)^{i+j}M_{ij}$ 为 n 阶行列式 $D=\det(a_{ij})$ 中 a_{ij} 的代数余子式。余子式 M_{ij} 是在 n 阶行列式 $D=\det(a_{ij})$ 中,去掉第 i 行和第 j 列后的 $n-1$ 阶行列式。

(2) 行列式某一行(列)的所有元素与另一行(列)对应元素的代数余子式乘积之和等于零,即

$$a_{i1}A_{j1}+a_{i2}A_{j2}+\cdots+a_{in}A_{jn}=0\quad (i\neq j),$$

或

$$a_{1i}A_{1j}+a_{2i}A_{2j}+\cdots+a_{ni}A_{nj}=0\quad (i\neq j)。$$

4. 克莱姆法则

(1) 若以 $x_1,x_2,\cdots,x_n$ 为未知量的线性方程组

$$\begin{cases}a_{11}x_1+a_{12}x_2+\cdots+a_{1n}x_n=b_1,\\ a_{21}x_1+a_{22}x_2+\cdots+a_{2n}x_n=b_2,\\ \qquad\vdots\\ a_{n1}x_1+a_{n2}x_2+\cdots+a_{nn}x_n=b_n\end{cases}$$

的系数行列式 D 不等于零,即 $D\neq 0$,那么,此线性方程组存在唯一解,且

$$x_1=\frac{D_1}{D},\quad x_2=\frac{D_2}{D},\quad \cdots,\quad x_n=\frac{D_n}{D},$$

其中行列式 $D_j(j=1,2,\cdots,n)$ 是把 D 的第 j 列元素用此线性方程组右端的常数项代替后得到的 n 阶行列式;

(2) 如果齐次线性方程组的系数行列式 $D\neq 0$,则此线性方程组只有零解;

(3) 如果齐次线性方程组的系数行列式 $D=0$,则此线性方程组有非零解(本结论为结论(2)的反面)。

1.2 补充内容: 行列式按 k 行(k 列)展开

我们知道,将三阶行列式按第一行展开,有

$$\begin{vmatrix}a_{11}&a_{12}&a_{13}\\a_{21}&a_{22}&a_{23}\\a_{31}&a_{32}&a_{33}\end{vmatrix}=a_{11}(-1)^{1+1}\begin{vmatrix}a_{22}&a_{23}\\a_{32}&a_{33}\end{vmatrix}+a_{12}(-1)^{1+2}\begin{vmatrix}a_{21}&a_{23}\\a_{31}&a_{33}\end{vmatrix}+a_{13}(-1)^{1+3}\begin{vmatrix}a_{21}&a_{22}\\a_{31}&a_{32}\end{vmatrix},$$

其中三个二阶行列式分别为 a_{11},a_{12},a_{13} 的余子式。现在,若将 a_{11},a_{12},a_{13} 与它们的余子式的关系反过来看：将这三个二阶行列式称为该三阶行列式的二阶**子式**,而将三个一阶行列式 $|a_{11}|=a_{11},|a_{12}|=a_{12},|a_{13}|=a_{13}$ 分别称为这三个二阶**子式的余子式**,并且令

$$(-1)^{(2+3)+(2+3)}a_{11},\quad (-1)^{(2+3)+(1+3)}a_{12},\quad (-1)^{(2+3)+(1+2)}a_{13}$$

分别为二阶子式

$$\begin{vmatrix} a_{22} & a_{23} \\ a_{32} & a_{33} \end{vmatrix},\quad \begin{vmatrix} a_{21} & a_{23} \\ a_{31} & a_{33} \end{vmatrix},\quad \begin{vmatrix} a_{21} & a_{22} \\ a_{31} & a_{32} \end{vmatrix}$$

的**代数余子式**,则三阶行列式也可以表示为

$$\begin{vmatrix} a_{11} & a_{12} & a_{13} \\ a_{21} & a_{22} & a_{23} \\ a_{31} & a_{32} & a_{33} \end{vmatrix}$$

$$= \begin{vmatrix} a_{22} & a_{23} \\ a_{32} & a_{33} \end{vmatrix}\cdot(-1)^{(2+3)+(2+3)}a_{11} + \begin{vmatrix} a_{21} & a_{23} \\ a_{31} & a_{33} \end{vmatrix}\cdot(-1)^{(2+3)+(1+3)}a_{12} + \begin{vmatrix} a_{21} & a_{22} \\ a_{31} & a_{32} \end{vmatrix}\cdot(-1)^{(2+3)+(1+2)}a_{13}$$

$$= \begin{vmatrix} a_{22} & a_{23} \\ a_{32} & a_{33} \end{vmatrix}\cdot a_{11} + \begin{vmatrix} a_{21} & a_{23} \\ a_{31} & a_{33} \end{vmatrix}\cdot(-a_{12}) + \begin{vmatrix} a_{21} & a_{22} \\ a_{31} & a_{32} \end{vmatrix}\cdot a_{13}$$

即三阶行列式也可以表示为第二、三行的所有二阶子式与它们的代数余子式的乘积之和,称上式为三阶行列式**按第二、三行的展开式**。

对于 n 阶行列式,也可以定义其按 k 行(或 k 列)的展开式。为此,先给出如下的定义。

定义 1 在 $n(n\geqslant 2)$阶行列式

$$D=\begin{vmatrix} a_{11} & a_{12} & \cdots & a_{1n} \\ a_{21} & a_{22} & \cdots & a_{2n} \\ \vdots & \vdots & & \vdots \\ a_{n1} & a_{n2} & \cdots & a_{nn} \end{vmatrix} \tag{1}$$

中,任意选定 k 行,k 列$(1\leqslant k\leqslant n)$,位于这些行和列交叉点上的 k^2 个元素,按原来的相对位置组成的一个 k 阶行列式 M,称为行列式(1)的一个 k 阶子式。

特别地,行列式的每一个元素都是它的一阶子式;行列式本身则是其 n 阶子式。

当 $1\leqslant k<n$ 时,在行列式(1)中,划去这 k 行和 k 列$(1\leqslant k<n)$后,剩下的元素按原来的相对位置组成的 $n-k$ 阶行列式 N,称为 **k 阶子式 M 的余子式**。

如果 k 阶子式 M 在(1)中所在行和列的标号分别为 $i_1,i_2,\cdots,i_k$ 和 $j_1,j_2,\cdots,j_k$,其中$(1\leqslant i_1<i_2<\cdots<i_k\leqslant n;1\leqslant j_1<j_2<\cdots<j_k\leqslant n)$,则在 M 的余子式 N 前加上符号

$$(-1)^{(i_1+i_2+\cdots+i_k)+(j_1+j_2+\cdots+j_k)}$$

后,所得到的表示式

$$B=(-1)^{(i_1+i_2+\cdots+i_k)+(j_1+j_2+\cdots+j_k)}N$$

称为 **k 阶子式 M 的代数余子式**。

例如,在四阶行列式 $\begin{vmatrix} 3 & -1 & -1 & 1 \\ 2 & 1 & 1 & -1 \\ 0 & 0 & 5 & -2 \\ 0 & 0 & 2 & -1 \end{vmatrix}$ 中,如果选定第二、四行;第二、三列,可确定

一个二阶子式 $M=\begin{vmatrix}1 & 1\\0 & 2\end{vmatrix}$，$M$ 的余子式为 $N=\begin{vmatrix}3 & 1\\0 & -2\end{vmatrix}$，$M$ 的代数余子式为

$$B=(-1)^{(2+4)+(2+3)}N=-\begin{vmatrix}3 & 1\\0 & -2\end{vmatrix}=6。$$

定理1(拉普拉斯(Laplace)定理) 在 $n(n\geqslant 2)$ 阶行列式(1)中，任意取定 k 行(或 k 列)：第 $i_1,i_2,\cdots,i_k$ 行(或列)$(1\leqslant i_1<i_2<\cdots<i_k\leqslant n,1\leqslant k<n)$，则这 k 行(或 k 列)元素组成的所有 k 阶子式与它们的代数余子式的乘积之和等于该行列式的值。

证明略。

显然，当 $k=1$ 时，即为行列式按一行(或一列)的展开式。

例1 利用拉普拉斯定理计算行列式 $\begin{vmatrix}3 & -1 & -1 & 1\\2 & 1 & 1 & -1\\0 & 0 & 5 & -2\\0 & 0 & 2 & -1\end{vmatrix}$。

解 注意到该行列式的第一、二列只有一个二阶子式，$\begin{vmatrix}3 & -1\\2 & 1\end{vmatrix}=5\neq 0$，因此可以选择行列式的第一、二列展开。

该二阶子式的代数余子式为 $(-1)^{(1+2)+(1+2)}\begin{vmatrix}5 & -2\\2 & -1\end{vmatrix}$，从而

$$\begin{vmatrix}3 & -1 & -1 & 1\\2 & 1 & 1 & -1\\0 & 0 & 5 & -2\\0 & 0 & 2 & -1\end{vmatrix}=\begin{vmatrix}3 & -1\\2 & 1\end{vmatrix}\cdot\begin{vmatrix}5 & -2\\2 & -1\end{vmatrix}=5\times(-1)=-5。$$ □

一般地，拉普拉斯定理在用于下列形式行列式的计算时，有

$$\begin{vmatrix}a_{11} & \cdots & a_{1k} & c_{11} & \cdots & c_{1r}\\ \vdots & & \vdots & \vdots & & \vdots\\ a_{k1} & \cdots & a_{kk} & c_{k1} & \cdots & c_{kr}\\ 0 & \cdots & 0 & b_{11} & \cdots & b_{1r}\\ \vdots & & \vdots & \vdots & & \vdots\\ 0 & \cdots & 0 & b_{r1} & \cdots & b_{rr}\end{vmatrix}=\begin{vmatrix}a_{11} & \cdots & a_{1k}\\ \vdots & & \vdots\\ a_{k1} & \cdots & a_{kk}\end{vmatrix}\cdot\begin{vmatrix}b_{11} & \cdots & b_{1r}\\ \vdots & & \vdots\\ b_{r1} & \cdots & b_{rr}\end{vmatrix},$$

或

$$\begin{vmatrix}a_{11} & \cdots & a_{1k} & 0 & \cdots & 0\\ \vdots & & \vdots & \vdots & & \vdots\\ a_{k1} & \cdots & a_{kk} & 0 & \cdots & 0\\ c_{11} & \cdots & c_{1k} & b_{11} & \cdots & b_{1r}\\ \vdots & & \vdots & \vdots & & \vdots\\ c_{r1} & \cdots & c_{rk} & b_{r1} & \cdots & b_{rr}\end{vmatrix}=\begin{vmatrix}a_{11} & \cdots & a_{1k}\\ \vdots & & \vdots\\ a_{k1} & \cdots & a_{kk}\end{vmatrix}\cdot\begin{vmatrix}b_{11} & \cdots & b_{1r}\\ \vdots & & \vdots\\ b_{r1} & \cdots & b_{rr}\end{vmatrix}。$$

例2 已知 $\begin{vmatrix}a_{11} & a_{12}\\a_{21} & a_{22}\end{vmatrix}=m$，$\begin{vmatrix}b_{11} & b_{12} & b_{13}\\b_{21} & b_{22} & b_{23}\\b_{31} & b_{32} & b_{33}\end{vmatrix}=n$，分别求下列行列式的值：

$$(1)\begin{vmatrix} 0 & 0 & b_{11} & b_{12} & b_{13} \\ 0 & 0 & b_{21} & b_{22} & b_{23} \\ 0 & 0 & b_{31} & b_{32} & b_{33} \\ a_{11} & a_{12} & c_{11} & c_{12} & c_{13} \\ a_{21} & a_{22} & c_{21} & c_{22} & c_{23} \end{vmatrix};\quad (2)\begin{vmatrix} b_{11} & 0 & b_{12} & 0 & b_{13} \\ b_{21} & 0 & b_{22} & 0 & b_{23} \\ b_{31} & 0 & b_{32} & 0 & b_{33} \\ 0 & a_{11} & 0 & a_{12} & 0 \\ 0 & a_{21} & 0 & a_{22} & 0 \end{vmatrix}。$$

解 (1) 将行列式按第一、二列展开，得

$$\begin{vmatrix} 0 & 0 & b_{11} & b_{12} & b_{13} \\ 0 & 0 & b_{21} & b_{22} & b_{23} \\ 0 & 0 & b_{31} & b_{32} & b_{33} \\ a_{11} & a_{12} & c_{11} & c_{12} & c_{13} \\ a_{21} & a_{22} & c_{21} & c_{22} & c_{23} \end{vmatrix}=\begin{vmatrix} a_{11} & a_{12} \\ a_{21} & a_{22} \end{vmatrix}\cdot(-1)^{(4+5)+(1+2)}\cdot\begin{vmatrix} b_{11} & b_{12} & b_{13} \\ b_{21} & b_{22} & b_{23} \\ b_{31} & b_{32} & b_{33} \end{vmatrix}=mn。$$

(2) 将行列式按第四、五行展开，得

$$\begin{vmatrix} b_{11} & 0 & b_{12} & 0 & b_{13} \\ b_{21} & 0 & b_{22} & 0 & b_{23} \\ b_{31} & 0 & b_{32} & 0 & b_{33} \\ 0 & a_{11} & 0 & a_{12} & 0 \\ 0 & a_{21} & 0 & a_{22} & 0 \end{vmatrix}=\begin{vmatrix} a_{11} & a_{12} \\ a_{21} & a_{22} \end{vmatrix}\cdot(-1)^{(4+5)+(2+4)}\cdot\begin{vmatrix} b_{11} & b_{12} & b_{13} \\ b_{21} & b_{22} & b_{23} \\ b_{31} & b_{32} & b_{33} \end{vmatrix}=-mn。$$ □

注 本题第(2)问也可以采用如下的解法

$$\begin{vmatrix} b_{11} & 0 & b_{12} & 0 & b_{13} \\ b_{21} & 0 & b_{22} & 0 & b_{23} \\ b_{31} & 0 & b_{32} & 0 & b_{33} \\ 0 & a_{11} & 0 & a_{12} & 0 \\ 0 & a_{21} & 0 & a_{22} & 0 \end{vmatrix}\xlongequal{c_2,c_5\text{ 互换}}-\begin{vmatrix} b_{11} & b_{13} & b_{12} & 0 & 0 \\ b_{21} & b_{23} & b_{22} & 0 & 0 \\ b_{31} & b_{33} & b_{32} & 0 & 0 \\ 0 & 0 & 0 & a_{12} & a_{11} \\ 0 & 0 & 0 & a_{22} & a_{21} \end{vmatrix}$$

$$\xlongequal{\text{将行列式按第一、二、三行展开}}-\begin{vmatrix} b_{11} & b_{13} & b_{12} \\ b_{21} & b_{23} & b_{22} \\ b_{31} & b_{33} & b_{32} \end{vmatrix}\cdot\begin{vmatrix} a_{12} & a_{11} \\ a_{22} & a_{21} \end{vmatrix}$$

$$=-(-1)\begin{vmatrix} b_{11} & b_{12} & b_{13} \\ b_{21} & b_{22} & b_{23} \\ b_{31} & b_{32} & b_{33} \end{vmatrix}\cdot(-1)\begin{vmatrix} a_{11} & a_{12} \\ a_{21} & a_{22} \end{vmatrix}=-mn。$$ □

1.3 典型例题

题型 1 利用行列式的定义计算行列式

解题思路 对含零元素较多的行列式，可直接用定义计算。因行列式中的项有一元素为零时，该项的值为零，故只须求出所有非零项即可。此外，**若一个 n 阶行列式中零元素的个数大于 n^2-n**，则此行列式等于零。

例 1 计算 $D=\begin{vmatrix} 0 & a_{12} & a_{13} & 0 & 0 \\ a_{21} & a_{22} & a_{23} & a_{24} & a_{25} \\ a_{31} & a_{32} & a_{33} & a_{34} & a_{35} \\ 0 & a_{42} & a_{43} & 0 & 0 \\ 0 & a_{52} & a_{53} & 0 & 0 \end{vmatrix}$。

解法 1 用行列式定义。D 中第一行的非零元为 a_{12}, a_{13}，所以 $j_1=2,3$，同理可求出 $j_2=1,2,3,4,5$，$j_3=1,2,3,4,5$，$j_4=2,3$，$j_5=2,3$，因而行列式的非零项乘积的列标 $j_1j_2j_3j_4j_5$ 不能组成任何的五阶排列，即行列式没有非零项，因此 $D=0$。

解法 2 将行列式按第四、五行展开：

$$D=\begin{vmatrix} a_{42} & a_{43} \\ a_{52} & a_{53} \end{vmatrix}\cdot(-1)^{(4+5)+(2+3)}\cdot\begin{vmatrix} 0 & 0 & 0 \\ a_{21} & a_{24} & a_{25} \\ a_{31} & a_{34} & a_{35} \end{vmatrix}=0。$$ □

题型 2 化行列式为上(下)三角形行列式进行计算

解题思路 掌握行列式的特征是计算行列式的关键，在此基础上，要充分利用行列式的性质，灵活选用方法。值得注意的是，同一个行列式有时会有不同的求解方法，我们**可选取相对简单或自己最熟悉的方法**。

常见的类型有：

(1) 若行列式的各行(或列)之间差别不大，可采用逐行(或列)相加(或减)的方法，将其化简进行计算。

(2) 对“**爪形(三线型)**”行列式，可通过将其余各行(或列)的某一倍数加到第一行(或列)而化为三角形行列式。

(3) 若行列式所有各行(或列)元素相加后均等于同一个数，则可用“**内加边法**”。

(4) 对某些行列式，可在原行列式中增加一行一列，且保持原行列式的值不变，使其具有某种特征，便于计算。此法称为“**外加边法**”。

例 2 计算 n 阶行列式 $D_n=\begin{vmatrix} 1 & 2 & 3 & \cdots & n-1 & n \\ -1 & 0 & 3 & \cdots & n-1 & n \\ -1 & -2 & 0 & \cdots & n-1 & n \\ \vdots & \vdots & \vdots & \ddots & \vdots & \vdots \\ -1 & -2 & -3 & \cdots & 0 & n \\ -1 & -2 & -3 & \cdots & -(n-1) & 0 \end{vmatrix}$。

解 将第一行分别加到第 $2,3,\cdots,n$ 行，有

$$D_n=\begin{vmatrix} 1 & 2 & 3 & \cdots & n-1 & n \\ 0 & 2 & 6 & \cdots & 2(n-1) & 2n \\ 0 & 0 & 3 & \cdots & 2(n-1) & 2n \\ \vdots & \vdots & \vdots & \ddots & \vdots & \vdots \\ 0 & 0 & 0 & \cdots & n-1 & 2n \\ 0 & 0 & 0 & \cdots & 0 & n \end{vmatrix}=n!。$$ □

例 3 计算 n 阶行列式 $D_n=\begin{vmatrix}5&1&1&\cdots&1&1\\1&5&1&\cdots&1&1\\1&1&5&\cdots&1&1\\\vdots&\vdots&\vdots&\ddots&\vdots&\vdots\\1&1&1&\cdots&5&1\\1&1&1&\cdots&1&5\end{vmatrix}$。

解法 1 注意到所有各行元素相加后均等于 $5+n-1=n+4$,故可用"**内加边法**"。

$$D_n=\begin{vmatrix}n+4&1&1&\cdots&1&1\\n+4&5&1&\cdots&1&1\\n+4&1&5&\cdots&1&1\\\vdots&\vdots&\vdots&\ddots&\vdots&\vdots\\n+4&1&1&\cdots&5&1\\n+4&1&1&\cdots&1&5\end{vmatrix}=(n+4)\begin{vmatrix}1&1&1&\cdots&1&1\\1&5&1&\cdots&1&1\\1&1&5&\cdots&1&1\\\vdots&\vdots&\vdots&\ddots&\vdots&\vdots\\1&1&1&\cdots&5&1\\1&1&1&\cdots&1&5\end{vmatrix}$$

$$=(n+4)\begin{vmatrix}1&1&1&\cdots&1&1\\0&4&0&\cdots&0&0\\0&0&4&\cdots&0&0\\\vdots&\vdots&\vdots&\ddots&\vdots&\vdots\\0&0&0&\cdots&4&0\\0&0&0&\cdots&0&4\end{vmatrix}=(n+4)4^{n-1}。$$

解法 2 使用"**外加边法**",把行列式化为"**爪形(三线型)**"行列式。

$$D_n=\begin{vmatrix}1&1&1&\cdots&1&1\\0&5&1&\cdots&1&1\\0&1&5&\cdots&1&1\\\vdots&\vdots&\vdots&\ddots&\vdots&\vdots\\0&1&1&\cdots&5&1\\0&1&1&\cdots&1&5\end{vmatrix}=\begin{vmatrix}1&1&1&\cdots&1&1\\-1&4&0&\cdots&0&0\\-1&0&4&\cdots&0&0\\\vdots&\vdots&\vdots&\ddots&\vdots&\vdots\\-1&0&0&\cdots&4&0\\-1&0&0&\cdots&0&4\end{vmatrix}$$

$$=4^n\begin{vmatrix}1+\frac{n}{4}&\frac{1}{4}&\frac{1}{4}&\cdots&\frac{1}{4}&\frac{1}{4}\\0&1&0&\cdots&0&0\\0&0&1&\cdots&0&0\\\vdots&\vdots&\vdots&\ddots&\vdots&\vdots\\0&0&0&\cdots&1&0\\0&0&0&\cdots&0&1\end{vmatrix}=4^{n-1}(n+4)。$$ □

例 4 计算 n 阶行列式 $D_n=\begin{vmatrix}x_1^2+1&x_1x_2&\cdots&x_1x_n\\x_2x_1&x_2^2+1&\cdots&x_2x_n\\\vdots&\vdots&\ddots&\vdots\\x_nx_1&x_nx_2&\cdots&x_n^2+1\end{vmatrix}$。

解 利用"**外加边法**",有

$$D_n=\begin{vmatrix}1 & x_1 & x_2 & \cdots & x_n\\ 0 & x_1^2+1 & x_1x_2 & \cdots & x_1x_n\\ 0 & x_2x_1 & x_2^2+1 & \cdots & x_2x_n\\ \vdots & \vdots & \vdots & \ddots & \vdots\\ 0 & x_nx_1 & x_nx_2 & \cdots & x_n^2+1\end{vmatrix}=\begin{vmatrix}1 & x_1 & x_2 & \cdots & x_n\\ -x_1 & 1 & 0 & \cdots & 0\\ -x_2 & 0 & 1 & \cdots & 0\\ \vdots & \vdots & \vdots & \ddots & \vdots\\ -x_n & 0 & 0 & \cdots & 1\end{vmatrix}$$

$$=\begin{vmatrix}1+\sum_{j=1}^n x_j^2 & x_1 & x_2 & \cdots & x_n\\ 0 & 1 & 0 & \cdots & 0\\ 0 & 0 & 1 & \cdots & 0\\ \vdots & \vdots & \vdots & \ddots & \vdots\\ 0 & 0 & 0 & \cdots & 1\end{vmatrix}=1+\sum_{j=1}^n x_j^2。$$ □

题型3 利用行列式性质和展开定理计算行列式

解题思路 利用行列式的性质和按行(列)展开定理计算行列式,一般总是先利用行列式的性质,把行列式的某行(列)的元素尽可能多地转化为零,然后再按此行(列)展开以达到降低行列式阶数的目的,此即所谓的降阶法。

计算中,对具体的问题应具体分析,注意所给行列式的特征;通常情况下,如果所求行列式的某一行(或某一列)至多只有两个非零元素,一般可按此行(或此列)展开降阶计算

例5 计算 $D=\begin{vmatrix}a & 1 & 0 & 0\\ -1 & b & 1 & 0\\ 0 & -1 & c & 1\\ 0 & 0 & -1 & d\end{vmatrix}$。

解 按第一行展开,有

$$D=a\cdot(-1)^{1+1}\begin{vmatrix}b & 1 & 0\\ -1 & c & 1\\ 0 & -1 & d\end{vmatrix}+(-1)^{1+2}\begin{vmatrix}-1 & 1 & 0\\ 0 & c & 1\\ 0 & -1 & d\end{vmatrix}$$

$$=a\left(b\begin{vmatrix}c & 1\\ -1 & d\end{vmatrix}+(-1)^{1+2}\begin{vmatrix}-1 & 1\\ 0 & d\end{vmatrix}\right)-(-1)\begin{vmatrix}c & 1\\ -1 & d\end{vmatrix}$$

$$=abcd+ab+ad+cd+1。$$

例6 计算 $D_3=\begin{vmatrix}182 & 82 & 2\\ 154 & 54 & 4\\ 167 & 67 & 7\end{vmatrix}$。

解 $D_3=\begin{vmatrix}182 & 82 & 2\\ 154 & 54 & 4\\ 167 & 67 & 7\end{vmatrix}=\begin{vmatrix}100 & 82 & 2\\ 100 & 54 & 4\\ 100 & 67 & 7\end{vmatrix}=\begin{vmatrix}100 & 80 & 2\\ 100 & 50 & 4\\ 100 & 60 & 7\end{vmatrix}=100\times10\begin{vmatrix}1 & 8 & 2\\ 1 & 5 & 4\\ 1 & 6 & 7\end{vmatrix}$

$$=1000\begin{vmatrix}1 & 8 & 2\\ 0 & -3 & 2\\ 0 & -2 & 5\end{vmatrix}=1000\begin{vmatrix}-3 & 2\\ -2 & 5\end{vmatrix}=-11\,000。$$ □

例 7 求证 $\begin{vmatrix} b+c & c+a & a+b \\ b_1+c_1 & c_1+a_1 & a_1+b_1 \\ b_2+c_2 & c_2+a_2 & a_2+b_2 \end{vmatrix}=2\begin{vmatrix} a & b & c \\ a_1 & b_1 & c_1 \\ a_2 & b_2 & c_2 \end{vmatrix}$。

证
$$\begin{vmatrix} b+c & c+a & a+b \\ b_1+c_1 & c_1+a_1 & a_1+b_1 \\ b_2+c_2 & c_2+a_2 & a_2+b_2 \end{vmatrix}=\begin{vmatrix} b & c+a & a+b \\ b_1 & c_1+a_1 & a_1+b_1 \\ b_2 & c_2+a_2 & a_2+b_2 \end{vmatrix}+\begin{vmatrix} c & c+a & a+b \\ c_1 & c_1+a_1 & a_1+b_1 \\ c_2 & c_2+a_2 & a_2+b_2 \end{vmatrix}$$
$$=\begin{vmatrix} b & c+a & a \\ b_1 & c_1+a_1 & a_1 \\ b_2 & c_2+a_2 & a_2 \end{vmatrix}+\begin{vmatrix} c & a & a+b \\ c_1 & a_1 & a_1+b_1 \\ c_2 & a_2 & a_2+b_2 \end{vmatrix}$$
$$=\begin{vmatrix} b & c & a \\ b_1 & c_1 & a_1 \\ b_2 & c_2 & a_2 \end{vmatrix}+\begin{vmatrix} c & a & b \\ c_1 & a_1 & b_1 \\ c_2 & a_2 & b_2 \end{vmatrix}$$
$$=-\begin{vmatrix} a & c & b \\ a_1 & c_1 & b_1 \\ a_2 & c_2 & b_2 \end{vmatrix}-\begin{vmatrix} b & a & c \\ b_1 & a_1 & c_1 \\ b_2 & a_2 & c_2 \end{vmatrix}$$
$$=\begin{vmatrix} a & b & c \\ a_1 & b_1 & c_1 \\ a_2 & b_2 & c_2 \end{vmatrix}+\begin{vmatrix} a & b & c \\ a_1 & b_1 & c_1 \\ a_2 & b_2 & c_2 \end{vmatrix}=2\begin{vmatrix} a & b & c \\ a_1 & b_1 & c_1 \\ a_2 & b_2 & c_2 \end{vmatrix}。$$

□

题型 4 利用按 k 行(或 k 列)展开计算行列式

解题思路 行列式中哪 k 行(列)只有一个非零的 k 阶子式,就沿哪 k 行(列)展开。

例 8 计算行列式 $D=\begin{vmatrix} a_1 & 0 & 0 & b_1 \\ 0 & a_2 & b_2 & 0 \\ 0 & b_3 & a_3 & 0 \\ b_4 & 0 & 0 & a_4 \end{vmatrix}$。

解法 1 按第一列展开

$$D=a_1\begin{vmatrix} a_2 & b_2 & 0 \\ b_3 & a_3 & 0 \\ 0 & 0 & a_4 \end{vmatrix}+(-1)^{4+1}b_4\begin{vmatrix} 0 & 0 & b_1 \\ a_2 & b_2 & 0 \\ b_3 & a_3 & 0 \end{vmatrix}$$
$$=a_1a_4\begin{vmatrix} a_2 & b_2 \\ b_3 & a_3 \end{vmatrix}-b_1b_4\begin{vmatrix} a_2 & b_2 \\ b_3 & a_3 \end{vmatrix}=(a_1a_4-b_1b_4)(a_3a_2-b_2b_3)。$$

解法 2 利用行列式性质

$$D=\begin{vmatrix} a_1 & 0 & 0 & b_1 \\ 0 & a_2 & b_2 & 0 \\ 0 & b_3 & a_3 & 0 \\ b_4 & 0 & 0 & a_4 \end{vmatrix}=\begin{vmatrix} a_1 & b_1 & 0 & 0 \\ 0 & 0 & b_2 & a_2 \\ 0 & 0 & a_3 & b_3 \\ b_4 & a_4 & 0 & 0 \end{vmatrix}(-1)$$

$$=(-1)(-1)\begin{vmatrix} a_1 & b_1 & 0 & 0 \\ b_4 & a_4 & 0 & 0 \\ 0 & 0 & a_3 & b_3 \\ 0 & 0 & b_2 & a_2 \end{vmatrix}=\begin{vmatrix} a_1 & b_1 \\ b_4 & a_4 \end{vmatrix}\cdot\begin{vmatrix} a_3 & b_3 \\ b_2 & a_2 \end{vmatrix}=(a_1a_4-b_1b_4)(a_3a_2-b_2b_3)。$$

解法3 按二、三行展开，得

$$D=\begin{vmatrix} a_2 & b_2 \\ b_3 & a_3 \end{vmatrix}\cdot(-1)^{(2+3)+(2+3)}\cdot\begin{vmatrix} a_1 & b_1 \\ b_4 & a_4 \end{vmatrix}=(a_1a_4-b_1b_4)(a_2a_3-b_2b_3)。$$ □

例9 设 $f(x)=\begin{vmatrix} x-2 & x-1 & x-2 & x-3 \\ 2x-2 & 2x-1 & 2x-2 & 2x-3 \\ 3x-3 & 3x-2 & 4x-5 & 3x-5 \\ 4x & 4x-3 & 5x-7 & 4x-3 \end{vmatrix}$，则方程 $f(x)=0$ 根的个数为（ ）。

A. 1　　B. 2　　C. 3　　D. 4

解

$$f(x)=\begin{vmatrix} x-2 & 1 & 0 & -1 \\ 2x-2 & 1 & 0 & -1 \\ 3x-3 & 1 & x-2 & -2 \\ 4x & -3 & x-7 & -3 \end{vmatrix}=\begin{vmatrix} x-2 & 1 & 0 & 0 \\ 2x-2 & 1 & 0 & 0 \\ 3x-3 & 1 & x-2 & -1 \\ 4x & -3 & x-7 & -6 \end{vmatrix}$$

$$=\begin{vmatrix} x-2 & 1 \\ 2x-2 & 1 \end{vmatrix}\cdot\begin{vmatrix} x-2 & -1 \\ x-7 & -6 \end{vmatrix}=\begin{vmatrix} x-2 & 1 \\ x & 0 \end{vmatrix}\cdot\begin{vmatrix} x-2 & -1 \\ -5 & -5 \end{vmatrix}$$

$$=-x\cdot(-5)\begin{vmatrix} x-2 & -1 \\ 1 & 1 \end{vmatrix}=5x\begin{vmatrix} x-1 & 0 \\ 1 & 1 \end{vmatrix}=5x(x-1)。$$

故有两个根，选B。 □

题型5 递推公式法

解题思路

递推公式法 应用展开定理，整理出形如 $D_n=aD_{n-1}+bD_{n-2}$ 或 $D_n=aD_{n-1}+b$，这样的递推关系式，再根据此关系式求得行列式 D_n。

数学归纳法 对于 n 阶行列式 D_n，若要证的结果已知或者可以猜到时，可用数学归纳法来证明，其步骤如下：

(1) 验证 n 取第一个值（$n=0,1$ 或 2 等）时公式成立；

(2) 假定 $n\leqslant k$ 时公式成立，验证当 $n=k+1$ 时公式也成立。

例10 五阶行列式 $D=\begin{vmatrix} 1-a & a & 0 & 0 & 0 \\ -1 & 1-a & a & 0 & 0 \\ 0 & -1 & 1-a & a & 0 \\ 0 & 0 & -1 & 1-a & a \\ 0 & 0 & 0 & -1 & 1-a \end{vmatrix}=$________。

解 这是"**三对角行列式**"。按第一行展开，得递推公式

$D_5=(1-a)D_4+aD_3$，同理可得：$D_4=(1-a)D_3+aD_2$，$D_3=(1-a)D_2+aD_1$。

因为 $D_1=1-a, D_2=\begin{vmatrix}1-a & a\\ -1 & 1-a\end{vmatrix}=1-a+a^2$,回代可得

$$D_5=1-a+a^2-a^3+a^4-a^5。$$

□

例 11 计算 $2n$ 阶行列式 $D_{2n}=\begin{vmatrix}a_n &&&&&& b_n\\ & a_{n-1} &&&& b_{n-1} & \\ && \ddots && \iddots && \\ &&& a_1 \quad b_1 &&& \\ &&& b_1 \quad a_1 &&& \\ && \iddots && \ddots && \\ & b_{n-1} &&&& a_{n-1} & \\ b_n &&&&&& a_n\end{vmatrix}$(其中未写出的元素都是 0)。

解 按第一列展开有

$$D_{2n}=a_n\begin{vmatrix}a_{n-1} &&&&& b_{n-1} & 0\\ & \ddots &&& \iddots && \\ && a_1 & b_1 &&& \\ && b_1 & a_1 &&& \\ & \iddots &&& \ddots && \\ b_{n-1} &&&&& a_{n-1} & 0\\ 0 &&&&&& a_n\end{vmatrix}+$$

$$(-1)^{2n+1}b_n\begin{vmatrix}0 &&&&&& b_n\\ a_{n-1} &&&&& b_{n-1} & \\ & \ddots &&& \iddots && \\ && a_1 & b_1 &&& \\ && b_1 & a_1 &&& \\ & \iddots &&& \ddots && \\ b_{n-1} &&&&& a_{n-1} & 0\end{vmatrix}$$

$$=a_n^2D_{2n-2}-b_n^2D_{2n-2}=(a_n^2-b_n^2)D_{2n-2},$$

递推得

$$D_{2n-2}=(a_{n-1}^2-b_{n-1}^2)D_{2n-4},\cdots,D_2=a_1^2-b_1^2,$$

故 $D_{2n}=\prod\limits_{i=1}^{n}(a_i^2-b_i^2)$。

□

例 12 证明 n 阶范德蒙行列式 $D_n=\begin{vmatrix}1 & 1 & \cdots & 1\\ x_1 & x_2 & \cdots & x_n\\ x_1^2 & x_2^2 & \cdots & x_n^2\\ \vdots & \vdots & & \vdots\\ x_1^{n-1} & x_2^{n-1} & \cdots & x_n^{n-1}\end{vmatrix}=\prod\limits_{1\leqslant j<i\leqslant n}(x_i-x_j)$。

证 用数学归纳法。当 $n=2$ 时，$D_2=\begin{vmatrix}1 & 1\\ x_1 & x_2\end{vmatrix}=x_2-x_1=\prod\limits_{1\leqslant j<i\leqslant 2}(x_i-x_j)$。

现假设 $n-1$ 阶范德蒙行列式结论成立，那么

$$D_n\xlongequal[\substack{\vdots\\ r_2-x_1r_1}]{\substack{r_n-x_1r_{n-1}\\ r_{n-1}-x_1r_{n-2}}}\begin{vmatrix}1 & 1 & \cdots & 1\\ 0 & x_2-x_1 & \cdots & x_n-x_1\\ 0 & x_2(x_2-x_1) & \cdots & x_n(x_n-x_1)\\ \vdots & \vdots & & \vdots\\ 0 & x_2^{n-2}(x_2-x_1) & \cdots & x_n^{n-2}(x_n-x_1)\end{vmatrix}$$

$$\xlongequal{\text{按第一列展开}}\begin{vmatrix}x_2-x_1 & x_3-x_1 & \cdots & x_n-x_1\\ x_2(x_2-x_1) & x_3(x_3-x_1) & \cdots & x_n(x_n-x_1)\\ \vdots & \vdots & & \vdots\\ x_2^{n-2}(x_2-x_1) & x_3^{n-2}(x_3-x_1) & \cdots & x_n^{n-2}(x_n-x_1)\end{vmatrix}$$

$$\xlongequal[\substack{\vdots\\ c_{n-1}\div(x_n-x_1)}]{\substack{c_n\div(x_2-x_1)\\ c_2\div(x_3-x_1)}}(x_2-x_1)(x_3-x_1)\cdots(x_n-x_1)\begin{vmatrix}1 & 1 & \cdots & 1\\ x_2 & x_3 & \cdots & x_n\\ \vdots & \vdots & & \vdots\\ x_2^{n-2} & x_3^{n-2} & \cdots & x_n^{n-2}\end{vmatrix}。$$

上式最后一个行列式是 $n-1$ 阶范德蒙行列式，由归纳假设，有

$$\begin{vmatrix}1 & 1 & \cdots & 1\\ x_2 & x_3 & \cdots & x_n\\ \vdots & \vdots & & \vdots\\ x_2^{n-2} & x_3^{n-2} & \cdots & x_n^{n-2}\end{vmatrix}=\prod_{2\leqslant j<i\leqslant n}(x_i-x_j),$$

于是 $D_n=(x_2-x_1)(x_3-x_1)\cdots(x_n-x_1)\prod\limits_{2\leqslant j<i\leqslant n}(x_i-x_j)=\prod\limits_{1\leqslant j<i\leqslant n}(x_i-x_j)$。 □

题型 6 利用展开定理求代数余子式

解题思路 设 $D=\begin{vmatrix}a_{11} & a_{12} & \cdots & a_{1n}\\ a_{21} & a_{22} & \cdots & a_{2n}\\ \vdots & \vdots & & \vdots\\ a_{n1} & a_{n2} & \cdots & a_{nn}\end{vmatrix}$，则有

$$D=a_{i1}A_{i1}+a_{i2}A_{i2}+\cdots+a_{in}A_{in}\quad(i=1,2,\cdots,n),$$

或者

$$D=a_{1j}A_{1j}+a_{2j}A_{2j}+\cdots+a_{nj}A_{nj}\quad(j=1,2,\cdots,n),$$

其中 A_{ij} 为 a_{ij} 的代数余子式。

反之，求某行(列)代数余子式的线性组合，可利用展开定理将其转化为一个 n 阶行列式来计算，即

$$k_1A_{i1}+k_2A_{i2}+\cdots+k_nA_{in}=\begin{vmatrix} a_{11} & a_{12} & \cdots & a_{1n} \\ \vdots & \vdots & & \vdots \\ a_{i-1,1} & a_{i-1,2} & \cdots & a_{i-1,n} \\ k_1 & k_2 & \cdots & k_n \\ a_{i+1,1} & a_{i+1,2} & \cdots & a_{i+1,n} \\ \vdots & \vdots & & \vdots \\ a_{n1} & a_{n2} & \cdots & a_{nn} \end{vmatrix}。$$

例 13 设四阶行列式 $D=\begin{vmatrix} a_1 & a_2 & a_3 & p \\ b_1 & b_2 & b_3 & p \\ c_1 & c_2 & c_3 & p \\ d_1 & d_2 & d_3 & p \end{vmatrix}$，求第一列各元素的代数余子式之和 $A_{11}+A_{21}+A_{31}+A_{41}$。

解 当 $p=0$ 时，易知 $A_{i1}=0(i=1,2,3,4)$，故 $A_{11}+A_{21}+A_{31}+A_{41}=0$。

当 $p\neq 0$ 时，有 $pA_{11}+pA_{21}+pA_{31}+pA_{41}=0$，即

$$p(A_{11}+A_{21}+A_{31}+A_{41})=0,$$

故 $A_{11}+A_{21}+A_{31}+A_{41}=0$。

例 14 已知四阶行列式 D 的第二行元素分别为：$-1,0,2,4$，第四行元素对应的余子式依次为：$4,10,a,4$，求 a。

解 D 的第二行元素分别为：$-1,0,2,4$，第四行元素对应的代数余子式依次为：-4，$10,-a,4$。因为

$$a_{i1}A_{j1}+a_{i2}A_{j2}+a_{i3}A_{j3}+a_{i4}A_{j4}=0 \quad (i\neq j),$$

所以，$(-1)\times(-4)+0\times 10+2(-a)+4\times 4=0$，即 $a=10$。 □

例 15 已知 $D=\begin{vmatrix} 1 & 2 & 3 & 4 \\ 2 & 3 & 4 & 5 \\ 3 & 4 & 5 & 6 \\ 1 & 1 & 0 & 0 \end{vmatrix}$，计算：

(1) $A_{41}+A_{42}+A_{43}+A_{44}$；　(2) $2A_{13}+3A_{43}$。

解 (1) $A_{41}+A_{42}+A_{43}+A_{44}=\begin{vmatrix} 1 & 2 & 3 & 4 \\ 2 & 3 & 4 & 5 \\ 3 & 4 & 5 & 6 \\ 1 & 1 & 1 & 1 \end{vmatrix}\overset{r_2-r_1}{=\!=\!=}\begin{vmatrix} 1 & 2 & 3 & 4 \\ 1 & 1 & 1 & 1 \\ 3 & 4 & 5 & 6 \\ 1 & 1 & 1 & 1 \end{vmatrix}=0$。

(2) $2A_{13}+3A_{43}=\begin{vmatrix} 1 & 2 & 2 & 4 \\ 2 & 3 & 0 & 5 \\ 3 & 4 & 0 & 6 \\ 1 & 1 & 3 & 0 \end{vmatrix}\underset{r_2-r_1}{\overset{r_3-r_2}{=\!=\!=}}\begin{vmatrix} 1 & 2 & 2 & 4 \\ 1 & 1 & -2 & 1 \\ 1 & 1 & 0 & 1 \\ 1 & 1 & 3 & 0 \end{vmatrix}\overset{c_1-c_2}{=\!=\!=}\begin{vmatrix} -1 & 2 & 2 & 4 \\ 0 & 1 & -2 & 1 \\ 0 & 1 & 0 & 1 \\ 0 & 1 & 3 & 0 \end{vmatrix}$

$$=(-1)\begin{vmatrix} 1 & -2 & 1 \\ 1 & 0 & 1 \\ 1 & 3 & 0 \end{vmatrix}\overset{c_1-c_3}{=\!=\!=}(-1)\begin{vmatrix} 0 & -2 & 1 \\ 0 & 0 & 1 \\ 1 & 3 & 0 \end{vmatrix}=2。$$ □

例 16 已知五阶行列式 $D=\begin{vmatrix}1&2&3&4&5\\2&2&2&1&1\\3&1&2&4&5\\1&1&1&2&2\\4&3&1&5&0\end{vmatrix}=27$，求 $A_{41}+A_{42}+A_{43}$ 和 $A_{44}+A_{45}$，其中 $A_{4j}(j=1,2,3,4,5)$ 为 D 的第 4 行第 j 列元素的代数余子式。

解 由已知条件有 $\begin{cases}A_{41}+A_{42}+A_{43}+2(A_{44}+A_{45})=27,\\2(A_{41}+A_{42}+A_{43})+A_{44}+A_{45}=0。\end{cases}$

由这两个方程可解得 $A_{41}+A_{42}+A_{43}=-9,A_{44}+A_{45}=18$。□

例 17 设 n 阶行列式 $D_n=\begin{vmatrix}1&1&1&\cdots&1\\0&1&1&\cdots&1\\0&0&1&\cdots&1\\\vdots&\vdots&\vdots&\ddots&\vdots\\0&0&0&\cdots&1\end{vmatrix}$，求所有元素的代数余子式之和。

解 由于第一行各元素与其他行相应元素的代数余子式乘积之和为零，因此有

$$A_{21}+A_{22}+\cdots+A_{2n}=1\cdot A_{21}+1\cdot A_{22}+\cdots+1\cdot A_{2n}=0,$$
$$A_{31}+A_{32}+\cdots+A_{3n}=1\cdot A_{31}+1\cdot A_{32}+\cdots+1\cdot A_{3n}=0,$$
$$\vdots$$
$$A_{n1}+A_{n2}+\cdots+A_{nn}=1\cdot A_{n1}+1\cdot A_{n2}+\cdots+1\cdot A_{nn}=0。$$

又由于第一行各元素与本行相应元素的代数余子式乘积之和为行列式 D_n，因此有

$$A_{11}+A_{12}+\cdots+A_{1n}=1\cdot A_{11}+1\cdot A_{12}+\cdots+1\cdot A_{1n}=D_n=1。$$

因此所有元素的代数余子式之和为 $1+0\cdot(n-1)=1$。□

题型 7 利用范德蒙行列式计算行列式

解题思路 若一行列式可转化为具有如下特征的行列式：其各行(列)都以第一行(列)的升幂从上到下(从左到右)由 $0\sim n-1$ 排列，则可利用范德蒙行列式的结论来计算所给行列式。

例 18 设 $f(x)=\begin{vmatrix}1&x&x^2&\cdots&x^{n-1}&x^n\\1&a_1&a_1^2&\cdots&a_1^{n-1}&a_1^n\\1&a_2&a_2^2&\cdots&a_2^{n-1}&a_2^n\\\vdots&\vdots&\vdots&&\vdots&\vdots\\1&a_n&a_n^2&\cdots&a_n^{n-1}&a_n^n\end{vmatrix}$，其中 $a_1,a_2,\cdots,a_n$ 互不相同，求 $f(x)$ 的次数、最高次项的系数及 $f(x)=0$ 的全部根。

解 利用范德蒙行列式，有 $f(x)=\begin{vmatrix}1&1&1&\cdots&1\\x&a_1&a_2&\cdots&a_n\\x^2&a_1^2&a_2^2&\cdots&a_n^2\\\vdots&\vdots&\vdots&&\vdots\\x^{n-1}&a_1^{n-1}&a_2^{n-1}&\cdots&a_n^{n-1}\\x^n&a_1^n&a_2^n&\cdots&a_n^n\end{vmatrix}$，故 $f(x)$ 是 x 的

n 次多项式，最高次项的系数为 $(-1)^n \prod\limits_{1 \leqslant j < i \leqslant n} (a_i - a_j)$。

当 $f(x)=0$ 时，有 $(a_1-x)(a_2-x)\cdots(a_n-x)=0$，即 $x_i=a_i(i=1,2,\cdots,n)$，故 $f(x)=0$ 的全部根为 $a_1,a_2,\cdots,a_n$。 □

例 19 利用范德蒙行列式计算 $D_n=\begin{vmatrix} 1 & 2 & 3 & \cdots & n \\ 1 & 2^2 & 3^2 & \cdots & n^2 \\ 1 & 2^3 & 3^3 & \cdots & n^3 \\ \vdots & \vdots & \vdots & & \vdots \\ 1 & 2^n & 3^n & \cdots & n^n \end{vmatrix}$。

解 从第二列到第 n 列中依次提出公因数 $2,3,\cdots,n$，化为范德蒙行列式。

$$D_n=n!\begin{vmatrix} 1 & 1 & 1 & \cdots & 1 \\ 1 & 2 & 3 & \cdots & n \\ 1 & 2^2 & 3^2 & \cdots & n^2 \\ \vdots & \vdots & \vdots & & \vdots \\ 1 & 2^{n-1} & 3^{n-1} & \cdots & n^{n-1} \end{vmatrix}=n!\prod_{1 \leqslant j < i \leqslant n}(i-j)。$$ □

例 20 利用范德蒙行列式计算 $D=\begin{vmatrix} (a+4)^2 & (a+2)^2 & a^2 \\ (b+4)^2 & (b+2)^2 & b^2 \\ (c+4)^2 & (c+2)^2 & c^2 \end{vmatrix}$。

解 $$D=\begin{vmatrix} (a+4)^2 & (a+2)^2 & a^2 \\ (b+4)^2 & (b+2)^2 & b^2 \\ (c+4)^2 & (c+2)^2 & c^2 \end{vmatrix} \xlongequal[c_2-c_3]{c_1-c_3} \begin{vmatrix} 8a+16 & 4a+4 & a^2 \\ 8b+16 & 4b+4 & b^2 \\ 8c+16 & 4c+4 & c^2 \end{vmatrix}$$

$$\xlongequal{c_1-2c_2} \begin{vmatrix} 8 & 4a+4 & a^2 \\ 8 & 4b+4 & b^2 \\ 8 & 4c+4 & c^2 \end{vmatrix} \xlongequal{c_2-\frac{1}{2}c_1} \begin{vmatrix} 8 & 4a & a^2 \\ 8 & 4b & b^2 \\ 8 & 4c & c^2 \end{vmatrix}$$

$$=8\times4\begin{vmatrix} 1 & a & a^2 \\ 1 & b & b^2 \\ 1 & c & c^2 \end{vmatrix}=32(b-a)(c-a)(c-b)。$$ □

题型 8 利用克莱姆法则求解线性方程组

解题思路 在一个线性方程组中，如果方程的个数和变量个数相等，那么我们可以借助克莱姆法则来判断它是否存在唯一解。对于方程个数和变量个数相等的齐次线性方程组，我们可以借助克莱姆法则来判断它是否仅有零解。

例 21 设以 x_1,x_2,x_3 为未知量的齐次线性方程组 $\begin{cases} x_1-x_2+2x_3=0, \\ -2x_1+\lambda x_2-3x_3=0, \\ 2x_1-2x_2+2x_3=0 \end{cases}$ 有非零解，求 λ 的值。

解 要使齐次线性方程组有非零解，它的系数行列式必为零。而

$$D=\begin{vmatrix} 1 & -1 & 2 \\ -2 & \lambda & -3 \\ 2 & -2 & 2 \end{vmatrix} \xlongequal[r_3-2r_1]{r_2+2r_1} \begin{vmatrix} 1 & -1 & 2 \\ 0 & \lambda-2 & 1 \\ 0 & 0 & -2 \end{vmatrix}=-2(\lambda-2)。$$

由 $D=0$，得 $\lambda=2$。 □

例 22 已知 a,b,c 全不为零。证明：线性方程组 $\begin{cases}ay+bx=c,\\cx+az=b,\\bz+cy=a\end{cases}$ 有唯一解，并求出它的解。

证 因为线性方程组的系数行列式 $D=\begin{vmatrix}b&a&0\\c&0&a\\0&c&b\end{vmatrix}=-2abc$。而 a,b,c 全不为零，所以 $D\neq0$，由克莱姆法则可知，此线性方程组有唯一解。又由于

$$D_1=\begin{vmatrix}c&a&0\\b&0&a\\a&c&b\end{vmatrix}=a^3-ab^2-ac^2,\quad D_2=\begin{vmatrix}b&c&0\\c&b&a\\0&a&b\end{vmatrix}=b^3-a^2b-bc^2,$$

$$D_3=\begin{vmatrix}b&a&c\\c&0&b\\0&c&a\end{vmatrix}=c^3-a^2c-b^2c。$$

所以方程组的唯一解为

$$x=\frac{D_1}{D}=\frac{b^2+c^2-a^2}{2bc},y=\frac{D_2}{D}=\frac{a^2+c^2-b^2}{2ac},z=\frac{D_3}{D}=\frac{a^2+b^2-c^2}{2ab}。$$ □

1.4 考研真题选讲

(1)(1991,数四) 求 n 阶行列式 $\begin{vmatrix}a&b&0&\cdots&0&0\\0&a&b&\cdots&0&0\\0&a&a&\cdots&0&0\\\vdots&\vdots&\vdots&\ddots&\vdots&\vdots\\0&0&0&\cdots&a&b\\b&0&0&\cdots&0&a\end{vmatrix}$。

解 $$\begin{vmatrix}a&b&0&\cdots&0&0\\0&a&b&\cdots&0&0\\0&a&a&\cdots&0&0\\\vdots&\vdots&\vdots&\ddots&\vdots&\vdots\\0&0&0&\cdots&a&b\\b&0&0&\cdots&0&a\end{vmatrix}=a\begin{vmatrix}a&b&\cdots&0&0\\0&a&\cdots&0&0\\\vdots&\vdots&\ddots&\vdots&\vdots\\0&0&\cdots&a&b\\0&0&\cdots&0&a\end{vmatrix}+$$

$$(-1)^{n+1}b\begin{vmatrix}b&0&\cdots&0&0\\a&b&\cdots&0&0\\\vdots&\vdots&\ddots&\vdots&\vdots\\0&0&\cdots&b&0\\0&0&\cdots&a&b\end{vmatrix}$$

$$=a^n+(-1)^{n+1}b^n。$$ □

(2)(1997,数四) 求 n 阶行列式 $D=\begin{vmatrix} 0 & 1 & 1 & \cdots & 1 & 1 \\ 1 & 0 & 1 & \cdots & 1 & 1 \\ 1 & 1 & 0 & \cdots & 1 & 1 \\ \vdots & \vdots & \vdots & \ddots & \vdots & \vdots \\ 1 & 1 & 1 & \cdots & 0 & 1 \\ 1 & 1 & 1 & \cdots & 1 & 0 \end{vmatrix}$。

解 使用内加边法,将第二行至第 n 行加到第一行可得

$$D=\begin{vmatrix} n-1 & n-1 & n-1 & \cdots & n-1 & n-1 \\ 1 & 0 & 1 & \cdots & 1 & 1 \\ 1 & 1 & 0 & \cdots & 1 & 1 \\ \vdots & \vdots & \vdots & \ddots & \vdots & \vdots \\ 1 & 1 & 1 & \cdots & 0 & 1 \\ 1 & 1 & 1 & \cdots & 1 & 0 \end{vmatrix}=(n-1)\begin{vmatrix} 1 & 1 & 1 & \cdots & 1 & 1 \\ 1 & 0 & 1 & \cdots & 1 & 1 \\ 1 & 1 & 0 & \cdots & 1 & 1 \\ \vdots & \vdots & \vdots & \ddots & \vdots & \vdots \\ 1 & 1 & 1 & \cdots & 0 & 1 \\ 1 & 1 & 1 & \cdots & 1 & 0 \end{vmatrix}$$

$$\xlongequal[i=2,\cdots,n]{r_i-r_1}(n-1)\begin{vmatrix} 1 & 1 & 1 & \cdots & 1 & 1 \\ 0 & -1 & 0 & \cdots & 0 & 0 \\ 0 & 0 & -1 & \cdots & 0 & 0 \\ \vdots & \vdots & \vdots & \ddots & \vdots & \vdots \\ 0 & 0 & 0 & \cdots & -1 & 0 \\ 0 & 0 & 0 & \cdots & 0 & -1 \end{vmatrix}=(-1)^{n-1}(n-1)。$$ □

(3)(2001,数四) 设行列式 $D=\begin{vmatrix} 3 & 0 & 4 & 0 \\ 2 & 2 & 2 & 2 \\ 0 & -7 & 0 & 0 \\ 5 & 3 & -2 & 2 \end{vmatrix}$,则第四行各元素余子式之和的值为________。

解 设 $M_{4i}(i=1,2,3,4)$ 为第四行各元素余子式,对应代数余子式记为 $A_{4i}(i=1,2,3,4)$,则

$$M_{41}+M_{42}+M_{43}+M_{44}=-A_{41}+A_{42}-A_{43}+A_{44}=\begin{vmatrix} 3 & 0 & 4 & 0 \\ 2 & 2 & 2 & 2 \\ 0 & -7 & 0 & 0 \\ -1 & 1 & -1 & 1 \end{vmatrix}=-28。$$ □

(4)(2014,数一、数二、数三) 行列式 $\begin{vmatrix} 0 & a & b & 0 \\ a & 0 & 0 & b \\ 0 & c & d & 0 \\ c & 0 & 0 & d \end{vmatrix}=(\quad)$。

A. $(ad-bc)^2$ B. $-(ad-bc)^2$ C. $a^2d^2-b^2c^2$ D. $b^2c^2-a^2d^2$

解法 1 按第一列展开

$$\begin{vmatrix} 0 & a & b & 0 \\ a & 0 & 0 & b \\ 0 & c & d & 0 \\ c & 0 & 0 & d \end{vmatrix} = -a\begin{vmatrix} a & b & 0 \\ c & d & 0 \\ 0 & 0 & d \end{vmatrix} - c\begin{vmatrix} a & b & 0 \\ 0 & 0 & b \\ c & d & 0 \end{vmatrix}$$

$$= -ad(ad-bc) + bc(ad-bc)$$

$$= -(ad-bc)^2。$$

故选 B。 □

解法 2 按第二、四行展开得

$$\begin{vmatrix} 0 & a & b & 0 \\ a & 0 & 0 & b \\ 0 & c & d & 0 \\ c & 0 & 0 & d \end{vmatrix} = \begin{vmatrix} a & b \\ c & d \end{vmatrix} \cdot (-1)^{(2+4)+(1+4)} \begin{vmatrix} a & b \\ c & d \end{vmatrix} = -(ad-bc)^2。$$

故选 B。 □

(5) (2015,数一) n 阶行列式 $\begin{vmatrix} 2 & 0 & \cdots & 0 & 2 \\ -1 & 2 & \cdots & 0 & 2 \\ \vdots & \vdots & \ddots & \vdots & \vdots \\ 0 & 0 & \cdots & 2 & 2 \\ 0 & 0 & \cdots & -1 & 2 \end{vmatrix} =$ ________。

解 按第一行展开得

$$D_n = \begin{vmatrix} 2 & 0 & \cdots & 0 & 2 \\ -1 & 2 & \cdots & 0 & 2 \\ \vdots & \vdots & \ddots & \vdots & \vdots \\ 0 & 0 & \cdots & 2 & 2 \\ 0 & 0 & \cdots & -1 & 2 \end{vmatrix} = 2D_{n-1} + 2 \times (-1)^{n+1} \times (-1)^{n-1} = 2D_{n-1} + 2$$

$$= 2^2(D_{n-2}+1) + 2 = 2^2 D_{n-2} + 2^2 + 2 = 2^3(D_{n-3}+1) + 2^2 + 2$$

$$= 2^{n-2} D_2 + 2^{n-2} + \cdots + 2^2 + 2$$

$$= 2^n + 2^{n-1} + \cdots + 2^2 + 2 = 2^{n+1} - 2。$$

故应填 $2^{n+1} - 2$。 □

(6) (2016,数一、数三) 行列式 $\begin{vmatrix} \lambda & -1 & 0 & 0 \\ 0 & \lambda & -1 & 0 \\ 0 & 0 & \lambda & -1 \\ 4 & 3 & 2 & \lambda+1 \end{vmatrix} =$ ________。

解法 1 将行列式按第四列展开得

$$\begin{vmatrix} \lambda & -1 & 0 & 0 \\ 0 & \lambda & -1 & 0 \\ 0 & 0 & \lambda & -1 \\ 4 & 3 & 2 & \lambda+1 \end{vmatrix} = (\lambda+1) \cdot (-1)^{4+4} \begin{vmatrix} \lambda & -1 & 0 \\ 0 & \lambda & -1 \\ 0 & 0 & \lambda \end{vmatrix} + (-1) \cdot (-1)^{3+4} \begin{vmatrix} \lambda & -1 & 0 \\ 0 & \lambda & -1 \\ 4 & 3 & 2 \end{vmatrix}$$

$$= (\lambda+1)\lambda^3 + [\lambda(2\lambda+3) + 4(-1)^{3+1}(-1)(-1)]$$

$$= \lambda^4 + \lambda^3 + 2\lambda^2 + 3\lambda + 4。$$ □

解法 2 将行列式按第四行展开得

$$\begin{vmatrix} \lambda & -1 & 0 & 0 \\ 0 & \lambda & -1 & 0 \\ 0 & 0 & \lambda & -1 \\ 4 & 3 & 2 & \lambda+1 \end{vmatrix} = 4(-1)^{4+1}\begin{vmatrix} -1 & 0 & 0 \\ \lambda & -1 & 0 \\ 0 & \lambda & -1 \end{vmatrix} + 3(-1)^{4+2}\begin{vmatrix} \lambda & 0 & 0 \\ 0 & -1 & 0 \\ 0 & \lambda & -1 \end{vmatrix} +$$

$$2(-1)^{4+3}\begin{vmatrix} \lambda & -1 & 0 \\ 0 & \lambda & 0 \\ 0 & 0 & -1 \end{vmatrix} + (\lambda+1)(-1)^{4+4}\begin{vmatrix} \lambda & -1 & 0 \\ 0 & \lambda & -1 \\ 0 & 0 & \lambda \end{vmatrix}$$

$$= 4 + 3\lambda + 2\lambda^2 + (\lambda+1)\lambda^3$$

$$= \lambda^4 + \lambda^3 + 2\lambda^2 + 3\lambda + 4。$$ □

(7) (2019,数二) 已知 $D = \begin{vmatrix} 1 & -1 & 0 & 0 \\ -2 & 1 & -1 & 1 \\ 3 & -2 & 2 & -1 \\ 0 & 0 & 3 & 4 \end{vmatrix}$,$A_{ij}$ 表示 D 中位于 i 行 j 列元素的代数余子式,则 $A_{11} - A_{12} =$ ________。

解 $A_{11} - A_{12} = 1A_{11} + (-1)A_{12} + 0A_{13} + 0A_{14}$,这相当于第一行的元素和各自对应的代数余子式的乘积之和,所以

$$A_{11} - A_{12} = 1A_{11} + (-1)A_{12} + 0A_{13} + 0A_{14} = \begin{vmatrix} 1 & -1 & 0 & 0 \\ -2 & 1 & -1 & 1 \\ 3 & -2 & 2 & -1 \\ 0 & 0 & 3 & 4 \end{vmatrix}$$

$$\xlongequal[r_3 - 3r_1]{r_2 + 2r_1} \begin{vmatrix} 1 & -1 & 0 & 0 \\ 0 & -1 & -1 & 1 \\ 0 & 1 & 2 & -1 \\ 0 & 0 & 3 & 4 \end{vmatrix} \xlongequal{r_3 + r_2} \begin{vmatrix} 1 & -1 & 0 & 0 \\ 0 & -1 & -1 & 1 \\ 0 & 0 & 1 & 0 \\ 0 & 0 & 3 & 4 \end{vmatrix} \xlongequal{r_4 - 3r_3} \begin{vmatrix} 1 & -1 & 0 & 0 \\ 0 & -1 & -1 & 1 \\ 0 & 0 & 1 & 0 \\ 0 & 0 & 0 & 4 \end{vmatrix} = -4。$$ □

(8) (2020,数一、数二、数三) 行列式 $\begin{vmatrix} a & 0 & -1 & 1 \\ 0 & a & 1 & -1 \\ -1 & 1 & a & 0 \\ 1 & -1 & 0 & a \end{vmatrix} =$ ________。

解 $$\begin{vmatrix} a & 0 & -1 & 1 \\ 0 & a & 1 & -1 \\ -1 & 1 & a & 0 \\ 1 & -1 & 0 & a \end{vmatrix} \xlongequal{r_1 + r_2} \begin{vmatrix} a & a & 0 & 0 \\ 0 & a & 1 & -1 \\ -1 & 1 & a & 0 \\ 1 & -1 & 0 & a \end{vmatrix}$$

$$\xlongequal{c_2 - c_1} \begin{vmatrix} a & 0 & 0 & 0 \\ 0 & a & 1 & -1 \\ -1 & 2 & a & 0 \\ 1 & -2 & 0 & a \end{vmatrix} = a\begin{vmatrix} a & 1 & -1 \\ 2 & a & 0 \\ -2 & 0 & a \end{vmatrix}$$

$$\xlongequal{c_3+c_2}a\begin{vmatrix}a&1&0\\2&a&a\\-2&0&a\end{vmatrix}=a\left(a\cdot\begin{vmatrix}a&a\\0&a\end{vmatrix}-1\cdot\begin{vmatrix}2&a\\-2&a\end{vmatrix}\right)$$
$$=a^4-4a^2。$$

(9)(2021,数二、数三) 多项式 $f(x)=\begin{vmatrix}x&x&1&2x\\1&x&2&-1\\2&1&x&1\\2&-1&1&x\end{vmatrix}$ 中 x^3 项的系数为________。

解 $f(x)=\begin{vmatrix}x&x&1&2x\\1&x&2&-1\\2&1&x&1\\2&-1&1&x\end{vmatrix}\xlongequal{r_1-r_2-2r_4}\begin{vmatrix}x-5&2&-3&1\\1&x&2&-1\\2&1&x&1\\2&-1&1&x\end{vmatrix}$

$$=(x-5)\begin{vmatrix}x&2&-1\\1&x&1\\-1&1&x\end{vmatrix}-2\begin{vmatrix}1&2&-1\\2&x&1\\2&1&x\end{vmatrix}+(-3)\begin{vmatrix}1&x&-1\\2&1&1\\2&-1&x\end{vmatrix}-\begin{vmatrix}1&x&2\\2&1&x\\2&-1&1\end{vmatrix}。$$

容易看出,$\begin{vmatrix}1&2&-1\\2&x&1\\2&1&x\end{vmatrix}$,$\begin{vmatrix}1&x&-1\\2&1&1\\2&-1&x\end{vmatrix}$,$\begin{vmatrix}1&x&2\\2&1&x\\2&-1&1\end{vmatrix}$无法提供 x 的三次项,所以 x^3 项由 $(x-5)\begin{vmatrix}x&2&-1\\1&x&1\\-1&1&x\end{vmatrix}$提供。而

$$(x-5)\begin{vmatrix}x&2&-1\\1&x&1\\-1&1&x\end{vmatrix}=(x-5)(x^3-4x-3)=x^4-5x^3-4x^2+17x+15,$$

所以多项式 $f(x)$中 x^3 项的系数为-5。 □

1.5 习题与解答

习题

1. 填空题

(1) 设 $D=\begin{vmatrix}2x&x&1&2\\1&x&1&-1\\3&2&x&1\\1&1&1&x\end{vmatrix}$,则 D 的展开式中 x^3 的系数为________。

(2) 若 n 阶范德蒙行列式的值为 V,A_{ij} 是其代数余子式,则 $\sum\limits_{i=1}^{n}\sum\limits_{j=1}^{n}A_{ij}=$ ________。

2. 计算下列行列式:

(1) $\begin{vmatrix} 1 & -2 & -3 & -4 \\ 2 & 1 & -4 & 3 \\ 3 & 4 & 1 & -2 \\ 4 & -3 & 2 & 1 \end{vmatrix}$；　(2) $\begin{vmatrix} 0 & a & 0 & 0 \\ b & c & 0 & 0 \\ 0 & 0 & d & e \\ 0 & 0 & 0 & f \end{vmatrix}$。

3. 已知四阶行列式 $D=\begin{vmatrix} 1 & 0 & -3 & 7 \\ 0 & 1 & 2 & 1 \\ -3 & 4 & 0 & 3 \\ 1 & -2 & 2 & -1 \end{vmatrix}$，求：

(1) D 的代数余子式 A_{14}；(2) $A_{11}-2A_{12}+2A_{13}-A_{14}$。

4. 证明：$\begin{vmatrix} a^2 & (a+1)^2 & (a+2)^2 & (a+3)^2 \\ b^2 & (b+1)^2 & (b+2)^2 & (b+3)^2 \\ c^2 & (c+1)^2 & (c+2)^2 & (c+3)^2 \\ d^2 & (d+1)^2 & (d+2)^2 & (d+3)^2 \end{vmatrix}=0$。

5. 计算行列式 $D=\begin{vmatrix} 1 & 1 & 1 \\ x_1(x_1-1) & x_2(x_2-1) & x_3(x_3-1) \\ x_1^2(x_1-1) & x_2^2(x_2-1) & x_3^2(x_3-1) \end{vmatrix}$。

6. 计算下列各行列式(D_n 为 n 阶行列式)：

$$D_n=\begin{vmatrix} a_1 & b_1 & 0 & \cdots & 0 & 0 \\ 0 & a_2 & b_2 & \cdots & 0 & 0 \\ 0 & 0 & a_3 & \cdots & 0 & 0 \\ \vdots & \vdots & \vdots & \ddots & \vdots & \vdots \\ 0 & 0 & 0 & \cdots & a_{n-1} & b_{n-1} \\ b_n & 0 & 0 & \cdots & 0 & a_n \end{vmatrix}。$$

7. 已知 $\begin{vmatrix} a_{11} & a_{12} & a_{13} \\ a_{21} & a_{22} & a_{23} \\ a_{31} & a_{32} & a_{33} \end{vmatrix}=a$，$\begin{vmatrix} b_{11} & b_{12} \\ b_{21} & b_{22} \end{vmatrix}=b$，求下列行列式的值：

(1) $\begin{vmatrix} 0 & 0 & a_{11} & a_{12} & a_{13} \\ 0 & 0 & a_{21} & a_{22} & a_{23} \\ 0 & 0 & a_{31} & a_{32} & a_{33} \\ b_{11} & b_{12} & 0 & 0 & 0 \\ b_{21} & b_{22} & 0 & 0 & 0 \end{vmatrix}$；(2) $\begin{vmatrix} 0 & b_{11} & 0 & b_{12} & 0 \\ 0 & b_{21} & 0 & b_{22} & 0 \\ a_{11} & 0 & a_{12} & 0 & a_{13} \\ a_{21} & 0 & a_{22} & 0 & a_{23} \\ a_{31} & 0 & a_{32} & 0 & a_{33} \end{vmatrix}$。

8. 计算行列式 $D=\begin{vmatrix} 1+x & 1 & 1 & 1 \\ 1 & 1-x & 1 & 1 \\ 1 & 1 & 1+y & 1 \\ 1 & 1 & 1 & 1-y \end{vmatrix}$。

9. 计算 n 阶行列式 $D_n=\begin{vmatrix} a_1+b & a_2 & a_3 & \cdots & a_n \\ a_1 & a_2+b & a_3 & \cdots & a_n \\ a_1 & a_2 & a_3+b & \cdots & a_n \\ \vdots & \vdots & \vdots & & \vdots \\ a_1 & a_2 & a_3 & \cdots & a_n+b \end{vmatrix}$。

10. 计算 n 阶行列式 $D_n=\begin{vmatrix}2&1&0&\cdots&0&0\\1&2&1&\cdots&0&0\\0&1&2&\cdots&0&0\\\vdots&\vdots&\vdots&\ddots&\vdots&\vdots\\0&0&0&\cdots&2&1\\0&0&0&\cdots&1&2\end{vmatrix}$。

11. 利用数学归纳法证明：$D_n=\begin{vmatrix}2a&1&&&&0\\a^2&2a&1&&&\\&a^2&2a&\ddots&&\\&&\ddots&\ddots&\ddots&\\&&&a^2&2a&1\\0&&&&a^2&2a\end{vmatrix}=(n+1)a^n$。

12. 问 λ 取何值时，以 x_1,x_2,x_3 为未知量的齐次线性方程组 $\begin{cases}(1-\lambda)x_1-2x_2+4x_3=0,\\2x_1+(3-\lambda)x_2+x_3=0,\\x_1+x_2+(1-\lambda)x_3=0\end{cases}$ 有非零解？

13. 已知线性方程组 $\begin{cases}x+y+z=a,\\x+y-z=b,\\x-y+z=c\end{cases}$ 有唯一解，且 $x=1$，求 $\begin{vmatrix}a&b&c\\1&-1&1\\1&1&-1\end{vmatrix}$。

14. 已知四点 $A(1,0,0)$、$B(4,4,2)$、$C(4,5,-1)$、$D(3,3,5)$，求四面体 $ABCD$ 的体积。

15. 一平面经过三点 $M_1(1,1,1)$、$M_2(-2,1,2)$、$M_3(-3,3,1)$，求此平面的方程。

解答

1. (1) -1。

(2) 设 n 阶范德蒙行列式为 $\begin{vmatrix}1&1&\cdots&1\\x_1&x_2&\cdots&x_n\\\vdots&\vdots&&\vdots\\x_1^{n-1}&x_2^{n-1}&\cdots&x_n^{n-1}\end{vmatrix}=V$，则

$$A_{11}+A_{12}+\cdots+A_{1n}=\begin{vmatrix}1&1&\cdots&1\\x_1&x_2&\cdots&x_n\\\vdots&\vdots&&\vdots\\x_1^{n-1}&x_2^{n-1}&\cdots&x_n^{n-1}\end{vmatrix}=V,$$

$$A_{21}+A_{22}+\cdots+A_{2n}=\begin{vmatrix}1&1&\cdots&1\\1&1&\cdots&1\\\vdots&\vdots&&\vdots\\x_1^{n-1}&x_2^{n-1}&\cdots&x_n^{n-1}\end{vmatrix}=0。$$

以此类推 $A_{n1}+A_{n2}+\cdots+A_{nn}=\begin{vmatrix}1&1&\cdots&1\\x_1&x_2&\cdots&x_n\\\vdots&\vdots&&\vdots\\1&1&\cdots&1\end{vmatrix}=0$。所以 $\sum_{i=1}^{n}\sum_{j=1}^{n}A_{ij}=V$。

2. (1) 900(化成上三角行列式。)(2) $-abdf$。

3. (1) -10。 (2) 0。

4. 证明：左式(后三列减去第一列)$=\begin{vmatrix} a^2 & 2a+1 & 4a+4 & 6a+9 \\ b^2 & 2b+1 & 4b+4 & 6b+9 \\ c^2 & 2c+1 & 4c+4 & 6c+9 \\ d^2 & 2d+1 & 4d+4 & 6d+9 \end{vmatrix}$

$$\xlongequal{c_3-2c_2,c_4-3c_2}\begin{vmatrix} a^2 & 2a+1 & 2 & 6 \\ b^2 & 2b+1 & 2 & 6 \\ c^2 & 2c+1 & 2 & 6 \\ d^2 & 2d+1 & 2 & 6 \end{vmatrix}=0。$$

5. 解 $D=\begin{vmatrix} x_2(x_2-1) & x_3(x_3-1) \\ x_2^2(x_2-1) & x_3^2(x_3-1) \end{vmatrix}-\begin{vmatrix} x_1(x_1-1) & x_3(x_3-1) \\ x_1^2(x_1-1) & x_3^2(x_3-1) \end{vmatrix}+$

$$\begin{vmatrix} x_1(x_1-1) & x_2(x_2-1) \\ x_1^2(x_1-1) & x_2^2(x_2-1) \end{vmatrix}$$

$$=(x_2-1)(x_3-1)\begin{vmatrix} x_2 & x_3 \\ x_2^2 & x_3^2 \end{vmatrix}-(x_1-1)(x_3-1)\begin{vmatrix} x_1 & x_3 \\ x_1^2 & x_3^2 \end{vmatrix}+$$

$$(x_1-1)(x_2-1)\begin{vmatrix} x_1 & x_2 \\ x_1^2 & x_2^2 \end{vmatrix}$$

$$=x_2x_3(x_3-x_2)(x_2-1)(x_3-1)-x_1x_3(x_3-x_1)(x_1-1)(x_3-1)+$$

$$x_1x_2(x_2-x_1)(x_1-1)(x_2-1)。$$

6. 解 按第一列展开即得：原式$=a_1a_2\cdots a_n+(-1)^{n+1}b_1b_2\cdots b_n$。

7. (1) ab； (2) $-ab$。

8. 解 $D=\begin{vmatrix} 1 & 1 & 1 & 1 \\ 1 & 1-x & 1 & 1 \\ 1 & 1 & 1+y & 1 \\ 1 & 1 & 1 & 1-y \end{vmatrix}+\begin{vmatrix} x & 1 & 1 & 1 \\ 0 & 1-x & 1 & 1 \\ 0 & 1 & 1+y & 1 \\ 0 & 1 & 1 & 1-y \end{vmatrix}$

$$=\begin{vmatrix} 1 & 0 & 0 & 0 \\ 1 & -x & 0 & 0 \\ 1 & 0 & y & 0 \\ 1 & 0 & 0 & -y \end{vmatrix}+x\begin{vmatrix} 1-x & 1 & 1 \\ 1 & 1+y & 1 \\ 1 & 1 & 1-y \end{vmatrix}$$

$$=xy^2+x\begin{vmatrix} 1 & 1 & 1 \\ 1 & 1+y & 1 \\ 1 & 1 & 1-y \end{vmatrix}+x\begin{vmatrix} -x & 0 & 0 \\ 0 & y & 0 \\ 0 & 0 & -y \end{vmatrix}$$

$$=xy^2+x\begin{vmatrix} 1 & 0 & 0 \\ 1 & y & 0 \\ 1 & 0 & -y \end{vmatrix}+x^2y^2=x^2y^2。$$

9. 提示 用内加边法可得：$\left(b+\sum_{i=1}^{n}a_i\right)b^{n-1}$。

10. 解 将 D_n 按第一行展开,可得:

$D_n=2D_{n-1}-D_{n-2}$,即 $D_n-D_{n-1}=D_{n-1}-D_{n-2}(n>2)$。于是得 $D_n-D_{n-1}=D_2-D_1=1$,故

$$D_n=1+D_{n-1}=2+D_{n-2}=\cdots=n-1+D_1=n+1。$$

11. 提示 将 D_n 按第一行展开可得:$D_n=2aD_{n-1}-a^2D_{n-2}$。

12. 解 系数行列式 $\begin{vmatrix}1-\lambda & -2 & 4\\ 2 & 3-\lambda & 1\\ 1 & 1 & 1-\lambda\end{vmatrix}=\lambda(\lambda-2)(\lambda-3)$,故当 $\lambda_1=0,\lambda_2=2,\lambda_3=3$ 时,齐次线性方程组有非零解。

13. 解 $D=\begin{vmatrix}1 & 1 & 1\\ 1 & 1 & -1\\ 1 & -1 & 1\end{vmatrix}=-4$。由 $x=\dfrac{D_1}{D}=1$ 得 $D_1=\begin{vmatrix}a & 1 & 1\\ b & 1 & -1\\ c & -1 & 1\end{vmatrix}=-4$,故 $a=1,b+c=2$,所以 $\begin{vmatrix}a & b & c\\ 1 & -1 & 1\\ 1 & 1 & -1\end{vmatrix}=4$。

14. 解 $V=\dfrac{1}{6}|\overrightarrow{AB},\overrightarrow{AC},\overrightarrow{AD}|=\dfrac{1}{6}\begin{vmatrix}3 & 3 & 2\\ 4 & 5 & 3\\ 2 & -1 & 5\end{vmatrix}=\dfrac{7}{3}$。

15. $x+2y+3z-6=0$。

第2章

矩　阵

2.1 本章要点

一、内容小结

本章首先给出了矩阵的定义，然后介绍了矩阵的运算，包括加减法、数乘、乘法、转置、方阵的行列式、方阵的幂及其各种运算规律；其次给出了矩阵的秩、初等变换和初等矩阵的定义，如何利用初等变换来计算矩阵的秩；接下来给出了矩阵的逆及其计算方法；最后研究了分块矩阵及其对矩阵运算的简化。本章的具体要求包括：理解矩阵的概念，了解单位矩阵、对角矩阵、三角矩阵、对称矩阵的定义及性质，掌握矩阵的线性运算、乘法、转置以及它们的运算规律，了解方阵的幂与方阵乘积的行列式的性质，理解逆矩阵的概念，掌握逆矩阵的性质以及矩阵可逆的充分必要条件，理解伴随矩阵的概念，会用伴随矩阵求逆矩阵，理解矩阵的初等变换和初等矩阵及矩阵等价的概念，理解矩阵的秩的概念，掌握用初等变换求矩阵的秩、可逆矩阵的逆矩阵的方法，了解分块矩阵的概念，掌握分块矩阵的运算法则。

二、知识框架

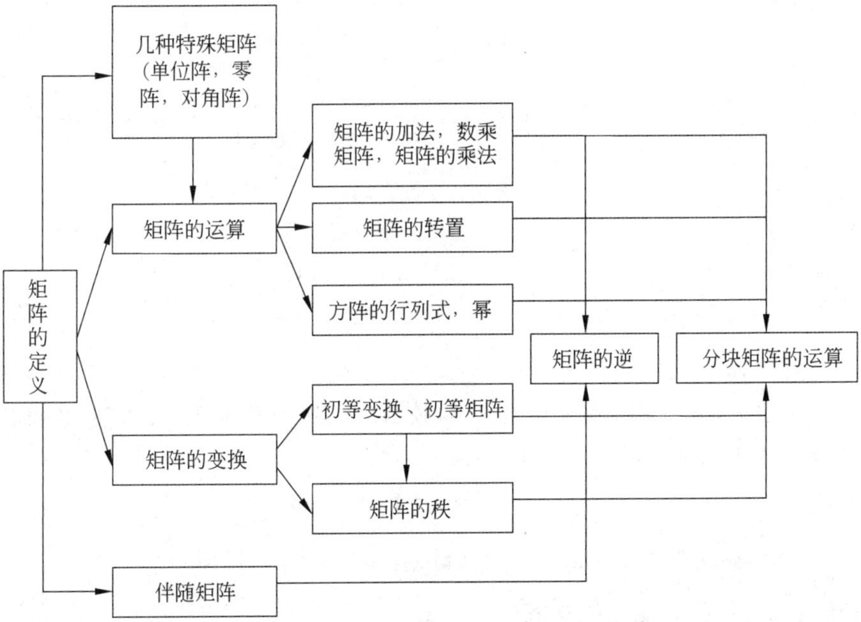

三、知识要点

1. 矩阵的定义

由 $m\times n$ 个数 $a_{ij}(i=1,2,\cdots,m;j=1,2,\cdots,n)$，排成 m 行 n 列的数表

$$\boldsymbol{A}_{m\times n}=\begin{pmatrix} a_{11} & a_{12} & \cdots & a_{1n} \\ a_{21} & a_{22} & \cdots & a_{2n} \\ \vdots & \vdots & & \vdots \\ a_{m1} & a_{m2} & \cdots & a_{mn} \end{pmatrix},$$

称为 $m\times n$ 矩阵。当 $m=n$ 时，矩阵 $\boldsymbol{A}_{n\times n}$ 称为 n 阶矩阵或 n 阶方阵。

2. 矩阵的线性运算

设 $\boldsymbol{A}=(a_{ij})_{m\times n}$，$\boldsymbol{B}=(b_{ij})_{m\times n}$，则 $\boldsymbol{A}\pm\boldsymbol{B}=(a_{ij}\pm b_{ij})_{m\times n}$，$k\boldsymbol{A}=(ka_{ij})_{m\times n}$。

3. 矩阵的乘法

设 $\boldsymbol{A}=(a_{ij})_{m\times s}$，$\boldsymbol{B}=(b_{ij})_{s\times n}$，则 $\boldsymbol{C}=\boldsymbol{AB}=(c_{ij})_{m\times n}$ 为一个 $m\times n$ 矩阵，其中

$$c_{ij}=a_{i1}b_{1j}+a_{i2}b_{2j}+\cdots+a_{is}b_{sj}\quad(i=1,2,\cdots,m;j=1,2,\cdots,n)。$$

矩阵乘法满足性质：

(1) $\boldsymbol{A}(\boldsymbol{BC})=(\boldsymbol{AB})\boldsymbol{C}$；

(2) $\boldsymbol{A}(\boldsymbol{B}+\boldsymbol{C})=\boldsymbol{AB}+\boldsymbol{AC}$，$(\boldsymbol{B}+\boldsymbol{C})\boldsymbol{A}=\boldsymbol{BA}+\boldsymbol{CA}$；

(3) $k(\boldsymbol{AB})=(k\boldsymbol{A})\boldsymbol{B}=\boldsymbol{A}(k\boldsymbol{B})$。

对于矩阵乘法，一般地 $\boldsymbol{AB}\neq\boldsymbol{BA}$。设 $\boldsymbol{A}$ 为 n 阶方阵，则记 $\boldsymbol{A}^2=\boldsymbol{A}\cdot\boldsymbol{A}$，$\boldsymbol{A}^m=\underbrace{\boldsymbol{A}\cdot\boldsymbol{A}\cdot\cdots\cdot\boldsymbol{A}}_{m个}$。

4. 方阵乘积的行列式

设 $\boldsymbol{A},\boldsymbol{B}$ 均为 n 阶方阵，则 $|\boldsymbol{AB}|=|\boldsymbol{A}|\cdot|\boldsymbol{B}|$。又有 $|\boldsymbol{A}^{\mathrm{T}}|=|\boldsymbol{A}|$，$|\lambda\boldsymbol{A}|=\lambda^n|\boldsymbol{A}|$。

5. 矩阵的转置

设 $\boldsymbol{A}=\begin{pmatrix} a_{11} & a_{12} & \cdots & a_{1n} \\ a_{21} & a_{22} & \cdots & a_{2n} \\ \vdots & \vdots & & \vdots \\ a_{m1} & a_{m2} & \cdots & a_{mn} \end{pmatrix}$，则 $\boldsymbol{A}^{\mathrm{T}}=\begin{pmatrix} a_{11} & a_{21} & \cdots & a_{m1} \\ a_{12} & a_{22} & \cdots & a_{m2} \\ \vdots & \vdots & & \vdots \\ a_{1n} & a_{2n} & \cdots & a_{mn} \end{pmatrix}$ 称为 $\boldsymbol{A}$ 的转置矩阵，转置运算满足性质：

(1) $(\boldsymbol{A}^{\mathrm{T}})^{\mathrm{T}}=\boldsymbol{A}$；　　(2) $(\lambda\boldsymbol{A})^{\mathrm{T}}=\lambda\boldsymbol{A}^{\mathrm{T}}$；

(3) $(\boldsymbol{AB})^{\mathrm{T}}=\boldsymbol{B}^{\mathrm{T}}\boldsymbol{A}^{\mathrm{T}}$；　　(4) $(\boldsymbol{A}\pm\boldsymbol{B})^{\mathrm{T}}=\boldsymbol{A}^{\mathrm{T}}\pm\boldsymbol{B}^{\mathrm{T}}$。

6. 逆矩阵的概念和性质

设 $\boldsymbol{A}$ 为 n 阶方阵，如果存在 n 阶方阵 $\boldsymbol{B}$，使 $\boldsymbol{AB}=\boldsymbol{BA}=\boldsymbol{E}$，则称 $\boldsymbol{A}$ 可逆，$\boldsymbol{B}$ 称为 $\boldsymbol{A}$ 的逆矩阵，记为 $\boldsymbol{B}=\boldsymbol{A}^{-1}$。逆矩阵满足下列性质：

(1) $(\boldsymbol{A}^{-1})^{-1}=\boldsymbol{A}$；　　(2) $(\boldsymbol{AB})^{-1}=\boldsymbol{B}^{-1}\boldsymbol{A}^{-1}$；

(3) $(\lambda\boldsymbol{A})^{-1}=\dfrac{1}{\lambda}\boldsymbol{A}^{-1}(\lambda\neq0)$；　　(4) $(\boldsymbol{A}^{\mathrm{T}})^{-1}=(\boldsymbol{A}^{-1})^{\mathrm{T}}$；

(5) 若 $\boldsymbol{A}$ 可逆，则 $\boldsymbol{A}$ 的逆矩阵唯一；

(6) 若 $\boldsymbol{A},\boldsymbol{B}$ 为 n 阶方阵，且 $\boldsymbol{AB}=\boldsymbol{E}$，则 $\boldsymbol{A}^{-1}=\boldsymbol{B},\boldsymbol{B}^{-1}=\boldsymbol{A}$。

7. 方阵的伴随矩阵

设 $\boldsymbol{A}=\begin{pmatrix} a_{11} & a_{12} & \cdots & a_{1n} \\ a_{21} & a_{22} & \cdots & a_{2n} \\ \vdots & \vdots & & \vdots \\ a_{n1} & a_{n2} & \cdots & a_{nn} \end{pmatrix}$，则 $\boldsymbol{A}^*=\begin{pmatrix} A_{11} & A_{21} & \cdots & A_{n1} \\ A_{12} & A_{22} & \cdots & A_{n2} \\ \vdots & \vdots & & \vdots \\ A_{1n} & A_{2n} & \cdots & A_{nn} \end{pmatrix}$称为$\boldsymbol{A}$ 的伴随矩阵，其中 A_{ij}为 a_{ij}代数余子式。伴随矩阵满足下列性质：

(1) $\boldsymbol{A}^*\boldsymbol{A}=\boldsymbol{AA}^*=|\boldsymbol{A}|\boldsymbol{E}$；　(2) $(k\boldsymbol{A})^*=k^{n-1}\boldsymbol{A}^*$；

(3) $|\boldsymbol{A}^*|=|\boldsymbol{A}|^{n-1}(n\geqslant 2)$；　(4) $(\boldsymbol{A}^*)^*=|\boldsymbol{A}|^{n-2}\boldsymbol{A}(n\geqslant 3)$。

8. 矩阵可逆的条件

(1) 若 $\boldsymbol{A}=(a_{ij})_{n\times n}$，则 $\boldsymbol{A}$ 可逆的充要条件为$|\boldsymbol{A}|\neq 0$，且 $\boldsymbol{A}^{-1}=\dfrac{1}{|\boldsymbol{A}|}\boldsymbol{A}^*$；

(2) 若 $\boldsymbol{A}$ 可逆，则 $\boldsymbol{A}^*=|\boldsymbol{A}|\boldsymbol{A}^{-1}$，即 $(\boldsymbol{A}^*)^{-1}=\dfrac{1}{|\boldsymbol{A}|}\boldsymbol{A}$。

9. 矩阵的初等变换

矩阵的下列 3 种变换称为矩阵的初等行(列)变换：

(1) 交换矩阵的两行(列)；

(2) 用数 $k(k\neq 0)$乘以某一行(列)的所有元素；

(3) 把某一行(列)元素的 k 倍加到另一行(列)对应的元素上去。

10. 初等矩阵

单位矩阵 $\boldsymbol{E}$ 进行一次初等变换得到的矩阵，称为初等矩阵。初等矩阵具有三种基本形式：$\boldsymbol{E}(i,j)$，$\boldsymbol{E}(i(k))$，$\boldsymbol{E}(j(k),i)$，分别对应于三种矩阵行(列)的初等变换。初等变换满足性质：

(1) 初等矩阵是可逆矩阵，其逆矩阵仍是同类初等矩阵，且

$$\boldsymbol{E}(i,j)^{-1}=\boldsymbol{E}(i,j),\quad \boldsymbol{E}(i(k))^{-1}=\boldsymbol{E}\left(i\left(\frac{1}{k}\right)\right),\quad \boldsymbol{E}(j(k),i)^{-1}=\boldsymbol{E}(j(-k),i);$$

(2) 初等矩阵的转置仍是初等矩阵；

(3) 对矩阵 $\boldsymbol{A}_{m\times n}$ 施行一次初等行(列)变换，相当于在 $\boldsymbol{A}_{m\times n}$ 的左(右)边乘以相应的 $m(n)$阶初等矩阵；

(4) 可逆矩阵都可以表示为一系列初等矩阵的乘积。

11. 矩阵的秩与矩阵的等价

矩阵 $\boldsymbol{A}$ 中非零子式的最高阶数称为矩阵的秩，记为 $\mathrm{r}(\boldsymbol{A})$或 $\mathrm{R}(\boldsymbol{A})$。若矩阵 $\boldsymbol{A}$ 经过有限次初等变换变成矩阵 $\boldsymbol{B}$，则称 $\boldsymbol{A}$ 与 $\boldsymbol{B}$ 等价，记作 $\boldsymbol{A}\sim\boldsymbol{B}$。

(1) 若 $\boldsymbol{A}\sim\begin{pmatrix}\boldsymbol{E}_r & \boldsymbol{O} \\ \boldsymbol{O} & \boldsymbol{O}\end{pmatrix}$，则称$\begin{pmatrix}\boldsymbol{E}_r & \boldsymbol{O} \\ \boldsymbol{O} & \boldsymbol{O}\end{pmatrix}$为$\boldsymbol{A}$ 的等价标准形；

(2) 若 $\boldsymbol{A}$ 是 $m\times n$ 矩阵，则存在 m 阶可逆矩阵 $\boldsymbol{P}$，n 阶可逆矩阵 $\boldsymbol{Q}$，使 $\boldsymbol{PAQ}=\begin{pmatrix}\boldsymbol{E}_r & \boldsymbol{O} \\ \boldsymbol{O} & \boldsymbol{O}\end{pmatrix}$，

其中 $r(\boldsymbol{A})=r$；

(3) $\boldsymbol{A}\sim\boldsymbol{B}$ 等价于 $\boldsymbol{A},\boldsymbol{B}$ 是同型矩阵且有相同的秩；或存在可逆矩阵 $\boldsymbol{P}$ 和 $\boldsymbol{Q}$，使 $\boldsymbol{PAQ}=\boldsymbol{B}$。

12. 用初等变换求矩阵秩的方法

$\boldsymbol{A}\xrightarrow{\text{初等行(列)变换}}$行(列)阶梯形，可由阶梯形确定矩阵 $\boldsymbol{A}$ 的秩。

13. 用初等变换求可逆矩阵的逆矩阵的方法

$$(\boldsymbol{A}\quad \boldsymbol{E})\xrightarrow{\text{初等行变换}}(\boldsymbol{E}\quad \boldsymbol{A}^{-1})；\quad \begin{pmatrix}\boldsymbol{A}\\ \boldsymbol{E}\end{pmatrix}\xrightarrow{\text{初等列变换}}\begin{pmatrix}\boldsymbol{E}\\ \boldsymbol{A}^{-1}\end{pmatrix}。$$

14. 分块矩阵及其运算

矩阵的分块，即根据矩阵本身的结构特点或运算的需要，将矩阵划分为若干子矩阵(称为子块)，子块在运算中可以作为元素对待。分块矩阵可进行加法、数乘、乘法和求逆运算，应特别注意分块矩阵的各种运算(特别是乘法)对矩阵分块的要求。若 $\boldsymbol{A},\boldsymbol{B}$ 为可逆方阵，则

$$\begin{pmatrix}\boldsymbol{A} & \boldsymbol{O}\\ \boldsymbol{O} & \boldsymbol{B}\end{pmatrix}^{-1}=\begin{pmatrix}\boldsymbol{A}^{-1} & \boldsymbol{O}\\ \boldsymbol{O} & \boldsymbol{B}^{-1}\end{pmatrix}；\begin{pmatrix}\boldsymbol{A} & \boldsymbol{C}\\ \boldsymbol{O} & \boldsymbol{B}\end{pmatrix}^{-1}=\begin{pmatrix}\boldsymbol{A}^{-1} & -\boldsymbol{A}^{-1}\boldsymbol{C}\boldsymbol{B}^{-1}\\ \boldsymbol{O} & \boldsymbol{B}^{-1}\end{pmatrix}。$$

2.2 典型例题

题型1 矩阵的概念与运算

解题思路 (1) 理解矩阵的概念，矩阵是由数构成的一种表格。矩阵运算实质上是表格的运算，故矩阵的运算规律与数的运算法则不尽相同。掌握矩阵的加法、数乘、乘法、转置、逆矩阵和伴随矩阵的运算规律。此外，要注意矩阵与行列式的联系与区别；

(2) 矩阵的乘法一般不满足交换律，即一般 $\boldsymbol{AB}\neq\boldsymbol{BA}$，但满足结合律 $\boldsymbol{A}(\boldsymbol{BC})=(\boldsymbol{AB})\boldsymbol{C}$，巧妙利用矩阵的结合律往往可简化计算；

(3) 掌握几类特殊方阵的定义与性质：对称矩阵、反对称矩阵、伴随矩阵、对角矩阵、三角矩阵等，并用之解题。

例1 如果 $\boldsymbol{A}^2=\boldsymbol{A}$，则称 $\boldsymbol{A}$ 是幂等矩阵，如果 $\boldsymbol{A}^2=\boldsymbol{E}$，则称 $\boldsymbol{A}$ 是对合矩阵。设 $\boldsymbol{A},\boldsymbol{B}$ 都是幂等矩阵，证明 $\boldsymbol{A}+\boldsymbol{B}$ 是幂等矩阵的充要条件是 $\boldsymbol{AB}+\boldsymbol{BA}=\boldsymbol{O}$。

证 必要性 因为 $\boldsymbol{A},\boldsymbol{B},\boldsymbol{A}+\boldsymbol{B}$ 是幂等矩阵，所以 $\boldsymbol{A}^2=\boldsymbol{A},\boldsymbol{B}^2=\boldsymbol{B},(\boldsymbol{A}+\boldsymbol{B})^2=\boldsymbol{A}+\boldsymbol{B}$，故由

$$(\boldsymbol{A}+\boldsymbol{B})^2=\boldsymbol{A}^2+\boldsymbol{AB}+\boldsymbol{BA}+\boldsymbol{B}^2=\boldsymbol{A}+\boldsymbol{AB}+\boldsymbol{BA}+\boldsymbol{B}=\boldsymbol{A}+\boldsymbol{B},$$

有 $\boldsymbol{AB}+\boldsymbol{BA}=\boldsymbol{O}$。

充分性 因为 $\boldsymbol{AB}+\boldsymbol{BA}=\boldsymbol{O}$，所以

$$(\boldsymbol{A}+\boldsymbol{B})^2=\boldsymbol{A}^2+\boldsymbol{AB}+\boldsymbol{BA}+\boldsymbol{B}^2=\boldsymbol{A}^2+\boldsymbol{B}^2=\boldsymbol{A}+\boldsymbol{B},$$

故 $\boldsymbol{A}+\boldsymbol{B}$ 是幂等矩阵。 □

例2 已知 $\boldsymbol{\alpha}_1,\boldsymbol{\alpha}_2$ 为二维列向量[①]，矩阵 $\boldsymbol{A}=(2\boldsymbol{\alpha}_1+\boldsymbol{\alpha}_2,\boldsymbol{\alpha}_1-\boldsymbol{\alpha}_2)$，$\boldsymbol{B}=(\boldsymbol{\alpha}_1,\boldsymbol{\alpha}_2)$，若行列式 $|\boldsymbol{A}|=6$，则 $|\boldsymbol{B}|=$________。

---

① 列向量这个概念是在教材的第3章中引入的，此处我们可以将二维列向量理解为形如 $\begin{pmatrix}p\\ q\end{pmatrix}$ 的矩阵，而记号 $\boldsymbol{B}=(\boldsymbol{\alpha}_1,\boldsymbol{\alpha}_2)$ 则表示将 $\boldsymbol{\alpha}_1,\boldsymbol{\alpha}_2$ 并排摆放，拼凑成 2×2 矩阵。记号 $\boldsymbol{A}=(2\boldsymbol{\alpha}_1+\boldsymbol{\alpha}_2,\boldsymbol{\alpha}_1-\boldsymbol{\alpha}_2)$ 的含义同上。

解 $\boldsymbol{A}=(2\boldsymbol{\alpha}_1+\boldsymbol{\alpha}_2,\boldsymbol{\alpha}_1-\boldsymbol{\alpha}_2)=(\boldsymbol{\alpha}_1,\boldsymbol{\alpha}_2)\begin{pmatrix}2&1\\1&-1\end{pmatrix}=\boldsymbol{B}\begin{pmatrix}2&1\\1&-1\end{pmatrix}$，

所以 $|\boldsymbol{A}|=|\boldsymbol{B}|\begin{vmatrix}2&1\\1&-1\end{vmatrix}=-3|\boldsymbol{B}|$，而$|\boldsymbol{A}|=6$，故 $|\boldsymbol{B}|=-2$。 □

例 3 求行列式$\begin{vmatrix}a&0&-1&1\\0&a&1&-1\\-1&1&a&0\\1&-1&0&a\end{vmatrix}$[①]。

解 记$\boldsymbol{A}=\begin{pmatrix}a&0\\0&a\end{pmatrix}$，$\boldsymbol{B}=\begin{pmatrix}-1&1\\1&-1\end{pmatrix}$，则所求行列式可记为$\begin{vmatrix}\boldsymbol{A}&\boldsymbol{B}\\\boldsymbol{B}&\boldsymbol{A}\end{vmatrix}$。注意到

$$\begin{pmatrix}\boldsymbol{E}&\boldsymbol{O}\\\boldsymbol{E}&\boldsymbol{E}\end{pmatrix}\begin{pmatrix}\boldsymbol{A}&\boldsymbol{B}\\\boldsymbol{B}&\boldsymbol{A}\end{pmatrix}\begin{pmatrix}\boldsymbol{E}&\boldsymbol{O}\\-\boldsymbol{E}&\boldsymbol{E}\end{pmatrix}=\begin{pmatrix}\boldsymbol{A}&\boldsymbol{B}\\\boldsymbol{A}+\boldsymbol{B}&\boldsymbol{A}+\boldsymbol{B}\end{pmatrix}\begin{pmatrix}\boldsymbol{E}&\boldsymbol{O}\\-\boldsymbol{E}&\boldsymbol{E}\end{pmatrix}=\begin{pmatrix}\boldsymbol{A}-\boldsymbol{B}&\boldsymbol{B}\\\boldsymbol{O}&\boldsymbol{A}+\boldsymbol{B}\end{pmatrix},$$

两边取行列式得

$$\begin{vmatrix}\boldsymbol{E}&\boldsymbol{O}\\\boldsymbol{E}&\boldsymbol{E}\end{vmatrix}\cdot\begin{vmatrix}\boldsymbol{A}&\boldsymbol{B}\\\boldsymbol{B}&\boldsymbol{A}\end{vmatrix}\cdot\begin{vmatrix}\boldsymbol{E}&\boldsymbol{O}\\-\boldsymbol{E}&\boldsymbol{E}\end{vmatrix}=\begin{vmatrix}\boldsymbol{A}-\boldsymbol{B}&\boldsymbol{B}\\\boldsymbol{O}&\boldsymbol{A}+\boldsymbol{B}\end{vmatrix},$$

即$\begin{vmatrix}\boldsymbol{A}&\boldsymbol{B}\\\boldsymbol{B}&\boldsymbol{A}\end{vmatrix}=\begin{vmatrix}\boldsymbol{A}-\boldsymbol{B}&\boldsymbol{B}\\\boldsymbol{O}&\boldsymbol{A}+\boldsymbol{B}\end{vmatrix}=|\boldsymbol{A}+\boldsymbol{B}|\cdot|\boldsymbol{A}-\boldsymbol{B}|=\begin{vmatrix}a-1&1\\1&a-1\end{vmatrix}\cdot\begin{vmatrix}a+1&-1\\-1&a+1\end{vmatrix}$

$=a^4-4a^2$。 □

例 4 设 n 维行向量$\boldsymbol{\alpha}=\left(\frac{1}{2},0,\cdots,0,\frac{1}{2}\right)$，矩阵 $\boldsymbol{A}=\boldsymbol{E}-\boldsymbol{\alpha}^{\mathrm{T}}\boldsymbol{\alpha}$，$\boldsymbol{B}=\boldsymbol{E}+2\boldsymbol{\alpha}^{\mathrm{T}}\boldsymbol{\alpha}$，其中 $\boldsymbol{E}$ 为 n 阶单位矩阵，则 $\boldsymbol{AB}=($　　$)$。

A. $\boldsymbol{O}$　　B. $-\boldsymbol{E}$　　C. $\boldsymbol{E}$　　D. $\boldsymbol{E}+\boldsymbol{\alpha}^{\mathrm{T}}\boldsymbol{\alpha}$

解 遇到此类题目，可以利用$\boldsymbol{\alpha}\boldsymbol{\alpha}^{\mathrm{T}}$为数简化计算。

$$\boldsymbol{AB}=(\boldsymbol{E}-\boldsymbol{\alpha}^{\mathrm{T}}\boldsymbol{\alpha})(\boldsymbol{E}+2\boldsymbol{\alpha}^{\mathrm{T}}\boldsymbol{\alpha})=\boldsymbol{E}-\boldsymbol{\alpha}^{\mathrm{T}}\boldsymbol{\alpha}+2\boldsymbol{\alpha}^{\mathrm{T}}\boldsymbol{\alpha}-2(\boldsymbol{\alpha}^{\mathrm{T}}\boldsymbol{\alpha})(\boldsymbol{\alpha}^{\mathrm{T}}\boldsymbol{\alpha})$$

$$=\boldsymbol{E}+\boldsymbol{\alpha}^{\mathrm{T}}\boldsymbol{\alpha}-2\boldsymbol{\alpha}^{\mathrm{T}}(\boldsymbol{\alpha}\boldsymbol{\alpha}^{\mathrm{T}})\boldsymbol{\alpha}=\boldsymbol{E}+\boldsymbol{\alpha}^{\mathrm{T}}\boldsymbol{\alpha}-2\boldsymbol{\alpha}^{\mathrm{T}}\frac{1}{2}\boldsymbol{\alpha}=\boldsymbol{E}$$

故选 C。 □

例 5 设$\boldsymbol{\alpha}$为三维列向量，$\boldsymbol{\alpha}^{\mathrm{T}}$是$\boldsymbol{\alpha}$的转置，若$\boldsymbol{\alpha}\boldsymbol{\alpha}^{\mathrm{T}}=\begin{pmatrix}1&-1&1\\-1&1&-1\\1&-1&1\end{pmatrix}$，则$\boldsymbol{\alpha}^{\mathrm{T}}\boldsymbol{\alpha}=$________。

解 记 $\boldsymbol{A}=\boldsymbol{\alpha}\boldsymbol{\alpha}^{\mathrm{T}}=\begin{pmatrix}1&-1&1\\-1&1&-1\\1&-1&1\end{pmatrix}$，则一方面

$$\boldsymbol{A}^2=(\boldsymbol{\alpha}\boldsymbol{\alpha}^{\mathrm{T}})^2=\begin{pmatrix}1&-1&1\\-1&1&-1\\1&-1&1\end{pmatrix}\begin{pmatrix}1&-1&1\\-1&1&-1\\1&-1&1\end{pmatrix}=\begin{pmatrix}3&-3&3\\-3&3&-3\\3&-3&3\end{pmatrix}$$

① 本题曾在第 1 章的“考研真题选讲”中出现过，此处我们再介绍一种利用分块矩阵的性质求解的方法。

$$=3\begin{pmatrix}1&-1&1\\-1&1&-1\\1&-1&1\end{pmatrix}=3\boldsymbol{A}。$$

另一方面 $\boldsymbol{A}^2=(\boldsymbol{\alpha\alpha}^{\mathrm{T}})(\boldsymbol{\alpha\alpha}^{\mathrm{T}})=\boldsymbol{\alpha}(\boldsymbol{\alpha}^{\mathrm{T}}\boldsymbol{\alpha})\boldsymbol{\alpha}^{\mathrm{T}}=(\boldsymbol{\alpha}^{\mathrm{T}}\boldsymbol{\alpha})\boldsymbol{\alpha\alpha}^{\mathrm{T}}=(\boldsymbol{\alpha}^{\mathrm{T}}\boldsymbol{\alpha})\boldsymbol{A}$（注意：$\boldsymbol{\alpha}^{\mathrm{T}}\boldsymbol{\alpha}$ 是数）。

所以 $(\boldsymbol{\alpha}^{\mathrm{T}}\boldsymbol{\alpha})\boldsymbol{A}=3\boldsymbol{A}$，而 $\boldsymbol{A}$ 又不是零矩阵，所以 $\boldsymbol{\alpha}^{\mathrm{T}}\boldsymbol{\alpha}=3$。 □

注 本题也可以按照以下思路，试出正确答案，再用上面严谨的方法去证明。

由 $\boldsymbol{\alpha\alpha}^{\mathrm{T}}=\begin{pmatrix}1&-1&1\\-1&1&-1\\1&-1&1\end{pmatrix}=\begin{pmatrix}1\\-1\\1\end{pmatrix}(1\quad -1\quad 1)$，知 $\boldsymbol{\alpha}=\begin{pmatrix}1\\-1\\1\end{pmatrix}$，于是

$$\boldsymbol{\alpha}^{\mathrm{T}}\boldsymbol{\alpha}=(1\quad -1\quad 1)\begin{pmatrix}1\\-1\\1\end{pmatrix}=3。$$

题型2 求方阵的幂

解题思路 一般方阵的高次幂的计算是比较繁杂的，但对某些特殊的方阵，常常可以利用矩阵的运算规律，矩阵的分解以及递推规律等巧妙计算方阵的幂。

(1) 若 $\boldsymbol{R}(\boldsymbol{A})=1$，则矩阵 $\boldsymbol{A}$ 可分解为列矩阵与行矩阵的乘积，再利用矩阵乘法的结合律能方便地计算出 $\boldsymbol{A}$ 的幂；

(2)通过计算 $\boldsymbol{A}^2,\boldsymbol{A}^3$，来看出规律，再用数学归纳法计算 $\boldsymbol{A}^n$；如果 $\boldsymbol{A}$ 是初等矩阵，则可利用初等矩阵的性质计算 $\boldsymbol{A}^n$；若 $\boldsymbol{A}$ 能分解成两个矩阵的和，即 $\boldsymbol{A}=\boldsymbol{B}+\boldsymbol{C}$，且 $\boldsymbol{BC}=\boldsymbol{CB}$，则 $\boldsymbol{A}^n=(\boldsymbol{B}+\boldsymbol{C})^n$，可用二项式定理展开，当然，$\boldsymbol{B},\boldsymbol{C}$ 之中有一个的方幂最好为零矩阵；

(3) 通过试算找出某种降幂的规律，并用此规律进行计算；

(4) 根据所给矩阵的特征，利用矩阵分块法进行计算。

例6 已知 $\boldsymbol{\alpha}=(1,2,3)$，$\boldsymbol{\beta}=\left(1,\dfrac{1}{2},\dfrac{1}{3}\right)$，设 $\boldsymbol{A}=\boldsymbol{\alpha}^{\mathrm{T}}\boldsymbol{\beta}$，其中 $\boldsymbol{\alpha}^{\mathrm{T}}$ 是 $\boldsymbol{\alpha}$ 的转置，求 $\boldsymbol{A}^n$。

解法1 注意到 $\boldsymbol{\beta\alpha}^{\mathrm{T}}=3$（是个数），有

$$\boldsymbol{A}^n=(\boldsymbol{\alpha}^{\mathrm{T}}\boldsymbol{\beta})^n=\boldsymbol{\alpha}^{\mathrm{T}}(\boldsymbol{\beta\alpha}^{\mathrm{T}})(\boldsymbol{\beta\alpha}^{\mathrm{T}})\cdots(\boldsymbol{\beta\alpha}^{\mathrm{T}})\boldsymbol{\beta}=3^{n-1}\begin{pmatrix}1&\dfrac{1}{2}&\dfrac{1}{3}\\2&1&\dfrac{2}{3}\\3&\dfrac{3}{2}&1\end{pmatrix}。$$ □

解法2 $\boldsymbol{A}=\begin{pmatrix}1\\2\\3\end{pmatrix}(1\quad 1/2\quad 1/3)=\begin{pmatrix}1&1/2&1/3\\2&1&2/3\\3&3/2&1\end{pmatrix}$，$\boldsymbol{A}^2=\begin{pmatrix}3&3/2&1\\6&3&2\\9&9/2&3\end{pmatrix}=3\boldsymbol{A}$。

则 $\boldsymbol{A}^3=\boldsymbol{A}^2\cdot\boldsymbol{A}=3\boldsymbol{A}\cdot\boldsymbol{A}=3\boldsymbol{A}^2=3\cdot 3\boldsymbol{A}=3^2\boldsymbol{A}$，以此类推可得

$$\boldsymbol{A}^n=3^{n-1}\boldsymbol{A}=3^{n-1}\begin{pmatrix}1&1/2&1/3\\2&1&2/3\\3&3/2&1\end{pmatrix}。$$ □

例7 设 $\boldsymbol{A}=\begin{pmatrix}0&-1&0\\1&0&0\\0&0&-1\end{pmatrix}$，$\boldsymbol{B}=\boldsymbol{P}^{-1}\boldsymbol{AP}$，其中 $\boldsymbol{P}$ 为三阶可逆矩阵，则 $\boldsymbol{B}^{2004}-2\boldsymbol{A}^2$

$=$ ________。

解 因为 $\boldsymbol{A}^2=\begin{pmatrix}-1&0&0\\0&-1&0\\0&0&1\end{pmatrix}$，$\boldsymbol{A}^4=\boldsymbol{E}$，$\boldsymbol{B}^{2004}=\boldsymbol{P}^{-1}\boldsymbol{A}^{2004}\boldsymbol{P}$，故

$$\boldsymbol{B}^{2004}=\boldsymbol{P}^{-1}(\boldsymbol{A}^4)^{501}\boldsymbol{P}=\boldsymbol{P}^{-1}\boldsymbol{E}\boldsymbol{P}=\boldsymbol{E},\boldsymbol{B}^{2004}-2\boldsymbol{A}^2=\begin{pmatrix}3&0&0\\0&3&0\\0&0&-1\end{pmatrix}。$$ □

例 8 设 $\boldsymbol{A}=\begin{pmatrix}1&0&1\\0&1&0\\0&0&1\end{pmatrix}$，求 $\boldsymbol{A}^n$。

解法 1 $\boldsymbol{A}^2=\boldsymbol{A}\boldsymbol{A}=\begin{pmatrix}1&0&1\\0&1&0\\0&0&1\end{pmatrix}\begin{pmatrix}1&0&1\\0&1&0\\0&0&1\end{pmatrix}=\begin{pmatrix}1&0&2\\0&1&0\\0&0&1\end{pmatrix}$，

$$\boldsymbol{A}^3=\boldsymbol{A}^2\boldsymbol{A}=\begin{pmatrix}1&0&2\\0&1&0\\0&0&1\end{pmatrix}\begin{pmatrix}1&0&1\\0&1&0\\0&0&1\end{pmatrix}=\begin{pmatrix}1&0&3\\0&1&0\\0&0&1\end{pmatrix},$$

假设 $\boldsymbol{A}^{n-1}=\begin{pmatrix}1&0&n-1\\0&1&0\\0&0&1\end{pmatrix}$，则

$$\boldsymbol{A}^n=\boldsymbol{A}^{n-1}\boldsymbol{A}=\begin{pmatrix}1&0&n-1\\0&1&0\\0&0&1\end{pmatrix}\begin{pmatrix}1&0&1\\0&1&0\\0&0&1\end{pmatrix}=\begin{pmatrix}1&0&n\\0&1&0\\0&0&1\end{pmatrix}。$$ □

解法 2 $\boldsymbol{A}=\begin{pmatrix}1&0&1\\0&1&0\\0&0&1\end{pmatrix}=\boldsymbol{E}(1,3(1))$，即第三行的一倍加到第一行。

$\boldsymbol{A}^n=\boldsymbol{A}\boldsymbol{A}\cdots\boldsymbol{A}\boldsymbol{E}$，$\boldsymbol{A}^n$ 即是对 $\boldsymbol{E}$ 施行 n 次上边的行变换，得

$$\boldsymbol{A}^n=\begin{pmatrix}1&0&n\\0&1&0\\0&0&1\end{pmatrix}。$$ □

解法 3 $\boldsymbol{A}=\begin{pmatrix}1&0&1\\0&1&0\\0&0&1\end{pmatrix}=\begin{pmatrix}1&0&0\\0&1&0\\0&0&1\end{pmatrix}+\begin{pmatrix}0&0&1\\0&0&0\\0&0&0\end{pmatrix}=\boldsymbol{E}+\boldsymbol{B}$，而

$$\boldsymbol{B}^2=\begin{pmatrix}0&0&1\\0&0&0\\0&0&0\end{pmatrix}\cdot\begin{pmatrix}0&0&1\\0&0&0\\0&0&0\end{pmatrix}=\boldsymbol{O},$$

所以 $\boldsymbol{B}^k=\boldsymbol{O}(k\geqslant 2)$，故

$$\begin{aligned}\boldsymbol{A}^n&=(\boldsymbol{E}+\boldsymbol{B})^n\\&=\boldsymbol{E}^n+n\boldsymbol{E}^{n-1}\boldsymbol{B}+\frac{n(n-1)}{2}\boldsymbol{E}^{n-2}\boldsymbol{B}^2+\cdots+n\boldsymbol{E}\boldsymbol{B}^{n-1}+\boldsymbol{B}^n\end{aligned}$$

$$=\boldsymbol{E}+n\boldsymbol{B}=\begin{pmatrix}1&0&n\\0&1&0\\0&0&1\end{pmatrix}。$$ □

例 9 已知 $\boldsymbol{A}=\begin{pmatrix}3&4&0&0\\4&-3&0&0\\0&0&2&4\\0&0&0&2\end{pmatrix}$,求 $\boldsymbol{A}^{2k}$。

解 设 $\boldsymbol{A}_1=\begin{pmatrix}3&4\\4&-3\end{pmatrix}$,$\boldsymbol{A}_2=\begin{pmatrix}2&4\\0&2\end{pmatrix}$,则 $\boldsymbol{A}=\begin{pmatrix}\boldsymbol{A}_1&\boldsymbol{O}\\\boldsymbol{O}&\boldsymbol{A}_2\end{pmatrix}$,$\boldsymbol{A}^{2k}=\begin{pmatrix}\boldsymbol{A}_1^{2k}&\boldsymbol{O}\\\boldsymbol{O}&\boldsymbol{A}_2^{2k}\end{pmatrix}$。

而 $\boldsymbol{A}_1^2=\begin{pmatrix}3&4\\4&-3\end{pmatrix}\begin{pmatrix}3&4\\4&-3\end{pmatrix}=\begin{pmatrix}25&0\\0&25\end{pmatrix}$,所以 $\boldsymbol{A}_1^{2k}=(\boldsymbol{A}_1^2)^k=\begin{pmatrix}25^k&0\\0&25^k\end{pmatrix}$,又 $\boldsymbol{A}_2^2=\begin{pmatrix}2&4\\0&2\end{pmatrix}\begin{pmatrix}2&4\\0&2\end{pmatrix}=\begin{pmatrix}4&4^2\\0&4\end{pmatrix}$,$\boldsymbol{A}_2^4=\begin{pmatrix}4&4^2\\0&4\end{pmatrix}\begin{pmatrix}4&4^2\\0&4\end{pmatrix}=\begin{pmatrix}4^2&2\times4^3\\0&4^2\end{pmatrix}$,由归纳法可推得 $\boldsymbol{A}_2^{2k}=\begin{pmatrix}4^k&k\times4^{k+1}\\0&4^k\end{pmatrix}$,所以

$$\boldsymbol{A}^{2k}=\begin{pmatrix}\boldsymbol{A}_1^{2k}&\boldsymbol{O}\\\boldsymbol{O}&\boldsymbol{A}_2^{2k}\end{pmatrix}=\begin{pmatrix}25^k&0&0&0\\0&25^k&0&0\\0&0&4^k&k\times4^{k+1}\\0&0&0&4^k\end{pmatrix}。$$ □

题型 3 矩阵可逆的计算与证明

解题思路 求指定矩阵的逆矩阵常见方法有:

(1) 用逆矩阵的定义,找出 $\boldsymbol{B}$ 使 $\boldsymbol{AB}=\boldsymbol{E}$ 或 $\boldsymbol{BA}=\boldsymbol{E}\Rightarrow\boldsymbol{A}^{-1}=\boldsymbol{B}$;具体计算时可以用初等变换法,即

$$(\boldsymbol{A},\boldsymbol{E})\xrightarrow{\text{初等行变换}}(\boldsymbol{E},\boldsymbol{A}^{-1});$$

(2) 分块求逆公式:

$$\begin{pmatrix}\boldsymbol{A}&\boldsymbol{O}\\\boldsymbol{O}&\boldsymbol{B}\end{pmatrix}^{-1}=\begin{pmatrix}\boldsymbol{A}^{-1}&\boldsymbol{O}\\\boldsymbol{O}&\boldsymbol{B}^{-1}\end{pmatrix},\quad\begin{pmatrix}\boldsymbol{O}&\boldsymbol{A}\\\boldsymbol{B}&\boldsymbol{O}\end{pmatrix}^{-1}=\begin{pmatrix}\boldsymbol{O}&\boldsymbol{B}^{-1}\\\boldsymbol{A}^{-1}&\boldsymbol{O}\end{pmatrix},$$

$$\begin{pmatrix}\boldsymbol{A}&\boldsymbol{B}\\\boldsymbol{O}&\boldsymbol{C}\end{pmatrix}^{-1}=\begin{pmatrix}\boldsymbol{A}^{-1}&-\boldsymbol{A}^{-1}\boldsymbol{BC}^{-1}\\\boldsymbol{O}&\boldsymbol{C}^{-1}\end{pmatrix},\quad\begin{pmatrix}\boldsymbol{A}&\boldsymbol{O}\\\boldsymbol{B}&\boldsymbol{C}\end{pmatrix}^{-1}=\begin{pmatrix}\boldsymbol{A}^{-1}&\boldsymbol{O}\\-\boldsymbol{C}^{-1}\boldsymbol{BA}^{-1}&\boldsymbol{C}^{-1}\end{pmatrix}。$$

例 10 设矩阵 $\boldsymbol{A}$ 满足 $\boldsymbol{A}^2+\boldsymbol{A}-4\boldsymbol{E}=\boldsymbol{O}$,其中 $\boldsymbol{E}$ 为单位矩阵,则 $(\boldsymbol{A}-\boldsymbol{E})^{-1}=$________。

解 设 a 和 b 是待定系数。将题给方程化为如下形式:

$$(\boldsymbol{A}-\boldsymbol{E})(\boldsymbol{A}+a\boldsymbol{E})=b\boldsymbol{E},\quad 即\ \boldsymbol{A}^2+(a-1)\boldsymbol{A}-(a+b)\boldsymbol{E}=\boldsymbol{O}。$$

与题给方程比较,得 $a-1=1$,$-(a+b)=-4$。由此解得 $a=2$,$b=2$。于是,题给方程化为

$$(\boldsymbol{A}-\boldsymbol{E})(\boldsymbol{A}+2\boldsymbol{E})=2\boldsymbol{E}\Rightarrow(\boldsymbol{A}-\boldsymbol{E})\left[\frac{1}{2}(\boldsymbol{A}+2\boldsymbol{E})\right]=\boldsymbol{E},$$

故 $(\boldsymbol{A}-\boldsymbol{E})^{-1}=\frac{1}{2}(\boldsymbol{A}+2\boldsymbol{E})$。 □

例 11 设 $\boldsymbol{A},\boldsymbol{B}$ 均为三阶矩阵，$\boldsymbol{E}$ 是三阶单位矩阵，已知 $\boldsymbol{AB}=2\boldsymbol{A}+\boldsymbol{B}$，$\boldsymbol{B}=\begin{pmatrix}2&0&2\\0&4&0\\2&0&2\end{pmatrix}$，则 $(\boldsymbol{A}-\boldsymbol{E})^{-1}=$________。

解 由 $\boldsymbol{AB}=2\boldsymbol{A}+\boldsymbol{B}$，知 $\boldsymbol{AB}-\boldsymbol{B}=2\boldsymbol{A}-2\boldsymbol{E}+2\boldsymbol{E}$，即有

$$(\boldsymbol{A}-\boldsymbol{E})\boldsymbol{B}-2(\boldsymbol{A}-\boldsymbol{E})=2\boldsymbol{E},$$

$$(\boldsymbol{A}-\boldsymbol{E})(\boldsymbol{B}-2\boldsymbol{E})=2\boldsymbol{E},\quad (\boldsymbol{A}-\boldsymbol{E})\cdot\frac{1}{2}(\boldsymbol{B}-2\boldsymbol{E})=\boldsymbol{E},$$

可见

$$(\boldsymbol{A}-\boldsymbol{E})^{-1}=\frac{1}{2}(\boldsymbol{B}-2\boldsymbol{E})=\begin{pmatrix}0&0&1\\0&1&0\\1&0&0\end{pmatrix}。$$ □

例 12 设矩阵 $\boldsymbol{A}=\begin{pmatrix}1&-1\\2&3\end{pmatrix}$，$\boldsymbol{B}=\boldsymbol{A}^2-3\boldsymbol{A}+2\boldsymbol{E}$，则 $\boldsymbol{B}^{-1}=$________。

解 $\boldsymbol{B}=\begin{pmatrix}-1&-4\\8&7\end{pmatrix}-3\begin{pmatrix}1&-1\\2&3\end{pmatrix}+2\begin{pmatrix}1&0\\0&1\end{pmatrix}=\begin{pmatrix}-2&-1\\2&0\end{pmatrix}$，易见 $\boldsymbol{B}^*=\begin{pmatrix}0&1\\-2&-2\end{pmatrix}$，$|\boldsymbol{B}|=2$。所以

$$\boldsymbol{B}^{-1}=\frac{1}{|\boldsymbol{B}|}\boldsymbol{B}^*=\begin{pmatrix}0&\frac{1}{2}\\-1&-1\end{pmatrix}。$$ □

例 13 （1994，数三、数四） 设 $\boldsymbol{A}=\begin{pmatrix}0&a_1&0&\cdots&0\\0&0&a_2&\cdots&0\\\vdots&\vdots&\vdots&\ddots&\vdots\\0&0&0&\cdots&a_{n-1}\\a_n&0&0&\cdots&0\end{pmatrix}$，其中 $a_i\neq0$，$i=1,2,\cdots,n$，则 $\boldsymbol{A}^{-1}=$________。

解 利用分块求逆公式，有

$$\boldsymbol{A}^{-1}=\begin{pmatrix}0&a_1&0&\cdots&0\\0&0&a_2&\cdots&0\\\vdots&\vdots&\vdots&\ddots&\vdots\\0&0&0&\cdots&a_{n-1}\\a_n&0&0&\cdots&0\end{pmatrix}^{-1}=\begin{pmatrix}0&0&\cdots&0&\frac{1}{a_n}\\\frac{1}{a_1}&0&\cdots&0&0\\0&\frac{1}{a_2}&\cdots&0&0\\\vdots&\vdots&\ddots&\vdots&\vdots\\0&0&\cdots&\frac{1}{a_{n-1}}&0\end{pmatrix}。$$ □

题型 4 初等变换

解题思路 理解初等变换与初等矩阵的关系，对矩阵 $\boldsymbol{A}$ 施以初等行（列）变换就相当于用相应的初等矩阵左（右）乘 $\boldsymbol{A}$，熟练应用有关结论解题。

例 14 设 n 阶矩阵 $\boldsymbol{A}$ 与 $\boldsymbol{B}$ 等价，则必有（ ）

A. $|\boldsymbol{A}|=a$ 可以推出 $|\boldsymbol{B}|=a$；　　B. $|\boldsymbol{A}|=a$ 可以推出 $|\boldsymbol{B}|=-a$；

C. $|\boldsymbol{A}|\neq0$ 可以推出 $|\boldsymbol{B}|=0$； D. $|\boldsymbol{A}|=0$ 可以推出 $|\boldsymbol{B}|=0$。

解 $\boldsymbol{A}$ 与 $\boldsymbol{B}$ 等价意味着：$\boldsymbol{A}$ 经过有限次初等行列变换可以变成 $\boldsymbol{B}$。

若 $\boldsymbol{A}$ 两行(列)对调变成 $\boldsymbol{B}$，则 $|\boldsymbol{A}|=-|\boldsymbol{B}|$，所以 A 错。

若 $\boldsymbol{A}$ 在一行(列)的基础上加上另一行(列)的 k 倍变成 $\boldsymbol{B}$，则 $|\boldsymbol{A}|=|\boldsymbol{B}|$，所以 B 错。

若 $\boldsymbol{A}$ 的某一行(列)乘以非零系数 k 倍变成 $\boldsymbol{B}$，则 $k|\boldsymbol{A}|=|\boldsymbol{B}|$。综合上面三种情况可知，无论哪种初等变换都不会改变行列式是否为零这一事实，所以 C 错。

又因为当 $|\boldsymbol{A}|=0$ 时，$\mathrm{r}(\boldsymbol{A})<n$，又 $\boldsymbol{A}$ 与 $\boldsymbol{B}$ 等价，故 $\mathrm{r}(\boldsymbol{B})<n$，即 $|\boldsymbol{B}|=0$，故选 D。

例 15 设 $\boldsymbol{A}$ 是 n 阶可逆方阵，将 $\boldsymbol{A}$ 的第 i 行和第 j 行对换后得到的矩阵记为 $\boldsymbol{B}$。

(1) 证明 $\boldsymbol{B}$ 可逆； (2) 求 $\boldsymbol{A}\boldsymbol{B}^{-1}$。

解 由于 $\boldsymbol{B}=\boldsymbol{E}_{ij}\boldsymbol{A}$，其中 $\boldsymbol{E}_{ij}$ 是初等矩阵。

(1) 因为 $\boldsymbol{A}$ 可逆，$|\boldsymbol{A}|\neq0$，故 $|\boldsymbol{B}|=|\boldsymbol{E}_{ij}\boldsymbol{A}|=|\boldsymbol{E}_{ij}|\cdot|\boldsymbol{A}|=-|\boldsymbol{A}|\neq0$。所以 $\boldsymbol{B}$ 可逆。

(2) 由 $\boldsymbol{B}=\boldsymbol{E}_{ij}\boldsymbol{A}$ 知，$\boldsymbol{A}\boldsymbol{B}^{-1}=\boldsymbol{A}(\boldsymbol{E}_{ij}\boldsymbol{A})^{-1}=\boldsymbol{A}\boldsymbol{A}^{-1}\boldsymbol{E}_{ij}^{-1}=\boldsymbol{E}_{ij}$。 □

例 16 设 $\boldsymbol{A}$ 为三阶矩阵，将 $\boldsymbol{A}$ 的第二行加到第一行得 $\boldsymbol{B}$，再将 $\boldsymbol{B}$ 的第一列的 -1 倍加到第二列得 $\boldsymbol{C}$，记 $\boldsymbol{P}=\begin{pmatrix}1&1&0\\0&1&0\\0&0&1\end{pmatrix}$，则( )。

A. $\boldsymbol{C}=\boldsymbol{P}^{-1}\boldsymbol{A}\boldsymbol{P}$ B. $\boldsymbol{C}=\boldsymbol{P}\boldsymbol{A}\boldsymbol{P}^{-1}$ C. $\boldsymbol{C}=\boldsymbol{P}^{\mathrm{T}}\boldsymbol{A}\boldsymbol{P}$ D. $\boldsymbol{C}=\boldsymbol{P}\boldsymbol{A}\boldsymbol{P}^{\mathrm{T}}$

解 由题设可得

$$\boldsymbol{B}=\begin{pmatrix}1&1&0\\0&1&0\\0&0&1\end{pmatrix}\boldsymbol{A},\quad \boldsymbol{C}=\boldsymbol{B}\begin{pmatrix}1&-1&0\\0&1&0\\0&0&1\end{pmatrix}=\begin{pmatrix}1&1&0\\0&1&0\\0&0&1\end{pmatrix}\boldsymbol{A}\begin{pmatrix}1&-1&0\\0&1&0\\0&0&1\end{pmatrix},$$

而 $\boldsymbol{P}^{-1}=\begin{pmatrix}1&-1&0\\0&1&0\\0&0&1\end{pmatrix}$，则有 $\boldsymbol{C}=\boldsymbol{P}\boldsymbol{A}\boldsymbol{P}^{-1}$。故应选 B。 □

例 17 设 $\boldsymbol{A}=\begin{pmatrix}a_{11}&a_{12}&a_{13}\\a_{21}&a_{22}&a_{23}\\a_{31}&a_{32}&a_{33}\end{pmatrix}$，$\boldsymbol{B}=\begin{pmatrix}a_{21}&a_{22}&a_{23}\\a_{11}&a_{12}&a_{13}\\a_{31}+a_{11}&a_{32}+a_{12}&a_{33}+a_{13}\end{pmatrix}$，

$$\boldsymbol{P}_1=\begin{pmatrix}0&1&0\\1&0&0\\0&0&1\end{pmatrix},\boldsymbol{P}_2=\begin{pmatrix}1&0&0\\0&1&0\\1&0&1\end{pmatrix},$$ 则必有( )。

A. $\boldsymbol{A}\boldsymbol{P}_1\boldsymbol{P}_2=\boldsymbol{B}$ B. $\boldsymbol{A}\boldsymbol{P}_2\boldsymbol{P}_1=\boldsymbol{B}$ C. $\boldsymbol{P}_1\boldsymbol{P}_2\boldsymbol{A}=\boldsymbol{B}$ D. $\boldsymbol{P}_2\boldsymbol{P}_1\boldsymbol{A}=\boldsymbol{B}$

解 $\boldsymbol{B}$ 是由 $\boldsymbol{A}$ 依次通过两次行初等变换而得到的：把 $\boldsymbol{A}$ 的第一行加到第三行，相当于用初等矩阵 $\boldsymbol{P}_2$ 左乘 $\boldsymbol{A}$；把 $\boldsymbol{P}_2\boldsymbol{A}$ 的第一、三行对调，相当于用 $\boldsymbol{P}_1$ 左乘 $\boldsymbol{P}_2\boldsymbol{A}$，故得到 $\boldsymbol{P}_1\boldsymbol{P}_2\boldsymbol{A}=\boldsymbol{B}$，应选 C。 □

题型 5 矩阵求秩

解题思路 矩阵求秩的主要方法有：

(1) 定义法：通过计算矩阵的各阶子式求秩，还可以利用矩阵秩的有关已知结论求秩。

(2) 初等变换法：对矩阵进行初等行变换，将其化为行阶梯形后求矩阵的秩。

例 18 设 $\boldsymbol{A}$ 是 4×3 矩阵,且 $\mathrm{r}(\boldsymbol{A})=2$,而 $\boldsymbol{B}=\begin{pmatrix}1&0&2\\0&2&0\\-1&0&3\end{pmatrix}$,则 $\mathrm{r}(\boldsymbol{AB})=$________。

解 $|\boldsymbol{B}|\xlongequal{r_3+r_1}10\neq0$,因此 $\boldsymbol{B}$ 是满秩矩阵,而矩阵 $\boldsymbol{A}$ 左乘或右乘满秩矩阵,所得矩阵的秩不改变,即 $\mathrm{r}(\boldsymbol{AB})=\mathrm{r}(\boldsymbol{A})=2$。 □

例 19 设矩阵 $\boldsymbol{A}=\begin{pmatrix}0&1&0&0\\0&0&1&0\\0&0&0&1\\0&0&0&0\end{pmatrix}$,则 $\boldsymbol{A}^3$ 的秩为________。

解 $\boldsymbol{A}=\begin{pmatrix}0&1&0&0\\0&0&1&0\\0&0&0&1\\0&0&0&0\end{pmatrix}\Rightarrow\boldsymbol{A}^3=\begin{pmatrix}0&0&0&1\\0&0&0&0\\0&0&0&0\\0&0&0&0\end{pmatrix}\Rightarrow\mathrm{r}(\boldsymbol{A})=1$。 □

例 20 设 n 阶矩阵 $\boldsymbol{A}=\begin{pmatrix}a&1&\cdots&1\\1&a&\cdots&1\\\vdots&\vdots&\ddots&\vdots\\1&1&\cdots&a\end{pmatrix}$,求 $\mathrm{R}(\boldsymbol{A})$。

解 由行列式的计算可知 $|\boldsymbol{A}|=(a+n-1)(a-1)^{n-1}$,则有:

(1) 当 $a\neq1$ 且 $a\neq1-n$ 时,$|\boldsymbol{A}|\neq0$,所以 $\mathrm{R}(\boldsymbol{A})=n$;

(2) 当 $a=1$ 时,$\boldsymbol{A}=\begin{pmatrix}1&1&\cdots&1\\1&1&\cdots&1\\\vdots&\vdots&&\vdots\\1&1&\cdots&1\end{pmatrix}\to\begin{pmatrix}1&1&\cdots&1\\0&0&\cdots&0\\\vdots&\vdots&&\vdots\\0&0&\cdots&0\end{pmatrix}$,所以 $\mathrm{R}(\boldsymbol{A})=1$;

(3) 当 $a=1-n$ 时,$\boldsymbol{A}=\begin{pmatrix}1-n&1&\cdots&1&1\\1&1-n&\cdots&1&1\\\vdots&\vdots&\ddots&\vdots&\vdots\\1&1&\cdots&1-n&1\\1&1&\cdots&1&1-n\end{pmatrix}$

$$\xrightarrow{r_1\leftrightarrow r_n}\begin{pmatrix}1&1&\cdots&1&1-n\\1&1-n&\cdots&1&1\\\vdots&\vdots&\ddots&\vdots&\vdots\\1&1&\cdots&1-n&1\\1-n&1&\cdots&1&1\end{pmatrix},$$

将第一行,第二行,到第 $n-1$ 行依次都加到第 n 行,有

$$\boldsymbol{A}\to\begin{pmatrix}1&1&\cdots&1&1-n\\1&1-n&\cdots&1&1\\\vdots&\vdots&\ddots&\vdots&\vdots\\1&1&\cdots&1-n&1\\0&0&\cdots&0&0\end{pmatrix}\to\begin{pmatrix}1&1&\cdots&1&1-n\\0&-n&\cdots&0&-n\\\vdots&\vdots&\ddots&\vdots&\vdots\\0&0&\cdots&-n&-n\\0&0&\cdots&0&0\end{pmatrix}。$$

所以 $R(\boldsymbol{A})=n-1$。 □

例 21 已知 $\boldsymbol{A}=\begin{pmatrix}1&0&1\\0&1&1\\-1&0&a\\0&a&-1\end{pmatrix}$，$\boldsymbol{A}^{\mathrm{T}}\boldsymbol{A}$ 的秩为 2，求实数 a 的值；

解 由秩的性质 $R(\boldsymbol{A}^{\mathrm{T}}\boldsymbol{A})=R(\boldsymbol{A})$ 可知：$R(\boldsymbol{A}^{\mathrm{T}}\boldsymbol{A})=2$ 意味着 $R(\boldsymbol{A})=2$，因此 $\boldsymbol{A}$ 的任意三阶子式都为 0。我们选择前三行构成的三阶子式，即

$$\begin{vmatrix}1&0&1\\0&1&1\\-1&0&a\end{vmatrix}=\begin{vmatrix}1&0&1\\0&1&1\\0&0&1+a\end{vmatrix}=1+a=0,\quad 得\ a=-1。$$ □

题型 6 有关伴随矩阵的命题

解题思路 伴随矩阵的概念、性质及其应用一直是考研的重要考点，应注意掌握其运算规律及其与行列式、矩阵方程、秩、线性方程组、特征值等知识点融合解题的方法，涉及伴随矩阵的计算或证明问题一般均是从公式 $\boldsymbol{AA}^*=\boldsymbol{A}^*\boldsymbol{A}=|\boldsymbol{A}|\boldsymbol{E}$ 及伴随矩阵的有关结论着手分析。

(1) 伴随矩阵基本运算性质的证明；

(2) 低阶矩阵的伴随矩阵可直接用定义计算，当矩阵的阶数较高时可利用公式，将伴随矩阵的计算化为行列式与逆矩阵的计算，而矩阵的逆可用初等变换法求之；

(3) 利用公式从伴随矩阵证明矩阵可逆。

例 22 设 $\boldsymbol{A}$ 为三阶矩阵，$|\boldsymbol{A}|=3$，$\boldsymbol{A}^*$ 为 $\boldsymbol{A}$ 伴随矩阵，若交换 $\boldsymbol{A}$ 的第一行与第二行得矩阵 B，求 $|BA^*|$。

解 因为交换 $\boldsymbol{A}$ 的第一行与第二行得矩阵 $\boldsymbol{B}$，所以 $|\boldsymbol{B}|=-|\boldsymbol{A}|=-3$。进而

$$|\boldsymbol{BA}^*|=|\boldsymbol{B}|\cdot|\boldsymbol{A}^*|=-3|\boldsymbol{A}^*|=-3|\boldsymbol{A}|^{3-1}=-27。$$ □

例 23 设 $\boldsymbol{A}$ 是 n 阶非零矩阵，并且 $\boldsymbol{A}$ 的伴随矩阵 $\boldsymbol{A}^*$ 满足 $\boldsymbol{A}^*=\boldsymbol{A}^{\mathrm{T}}$，证明 $\boldsymbol{A}$ 是可逆矩阵。

证 等式 $\boldsymbol{A}^*=\boldsymbol{A}^{\mathrm{T}}$ 两边同时左乘 $\boldsymbol{A}$ 得 $\boldsymbol{AA}^*=\boldsymbol{AA}^{\mathrm{T}}$。由性质 $\boldsymbol{AA}^*=|\boldsymbol{A}|\boldsymbol{E}$ 可知 $\boldsymbol{AA}^{\mathrm{T}}=|\boldsymbol{A}|\boldsymbol{E}$。

以下用反证法，假设 $\boldsymbol{A}$ 不可逆，故有 $|\boldsymbol{A}|=0$，由上式可知 $\boldsymbol{AA}^{\mathrm{T}}=\boldsymbol{O}$。

由秩的性质可知：$R(\boldsymbol{A})=R(\boldsymbol{AA}^{\mathrm{T}})=0$，这样就推出了 $\boldsymbol{A}=\boldsymbol{O}$。

这与条件 $\boldsymbol{A}$ 是 n 阶非零矩阵矛盾，所以 $|\boldsymbol{A}|\neq 0$，进而 $\boldsymbol{A}$ 可逆。 □

例 24 设 $\boldsymbol{A}$ 是 n 阶方阵，试证下列各式：

(1) 若 $\boldsymbol{A}$，$\boldsymbol{B}$ 都是 n 阶可逆矩阵，则 $(\boldsymbol{AB})^*=\boldsymbol{B}^*\boldsymbol{A}^*$；

(2) $(\boldsymbol{A}^{\mathrm{T}})^*=(\boldsymbol{A}^*)^{\mathrm{T}}$；

(3) 若 $|\boldsymbol{A}|\neq 0$，则 $(\boldsymbol{A}^*)^{-1}=(\boldsymbol{A}^{-1})^*$；

(4) $(k\boldsymbol{A})^*=k^{n-1}\boldsymbol{A}^*$。

证 (1) 利用方阵与其伴随矩阵的关系有 $(\boldsymbol{AB})^*(\boldsymbol{AB})=|\boldsymbol{AB}|\boldsymbol{E}$。另一方面

$$(\boldsymbol{B}^*\boldsymbol{A}^*)(\boldsymbol{AB})=\boldsymbol{B}^*(\boldsymbol{A}^*\boldsymbol{A})\boldsymbol{B}=\boldsymbol{B}^*(|\boldsymbol{A}|\boldsymbol{E})\boldsymbol{B}=|\boldsymbol{A}|\boldsymbol{B}^*\boldsymbol{B}=|\boldsymbol{A}||\boldsymbol{B}|\boldsymbol{E}=|\boldsymbol{AB}|\boldsymbol{E},$$

比较上面两式可知 $(\boldsymbol{AB})^*(\boldsymbol{AB})=\boldsymbol{B}^*\boldsymbol{A}^*(\boldsymbol{AB})$。又因为 $\boldsymbol{A}$，$\boldsymbol{B}$ 均可逆，所以 $\boldsymbol{AB}$ 也可逆，对上式两端右乘 $(\boldsymbol{AB})^{-1}$ 可得 $(\boldsymbol{AB})^*=\boldsymbol{B}^*\boldsymbol{A}^*$。

(2) 设 n 阶方阵 $\boldsymbol{A}$ 为 $\boldsymbol{A}=\begin{pmatrix} a_{11} & a_{12} & \cdots & a_{1n} \\ a_{21} & a_{22} & \cdots & a_{2n} \\ \vdots & \vdots & & \vdots \\ a_{n1} & a_{n2} & \cdots & a_{nn} \end{pmatrix}$,于是可得 $\boldsymbol{A}$ 的伴随矩阵 $\boldsymbol{A}^*$ 为

$\boldsymbol{A}^*=\begin{pmatrix} A_{11} & A_{21} & \cdots & A_{n1} \\ A_{12} & A_{22} & \cdots & A_{n2} \\ \vdots & \vdots & & \vdots \\ A_{1n} & A_{2n} & \cdots & A_{nn} \end{pmatrix}$, 注意到 $\boldsymbol{A}$ 的转置矩阵为 $\boldsymbol{A}^{\mathrm{T}}=\begin{pmatrix} a_{11} & a_{21} & \cdots & a_{n1} \\ a_{12} & a_{22} & \cdots & a_{n2} \\ \vdots & \vdots & & \vdots \\ a_{1n} & a_{2n} & \cdots & a_{nn} \end{pmatrix}$,

可推出 $\boldsymbol{A}^{\mathrm{T}}$ 的伴随矩阵为 $(\boldsymbol{A}^{\mathrm{T}})^*=\begin{pmatrix} A_{11} & A_{12} & \cdots & A_{1n} \\ A_{21} & A_{22} & \cdots & A_{2n} \\ \vdots & \vdots & & \vdots \\ A_{n1} & A_{n2} & \cdots & A_{nn} \end{pmatrix}$。

比较 $\boldsymbol{A}^*$ 与 $(\boldsymbol{A}^{\mathrm{T}})^*$ 可知 $(\boldsymbol{A}^*)^{\mathrm{T}}=(\boldsymbol{A}^{\mathrm{T}})^*$。

(3) 因为 $|\boldsymbol{A}|\neq 0$,故 $\boldsymbol{A}$ 可逆,$\boldsymbol{A}$ 的逆矩阵为 $\boldsymbol{A}^{-1}$,并且由 $\boldsymbol{A}^*\boldsymbol{A}=|\boldsymbol{A}|\boldsymbol{E}$ 可知 $\boldsymbol{A}^*=|\boldsymbol{A}|\boldsymbol{A}^{-1}$。

由于 $|\boldsymbol{A}|\neq 0$,故 $\boldsymbol{A}^{-1}$ 可逆且 $\boldsymbol{A}^{-1}(\boldsymbol{A}^{-1})^*=|\boldsymbol{A}^{-1}|\boldsymbol{E}$,故得

$$(\boldsymbol{A}^{-1})^*=|\boldsymbol{A}^{-1}|(\boldsymbol{A}^{-1})^{-1}=\frac{1}{|\boldsymbol{A}|}\boldsymbol{A}。$$

另一方面,$\boldsymbol{A}^*(\boldsymbol{A}^{-1})^*=|\boldsymbol{A}|\boldsymbol{A}^{-1}\dfrac{1}{|\boldsymbol{A}|}\boldsymbol{A}=\boldsymbol{E}$。由矩阵可逆的定义知,$\boldsymbol{A}^*$ 可逆,并且 $(\boldsymbol{A}^*)^{-1}=(\boldsymbol{A}^{-1})^*$。

(4) 对于(2)给出的矩阵 $\boldsymbol{A}$,有 $k\boldsymbol{A}=\begin{pmatrix} ka_{11} & ka_{12} & \cdots & ka_{1n} \\ ka_{21} & ka_{22} & \cdots & ka_{2n} \\ \vdots & \vdots & & \vdots \\ ka_{n1} & ka_{n2} & \cdots & ka_{nn} \end{pmatrix}$,

易知 ka_{ij} 的代数余子式为 $k^{n-1}A_{ij}$,故 $(k\boldsymbol{A})^*=k^{n-1}\boldsymbol{A}^*$。 □

例 25 已知三阶方阵 $\boldsymbol{A}$ 的逆矩阵为 $\boldsymbol{A}^{-1}=\begin{pmatrix} 1 & 1 & 1 \\ 1 & 2 & 1 \\ 1 & 1 & 3 \end{pmatrix}$,求 $\boldsymbol{A}$ 的伴随矩阵 $\boldsymbol{A}^*$ 的逆矩阵。

解 因为 $\boldsymbol{A}\boldsymbol{A}^*=|\boldsymbol{A}|\boldsymbol{E}$,所以

$$\boldsymbol{A}^*=|\boldsymbol{A}|\boldsymbol{A}^{-1},\quad (\boldsymbol{A}^*)^{-1}=(|\boldsymbol{A}|\boldsymbol{A}^{-1})^{-1}=\frac{1}{|\boldsymbol{A}|}(\boldsymbol{A}^{-1})^{-1}=\frac{1}{|\boldsymbol{A}|}\boldsymbol{A}。$$

已知,$\boldsymbol{A}^{-1}=\begin{pmatrix} 1 & 1 & 1 \\ 1 & 2 & 1 \\ 1 & 1 & 3 \end{pmatrix}$,从而

$$(\boldsymbol{A}^{-1} \mid \boldsymbol{E})=\left(\begin{array}{ccc:ccc} 1 & 1 & 1 & 1 & 0 & 0 \\ 1 & 2 & 1 & 0 & 1 & 0 \\ 1 & 1 & 3 & 0 & 0 & 1 \end{array}\right)\xrightarrow[r_2-r_1]{r_3-r_1}\left(\begin{array}{ccc:ccc} 1 & 1 & 1 & 1 & 0 & 0 \\ 0 & 1 & 0 & -1 & 1 & 0 \\ 0 & 0 & 2 & -1 & 0 & 1 \end{array}\right)$$

$$\xrightarrow[r_1-r_2]{r_3\times\frac{1}{2}}\left(\begin{array}{ccc:ccc}1&0&1&2&-1&0\\0&1&0&-1&1&0\\0&0&1&-\frac{1}{2}&0&\frac{1}{2}\end{array}\right)\xrightarrow{r_1-r_3}\left(\begin{array}{ccc:ccc}1&0&0&\frac{5}{2}&-1&-\frac{1}{2}\\0&1&0&-1&1&0\\0&0&1&-\frac{1}{2}&0&\frac{1}{2}\end{array}\right)$$

所以，$(\boldsymbol{A}^{-1})^{-1}=\boldsymbol{A}=\begin{pmatrix}\frac{5}{2}&-1&-\frac{1}{2}\\-1&1&0\\-\frac{1}{2}&0&\frac{1}{2}\end{pmatrix}$，而 $|\boldsymbol{A}^{-1}|=\begin{vmatrix}1&1&1\\1&2&1\\1&1&3\end{vmatrix}\overset{r_2-r_1}{\underset{r_3-r_1}{=\!=\!=}}\begin{vmatrix}1&1&1\\0&1&0\\0&0&2\end{vmatrix}=2$。

由 $\boldsymbol{AA}^{-1}=\boldsymbol{E}$，知 $|\boldsymbol{A}|=\frac{1}{|\boldsymbol{A}^{-1}|}=\frac{1}{2}$。故 $(\boldsymbol{A}^*)^{-1}=\frac{1}{|\boldsymbol{A}|}\boldsymbol{A}=2\boldsymbol{A}=\begin{pmatrix}5&-2&-1\\-2&2&0\\-1&0&1\end{pmatrix}$。 □

例 26 设三阶矩阵 $\boldsymbol{A}=\begin{pmatrix}a&b&b\\b&a&b\\b&b&a\end{pmatrix}$，若 $\boldsymbol{A}$ 的伴随矩阵的秩等于1，则必有（　　）

A. $a=b$ 或 $a+2b=0$　　B. $a=b$ 或 $a+2b\neq 0$

C. $a\neq b$ 且 $a+2b=0$　　D. $a\neq b$ 且 $a+2b\neq 0$

解 根据 $\boldsymbol{A}$ 与其伴随矩阵 $\boldsymbol{A}^*$ 秩之间的关系知，$\mathrm{r}(\boldsymbol{A})=2$，故有

$$\begin{vmatrix}a&b&b\\b&a&b\\b&b&a\end{vmatrix}=(a+2b)(a-b)^2=0,\quad \text{即有 } a+2b=0 \text{ 或 } a=b。$$

但当 $a=b$ 时，显然 $\mathrm{R}(\boldsymbol{A})\neq 2$，故必有 $a\neq b$ 且 $a+2b=0$。应选 C。 □

例 27 设 $\boldsymbol{A},\boldsymbol{B}$ 均为二阶矩阵，$\boldsymbol{A}^*,\boldsymbol{B}^*$ 分别为 $\boldsymbol{A},\boldsymbol{B}$ 的伴随矩阵，若 $|\boldsymbol{A}|=2$，$|\boldsymbol{B}|=3$，则分块矩阵 $\begin{pmatrix}\boldsymbol{O}&\boldsymbol{A}\\\boldsymbol{B}&\boldsymbol{O}\end{pmatrix}$ 的伴随矩阵为（　　）。

A. $\begin{pmatrix}\boldsymbol{O}&3\boldsymbol{B}^*\\2\boldsymbol{A}^*&\boldsymbol{O}\end{pmatrix}$　B. $\begin{pmatrix}\boldsymbol{O}&2\boldsymbol{B}^*\\3\boldsymbol{A}^*&\boldsymbol{O}\end{pmatrix}$　C. $\begin{pmatrix}\boldsymbol{O}&3\boldsymbol{A}^*\\2\boldsymbol{B}^*&\boldsymbol{O}\end{pmatrix}$　D. $\begin{pmatrix}\boldsymbol{O}&2\boldsymbol{A}^*\\3\boldsymbol{B}^*&\boldsymbol{O}\end{pmatrix}$

解 利用伴随矩阵的公式，有

$$\begin{pmatrix}\boldsymbol{O}&\boldsymbol{A}\\\boldsymbol{B}&\boldsymbol{O}\end{pmatrix}^*=\begin{vmatrix}\boldsymbol{O}&\boldsymbol{A}\\\boldsymbol{B}&\boldsymbol{O}\end{vmatrix}\begin{pmatrix}\boldsymbol{O}&\boldsymbol{A}\\\boldsymbol{B}&\boldsymbol{O}\end{pmatrix}^{-1}=(-1)^{2\times2}\,|\boldsymbol{A}|\,|\boldsymbol{B}|\begin{pmatrix}\boldsymbol{O}&\boldsymbol{B}^{-1}\\\boldsymbol{A}^{-1}&\boldsymbol{O}\end{pmatrix}$$

$$=\begin{pmatrix}\boldsymbol{O}&|\boldsymbol{A}|\,|\boldsymbol{B}|\,\boldsymbol{B}^{-1}\\|\boldsymbol{A}|\,|\boldsymbol{B}|\,\boldsymbol{A}^{-1}&\boldsymbol{O}\end{pmatrix}=\begin{pmatrix}\boldsymbol{O}&|\boldsymbol{A}|\,\boldsymbol{B}^*\\|\boldsymbol{B}|\,\boldsymbol{A}^*&\boldsymbol{O}\end{pmatrix}=\begin{pmatrix}\boldsymbol{O}&2\boldsymbol{B}^*\\3\boldsymbol{A}^*&\boldsymbol{O}\end{pmatrix}。$$

应选 B。 □

题型 7 求解矩阵方程

解题思路 利用矩阵的三种典型运算 $\boldsymbol{A}^{\mathrm{T}},\boldsymbol{A}^{-1},\boldsymbol{A}^*$ 可将已知方程化为下列形式的标准矩阵方程：$\boldsymbol{AX}=\boldsymbol{B}$，$\boldsymbol{XA}=\boldsymbol{B}$，$\boldsymbol{AXB}=\boldsymbol{C}$。利用矩阵乘法的运算规律和逆矩阵的运算性质，通过在方程两边左乘或右乘相应矩阵的逆矩阵，可分别求出其解：

$$\boldsymbol{X}=\boldsymbol{A}^{-1}\boldsymbol{B},\quad \boldsymbol{X}=\boldsymbol{BA}^{-1},\quad \boldsymbol{X}=\boldsymbol{A}^{-1}\boldsymbol{CB}^{-1}。$$

其中涉及的逆矩阵的计算，视具体情况可采用初等变换法或伴随矩阵法等。

例 28 已知 $A=\begin{pmatrix}1&1&-1\\0&1&1\\0&0&-1\end{pmatrix}$，且 $A^2-AB=E$，其中 E 是三阶单位矩阵，求矩阵 B。

解 易见 $|A|=-1$，因此 A 可逆。所以

$$A^2-AB=E \Rightarrow AB=A^2-E \Rightarrow B=A^{-1}(A^2-E)=A-A^{-1}。$$

故 $B=A-A^{-1}=\begin{pmatrix}1&1&-1\\0&1&1\\0&0&-1\end{pmatrix}-\begin{pmatrix}1&-1&-2\\0&1&1\\0&0&-1\end{pmatrix}=\begin{pmatrix}0&2&1\\0&0&0\\0&0&0\end{pmatrix}$。 □

例 29 设 A,B 均为三阶方阵，E 为三阶单位矩阵，它们满足 $AB+E=A^2+B$，其中 $A=\begin{pmatrix}1&0&1\\0&2&0\\-1&0&1\end{pmatrix}$，求矩阵 B。

解 由 A,B 满足的关系式可知 $(E-A)B=E-A^2$，因为

$$|E-A|=\begin{vmatrix}0&0&-1\\0&-1&0\\1&0&0\end{vmatrix}=-1\neq 0,$$

故 $E-A$ 可逆，因此有

$$B=(E-A)^{-1}(E-A^2)=(E-A)^{-1}(E-A)(E+A)=E+A$$
$$=\begin{pmatrix}2&0&1\\0&3&0\\-1&0&2\end{pmatrix}。$$ □

例 30 三阶方阵 A,B 满足关系式 $A^{-1}BA=6A+BA$，且 $A=\begin{pmatrix}\frac{1}{3}&0&0\\0&\frac{1}{4}&0\\0&0&\frac{1}{7}\end{pmatrix}$，求 B。

解 原方程 $\Rightarrow A^{-1}BA-BA=6A \Rightarrow (A^{-1}-E)BA=6A \Rightarrow (A^{-1}-E)B=6E$。故

$$B=6(A^{-1}-E)^{-1}=6\left(\begin{pmatrix}3&0&0\\0&4&0\\0&0&7\end{pmatrix}-\begin{pmatrix}1&0&0\\0&1&0\\0&0&1\end{pmatrix}\right)^{-1}=\begin{pmatrix}3&0&0\\0&2&0\\0&0&1\end{pmatrix}。$$ □

例 31 设矩阵 A,B 满足 $A^*BA=2BA-8E$，其中 $A=\begin{pmatrix}1&0&0\\0&-2&0\\0&0&1\end{pmatrix}$，$E$ 为单位矩阵，A^* 为 A 的伴随矩阵，求 B。

解 对于涉及 A^* 的问题，应注意关系式 $AA^*=A^*A=|A|E$。

对 $A^*BA=2BA-8E$ 两边左乘 A，右乘 A^{-1}，利用 $AA^*=A^*A=|A|E$ 及 $AA^{-1}=E$ 得 $|A|B=2AB-8E$，因此 $B=8(2A-|A|E)^{-1}$。而

$$(2\boldsymbol{A}-|\boldsymbol{A}|\boldsymbol{E})=\begin{pmatrix}4&&\\&-2&\\&&4\end{pmatrix},$$

故

$$\boldsymbol{B}=8\begin{pmatrix}4&&\\&-2&\\&&4\end{pmatrix}^{-1}=8\begin{pmatrix}\frac{1}{4}&&\\&-\frac{1}{2}&\\&&\frac{1}{4}\end{pmatrix}=\begin{pmatrix}2&&\\&-4&\\&&2\end{pmatrix}。$$

□

2.3 考研真题选讲

(1)(1995,数三、数四) 设$\boldsymbol{A}=\begin{pmatrix}1&0&0\\2&2&0\\3&4&5\end{pmatrix}$,$\boldsymbol{A}^*$是$\boldsymbol{A}$的伴随矩阵,则$(\boldsymbol{A}^*)^{-1}=$________。

解 对于涉及$\boldsymbol{A}^*$的问题,应注意关系式$\boldsymbol{A}\boldsymbol{A}^*=\boldsymbol{A}^*\boldsymbol{A}=|\boldsymbol{A}|\boldsymbol{E}$。故

$$\boldsymbol{A}^*=|\boldsymbol{A}|\boldsymbol{A}^{-1},\quad (\boldsymbol{A}^*)^{-1}=(|\boldsymbol{A}|\boldsymbol{A}^{-1})^{-1}=\frac{1}{|\boldsymbol{A}|}\boldsymbol{A}=\frac{1}{10}\boldsymbol{A}=\begin{pmatrix}\frac{1}{10}&0&0\\\frac{1}{5}&\frac{1}{5}&0\\\frac{3}{10}&\frac{2}{5}&\frac{1}{2}\end{pmatrix}。$$

□

(2)(1996,数三、数四) 设n阶矩阵$\boldsymbol{A}$非奇异$(n\geqslant 2)$,$\boldsymbol{A}^*$是$\boldsymbol{A}$的伴随矩阵,则(　　)。

A. $(\boldsymbol{A}^*)^*=|\boldsymbol{A}|^{n-1}\boldsymbol{A}$　　B. $(\boldsymbol{A}^*)^*=|\boldsymbol{A}|^{n+1}\boldsymbol{A}$

C. $(\boldsymbol{A}^*)^*=|\boldsymbol{A}|^{n-2}\boldsymbol{A}$　　D. $(\boldsymbol{A}^*)^*=|\boldsymbol{A}|^{n+2}\boldsymbol{A}$

解 本题选C。

涉及$\boldsymbol{A}^*$的问题,应注意关系式$\boldsymbol{A}\boldsymbol{A}^*=\boldsymbol{A}^*\boldsymbol{A}=|\boldsymbol{A}|\boldsymbol{E}$。

由$\boldsymbol{A}^*=|\boldsymbol{A}|\boldsymbol{A}^{-1}$,知$(\boldsymbol{A}^*)^*=(|\boldsymbol{A}|\boldsymbol{A}^{-1})^*=||\boldsymbol{A}|\boldsymbol{A}^{-1}|(|\boldsymbol{A}|\boldsymbol{A}^{-1})^{-1}=(|\boldsymbol{A}|^n|\boldsymbol{A}^{-1}|)\cdot(|\boldsymbol{A}|^{-1}\boldsymbol{A})=|\boldsymbol{A}|^{n-2}\boldsymbol{A}$。

□

(3)(1998,数三) 设$n(n\geqslant 3)$阶矩阵$\boldsymbol{A}=\begin{pmatrix}1&a&a&\cdots&a\\a&1&a&\cdots&a\\a&a&1&\cdots&a\\\vdots&\vdots&\vdots&\ddots&\vdots\\a&a&a&\cdots&1\end{pmatrix}$,若矩阵$\boldsymbol{A}$的秩为$n-1$,则$a$必为(　　)。

A. 1　　B. $\frac{1}{1-n}$　　C. -1　　D. $\frac{1}{n-1}$

解 本题选B。

$$|\boldsymbol{A}|=\begin{vmatrix}1&a&a&\cdots&a\\a&1&a&\cdots&a\\a&a&1&\cdots&a\\\vdots&\vdots&\vdots&\ddots&\vdots\\a&a&a&\cdots&1\end{vmatrix}=\begin{vmatrix}(n-1)a+1&(n-1)a+1&(n-1)a+1&\cdots&(n-1)a+1\\a&1&a&\cdots&a\\a&a&1&\cdots&a\\\vdots&\vdots&\vdots&\ddots&\vdots\\a&a&a&\cdots&1\end{vmatrix}$$

$$=[(n-1)a+1]\begin{vmatrix}1&1&\cdots&1\\a&1&\cdots&a\\\vdots&\vdots&\ddots&\vdots\\a&a&\cdots&1\end{vmatrix}=[(n-1)a+1]\begin{vmatrix}1&1&\cdots&1\\0&1-a&\cdots&0\\\vdots&\vdots&\ddots&\vdots\\0&0&\cdots&1-a\end{vmatrix}$$

$$=(1-a)^n[(n-1)a+1]。$$

可见$|\boldsymbol{A}|=0$时必有$a=1$或$a=\dfrac{1}{1-n}$。但$a=1$时显然$\mathrm{r}(\boldsymbol{A})=1$,与假设矛盾,故必有$a=\dfrac{1}{1-n}$。 □

(4)(1999,数一) 设$\boldsymbol{A}$是$m\times n$矩阵,$\boldsymbol{B}$是$n\times m$矩阵,则(　　)。

A. 当$m>n$时,必有行列式$|\boldsymbol{AB}|\neq0$　　B. 当$m>n$时,必有行列式$|\boldsymbol{AB}|=0$

C. 当$n>m$时,必有行列式$|\boldsymbol{AB}|\neq0$　　D. 当$n>m$时,必有行列式$|\boldsymbol{AB}|=0$

解 本题选B。

因$\boldsymbol{AB}$是m阶方阵,因此$|\boldsymbol{AB}|$是否等于0,取决于$\boldsymbol{AB}$的秩是否小于m。

因为$\mathrm{r}(\boldsymbol{AB})\leqslant\min\{\mathrm{r}(\boldsymbol{A}),\mathrm{r}(\boldsymbol{B})\}\leqslant n$,所以当$m>n$时,$\mathrm{r}(\boldsymbol{AB})<m$,因此有$|\boldsymbol{AB}|=0$。 □

(5)(2000,数一) 设矩阵$\boldsymbol{A}$的伴随矩阵$\boldsymbol{A}^*=\begin{pmatrix}1&0&0&0\\0&1&0&0\\1&0&1&0\\0&-3&0&8\end{pmatrix}$且$\boldsymbol{ABA}^{-1}=\boldsymbol{BA}^{-1}+3\boldsymbol{E}$,其中$\boldsymbol{E}$为四阶单位矩阵,求矩阵$\boldsymbol{B}$。

解 $\boldsymbol{ABA}^{-1}=\boldsymbol{BA}^{-1}+3\boldsymbol{E}\xrightarrow{\text{右乘}\boldsymbol{A}}\boldsymbol{AB}=\boldsymbol{B}+3\boldsymbol{A}\xrightarrow{\text{左乘}\boldsymbol{A}^*}|\boldsymbol{A}|\boldsymbol{B}=\boldsymbol{A}^*\boldsymbol{B}+3|\boldsymbol{A}|\boldsymbol{E}$。

由$|\boldsymbol{A}^*|=|\boldsymbol{A}|^{n-1}$,有$|\boldsymbol{A}|^3=8$,得$|\boldsymbol{A}|=2$。代入上式中,可得$(2\boldsymbol{E}-\boldsymbol{A}^*)\boldsymbol{B}=6\boldsymbol{E}$,故

$$\boldsymbol{B}=6(2\boldsymbol{E}-\boldsymbol{A}^*)^{-1}=6\begin{pmatrix}1&0&0&0\\0&1&0&0\\-1&0&1&0\\0&3&0&-6\end{pmatrix}^{-1}=\begin{pmatrix}6&0&0&0\\0&6&0&0\\6&0&6&0\\0&3&0&-1\end{pmatrix}。$$ □

(6)(2000,数二) 设$\boldsymbol{A}=\begin{pmatrix}1&0&0&0\\-2&3&0&0\\0&-4&5&0\\0&0&-6&-7\end{pmatrix}$,$\boldsymbol{E}$为四阶单位矩阵,且$\boldsymbol{B}=(\boldsymbol{E}+\boldsymbol{A})^{-1}(\boldsymbol{E}-\boldsymbol{A})$,则$(\boldsymbol{E}+\boldsymbol{B})^{-1}=$________。

解 $\boldsymbol{B}=(\boldsymbol{E}+\boldsymbol{A})^{-1}(\boldsymbol{E}-\boldsymbol{A})\Rightarrow(\boldsymbol{E}+\boldsymbol{A})\boldsymbol{B}=\boldsymbol{E}-\boldsymbol{A}\Rightarrow\boldsymbol{B}+\boldsymbol{AB}+\boldsymbol{A}=\boldsymbol{E}$,

$\Rightarrow\boldsymbol{E}+\boldsymbol{B}+\boldsymbol{A}(\boldsymbol{E}+\boldsymbol{B})=2\boldsymbol{E}\Rightarrow(\boldsymbol{E}+\boldsymbol{B})(\boldsymbol{E}+\boldsymbol{A})=2\boldsymbol{E}\Rightarrow$

$$(\boldsymbol{E}+\boldsymbol{B})^{-1}=\frac{1}{2}(\boldsymbol{E}+\boldsymbol{A})=\begin{pmatrix}1&0&0&0\\-1&2&0&0\\0&-2&3&0\\0&0&-3&-3\end{pmatrix}。$$ □

(7) (2002,数二) 已知 $\boldsymbol{A},\boldsymbol{B}$ 为三阶矩阵,且满足 $2\boldsymbol{A}^{-1}\boldsymbol{B}=\boldsymbol{B}-4\boldsymbol{E}$,其中 $\boldsymbol{E}$ 是三阶单位矩阵。

(Ⅰ) 证明:矩阵 $\boldsymbol{A}-2\boldsymbol{E}$ 可逆。 (Ⅱ) 若 $\boldsymbol{B}=\begin{pmatrix}1&-2&0\\1&2&0\\0&0&2\end{pmatrix}$,求矩阵 $\boldsymbol{A}$。

解 (Ⅰ) 原方程可化为 $\boldsymbol{AB}-2\boldsymbol{B}-4\boldsymbol{A}=\boldsymbol{O}$。设 a 和 b 是待定系数,使方程化为如下形式 $(\boldsymbol{A}-2\boldsymbol{E})(\boldsymbol{B}+a\boldsymbol{E})=b\boldsymbol{E}$,即 $\boldsymbol{AB}-2\boldsymbol{B}+a\boldsymbol{A}-(2a+b)\boldsymbol{E}=\boldsymbol{O}$。比较可得 $a=-4,b=8$。于是原方程化为

$$(\boldsymbol{A}-2\boldsymbol{E})(\boldsymbol{B}-4\boldsymbol{E})=8\boldsymbol{E}\Rightarrow(\boldsymbol{A}-2\boldsymbol{E})\left[\frac{1}{8}(\boldsymbol{B}-4\boldsymbol{E})\right]=\boldsymbol{E}。$$

这就证明了 $\boldsymbol{A}-2\boldsymbol{E}$ 可逆。

(Ⅱ) 由(1)得 $\boldsymbol{A}=2\boldsymbol{E}+8(\boldsymbol{B}-4\boldsymbol{E})^{-1}$,因此

$$(\boldsymbol{B}-4\boldsymbol{E})^{-1}=\begin{pmatrix}-3&-2&0\\1&-2&0\\0&0&-2\end{pmatrix}^{-1}=\begin{pmatrix}-\frac{1}{4}&\frac{1}{4}&0\\-\frac{1}{8}&-\frac{3}{8}&0\\0&0&-\frac{1}{2}\end{pmatrix},$$

故 $\boldsymbol{A}=\begin{pmatrix}0&2&0\\-1&-1&0\\0&0&-2\end{pmatrix}$。 □

(8) (2003,数二) 设三阶方阵 $\boldsymbol{A},\boldsymbol{B}$ 满足 $\boldsymbol{A}^2\boldsymbol{B}-\boldsymbol{A}-\boldsymbol{B}=\boldsymbol{E}$,其中 $\boldsymbol{E}$ 为三阶单位矩阵,若 $\boldsymbol{A}=\begin{pmatrix}1&0&1\\0&2&0\\-2&0&1\end{pmatrix}$,则 $|\boldsymbol{B}|=$________。

解 由 $\boldsymbol{A}^2\boldsymbol{B}-\boldsymbol{A}-\boldsymbol{B}=\boldsymbol{E}$ 知,$(\boldsymbol{A}^2-\boldsymbol{E})\boldsymbol{B}=\boldsymbol{A}+\boldsymbol{E}$,即 $(\boldsymbol{A}+\boldsymbol{E})(\boldsymbol{A}-\boldsymbol{E})\boldsymbol{B}=\boldsymbol{A}+\boldsymbol{E}$。易知矩阵 $\boldsymbol{A}+\boldsymbol{E}$ 可逆,于是有 $(\boldsymbol{A}-\boldsymbol{E})\boldsymbol{B}=\boldsymbol{E}$。再两边取行列式,得 $|\boldsymbol{A}-\boldsymbol{E}||\boldsymbol{B}|=1$。因为

$$|\boldsymbol{A}-\boldsymbol{E}|=\begin{vmatrix}0&0&1\\0&1&0\\-2&0&0\end{vmatrix}=2,\text{所以 }|\boldsymbol{B}|=\frac{1}{2}。$$ □

(9) (2004,数一、数二) 设矩阵 $\boldsymbol{A}=\begin{pmatrix}2&1&0\\1&2&0\\0&0&1\end{pmatrix}$,矩阵 $\boldsymbol{B}$ 满足 $\boldsymbol{ABA}^*=2\boldsymbol{BA}^*+\boldsymbol{E}$,其中 $\boldsymbol{A}^*$ 为 $\boldsymbol{A}$ 的伴随矩阵,$\boldsymbol{E}$ 是单位矩阵,则 $|\boldsymbol{B}|=$________。

解 已知等式两边同时右乘 $\boldsymbol{A}$,得 $\boldsymbol{ABA}^*\boldsymbol{A}=2\boldsymbol{BA}^*\boldsymbol{A}+\boldsymbol{A}$,而 $|\boldsymbol{A}|=3$,于是有 $3\boldsymbol{AB}=6\boldsymbol{B}+\boldsymbol{A}$,即 $(3\boldsymbol{A}-6\boldsymbol{E})\boldsymbol{B}=\boldsymbol{A}$。再两边取行列式,有 $|3\boldsymbol{A}-6\boldsymbol{E}||\boldsymbol{B}|=|\boldsymbol{A}|=3$,而 $|3\boldsymbol{A}-6\boldsymbol{E}|=$

27,故所求行列式为$|\boldsymbol{B}|=\frac{1}{9}$。 □

(10)(2005,数三) 设矩阵$\boldsymbol{A}=(a_{ij})_{3\times 3}$满足$\boldsymbol{A}^*=\boldsymbol{A}^{\mathrm{T}}$,其中$\boldsymbol{A}^*$为$\boldsymbol{A}$的伴随矩阵,$\boldsymbol{A}^{\mathrm{T}}$为$\boldsymbol{A}$的转置矩阵。若$a_{11},a_{12},a_{13}$为三个相等的正数,则$a_{11}$为(　　)。

A. $\frac{\sqrt{3}}{3}$　　B. 3　　C. $\frac{1}{3}$　　D. $\sqrt{3}$

解 由$\boldsymbol{A}^*=\boldsymbol{A}^{\mathrm{T}}$及$\boldsymbol{A}\boldsymbol{A}^*=\boldsymbol{A}^*\boldsymbol{A}=|\boldsymbol{A}|\boldsymbol{E}$,有$a_{ij}=A_{ij},i,j=1,2,3$,其中$A_{ij}$为$a_{ij}$的代数余子式,且$\boldsymbol{A}\boldsymbol{A}^{\mathrm{T}}=|\boldsymbol{A}|\boldsymbol{E}\Rightarrow|\boldsymbol{A}|^2=|\boldsymbol{A}|^3\Rightarrow|\boldsymbol{A}|=0$或$|\boldsymbol{A}|=1$。而

$$|\boldsymbol{A}|=a_{11}A_{11}+a_{12}A_{12}+a_{13}A_{13}=3a_{11}^2\neq 0,\quad 于是\ |\boldsymbol{A}|=1,\quad 且\ a_{11}=\frac{\sqrt{3}}{3}。$$

故正确选项为A。 □

(11)(2005,数一、数二) 设$\boldsymbol{A}$为$n(n\geqslant 2)$阶可逆矩阵,交换$\boldsymbol{A}$的第一行与第二行得矩阵$\boldsymbol{B}$,$\boldsymbol{A}^*$,$\boldsymbol{B}^*$分别为$\boldsymbol{A}$,$\boldsymbol{B}$的伴随矩阵,则(　　)。

A. 交换$\boldsymbol{A}^*$的第一列与第二列得$\boldsymbol{B}^*$　　B. 交换$\boldsymbol{A}^*$的第一行与第二行得$\boldsymbol{B}^*$

C. 交换$\boldsymbol{A}^*$的第一列与第二列得$-\boldsymbol{B}^*$　　D. 交换$\boldsymbol{A}^*$的第一行与第二行得$-\boldsymbol{B}^*$。

解 由题设,存在初等矩阵$\boldsymbol{E}_{12}$(交换n阶单位矩阵的第一行与第二行所得),使得$\boldsymbol{E}_{12}\boldsymbol{A}=\boldsymbol{B}$,根据本章例24的结论(1)有$\boldsymbol{B}^*=(\boldsymbol{E}_{12}\boldsymbol{A})^*=\boldsymbol{A}^*\boldsymbol{E}_{12}^*=\boldsymbol{A}^*|\boldsymbol{E}_{12}|\cdot\boldsymbol{E}_{12}{}^{-1}=-\boldsymbol{A}^*\boldsymbol{E}_{12}$,即$\boldsymbol{A}^*\boldsymbol{E}_{12}=-\boldsymbol{B}^*$,应选C. □

(12)(2006,数一、数二、数三) 设矩阵$\boldsymbol{A}=\begin{pmatrix}2&1\\-1&2\end{pmatrix}$,$\boldsymbol{E}$为二阶单位矩阵,矩阵$\boldsymbol{B}$满足$\boldsymbol{BA}=\boldsymbol{B}+2\boldsymbol{E}$,则$|\boldsymbol{B}|=$________。

解 由题设,有$\boldsymbol{B}(\boldsymbol{A}-\boldsymbol{E})=2\boldsymbol{E}$。于是有$|\boldsymbol{B}||\boldsymbol{A}-\boldsymbol{E}|=4$。而$|\boldsymbol{A}-\boldsymbol{E}|=\begin{vmatrix}1&1\\-1&1\end{vmatrix}=2$。所以$|\boldsymbol{B}|=2$。 □

(13)(2008,数一、数二、数三、数四) 设$\boldsymbol{A}$为n阶非零矩阵,$\boldsymbol{E}$为n阶单位矩阵,若$\boldsymbol{A}^3=\boldsymbol{O}$,则(　　)。

A. $\boldsymbol{E}-\boldsymbol{A}$不可逆,$\boldsymbol{E}+\boldsymbol{A}$不可逆;　　B. $\boldsymbol{E}-\boldsymbol{A}$不可逆,$\boldsymbol{E}+\boldsymbol{A}$可逆;

C. $\boldsymbol{E}-\boldsymbol{A}$可逆,$\boldsymbol{E}+\boldsymbol{A}$可逆;　　D. $\boldsymbol{E}-\boldsymbol{A}$可逆,$\boldsymbol{E}+\boldsymbol{A}$不可逆。

解 由$\boldsymbol{A}^3=\boldsymbol{O}$可推出$\boldsymbol{E}=\boldsymbol{E}-\boldsymbol{O}=\boldsymbol{E}-\boldsymbol{A}^3=(\boldsymbol{E}-\boldsymbol{A})(\boldsymbol{E}+\boldsymbol{A}+\boldsymbol{A}^2)$。同理$\boldsymbol{E}=\boldsymbol{E}+\boldsymbol{O}=\boldsymbol{E}+\boldsymbol{A}^3=(\boldsymbol{E}+\boldsymbol{A})(\boldsymbol{E}-\boldsymbol{A}+\boldsymbol{A}^2)$。所以$\boldsymbol{E}-\boldsymbol{A}$,$\boldsymbol{E}+\boldsymbol{A}$均可逆。故选C。 □

(14)(2010,数一) 设$\boldsymbol{A}$为$m\times n$的矩阵,$\boldsymbol{B}$为$n\times m$的矩阵,$\boldsymbol{E}$为m阶单位矩阵,若$\boldsymbol{AB}=\boldsymbol{E}$,则(　　)。

A. $\mathrm{r}(\boldsymbol{A})=m,\mathrm{r}(\boldsymbol{B})=m$　　B. $\mathrm{r}(\boldsymbol{A})=m,\mathrm{r}(\boldsymbol{B})=n$

C. $\mathrm{r}(\boldsymbol{A})=n,\mathrm{r}(\boldsymbol{B})=m$　　D. $\mathrm{r}(\boldsymbol{A})=n,\mathrm{r}(\boldsymbol{B})=n$

解 由$\boldsymbol{AB}=\boldsymbol{E}_{m\times m}$有$\mathrm{r}(\boldsymbol{AB})=\mathrm{r}(\boldsymbol{E})=m$。

由$\mathrm{r}(\boldsymbol{AB})\leqslant\min\{\mathrm{r}(\boldsymbol{A}),\mathrm{r}(\boldsymbol{B})\}$知$\mathrm{r}(\boldsymbol{A})\geqslant m,\mathrm{r}(\boldsymbol{B})\geqslant m$。

又$\boldsymbol{A}$为$m\times n$矩阵,$\boldsymbol{B}$为$n\times m$矩阵,因此$\mathrm{r}(\boldsymbol{A})\leqslant m,\mathrm{r}(\boldsymbol{B})\leqslant m$。

综上，$r(\boldsymbol{A})=m$，$r(\boldsymbol{B})=m$，应选 A。 □

(15)（2010，数二、数三） 设 $\boldsymbol{A},\boldsymbol{B}$ 为三阶矩阵，且 $|\boldsymbol{A}|=3$，$|\boldsymbol{B}|=2$，$|\boldsymbol{A}^{-1}+\boldsymbol{B}|=2$，则 $|\boldsymbol{A}+\boldsymbol{B}^{-1}|=$ ________。

解 易见 $\boldsymbol{A}(\boldsymbol{A}^{-1}+\boldsymbol{B})=\boldsymbol{E}+\boldsymbol{AB}$，$(\boldsymbol{A}+\boldsymbol{B}^{-1})\boldsymbol{B}=\boldsymbol{AB}+\boldsymbol{E}$，所以 $\boldsymbol{A}(\boldsymbol{A}^{-1}+\boldsymbol{B})=(\boldsymbol{A}+\boldsymbol{B}^{-1})\boldsymbol{B}$，进而 $|\boldsymbol{A}||\boldsymbol{A}^{-1}+\boldsymbol{B}|=|\boldsymbol{A}+\boldsymbol{B}^{-1}||\boldsymbol{B}|$，代入条件中的数据可得 $3\times2=|\boldsymbol{A}+\boldsymbol{B}^{-1}|\cdot2$，因此 $|\boldsymbol{A}+\boldsymbol{B}^{-1}|=3$。 □

(16)（2012，数一、数二、数三） 设 $\boldsymbol{A}$ 为三阶矩阵，$\boldsymbol{P}$ 为三阶可逆矩阵，且 $\boldsymbol{P}^{-1}\boldsymbol{AP}=\begin{pmatrix}1&0&0\\0&1&0\\0&0&2\end{pmatrix}$。若 $\boldsymbol{P}=(\boldsymbol{\alpha}_1,\boldsymbol{\alpha}_2,\boldsymbol{\alpha}_3)$，$\boldsymbol{Q}=(\boldsymbol{\alpha}_1+\boldsymbol{\alpha}_2,\boldsymbol{\alpha}_2,\boldsymbol{\alpha}_3)$，则 $\boldsymbol{Q}^{-1}\boldsymbol{AQ}=$（ ）。

A. $\begin{pmatrix}1&0&0\\0&2&0\\0&0&1\end{pmatrix}$ B. $\begin{pmatrix}1&0&0\\0&1&0\\0&0&2\end{pmatrix}$ C. $\begin{pmatrix}2&0&0\\0&1&0\\0&0&2\end{pmatrix}$ D. $\begin{pmatrix}2&0&0\\0&2&0\\0&0&1\end{pmatrix}$

解 由已知条件有 $\boldsymbol{Q}=\boldsymbol{P}\begin{pmatrix}1&0&0\\1&1&0\\0&0&1\end{pmatrix}$，进而 $\boldsymbol{Q}^{-1}=\begin{pmatrix}1&0&0\\1&1&0\\0&0&1\end{pmatrix}^{-1}\boldsymbol{P}^{-1}=\begin{pmatrix}1&0&0\\-1&1&0\\0&0&1\end{pmatrix}\boldsymbol{P}^{-1}$，

因此

$$\boldsymbol{Q}^{-1}\boldsymbol{AQ}=\begin{pmatrix}1&0&0\\1&1&0\\0&0&1\end{pmatrix}^{-1}\boldsymbol{P}^{-1}\boldsymbol{AP}\begin{pmatrix}1&0&0\\1&1&0\\0&0&1\end{pmatrix}=\begin{pmatrix}1&0&0\\-1&1&0\\0&0&1\end{pmatrix}\begin{pmatrix}1&0&0\\0&1&0\\0&0&2\end{pmatrix}\begin{pmatrix}1&0&0\\1&1&0\\0&0&1\end{pmatrix}=\begin{pmatrix}1&0&0\\0&1&0\\0&0&2\end{pmatrix}。$$

故选 B。 □

(17)（2013，数一、数二、数三） 设 $\boldsymbol{A}=(a_{ij})$ 是三阶非零矩阵，A_{ij} 为 a_{ij} 的代数余子式。若 $a_{ij}+A_{ij}=0(i,j=1,2,3)$，则 $|\boldsymbol{A}|=$ ________。

解 根据已知条件易联想到利用重要公式 $\boldsymbol{AA}^*=|\boldsymbol{A}|\boldsymbol{E}$。

由 $a_{ij}+A_{ij}=0$ 有 $A_{ij}=-a_{ij}(i,j=1,2,3)$ 得

$$\boldsymbol{A}^*=\begin{pmatrix}A_{11}&A_{21}&A_{31}\\A_{12}&A_{22}&A_{32}\\A_{13}&A_{23}&A_{33}\end{pmatrix}=\begin{pmatrix}-a_{11}&-a_{21}&-a_{31}\\-a_{12}&-a_{22}&-a_{32}\\-a_{13}&-a_{23}&-a_{33}\end{pmatrix}=-\begin{pmatrix}a_{11}&a_{21}&a_{31}\\a_{12}&a_{22}&a_{32}\\a_{13}&a_{23}&a_{33}\end{pmatrix}=-\boldsymbol{A}^{\mathrm{T}}。$$

两边取行列式得 $|\boldsymbol{A}^*|=|-\boldsymbol{A}^{\mathrm{T}}|\Rightarrow|\boldsymbol{A}|^{3-1}=(-1)^3|\boldsymbol{A}^{\mathrm{T}}|\Rightarrow|\boldsymbol{A}|^2=-|\boldsymbol{A}|\Rightarrow|\boldsymbol{A}|=0$ 或 -1。

当 $|\boldsymbol{A}|=0$ 时，由 $\boldsymbol{AA}^*=|\boldsymbol{A}|\boldsymbol{E}$，可知 $\boldsymbol{AA}^*=\boldsymbol{O}$，因为前面已经推出 $\boldsymbol{A}^*=-\boldsymbol{A}^{\mathrm{T}}$，所以 $\boldsymbol{AA}^{\mathrm{T}}=\boldsymbol{O}$。又 $0=r(\boldsymbol{AA}^{\mathrm{T}})=r(\boldsymbol{A})$，故 $\boldsymbol{A}=\boldsymbol{O}$。这与已知矛盾，所以 $|\boldsymbol{A}|\neq0$，即 $|\boldsymbol{A}|=-1$。 □

注 也可以如下证明 $|\boldsymbol{A}|\neq0$：由 $\boldsymbol{A}$ 为非零矩阵，不妨设 $a_{11}\neq0$。于是，根据行列式的按行展开定理得 $|\boldsymbol{A}|=a_{11}A_{11}+a_{12}A_{12}+a_{13}A_{13}=-(a_{11}^2+a_{12}^2+a_{13}^2)<0$。

(18)（2015，数二、数三） 设矩阵 $\boldsymbol{A}=\begin{pmatrix}a&1&0\\1&a&-1\\0&1&a\end{pmatrix}$，且 $\boldsymbol{A}^3=\boldsymbol{O}$。

(Ⅰ) 求 a 的值;

(Ⅱ) 若矩阵 $\boldsymbol{X}$ 满足 $\boldsymbol{X}-\boldsymbol{X}\boldsymbol{A}^2-\boldsymbol{A}\boldsymbol{X}+\boldsymbol{A}\boldsymbol{X}\boldsymbol{A}^2=\boldsymbol{E}$,其中 $\boldsymbol{E}$ 为三阶单位矩阵,求 $\boldsymbol{X}$。

解 (Ⅰ) 由 $\boldsymbol{A}^3=\boldsymbol{O}$ 知 $|\boldsymbol{A}|=0$,即

$$\begin{vmatrix} a & 1 & 0 \\ 1 & a & -1 \\ 0 & 1 & a \end{vmatrix}=a\begin{vmatrix} a & -1 \\ 1 & a \end{vmatrix}-\begin{vmatrix} 1 & -1 \\ 0 & a \end{vmatrix}=a^3=0\Rightarrow a=0。$$

(Ⅱ) 由 $\boldsymbol{X}-\boldsymbol{X}\boldsymbol{A}^2-\boldsymbol{A}\boldsymbol{X}+\boldsymbol{A}\boldsymbol{X}\boldsymbol{A}^2=\boldsymbol{E}$ 可以推出 $\boldsymbol{X}(\boldsymbol{E}-\boldsymbol{A}^2)-\boldsymbol{A}\boldsymbol{X}(\boldsymbol{E}-\boldsymbol{A}^2)=\boldsymbol{E}$,进而 $(\boldsymbol{E}-\boldsymbol{A})\boldsymbol{X}(\boldsymbol{E}-\boldsymbol{A}^2)=\boldsymbol{E}$。由此可以解出

$$\begin{aligned}\boldsymbol{X}&=(\boldsymbol{E}-\boldsymbol{A})^{-1}\boldsymbol{E}(\boldsymbol{E}-\boldsymbol{A}^2)^{-1}=(\boldsymbol{E}-\boldsymbol{A})^{-1}(\boldsymbol{E}-\boldsymbol{A}^2)^{-1}\\&=[(\boldsymbol{E}-\boldsymbol{A}^2)(\boldsymbol{E}-\boldsymbol{A})]^{-1}=(\boldsymbol{E}-\boldsymbol{A}-\boldsymbol{A}^2)^{-1}。\end{aligned}$$

对矩阵 $(\boldsymbol{E}-\boldsymbol{A}-\boldsymbol{A}^2 \,\vdots\, \boldsymbol{E})$ 作初等行变换有

$$(\boldsymbol{E}-\boldsymbol{A}-\boldsymbol{A}^2 \,\vdots\, \boldsymbol{E})=\left(\begin{array}{ccc:ccc} 0 & -1 & 1 & 1 & 0 & 0 \\ -1 & 1 & 1 & 0 & 1 & 0 \\ -1 & -1 & 2 & 0 & 0 & 1 \end{array}\right)\to\left(\begin{array}{ccc:ccc} 1 & -1 & -1 & 0 & -1 & 0 \\ 0 & -1 & 1 & 1 & 0 & 0 \\ -1 & -1 & 2 & 0 & 0 & 1 \end{array}\right)$$

$$\to\left(\begin{array}{ccc:ccc} 1 & -1 & -1 & 0 & -1 & 0 \\ 0 & 1 & -1 & -1 & 0 & 0 \\ 0 & -2 & 1 & 0 & -1 & 1 \end{array}\right)\to\left(\begin{array}{ccc:ccc} 1 & -1 & -1 & 0 & -1 & 0 \\ 0 & 1 & -1 & -1 & 0 & 0 \\ 0 & 0 & -1 & -2 & -1 & 1 \end{array}\right)$$

$$\to\left(\begin{array}{ccc:ccc} 1 & 0 & 0 & 3 & 1 & -2 \\ 0 & 1 & 0 & 1 & 1 & -1 \\ 0 & 0 & 1 & 2 & 1 & -1 \end{array}\right),$$

因此 $\boldsymbol{X}=\begin{pmatrix} 3 & 1 & -2 \\ 1 & 1 & -1 \\ 2 & 1 & -1 \end{pmatrix}$。 □

(19) (2016, 数二, 4 分) 设矩阵 $\begin{pmatrix} a & -1 & -1 \\ -1 & a & -1 \\ -1 & -1 & a \end{pmatrix}$ 与 $\begin{pmatrix} 1 & 1 & 0 \\ 0 & -1 & -1 \\ 1 & 0 & 1 \end{pmatrix}$ 等价,则 $a=$________。

解 由常规方法可以算出 $\begin{pmatrix} 1 & 1 & 0 \\ 0 & -1 & -1 \\ 1 & 0 & 1 \end{pmatrix}$ 的秩为 2。因为两个等价的矩阵秩相等,所以矩阵 $\begin{pmatrix} a & -1 & -1 \\ -1 & a & -1 \\ -1 & -1 & a \end{pmatrix}$ 的秩也为 2,即 $\begin{pmatrix} a & -1 & -1 \\ -1 & a & -1 \\ -1 & -1 & a \end{pmatrix}$ 不满秩,因此

$$|\boldsymbol{A}|=\begin{vmatrix} a & -1 & -1 \\ -1 & a & -1 \\ -1 & -1 & a \end{vmatrix}=(a-2)(a+1)^2=0。$$

解之得 $a=-1$ 或 $a=2$。又当 $a=-1$ 时,$\mathrm{r}(\boldsymbol{A})=1$,两个矩阵秩不相等,这与它们等价矛盾;所以 $a=2$,此时两个矩阵等价。 □

(20) (2018, 数一、数二、数三) 设 $\boldsymbol{A},\boldsymbol{B}$ 为 n 阶矩阵,记 $\mathrm{r}(\boldsymbol{X})$ 为矩阵 $\boldsymbol{X}$ 的秩,$(\boldsymbol{X},\boldsymbol{Y})$ 表

示分块矩阵，则（　　）。

A. $r(\boldsymbol{A},\boldsymbol{AB})=r(\boldsymbol{A})$。　　B. $r(\boldsymbol{A},\boldsymbol{BA})=r(\boldsymbol{A})$

C. $r(\boldsymbol{A},\boldsymbol{B})=\max\{r(\boldsymbol{A}),r(\boldsymbol{B})\}$.　　D. $r(\boldsymbol{A},\boldsymbol{B})=r(\boldsymbol{A}^{\mathrm{T}},\boldsymbol{B}^{\mathrm{T}})$。

解　首先易见 $r(\boldsymbol{A},\boldsymbol{AB})\geqslant r(\boldsymbol{A})$，其次 $r(\boldsymbol{A},\boldsymbol{AB})=r(\boldsymbol{A}(\boldsymbol{E},\boldsymbol{B}))\leqslant r(\boldsymbol{A})$，故 $r(\boldsymbol{A},\boldsymbol{AB})=r(\boldsymbol{A})$，所以应选 A。

B 错误。反例：$\boldsymbol{A}=\begin{pmatrix}1&0\\0&0\end{pmatrix},\boldsymbol{B}=\begin{pmatrix}1&0\\1&1\end{pmatrix},r(\boldsymbol{A},\boldsymbol{BA})=r\begin{pmatrix}1&0&1&0\\0&0&1&0\end{pmatrix}=2\neq1=r(\boldsymbol{A})$。

C 错误。反例：$\boldsymbol{A}=\begin{pmatrix}1&0\\0&0\end{pmatrix},\boldsymbol{B}=\begin{pmatrix}0&0\\0&1\end{pmatrix}$。事实上，$r(\boldsymbol{A},\boldsymbol{B})\geqslant\max\{r(\boldsymbol{A}),r(\boldsymbol{B})\}$。

D 错误。反例：$\boldsymbol{A}=\begin{pmatrix}1&0\\0&0\end{pmatrix},\boldsymbol{B}=\begin{pmatrix}0&0\\1&0\end{pmatrix}$，

$$r(\boldsymbol{A},\boldsymbol{B})=r\begin{pmatrix}1&0&0&0\\0&0&1&0\end{pmatrix}=2\neq r(\boldsymbol{A}^{\mathrm{T}},\boldsymbol{B}^{\mathrm{T}})=r\begin{pmatrix}1&0&0&1\\0&0&0&0\end{pmatrix}=1。$$ □

(21)（2021，数一）　设 $\boldsymbol{A},\boldsymbol{B}$ 都是 n 阶实矩阵，下列选项不成立的是（　　）。

A. $r\begin{pmatrix}\boldsymbol{A}&\boldsymbol{O}\\\boldsymbol{O}&\boldsymbol{A}^{\mathrm{T}}\boldsymbol{A}\end{pmatrix}=2r(\boldsymbol{A})$　　B. $r\begin{pmatrix}\boldsymbol{A}&\boldsymbol{AB}\\\boldsymbol{O}&\boldsymbol{A}^{\mathrm{T}}\end{pmatrix}=2r(\boldsymbol{A})$

C. $r\begin{pmatrix}\boldsymbol{A}&\boldsymbol{BA}\\\boldsymbol{O}&\boldsymbol{A}^{\mathrm{T}}\boldsymbol{A}\end{pmatrix}=2r(\boldsymbol{A})$　　D. $r\begin{pmatrix}\boldsymbol{A}&\boldsymbol{O}\\\boldsymbol{BA}&\boldsymbol{A}^{\mathrm{T}}\end{pmatrix}=2r(\boldsymbol{A})$。

解　A. $r\begin{pmatrix}\boldsymbol{A}&\boldsymbol{O}\\\boldsymbol{O}&\boldsymbol{A}^{\mathrm{T}}\boldsymbol{A}\end{pmatrix}=r(\boldsymbol{A})+r(\boldsymbol{A}^{\mathrm{T}}\boldsymbol{A})=r(\boldsymbol{A})+r(\boldsymbol{A})=2r(\boldsymbol{A})$，所以 A 成立。

B. $\begin{pmatrix}\boldsymbol{A}&\boldsymbol{AB}\\\boldsymbol{O}&\boldsymbol{A}^{\mathrm{T}}\end{pmatrix}=\begin{pmatrix}\boldsymbol{A}&\boldsymbol{O}\\\boldsymbol{O}&\boldsymbol{A}^{\mathrm{T}}\end{pmatrix}\begin{pmatrix}\boldsymbol{E}&\boldsymbol{B}\\\boldsymbol{O}&\boldsymbol{E}\end{pmatrix}$，其中 $\begin{vmatrix}\boldsymbol{E}&\boldsymbol{B}\\\boldsymbol{O}&\boldsymbol{E}\end{vmatrix}=1\neq0$，即 $\begin{pmatrix}\boldsymbol{E}&\boldsymbol{B}\\\boldsymbol{O}&\boldsymbol{E}\end{pmatrix}$ 可逆，所以

$r\begin{pmatrix}\boldsymbol{A}&\boldsymbol{AB}\\\boldsymbol{O}&\boldsymbol{A}^{\mathrm{T}}\end{pmatrix}=r\begin{pmatrix}\boldsymbol{A}&\boldsymbol{O}\\\boldsymbol{O}&\boldsymbol{A}^{\mathrm{T}}\end{pmatrix}=r(\boldsymbol{A})+r(\boldsymbol{A}^{\mathrm{T}})=2r(\boldsymbol{A})$，所以 B 成立。

D. $\begin{pmatrix}\boldsymbol{A}&\boldsymbol{O}\\\boldsymbol{BA}&\boldsymbol{A}^{\mathrm{T}}\end{pmatrix}=\begin{pmatrix}\boldsymbol{E}&\boldsymbol{O}\\\boldsymbol{B}&\boldsymbol{E}\end{pmatrix}\begin{pmatrix}\boldsymbol{A}&\boldsymbol{O}\\\boldsymbol{O}&\boldsymbol{A}^{\mathrm{T}}\end{pmatrix}$，其中 $\begin{pmatrix}\boldsymbol{E}&\boldsymbol{O}\\\boldsymbol{B}&\boldsymbol{E}\end{pmatrix}$ 可逆，所以

$r\begin{pmatrix}\boldsymbol{A}&\boldsymbol{O}\\\boldsymbol{BA}&\boldsymbol{A}^{\mathrm{T}}\end{pmatrix}=r\begin{pmatrix}\boldsymbol{A}&\boldsymbol{O}\\\boldsymbol{O}&\boldsymbol{A}^{\mathrm{T}}\end{pmatrix}=r(\boldsymbol{A})+r(\boldsymbol{A}^{\mathrm{T}})=2r(\boldsymbol{A})$，所以 D 成立。

综上，不成立的选项为 C，故 C 为正确选项。 □

(22)（2021，数二、数三）　已知矩阵 $\boldsymbol{A}=\begin{pmatrix}1&0&-1\\2&-1&1\\-1&2&-5\end{pmatrix}$，若下三角可逆矩阵 $\boldsymbol{P}$ 和上三角可逆矩阵 $\boldsymbol{Q}$，使得 $\boldsymbol{PAQ}$ 为对角矩阵，则 $\boldsymbol{P},\boldsymbol{Q}$ 可以分别取（　　）。

A. $\begin{pmatrix}1&0&0\\0&1&0\\0&0&1\end{pmatrix},\begin{pmatrix}1&0&1\\0&1&3\\0&0&1\end{pmatrix}$　　B. $\begin{pmatrix}1&0&0\\2&-1&0\\-3&2&1\end{pmatrix},\begin{pmatrix}1&0&0\\0&1&0\\0&0&1\end{pmatrix}$

C. $\begin{pmatrix}1&0&0\\2&-1&0\\-3&2&1\end{pmatrix},\begin{pmatrix}1&0&1\\0&1&3\\0&0&1\end{pmatrix}$　　D. $\begin{pmatrix}1&0&0\\0&1&0\\1&3&1\end{pmatrix},\begin{pmatrix}1&2&-3\\0&-1&2\\0&0&1\end{pmatrix}$

解 因为 $\boldsymbol{A}\xrightarrow[r_3+r_1]{r_2-2r_1}\begin{pmatrix}1&0&-1\\0&-1&3\\0&2&-6\end{pmatrix}\xrightarrow{r_3+2r_2}\begin{pmatrix}1&0&-1\\0&-1&3\\0&0&0\end{pmatrix}$,所以

$$\begin{pmatrix}1&0&0\\0&1&0\\0&2&1\end{pmatrix}\begin{pmatrix}1&0&0\\-2&1&0\\1&0&1\end{pmatrix}\boldsymbol{A}=\begin{pmatrix}1&0&-1\\0&-1&3\\0&0&0\end{pmatrix},$$

$$\Rightarrow\begin{pmatrix}1&0&0\\-2&1&0\\-3&2&1\end{pmatrix}\boldsymbol{A}=\begin{pmatrix}1&0&-1\\0&-1&3\\0&0&0\end{pmatrix},\quad 即\ \boldsymbol{PA}=\begin{pmatrix}1&0&-1\\0&-1&3\\0&0&0\end{pmatrix}。$$

又因为$\begin{pmatrix}1&0&-1\\0&-1&3\\0&0&0\end{pmatrix}\xrightarrow[c_3+3c_2]{c_3+c_1}\begin{pmatrix}1&0&0\\0&-1&0\\0&0&0\end{pmatrix}$,所以

$$\begin{pmatrix}1&0&-1\\0&-1&3\\0&0&0\end{pmatrix}\begin{pmatrix}1&0&1\\0&1&3\\0&0&1\end{pmatrix}=\begin{pmatrix}1&0&0\\0&-1&0\\0&0&0\end{pmatrix},\quad 即\ \boldsymbol{PAQ}=\begin{pmatrix}1&0&0\\0&-1&0\\0&0&0\end{pmatrix}。$$

故正确选项为C。 □

2.4 习题与解答

习题

1. 填空题

(1) $\boldsymbol{A},\boldsymbol{B}$ 为三阶矩阵,$|\boldsymbol{A}|=-1$,$|\boldsymbol{B}|=2$,则$|2(\boldsymbol{A}^{\mathrm{T}}\boldsymbol{B}^{-1})^2|=$________。

(2) $\boldsymbol{A}$ 为2009阶矩阵,且满足 $\boldsymbol{A}^{\mathrm{T}}=-\boldsymbol{A}$,则$|\boldsymbol{A}|=$________。

(3) 设 $\boldsymbol{A}=\begin{pmatrix}3&4&&\\4&-3&&\boldsymbol{O}\\&&2&0\\&\boldsymbol{O}&2&2\end{pmatrix}$,则$|\boldsymbol{A}^8|=$________。

(4) 设 $\boldsymbol{A}$ 是 n 阶可逆矩阵,如果 $\boldsymbol{A}$ 中每行元素之和都是3,那么 $\boldsymbol{A}^{-1}$每行元素之和必是________。

(5) 设 $\boldsymbol{A}$ 为三阶矩阵,$|\boldsymbol{A}|=\dfrac{1}{2}$,则$|(2\boldsymbol{A})^{-1}-3\boldsymbol{A}^*|=$________。

(6) 设$\boldsymbol{\alpha}_1,\boldsymbol{\alpha}_2,\boldsymbol{\alpha}_3$均为三维列向量,记矩阵 $\boldsymbol{A}=(\boldsymbol{\alpha}_1,\boldsymbol{\alpha}_2,\boldsymbol{\alpha}_3)$,$\boldsymbol{B}=(\boldsymbol{\alpha}_1+\boldsymbol{\alpha}_2+\boldsymbol{\alpha}_3,\boldsymbol{\alpha}_1+2\boldsymbol{\alpha}_2+4\boldsymbol{\alpha}_3,\boldsymbol{\alpha}_1+3\boldsymbol{\alpha}_2+9\boldsymbol{\alpha}_3)$,如果$|\boldsymbol{A}|=1$,则$|\boldsymbol{B}|=$________。

2. 单项选择题

(1) 设 $\boldsymbol{A},\boldsymbol{B}$ 都是 n 阶非零矩阵,且 $\boldsymbol{AB}=\boldsymbol{O}$,则 $\boldsymbol{A}$ 和 $\boldsymbol{B}$ 的秩(　　)。

A. 必有一个为零　　B. 都小于 n

C. 都等于 n　　D. 一个小于 n,一个等于 n

(2) 若 $\boldsymbol{A}$ 为 n 阶可逆矩阵,则下列结论不正确的是(　　)。

A. $(\boldsymbol{A}^{-1})^k=(\boldsymbol{A}^k)^{-1}$　　B. $(\boldsymbol{A}^{\mathrm{T}})^k=(\boldsymbol{A}^k)^{\mathrm{T}}$

C. $(A^k)^* = (A^*)^k$　　D. $(kA)^* = kA^*$

(3) 以下结论正确的是(　　)。

A. 若方阵 A 的行列式 $|A|=0$,则 $A=O$

B. 若 $A^2=O$,则 $A=O$

C. 若 A 为对称矩阵,则 A^2 也是对称矩阵

D. 对任意的同阶方阵 A,B 有 $(A+B)(A-B)=A^2-B^2$

(4) $A=\begin{pmatrix} a_1b_1 & a_1b_2 & \cdots & a_1b_n \\ a_2b_1 & a_2b_2 & \cdots & a_2b_n \\ \vdots & \vdots & & \vdots \\ a_nb_1 & a_nb_2 & \cdots & a_nb_n \end{pmatrix}$, $a_1,a_2,\cdots,a_n,b_1,b_2,\cdots,b_n$ 不全为 0, $\mathrm{r}(A)=$ (　　)。

A. 0　　B. 1　　C. 2　　D. n

(5) 设矩阵 A 经过初等列变换得 B,则(　　)。

A. 存在矩阵 P,使得 $PA=B$　　B. 存在矩阵 P,使得 $BP=A$

C. 存在矩阵 P,使得 $PB=A$　　D. $AX=O$ 与 $BX=O$ 同解

(6) 设 A,B 为 n 阶矩阵,A^*,B^* 分别为 A,B 对应的伴随矩阵,分块矩阵 $C=\begin{pmatrix} A & O \\ O & B \end{pmatrix}$,则 C 的伴随矩阵 $C^*=$(　　)。

A. $\begin{pmatrix} |A|A^* & O \\ O & |B|B^* \end{pmatrix}$　　B. $\begin{pmatrix} |B|B^* & O \\ O & |A|A^* \end{pmatrix}$

C. $\begin{pmatrix} |A|B^* & O \\ O & |B|A^* \end{pmatrix}$　　D. $\begin{pmatrix} |B|A^* & O \\ O & |A|B^* \end{pmatrix}$

3. 某石油公司所属的三个炼油厂 A_1,A_2,A_3,在 2007 年和 2008 年生产的四种油品 B_1,B_2,B_3,B_4 的产量如下表(单位:万吨)

	2007 年				2008 年			
	B_1	B_2	B_3	B_4	B_1	B_2	B_3	B_4
A_1	97	38	27	9	87	67	23	7
A_2	74	31	14	6	90	23	56	8
A_3	89	45	23	7	92	43	39	4

(1) 作矩阵 $A_{3\times4}$ 和 $B_{3\times4}$ 分别表示三个炼油厂 2007 年和 2008 年各种油品的产量;

(2) 计算 $A+B$ 与 $A-B$,并说明其经济意义;(3) 计算 $\frac{1}{2}(A+B)$。

4. 举反例说明下列命题是错误的:

(1) 若 $A^2=O$,则 $A=O$;

(2) 若 $A^2=A$,则 $A=O$ 或 $A=E$;

(3) 若 $AX=AY$,且 $A\neq O$,则 $X=Y$。

5. 计算$\begin{pmatrix}1 & 1\\0 & 1\end{pmatrix}^n$，$n\geqslant 2$。

6. 设$\boldsymbol{P}^{-1}\boldsymbol{AP}=\boldsymbol{\Lambda}$，其中$\boldsymbol{P}=\begin{pmatrix}-1 & -4\\1 & 1\end{pmatrix}$，$\boldsymbol{\Lambda}=\begin{pmatrix}-1 & 0\\0 & 2\end{pmatrix}$，求$\boldsymbol{A}^{11}$。

7. 已知$\begin{pmatrix}x_0\\y_0\end{pmatrix}=\begin{pmatrix}5\\2\end{pmatrix}$，$\begin{pmatrix}x_{n+1}\\y_{n+1}\end{pmatrix}=\begin{pmatrix}-\dfrac{7}{2} & 6\\-3 & 5\end{pmatrix}\begin{pmatrix}x_n\\y_n\end{pmatrix}$，求$\lim\limits_{n\to\infty}x_n$，$\lim\limits_{n\to\infty}y_n$。

8. 设$\boldsymbol{\alpha}=(1,0,-1)^{\mathrm{T}}$，矩阵$\boldsymbol{A}=\boldsymbol{\alpha}\boldsymbol{\alpha}^{\mathrm{T}}$，$n$为正整数，求$|a\boldsymbol{E}-\boldsymbol{A}^n|$。

9. 设方阵$\boldsymbol{A}$满足$\boldsymbol{A}^2-\boldsymbol{A}-2\boldsymbol{E}=\boldsymbol{O}$，证明$\boldsymbol{A}$及$\boldsymbol{A}+2\boldsymbol{E}$都可逆，并求$\boldsymbol{A}^{-1}$及$(\boldsymbol{A}+2\boldsymbol{E})^{-1}$。

10. 设$\boldsymbol{A}$是一个n阶方阵，n为奇数，且$|\boldsymbol{A}|=1$，$\boldsymbol{A}^{\mathrm{T}}=\boldsymbol{A}^{-1}$，证明：$\boldsymbol{E}-\boldsymbol{A}$不可逆。

11. 设$\boldsymbol{A}$，$\boldsymbol{B}$，$\boldsymbol{C}$均为n阶矩阵，$\boldsymbol{E}$为n阶单位矩阵，若$\boldsymbol{B}=\boldsymbol{E}+\boldsymbol{AB}$，$\boldsymbol{C}=\boldsymbol{A}+\boldsymbol{CA}$，求$\boldsymbol{B}-\boldsymbol{C}$。

12. 设矩阵$\boldsymbol{A}=\begin{pmatrix}1 & 1 & -1\\-1 & 1 & 1\\1 & -1 & 1\end{pmatrix}$，矩阵$\boldsymbol{X}$满足$\boldsymbol{A}^*\boldsymbol{X}=\boldsymbol{A}^{-1}+2\boldsymbol{X}$，其中$\boldsymbol{A}^*$是$\boldsymbol{A}$的伴随矩阵，求矩阵$\boldsymbol{X}$。

13. 设$(2\boldsymbol{E}-\boldsymbol{C}^{-1}\boldsymbol{B})\boldsymbol{A}^{\mathrm{T}}=\boldsymbol{C}^{-1}$，其中$\boldsymbol{E}$是四阶单位矩阵，$\boldsymbol{A}^{\mathrm{T}}$是四阶矩阵$\boldsymbol{A}$的转置矩阵，$\boldsymbol{B}=\begin{pmatrix}1 & 2 & -3 & -2\\0 & 1 & 2 & -3\\0 & 0 & 1 & 2\\0 & 0 & 0 & 1\end{pmatrix}$，$\boldsymbol{C}=\begin{pmatrix}1 & 2 & 0 & 1\\0 & 1 & 2 & 0\\0 & 0 & 1 & 2\\0 & 0 & 0 & 1\end{pmatrix}$，求$\boldsymbol{A}$。

解答

1.（1）2。　（2）0。　（3）$|\boldsymbol{A}^8|=|\boldsymbol{A}|^8=\left(\begin{vmatrix}3 & 4\\4 & -3\end{vmatrix}\cdot\begin{vmatrix}2 & 0\\2 & 2\end{vmatrix}\right)^8=100^8=10^{16}$。

（4）设$\boldsymbol{A}=\begin{pmatrix}a_{11} & a_{12} & \cdots & a_{1n}\\a_{21} & a_{22} & \cdots & a_{2n}\\\vdots & \vdots & & \vdots\\a_{n1} & a_{n2} & \cdots & a_{nn}\end{pmatrix}$，为体现$\boldsymbol{A}$中每行元素之和，我们考虑$\boldsymbol{A}\begin{pmatrix}1\\1\\\vdots\\1\end{pmatrix}$。

易见$\boldsymbol{A}\begin{pmatrix}1\\1\\\vdots\\1\end{pmatrix}=\begin{pmatrix}a_{11} & a_{12} & \cdots & a_{1n}\\a_{21} & a_{22} & \cdots & a_{2n}\\\vdots & \vdots & & \vdots\\a_{n1} & a_{n2} & \cdots & a_{nn}\end{pmatrix}\begin{pmatrix}1\\1\\\vdots\\1\end{pmatrix}=\begin{pmatrix}a_{11}+a_{12}+\cdots+a_{1n}\\a_{21}+a_{22}+\cdots+a_{2n}\\\vdots\\a_{n1}+a_{n2}+\cdots+a_{nn}\end{pmatrix}=\begin{pmatrix}3\\3\\\vdots\\3\end{pmatrix}$。

由此计算，我们可以看出$\boldsymbol{A}\begin{pmatrix}1\\1\\\vdots\\1\end{pmatrix}$中的各个分量即为$\boldsymbol{A}$中各行元素之和，所以为计算$\boldsymbol{A}^{-1}$中各行元素之和，我们只要考虑$\boldsymbol{A}^{-1}\begin{pmatrix}1\\1\\\vdots\\1\end{pmatrix}$。

由 $A\begin{pmatrix}1\\1\\\vdots\\1\end{pmatrix}=\begin{pmatrix}3\\3\\\vdots\\3\end{pmatrix}$可知$\begin{pmatrix}1\\1\\\vdots\\1\end{pmatrix}=A^{-1}\begin{pmatrix}3\\3\\\vdots\\3\end{pmatrix}$，两边同时乘以$\frac{1}{3}$可得 $A^{-1}\begin{pmatrix}1\\1\\\vdots\\1\end{pmatrix}=\begin{pmatrix}1/3\\1/3\\\vdots\\1/3\end{pmatrix}$。所以 A^{-1}中各行元素之和为$\frac{1}{3}$。

(5) $(2A)^{-1}=\frac{1}{2}A^{-1}$，$A^*=|A|A^{-1}=\frac{1}{2}A^{-1}$，可以推出

$$|(2A)^{-1}-3A^*|=|-A^{-1}|=(-1)^3|A^{-1}|=-2。$$

(6) $B=(\alpha_1,\alpha_2,\alpha_3)\begin{pmatrix}1&1&1\\1&2&3\\1&4&9\end{pmatrix}=A\begin{pmatrix}1&1&1\\1&2&3\\1&4&9\end{pmatrix}$，则$|B|=|A|\cdot\begin{vmatrix}1&1&1\\1&2&3\\1&4&9\end{vmatrix}=2$。

2. (1) B， (2) D， (3) C， (4) B。不妨假设 $a_1\neq0$，

$$A=\begin{pmatrix}a_1b_1&a_1b_2&\dots&a_1b_n\\a_2b_1&a_2b_2&\dots&a_2b_n\\\vdots&\vdots&&\vdots\\a_nb_1&a_nb_2&\dots&a_nb_n\end{pmatrix}\xrightarrow{r_i\cdot\frac{1}{a_i}}\begin{pmatrix}b_1&b_2&\dots&b_n\\b_1&b_2&\dots&b_n\\\vdots&\vdots&&\vdots\\b_1&b_2&\dots&b_n\end{pmatrix}\xrightarrow{r_i-r_1,2\leqslant i\leqslant n}\begin{pmatrix}b_1&b_2&\dots&b_n\\0&0&\dots&0\\\vdots&\vdots&&\vdots\\0&0&\dots&0\end{pmatrix},$$

所以 $r(A)=1$。

(5) B。因为矩阵 A 经过初等列变换得 B，所以存在可逆矩阵 Q，使得 $AQ=B$。若记 $P=Q^{-1}$，则 $A=BQ^{-1}=BP$。故正确答案为 B。

(6) D。推导如下

$$C^*=|C|C^{-1}=|A|\cdot|B|\begin{pmatrix}A&O\\O&B\end{pmatrix}^{-1}=|A|\cdot|B|\begin{pmatrix}A^{-1}&O\\O&B^{-1}\end{pmatrix}$$

$$=\begin{pmatrix}|B|\cdot|A|A^{-1}&O\\O&|A|\cdot|B|B^{-1}\end{pmatrix}=\begin{pmatrix}|B|A^*&O\\O&|A|B^*\end{pmatrix}。$$

3. (1) $A_{3\times4}=\begin{pmatrix}97&38&27&9\\74&31&14&6\\89&45&23&7\end{pmatrix}$，$B_{3\times4}=\begin{pmatrix}87&67&23&7\\90&23&56&8\\92&43&39&4\end{pmatrix}$。

(2) $A+B=\begin{pmatrix}184&105&50&16\\164&54&70&14\\181&88&62&11\end{pmatrix}$代表三个炼油厂 2007 年和 2008 年各种油品的总产量。

$A-B=\begin{pmatrix}10&-29&4&2\\-16&8&-32&-2\\-3&2&-16&3\end{pmatrix}$代表三个炼油厂 2007 年各种油品的产量与 2008 年各种油品的产量之差；(3) $\frac{1}{2}(A+B)=\begin{pmatrix}92&52.5&25&8\\82&27&35&7\\90.5&44&31&5.5\end{pmatrix}$。

4. (1) 取 $\boldsymbol{A}=\begin{pmatrix}0&1\\0&0\end{pmatrix}$，就有 $\boldsymbol{A}^2=\begin{pmatrix}0&1\\0&0\end{pmatrix}\begin{pmatrix}0&1\\0&0\end{pmatrix}=\begin{pmatrix}0&0\\0&0\end{pmatrix}$，但 $\boldsymbol{A}\neq\boldsymbol{O}$。

(2) 取 $\boldsymbol{A}=\begin{pmatrix}1&1\\0&0\end{pmatrix}$，就有 $\boldsymbol{A}^2=\begin{pmatrix}1&1\\0&0\end{pmatrix}\begin{pmatrix}1&1\\0&0\end{pmatrix}=\begin{pmatrix}1&1\\0&0\end{pmatrix}=\boldsymbol{A}$，但 $\boldsymbol{A}\neq\boldsymbol{O},\boldsymbol{A}\neq\boldsymbol{E}$。

(3) 取 $\boldsymbol{A}=\begin{pmatrix}1&0\\0&0\end{pmatrix}\neq\boldsymbol{O},\boldsymbol{X}=\begin{pmatrix}1\\1\end{pmatrix},\boldsymbol{Y}=\begin{pmatrix}1\\-1\end{pmatrix}$，就有 $\boldsymbol{AX}=\begin{pmatrix}1\\0\end{pmatrix}=\boldsymbol{AY}$，但 $\boldsymbol{X}\neq\boldsymbol{Y}$。

5. 解 记 $\boldsymbol{A}=\begin{pmatrix}0&1\\0&0\end{pmatrix}$，则 $\begin{pmatrix}1&1\\0&1\end{pmatrix}=\boldsymbol{E}+\boldsymbol{A}$，进而

$$\begin{pmatrix}1&1\\0&1\end{pmatrix}^n=(\boldsymbol{E}+\boldsymbol{A})^n=\boldsymbol{E}+\mathrm{C}_n^1\boldsymbol{A}+\mathrm{C}_n^2\boldsymbol{A}^2+\cdots+\mathrm{C}_n^n\boldsymbol{A}^n。$$

由于 $\boldsymbol{A}^2=\boldsymbol{A}^3=\cdots=\boldsymbol{A}^n=\boldsymbol{O}$，所以

$$\begin{pmatrix}1&1\\0&1\end{pmatrix}^n=\boldsymbol{E}+\mathrm{C}_n^1\boldsymbol{A}+\mathrm{C}_n^2\boldsymbol{A}^2+\cdots+\mathrm{C}_n^n\boldsymbol{A}^n=\boldsymbol{E}+n\boldsymbol{A}=\begin{pmatrix}1&n\\0&1\end{pmatrix}。$$

6. 解 由 $\boldsymbol{P}^{-1}\boldsymbol{AP}=\boldsymbol{\Lambda}$ 知 $\boldsymbol{A}=\boldsymbol{P\Lambda P}^{-1}$，所以

$$\begin{aligned}\boldsymbol{A}^{11}&=(\boldsymbol{P\Lambda P}^{-1})(\boldsymbol{P\Lambda P}^{-1})\cdots(\boldsymbol{P\Lambda P}^{-1})=\boldsymbol{P\Lambda}(\boldsymbol{P}^{-1}\boldsymbol{P})\boldsymbol{\Lambda}(\boldsymbol{P}^{-1}\boldsymbol{P})\boldsymbol{\Lambda}\cdots\boldsymbol{\Lambda P}^{-1}\\&=\boldsymbol{P\Lambda\Lambda\Lambda}\cdots\boldsymbol{\Lambda P}^{-1}=\boldsymbol{P\Lambda}^{11}\boldsymbol{P}^{-1}=\begin{pmatrix}2731&2732\\-683&-684\end{pmatrix}。\end{aligned}$$

7. 解 因为 $\begin{pmatrix}-7/2&6\\-3&5\end{pmatrix}=\boldsymbol{P}\begin{pmatrix}1/2&0\\0&1\end{pmatrix}\boldsymbol{P}^{-1}$，其中 $\boldsymbol{P}=\begin{pmatrix}3&4\\2&3\end{pmatrix},\boldsymbol{P}^{-1}=\begin{pmatrix}3&-4\\-2&3\end{pmatrix}$，

$$\begin{aligned}\begin{pmatrix}x_n\\y_n\end{pmatrix}&=\begin{pmatrix}-7/2&6\\-3&5\end{pmatrix}^n\begin{pmatrix}x_0\\y_0\end{pmatrix}=\left[\boldsymbol{P}\begin{pmatrix}1/2&0\\0&1\end{pmatrix}\boldsymbol{P}^{-1}\right]^n\begin{pmatrix}x_0\\y_0\end{pmatrix}=\boldsymbol{P}\begin{pmatrix}1/2&0\\0&1\end{pmatrix}^n\boldsymbol{P}^{-1}\begin{pmatrix}x_0\\y_0\end{pmatrix}\\&=\begin{pmatrix}3&4\\2&3\end{pmatrix}\begin{pmatrix}1/2^n&0\\0&1\end{pmatrix}^n\begin{pmatrix}3&-4\\-2&3\end{pmatrix}\begin{pmatrix}5\\2\end{pmatrix}=\begin{pmatrix}-16+\dfrac{21}{2^n}\\-12+\dfrac{14}{2^n}\end{pmatrix}。\end{aligned}$$

所以 $\lim\limits_{n\to\infty}x_n=\lim\limits_{n\to\infty}\left(-16+\dfrac{21}{2^n}\right)=-16,\lim\limits_{n\to\infty}y_n=\lim\limits_{n\to\infty}\left(-12+\dfrac{14}{2^n}\right)=-12$。

8. 解 $\boldsymbol{A}^2=(\boldsymbol{\alpha\alpha}^{\mathrm{T}})(\boldsymbol{\alpha\alpha}^{\mathrm{T}})=\boldsymbol{\alpha}(\boldsymbol{\alpha}^{\mathrm{T}}\boldsymbol{\alpha})\boldsymbol{\alpha}^{\mathrm{T}}=\boldsymbol{\alpha}2\boldsymbol{\alpha}^{\mathrm{T}}=2\boldsymbol{A},\boldsymbol{A}^3=\boldsymbol{A}^2\boldsymbol{A}=2\boldsymbol{AA}=2\boldsymbol{A}^2=4\boldsymbol{A}$，以此类推 $\boldsymbol{A}^n=2^{n-1}\boldsymbol{A}$。所以

$$a\boldsymbol{E}-\boldsymbol{A}^n=\begin{pmatrix}a&0&0\\0&a&0\\0&0&a\end{pmatrix}-\begin{pmatrix}2^{n-1}&0&-2^{n-1}\\0&0&0\\-2^{n-1}&0&2^{n-1}\end{pmatrix}=\begin{pmatrix}a-2^{n-1}&0&2^{n-1}\\0&a&0\\2^{n-1}&0&a-2^{n-1}\end{pmatrix},$$

$$|a\boldsymbol{E}-\boldsymbol{A}^n|=\begin{vmatrix}a-2^{n-1}&0&2^{n-1}\\0&a&0\\2^{n-1}&0&a-2^{n-1}\end{vmatrix}=a(a^2-a2^n)=a^3-a^22^n。$$

9. $\boldsymbol{A}^{-1}=\dfrac{1}{2}(\boldsymbol{A}-3\boldsymbol{E}),(\boldsymbol{A}+2\boldsymbol{E})^{-1}=-\dfrac{1}{4}(\boldsymbol{A}-3\boldsymbol{E})$。

10. 证明 由 $\boldsymbol{A}^{\mathrm{T}}=\boldsymbol{A}^{-1}$ 知，$\boldsymbol{A}^{\mathrm{T}}\boldsymbol{A}=\boldsymbol{E}$，于是得

$$|\boldsymbol{E}-\boldsymbol{A}|=|\boldsymbol{AA}^{-1}-\boldsymbol{A}|=|\boldsymbol{AA}^{\mathrm{T}}-\boldsymbol{A}|=|\boldsymbol{A}(\boldsymbol{A}^{\mathrm{T}}-\boldsymbol{E})|=|\boldsymbol{A}|\cdot|\boldsymbol{A}^{\mathrm{T}}-\boldsymbol{E}|$$

$$=|(A-E)^{\mathrm{T}}|=|A-E|=(-1)^n|E-A|。$$

又因为 n 为奇数，所以 $|E-A|=0$，即 $E-A$ 不可逆。

11. 解 由 $B=E+AB$ 可知 $(E-A)B=E$，进而 $B=(E-A)^{-1}$。同理，由 $C=A+CA$ 可以推出 $C=A(E-A)^{-1}$。所以

$$B-C=(E-A)^{-1}-A(E-A)^{-1}=(E-A)(E-A)^{-1}=E。$$

12. 解 $A^*X=A^{-1}+2X\xrightarrow{\text{左乘}A}AA^*X=E+2AX\Rightarrow|A|X-2AX=E\Rightarrow(|A|E-2A)X=E$（即 $(|A|E-2A)$ 可逆）。

由于

$$|A|=\begin{vmatrix}1&1&-1\\-1&1&1\\1&-1&1\end{vmatrix}\xrightarrow[r_3-r_1]{r_2+r_1}\begin{vmatrix}1&1&-1\\0&2&0\\0&-2&2\end{vmatrix}=4,\quad |A|E-2A=2\begin{pmatrix}1&-1&1\\1&1&-1\\-1&1&1\end{pmatrix},$$

故 $X=(|A|E-2A)^{-1}=\dfrac{1}{2}\begin{pmatrix}1&-1&1\\1&1&-1\\-1&1&1\end{pmatrix}^{-1}=\dfrac{1}{4}\begin{pmatrix}1&1&0\\0&1&1\\1&0&1\end{pmatrix}$。

13. 解 $(2E-C^{-1}B)A^{\mathrm{T}}=C^{-1}\Rightarrow C(2E-C^{-1}B)A^{\mathrm{T}}=E\Rightarrow(2C-B)A^{\mathrm{T}}=E\Rightarrow A(2C-B)^{\mathrm{T}}=E$（即 $(2C-B)^{\mathrm{T}}$ 可逆）。

$$\text{故 }A=[(2C-B)^{\mathrm{T}}]^{-1}=\begin{pmatrix}1&0&0&0\\2&1&0&0\\3&2&1&0\\4&3&2&1\end{pmatrix}^{-1}=\begin{pmatrix}1&0&0&0\\-2&1&0&0\\1&-2&1&0\\0&1&-2&1\end{pmatrix}。$$

第 3 章

向量空间

3.1 本章要点

一、内容小结

本章首先给出向量的概念、运算及其运算法则；然后研究了向量组的线性相关性；接下来给出了向量组的最(极)大线性无关组及秩的概念及其求法；最后给出了向量空间的定义、基与维数的定义、基变换与坐标变换公式。本章的核心内容是研究向量组的线性相关性。具体要求包括：了解向量的概念，掌握向量的加法和数乘运算法则；理解向量的线性组合与线性表示、向量组线性相关、线性无关等概念，掌握向量组线性相关、线性无关的有关性质及判别方法；理解向量组的极大线性无关组的概念，会求向量组的极大线性无关组及秩；理解向量组等价的概念；理解矩阵的秩与其行(列)向量组的秩之间的关系；理解向量空间的概念，掌握向量空间基的求法，掌握向量空间不同基之间过渡矩阵的求法。了解内积的概念，理解标准正交基、正交矩阵的概念，掌握线性无关向量组正交规范化的施密特(Schmidt)方法。

二、知识框架

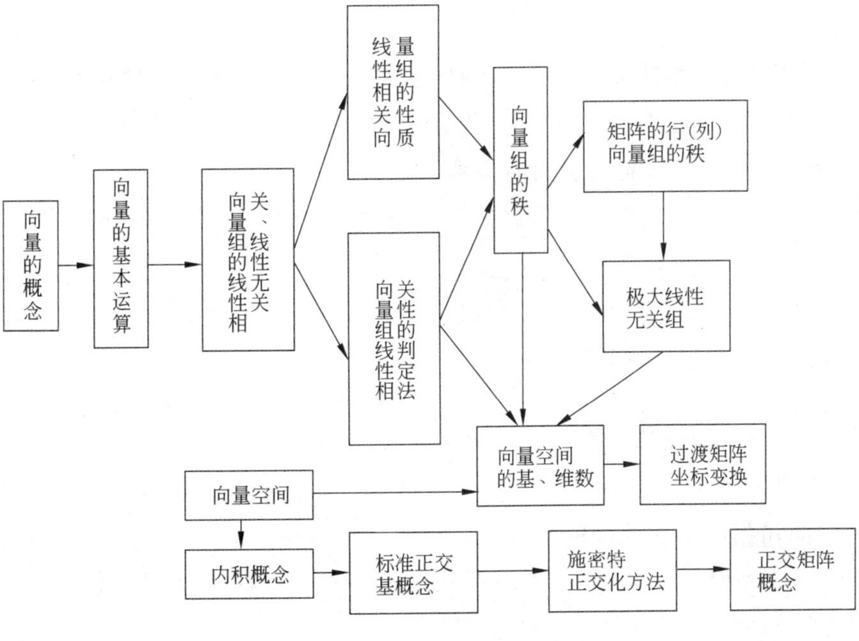

三、知识要点

1. n 维向量的概念

由 n 个有序的数 $a_1,a_2,\cdots,a_n$ 所组成的有序数组$\boldsymbol{\alpha}=(a_1,a_2,\cdots,a_n)$或$\boldsymbol{\alpha}=(a_1,a_2,\cdots,a_n)^{\mathrm{T}}$称为 n 维行或列向量。数 $a_1,a_2,\cdots,a_n$ 称做向量$\boldsymbol{\alpha}$ 的分量(或坐标)。

2. 向量组的线性组合和线性表示

设$\boldsymbol{\alpha}_1,\boldsymbol{\alpha}_2,\cdots,\boldsymbol{\alpha}_m,\boldsymbol{\beta}$ 为 n 维向量组,若存在实数 $k_1,k_2,\cdots,k_m$,使得

$$\boldsymbol{\beta}=k_1\boldsymbol{\alpha}_1+k_2\boldsymbol{\alpha}_2+\cdots+k_m\boldsymbol{\alpha}_m,$$

则称$\boldsymbol{\beta}$ 为$\boldsymbol{\alpha}_1,\boldsymbol{\alpha}_2,\cdots,\boldsymbol{\alpha}_m$的线性组合,或称$\boldsymbol{\beta}$ 可由$\boldsymbol{\alpha}_1,\boldsymbol{\alpha}_2,\cdots,\boldsymbol{\alpha}_m$线性表示。

3. 向量组线性相关与线性无关的概念

对于 n 维向量组$\boldsymbol{\alpha}_1,\boldsymbol{\alpha}_2,\cdots,\boldsymbol{\alpha}_m$,如果存在一组不全为零的数 $k_1,k_2,\cdots,k_m$,使得等式

$$k_1\boldsymbol{\alpha}_1+k_2\boldsymbol{\alpha}_2+\cdots+k_m\boldsymbol{\alpha}_m=\mathbf{0}$$

成立,则称向量组$\boldsymbol{\alpha}_1,\boldsymbol{\alpha}_2,\cdots,\boldsymbol{\alpha}_m$线性相关;否则,称向量组线性无关。

4. 极(最)大线性无关组

对于向量组 T 中的一个部分组$\boldsymbol{\alpha}_1,\boldsymbol{\alpha}_2,\cdots,\boldsymbol{\alpha}_r$,若满足:

(1) $\boldsymbol{\alpha}_1,\boldsymbol{\alpha}_2,\cdots,\boldsymbol{\alpha}_r$线性无关;

(2) T 中任一向量$\boldsymbol{\alpha}$ 都可以由$\boldsymbol{\alpha}_1,\boldsymbol{\alpha}_2,\cdots,\boldsymbol{\alpha}_r$线性表示,则称$\boldsymbol{\alpha}_1,\boldsymbol{\alpha}_2,\cdots,\boldsymbol{\alpha}_r$是向量组 T 的一个极(最)大线性无关组,简称极大无关组或最大无关组。

5. 等价向量组

若向量组 A: $\boldsymbol{\alpha}_1,\boldsymbol{\alpha}_2,\cdots,\boldsymbol{\alpha}_r$中的每个向量$\boldsymbol{\alpha}_i(i=1,2,\cdots,r)$都能用向量组 B:$\boldsymbol{\beta}_1,\boldsymbol{\beta}_2,\cdots,\boldsymbol{\beta}_s$中的向量线性表示,则称向量组 A 能由向量组 B 线性表示。若两个向量组 A 和 B 能相互线性表示,则称向量组 A 与向量组 B 等价。

6. 向量组的秩

(1) 向量组的极大线性无关组中所含向量个数称为这个向量组的秩;

(2) 向量组线性无关的充要条件是它所含向量的个数等于向量组的秩。

7. 向量组的秩与矩阵的秩之间的关系

矩阵 $\boldsymbol{A}$ 的秩 $\mathrm{r}(\boldsymbol{A})$等于 $\boldsymbol{A}$ 的行向量组的秩,也等于 $\boldsymbol{A}$ 的列向量组的秩。

8. 有关向量组线性表示的基本性质

(1) $m(m\geqslant2)$个向量组成的向量组线性相关的充分必要条件是向量组中至少有一个向量可由其余 $m-1$ 个向量线性表示;

(2) 设向量组$\boldsymbol{\alpha}_1,\boldsymbol{\alpha}_2,\cdots,\boldsymbol{\alpha}_m$线性无关,则向量组$\boldsymbol{\alpha}_1,\boldsymbol{\alpha}_2,\cdots,\boldsymbol{\alpha}_m,\boldsymbol{\beta}$线性相关的充要条件是:$\boldsymbol{\beta}$能由$\boldsymbol{\alpha}_1,\boldsymbol{\alpha}_2,\cdots,\boldsymbol{\alpha}_m$线性表示,且表示式是唯一的;

(3) 设向量组 A 的秩为 r_1,向量组 B 的秩为 r_2,若 A 能由 B 线性表示,则 $r_1\leqslant r_2$。

9. 有关向量组线性相关性的结论

(1) 对于一个向量组,若某个部分组线性相关,则整体线性相关;若整体线性无关,则任一部分组线性无关;

(2) 若向量组$\boldsymbol{\alpha}_1,\boldsymbol{\alpha}_2,\cdots,\boldsymbol{\alpha}_m$线性无关,则每个向量添加分量后的向量组仍然线性无关;或一组向量线性相关,则每个向量去掉一些分量后的向量组仍线性相关;

(3) n 维向量组$\boldsymbol{\alpha}_1,\boldsymbol{\alpha}_2,\cdots,\boldsymbol{\alpha}_m$线性无关的充分必要条件是:

$\boldsymbol{A}=(\boldsymbol{\alpha}_1,\boldsymbol{\alpha}_2,\cdots,\boldsymbol{\alpha}_m)$至少有一个 m 阶子式不等于 0;

(4) 设 $\boldsymbol{A}$ 为 $m\times n$ 矩阵,若 $\boldsymbol{A}$ 中某个 r 阶子式 $D_r\neq 0$,则 $\boldsymbol{A}$ 的包含 D_r 的 r 个行(列)向量线性无关;若 $\boldsymbol{A}$ 中任意 r 阶子式等于 0,则 $\boldsymbol{A}$ 的任意 r 个行(列)向量线性相关。

10. 设 $\mathrm{r}(\boldsymbol{A}_{m\times n})=r$,则 $\mathrm{r}(\boldsymbol{A}_{m\times n})$与 $\boldsymbol{A}$ 的行、列向量组的线性相关性的关系为:

(1) 若 $\mathrm{r}(\boldsymbol{A}_{m\times n})=r=m$,则 $\boldsymbol{A}$ 的行向量组的线性无关;

(2) 若 $\mathrm{r}(\boldsymbol{A}_{m\times n})=r<m$,则 $\boldsymbol{A}$ 的行向量组的线性相关;

(3) 若 $\mathrm{r}(\boldsymbol{A}_{m\times n})=r=n$,则 $\boldsymbol{A}$ 的列向量组的线性无关;

(4) 若 $\mathrm{r}(\boldsymbol{A}_{m\times n})=r<n$,则 $\boldsymbol{A}$ 的列向量组的线性相关。

11. 向量空间的概念

若 n 维向量组成的非空集合 V,满足:对任意$\boldsymbol{\alpha}\in V,\boldsymbol{\beta}\in V,k\in\mathbf{R}$,都有$\boldsymbol{\alpha}+\boldsymbol{\beta}\in V$,$k\boldsymbol{\alpha}\in V$,则称 V 为向量空间。

12. 向量空间的基及维数

(1) 向量空间 V 作为一个向量组,其秩就是向量空间的维数,其任一极大无关组就是向量空间的基。

(2) 若$\boldsymbol{\alpha}_1,\boldsymbol{\alpha}_2,\cdots,\boldsymbol{\alpha}_r$是向量空间 V 的一个基,则

$$V=\{k_1\boldsymbol{\alpha}_1+k_2\boldsymbol{\alpha}_2+\cdots+k_r\boldsymbol{\alpha}_r \mid k_i\in\mathbf{R}\};$$

(3) 任何 n 个线性无关的 n 维向量$\boldsymbol{\alpha}_1,\boldsymbol{\alpha}_2,\cdots,\boldsymbol{\alpha}_n$都是 $\mathbf{R}^n$ 的一个基。

13. 基变换公式与过渡矩阵

若 $A:\boldsymbol{\alpha}_1,\boldsymbol{\alpha}_2,\cdots,\boldsymbol{\alpha}_r$和 $B:\boldsymbol{\beta}_1,\boldsymbol{\beta}_2\cdots,\boldsymbol{\beta}_r$均为向量空间 V 的基,且

$$(\boldsymbol{\beta}_1,\boldsymbol{\beta}_2,\cdots,\boldsymbol{\beta}_r)=(\boldsymbol{\alpha}_1,\boldsymbol{\alpha}_2,\cdots,\boldsymbol{\alpha}_r)\boldsymbol{C},$$

则称上式为由基 A 变为基 B 的基变换公式,$\boldsymbol{C}$ 为由基 A 变为基 B 的过渡矩阵。

14. 坐标变换公式

设 $A:\boldsymbol{\alpha}_1,\boldsymbol{\alpha}_2,\cdots,\boldsymbol{\alpha}_r$和 $B:\boldsymbol{\beta}_1,\boldsymbol{\beta}_2,\cdots,\boldsymbol{\beta}_r$均为向量空间 V 的基,且从 A 到 B 的过渡矩阵为$\boldsymbol{C}$,若对于$\boldsymbol{\alpha}\in V$,有

$$\boldsymbol{\alpha}=(\boldsymbol{\alpha}_1,\boldsymbol{\alpha}_2,\cdots,\boldsymbol{\alpha}_r)\begin{pmatrix}x_1\\x_2\\\vdots\\x_r\end{pmatrix},\quad \boldsymbol{\alpha}=(\boldsymbol{\beta}_1,\boldsymbol{\beta}_2,\cdots,\boldsymbol{\beta}_r)\begin{pmatrix}y_1\\y_2\\\vdots\\y_r\end{pmatrix},$$

则称

$$\begin{pmatrix}x_1\\x_2\\\vdots\\x_r\end{pmatrix}=\boldsymbol{C}\begin{pmatrix}y_1\\y_2\\\vdots\\y_r\end{pmatrix},\quad 或\quad \begin{pmatrix}y_1\\y_2\\\vdots\\y_r\end{pmatrix}=\boldsymbol{C}^{-1}\begin{pmatrix}x_1\\x_2\\\vdots\\x_r\end{pmatrix}$$

为向量$\boldsymbol{\alpha}$在两个基下的坐标变换公式。

15. 内积

设$\boldsymbol{\alpha}=(a_1,a_2,\cdots,a_n)^{\mathrm{T}}$，$\boldsymbol{\beta}=(b_1,b_2,\cdots,b_n)^{\mathrm{T}}$，则定义$\boldsymbol{\alpha}$与$\boldsymbol{\beta}$的内积为：$\langle\boldsymbol{\alpha},\boldsymbol{\beta}\rangle=\boldsymbol{\alpha}^{\mathrm{T}}\boldsymbol{\beta}=a_1b_1+a_2b_2+\cdots+a_nb_n$。$\langle\boldsymbol{\alpha},\boldsymbol{\beta}\rangle$也可以记作$\boldsymbol{\alpha}\cdot\boldsymbol{\beta}$。若$\boldsymbol{\alpha}^{\mathrm{T}}\boldsymbol{\beta}=0$，称$\boldsymbol{\alpha}$与$\boldsymbol{\beta}$正交。向量$\boldsymbol{\alpha}$的长度为：$\|\boldsymbol{\alpha}\|=\sqrt{\langle\boldsymbol{\alpha},\boldsymbol{\alpha}\rangle}=\sqrt{a_1^2+a_2^2+\cdots+a_n^2}$，其中长度的记号也可以简记为$|\boldsymbol{\alpha}|$。内积的性质：

① $\langle\boldsymbol{\alpha},\boldsymbol{\beta}\rangle=\langle\boldsymbol{\beta},\boldsymbol{\alpha}\rangle$；　② $\boldsymbol{\alpha}=\mathbf{0}\Leftrightarrow\langle\boldsymbol{\alpha},\boldsymbol{\alpha}\rangle=0$；

③ $\langle\boldsymbol{\alpha},\boldsymbol{\beta}+\boldsymbol{\gamma}\rangle=\langle\boldsymbol{\alpha},\boldsymbol{\beta}\rangle+\langle\boldsymbol{\alpha},\boldsymbol{\gamma}\rangle$。

16. 施密特正交化方法

设$\boldsymbol{\alpha}_1,\boldsymbol{\alpha}_2,\cdots,\boldsymbol{\alpha}_s$为$\mathrm{R}^n$中的一组线性无关向量，令

$$\boldsymbol{\beta}_1=\boldsymbol{\alpha}_1,\boldsymbol{\beta}_2=\boldsymbol{\alpha}_2-\frac{\langle\boldsymbol{\alpha}_2,\boldsymbol{\beta}_1\rangle}{\langle\boldsymbol{\beta}_1,\boldsymbol{\beta}_1\rangle}\boldsymbol{\beta}_1,\cdots,\boldsymbol{\beta}_s=\boldsymbol{\alpha}_s-\frac{\langle\boldsymbol{\alpha}_s,\boldsymbol{\beta}_1\rangle}{\langle\boldsymbol{\beta}_1,\boldsymbol{\beta}_1\rangle}\boldsymbol{\beta}_1-\cdots-\frac{\langle\boldsymbol{\alpha}_s,\boldsymbol{\beta}_{s-1}\rangle}{\langle\boldsymbol{\beta}_{s-1},\boldsymbol{\beta}_{s-1}\rangle}\boldsymbol{\beta}_{s-1},$$

则$\boldsymbol{\beta}_1,\boldsymbol{\beta}_2,\cdots,\boldsymbol{\beta}_s$相互正交。

17. 规范正交基与正交矩阵

设$\boldsymbol{\alpha}_1,\boldsymbol{\alpha}_2,\cdots,\boldsymbol{\alpha}_n$为$\mathbf{R}^n$的一组基，先将其正交化得$\boldsymbol{\beta}_1,\boldsymbol{\beta}_2,\cdots,\boldsymbol{\beta}_n$，再将其单位化得：$\boldsymbol{\eta}_1=\dfrac{\boldsymbol{\beta}_1}{\|\boldsymbol{\beta}_1\|},\boldsymbol{\eta}_2=\dfrac{\boldsymbol{\beta}_2}{\|\boldsymbol{\beta}_2\|},\cdots,\boldsymbol{\eta}_n=\dfrac{\boldsymbol{\beta}_n}{\|\boldsymbol{\beta}_n\|}$，则$\boldsymbol{\eta}_1,\boldsymbol{\eta}_2,\cdots,\boldsymbol{\eta}_n$满足：$\langle\boldsymbol{\eta}_i,\boldsymbol{\eta}_j\rangle=0,\forall i\neq j$；$\|\boldsymbol{\eta}_i\|=1,i=1,2,\cdots,n$。称其为$\mathbf{R}^n$的一组规范正交基。令$\boldsymbol{Q}=(\boldsymbol{\eta}_1,\boldsymbol{\eta}_2,\cdots,\boldsymbol{\eta}_n)$，则$\boldsymbol{Q}^{\mathrm{T}}\boldsymbol{Q}=\boldsymbol{Q}\boldsymbol{Q}^{\mathrm{T}}=\boldsymbol{E}$，称$\boldsymbol{Q}$为正交矩阵。对于正交矩阵$\boldsymbol{Q}$有：

① $\boldsymbol{Q}^{\mathrm{T}}=\boldsymbol{Q}^{-1}$；② $|\boldsymbol{Q}|=\pm\mathbf{1}$；③ 若$\boldsymbol{Q}_1,\boldsymbol{Q}_2$均为正交矩阵，则$\boldsymbol{Q}_1\boldsymbol{Q}_2$仍为正交矩阵。

3.2 典型例题

题型1 向量组线性相关性的判定

解题思路

(1) 利用定义判别：这是判别向量组线性相关性的基本方法，既适用于分量没有具体给出的抽象向量组，也适用于分量已具体给出的向量组。

(2) 利用矩阵的秩判别：设有m个n维列向量$\boldsymbol{\alpha}_1,\boldsymbol{\alpha}_2,\cdots,\boldsymbol{\alpha}_m$，记$\mathbf{A}=(\boldsymbol{\alpha}_1,\boldsymbol{\alpha}_2,\cdots,\boldsymbol{\alpha}_m)$，则可用矩阵$\mathbf{A}$的秩判别向量组$\boldsymbol{\alpha}_1,\boldsymbol{\alpha}_2,\cdots,\boldsymbol{\alpha}_m$的线性相关性。

① 当$\mathrm{R}(\mathbf{A})=m$时，向量组$\boldsymbol{\alpha}_1,\boldsymbol{\alpha}_2,\cdots,\boldsymbol{\alpha}_m$线性无关；

② 当$\mathrm{R}(\mathbf{A})<m$时，向量组$\boldsymbol{\alpha}_1,\boldsymbol{\alpha}_2,\cdots,\boldsymbol{\alpha}_m$线性相关。

(3) 利用行列式判别：设有n个n维列向量$\boldsymbol{\alpha}_1,\boldsymbol{\alpha}_2,\cdots,\boldsymbol{\alpha}_n$，记$\mathbf{A}=(\boldsymbol{\alpha}_1,\boldsymbol{\alpha}_2,\cdots,\boldsymbol{\alpha}_n)$，$\mathbf{A}$为方阵，则可用$\mathbf{A}$的行列式值判别向量组$\boldsymbol{\alpha}_1,\boldsymbol{\alpha}_2,\cdots,\boldsymbol{\alpha}_n$的线性相关性。

① 当$|\mathbf{A}|\neq 0$时，向量组$\boldsymbol{\alpha}_1,\boldsymbol{\alpha}_2,\cdots,\boldsymbol{\alpha}_n$线性无关；

② 当$|\mathbf{A}|=0$时，向量组$\boldsymbol{\alpha}_1,\boldsymbol{\alpha}_2,\cdots,\boldsymbol{\alpha}_n$线性相关。

例1 设$\boldsymbol{\alpha}_1=(1,1,1)$，$\boldsymbol{\alpha}_2=(1,2,3)$，$\boldsymbol{\alpha}_3=(1,3,t)$。

(1) 问t为何值时，向量组$\boldsymbol{\alpha}_1,\boldsymbol{\alpha}_2,\boldsymbol{\alpha}_3$线性相关；

(2) 问t为何值时，向量组$\boldsymbol{\alpha}_1,\boldsymbol{\alpha}_2,\boldsymbol{\alpha}_3$线性无关；

(3) 当向量组线性相关时,将$\boldsymbol{\alpha}_3$表示为$\boldsymbol{\alpha}_1,\boldsymbol{\alpha}_2$的线性组合。

解法 1 $\begin{vmatrix}\boldsymbol{\alpha}_1\\\boldsymbol{\alpha}_2\\\boldsymbol{\alpha}_3\end{vmatrix}=\begin{vmatrix}1&1&1\\1&2&3\\1&3&t\end{vmatrix}=t-5$,故:

(1) 当 $t=5$ 时,向量组$\boldsymbol{\alpha}_1,\boldsymbol{\alpha}_2,\boldsymbol{\alpha}_3$线性相关;

(2) 当 $t\neq5$ 时,向量组$\boldsymbol{\alpha}_1,\boldsymbol{\alpha}_2,\boldsymbol{\alpha}_3$线性无关;

(3) 当 $t=5$ 时,设$\boldsymbol{\alpha}_3=x_1\boldsymbol{\alpha}_1+x_2\boldsymbol{\alpha}_2$,即有

$$\begin{cases}x_1+x_2=1,\\x_1+2x_2=3,\\x_1+3x_2=5,\end{cases}\quad 解得\quad\begin{cases}x_1=-1,\\x_2=2。\end{cases}$$

所以$\boldsymbol{\alpha}_3=-\boldsymbol{\alpha}_1+2\boldsymbol{\alpha}_2$。 □

解法 2 记 $\boldsymbol{A}=\begin{pmatrix}\boldsymbol{\alpha}_1\\\boldsymbol{\alpha}_2\\\boldsymbol{\alpha}_3\end{pmatrix}=\begin{pmatrix}1&1&1\\1&2&3\\1&3&t\end{pmatrix}\xrightarrow[r_2-r_1]{r_3-r_1}\begin{pmatrix}1&1&1\\0&1&2\\0&2&t-1\end{pmatrix}\xrightarrow{r_3-2r_2}\begin{pmatrix}1&1&1\\0&1&2\\0&0&t-5\end{pmatrix}$。

(1) 当 $t=5$ 时,$\mathrm{R}(\boldsymbol{A})=2$,所以向量组$\boldsymbol{\alpha}_1,\boldsymbol{\alpha}_2,\boldsymbol{\alpha}_3$线性相关。

(2) 当 $t\neq5$ 时,$\mathrm{R}(\boldsymbol{A})=3$,所以向量组$\boldsymbol{\alpha}_1,\boldsymbol{\alpha}_2,\boldsymbol{\alpha}_3$线性无关。

(3) 与解法 1 相同。 □

例 2 设 $a_1,a_2,\cdots,a_r(r\leqslant n)$是互不相同的数,$\boldsymbol{\alpha}_i=(1,a_i,a_i^2,\cdots,a_i^{n-1})(i=1,2,\cdots,r)$,试说明向量组$\boldsymbol{\alpha}_1,\boldsymbol{\alpha}_2,\cdots,\boldsymbol{\alpha}_r$的线性相关性。

解 记

$$\boldsymbol{A}=(\boldsymbol{\alpha}_1^{\mathrm{T}},\boldsymbol{\alpha}_2^{\mathrm{T}},\cdots,\boldsymbol{\alpha}_r^{\mathrm{T}})=\begin{pmatrix}1&1&\cdots&1\\a_1&a_2&\cdots&a_r\\\vdots&\vdots&&\vdots\\a_1^{r-1}&a_2^{r-1}&\cdots&a_r^{r-1}\\\vdots&\vdots&&\vdots\\a_1^{n-1}&a_2^{n-1}&\cdots&a_r^{n-1}\end{pmatrix},$$

$\boldsymbol{A}_{n\times r}$的 r 阶子式为范德蒙行列式

$$V(a_1,a_2,\cdots,a_r)=\begin{vmatrix}1&1&\cdots&1\\a_1&a_2&\cdots&a_r\\\vdots&\vdots&\ddots&\vdots\\a_1^{r-1}&a_2^{r-1}&\cdots&a_r^{r-1}\end{vmatrix}=\prod_{1\leqslant i<j\leqslant r}(a_j-a_i)\neq0,$$

故 $\mathrm{r}(\boldsymbol{A})=r$,即$\boldsymbol{\alpha}_1,\boldsymbol{\alpha}_2,\cdots,\boldsymbol{\alpha}_r$线性无关。 □

例 3 设 $\boldsymbol{A}$ 为 n 阶矩阵,$\boldsymbol{\alpha}$为 n 维列向量($n\geqslant2$),且已知 $\boldsymbol{A\alpha}\neq\boldsymbol{0}$,$\boldsymbol{A}^2\boldsymbol{\alpha}=\boldsymbol{0}$。证明:向量组$\boldsymbol{\alpha}$,$\boldsymbol{A\alpha}$线性无关。

证 设有

$$k_1\boldsymbol{\alpha}+k_2\boldsymbol{A\alpha}=\boldsymbol{0},\qquad ①$$

为利用已知条件 $\boldsymbol{A}^2\boldsymbol{\alpha}=\boldsymbol{0}$,用 $\boldsymbol{A}$ 左乘①式两边,有 $\boldsymbol{A}(k_1\boldsymbol{\alpha}+k_2\boldsymbol{A\alpha})=\boldsymbol{A0}=\boldsymbol{0}$,即

$$k_1\boldsymbol{A\alpha}+k_2\boldsymbol{A}^2\boldsymbol{\alpha}=\boldsymbol{0}。\qquad ②$$

由于 $\boldsymbol{A}^2\boldsymbol{\alpha}=\boldsymbol{0}$,故②式化为 $k_1\boldsymbol{A\alpha}=\boldsymbol{0}$,而 $\boldsymbol{A\alpha}\neq\boldsymbol{0}$,则必有 $k_1=0$。

将 $k_1=0$ 代入①式，得到 $k_2\boldsymbol{A\alpha}=\boldsymbol{0}$，再由 $\boldsymbol{A\alpha}\neq\boldsymbol{0}$ 推出 $k_2=0$。

从而仅当 $k_1=k_2=0$ 时①才能成立，因此 $\boldsymbol{\alpha}$，$\boldsymbol{A\alpha}$ 线性无关。 □

题型 2 有关向量组之间线性相关性的命题

解题思路 (1) 设向量组 $A:\boldsymbol{\alpha}_1,\boldsymbol{\alpha}_2,\cdots,\boldsymbol{\alpha}_m$，向量组 $B:\boldsymbol{\beta}_1,\boldsymbol{\beta}_2,\cdots,\boldsymbol{\beta}_t$ 是与 $\boldsymbol{A}$ 有关的另一向量组，若向量组 $\boldsymbol{A}$ 线性无关，则讨论向量组 $\boldsymbol{B}$ 的线性相关性可采用如下方法：

① 利用定义讨论； ② 利用矩阵的秩判别； ③ 利用向量组的等价证明。

(2) 设给定向量 $\boldsymbol{\beta}$ 和向量组 $A:\boldsymbol{\alpha}_1,\boldsymbol{\alpha}_2,\cdots,\boldsymbol{\alpha}_m$，讨论 $\boldsymbol{\beta}$ 是否可用向量组 A 线性表示，可采用如下方法：

① 若 $\boldsymbol{\alpha}_1,\boldsymbol{\alpha}_2,\cdots,\boldsymbol{\alpha}_m$ 线性无关，而 $\boldsymbol{\alpha}_1,\boldsymbol{\alpha}_2,\cdots,\boldsymbol{\alpha}_m,\boldsymbol{\beta}$ 线性相关，则 $\boldsymbol{\beta}$ 可用向量组 A 线性表示。

② 利用矩阵 $\boldsymbol{A}$ 与矩阵 $(\boldsymbol{A},\boldsymbol{\beta})$ 的秩进行判定。

③ 反证法。

例 4 已知向量组 $\boldsymbol{\alpha}_1,\boldsymbol{\alpha}_2,\cdots,\boldsymbol{\alpha}_n$ 线性无关，而向量组 $\boldsymbol{\beta}_1,\boldsymbol{\beta}_2,\cdots,\boldsymbol{\beta}_n$ 满足：

$$(\boldsymbol{\beta}_1,\boldsymbol{\beta}_2,\cdots,\boldsymbol{\beta}_n)=(\boldsymbol{\alpha}_1,\boldsymbol{\alpha}_2,\cdots,\boldsymbol{\alpha}_n)\boldsymbol{P},$$

其中 $\boldsymbol{P}$ 为 n 阶方阵。求证：

$\boldsymbol{\beta}_1,\boldsymbol{\beta}_2,\cdots,\boldsymbol{\beta}_n$ 线性相关 $\Leftrightarrow|\boldsymbol{P}|=0$；$\boldsymbol{\beta}_1,\boldsymbol{\beta}_2,\cdots,\boldsymbol{\beta}_n$ 线性无关 $\Leftrightarrow|\boldsymbol{P}|\neq0$。

证法 1 考虑方程

$$x_1\boldsymbol{\beta}_1+x_2\boldsymbol{\beta}_2+\cdots+x_n\boldsymbol{\beta}_n=\boldsymbol{0}。\qquad (*)$$

该方程可改写为 $\Leftrightarrow(\boldsymbol{\beta}_1,\boldsymbol{\beta}_2,\cdots,\boldsymbol{\beta}_n)\begin{pmatrix}x_1\\x_2\\\vdots\\x_n\end{pmatrix}=\boldsymbol{0}\Leftrightarrow(\boldsymbol{\alpha}_1,\boldsymbol{\alpha}_2,\cdots,\boldsymbol{\alpha}_n)\boldsymbol{P}\begin{pmatrix}x_1\\x_2\\\vdots\\x_n\end{pmatrix}=\boldsymbol{0}$。

注意到 $\boldsymbol{\alpha}_1,\boldsymbol{\alpha}_2,\cdots,\boldsymbol{\alpha}_n$ 线性无关，所以上式又等价于 $\boldsymbol{P}\begin{pmatrix}x_1\\x_2\\\vdots\\x_n\end{pmatrix}=\boldsymbol{0}$。因此

$\boldsymbol{\beta}_1,\boldsymbol{\beta}_2,\cdots,\boldsymbol{\beta}_n$ 线性相关 $\Leftrightarrow$ 方程 $(*)$ 有非零解 $\Leftrightarrow\boldsymbol{P}\begin{pmatrix}x_1\\x_2\\\vdots\\x_n\end{pmatrix}=\boldsymbol{0}$ 有非零解 $\Leftrightarrow|\boldsymbol{P}|=0$。

同理，$\boldsymbol{\beta}_1,\boldsymbol{\beta}_2,\cdots,\boldsymbol{\beta}_n$ 线性无关 $\Leftrightarrow$ 方程 $(*)$ 只有零解 $\Leftrightarrow\boldsymbol{P}\begin{pmatrix}x_1\\x_2\\\vdots\\x_n\end{pmatrix}=\boldsymbol{0}$ 只有零解 $\Leftrightarrow|\boldsymbol{P}|\neq0$。 □

证法 2 记矩阵 $\boldsymbol{A}=(\boldsymbol{\alpha}_1,\boldsymbol{\alpha}_2,\cdots,\boldsymbol{\alpha}_n)$，$\boldsymbol{B}=(\boldsymbol{\beta}_1,\boldsymbol{\beta}_2,\cdots,\boldsymbol{\beta}_n)$，则条件 $(\boldsymbol{\beta}_1,\boldsymbol{\beta}_2,\cdots,\boldsymbol{\beta}_n)=(\boldsymbol{\alpha}_1,\boldsymbol{\alpha}_2,\cdots,\boldsymbol{\alpha}_n)\boldsymbol{P}$ 可以简化为 $\boldsymbol{B}=\boldsymbol{AP}$。

因为 $\boldsymbol{\alpha}_1,\boldsymbol{\alpha}_2,\cdots,\boldsymbol{\alpha}_n$ 线性无关，所以 $\mathrm{R}(\boldsymbol{A})=\mathrm{R}(\boldsymbol{\alpha}_1,\boldsymbol{\alpha}_2,\cdots,\boldsymbol{\alpha}_n)=n$。

若 $|\boldsymbol{P}|\neq0$，则 $\boldsymbol{P}$ 可逆，进而 $\mathrm{R}(\boldsymbol{\beta}_1,\boldsymbol{\beta}_2,\cdots,\boldsymbol{\beta}_n)=\mathrm{R}(\boldsymbol{B})=\mathrm{R}(\boldsymbol{AP})=\mathrm{R}(\boldsymbol{A})=n$。

这就意味着 $\boldsymbol{\beta}_1,\boldsymbol{\beta}_2,\cdots,\boldsymbol{\beta}_n$ 线性无关。

若 $\boldsymbol{\beta}_1,\boldsymbol{\beta}_2,\cdots,\boldsymbol{\beta}_n$ 线性无关，则 $\mathrm{R}(\boldsymbol{P})\geqslant\mathrm{R}(\boldsymbol{AP})=\mathrm{R}(\boldsymbol{B})=\mathrm{R}(\boldsymbol{\beta}_1,\boldsymbol{\beta}_2,\cdots,\boldsymbol{\beta}_n)=n$，

注意到 $\boldsymbol{P}$ 为 n 阶方阵，所以 $\mathrm{R}(\boldsymbol{P})\leqslant n$，结合上式可得 $\mathrm{R}(\boldsymbol{P})=n$，即 $|\boldsymbol{P}|\neq0$。

综上$\boldsymbol{\beta}_1,\boldsymbol{\beta}_2,\cdots,\boldsymbol{\beta}_n$线性无关$\Leftrightarrow|\boldsymbol{P}|\neq 0$。

同理可得$\boldsymbol{\beta}_1,\boldsymbol{\beta}_2,\cdots,\boldsymbol{\beta}_n$线性相关$\Leftrightarrow|\boldsymbol{P}|=0$。 □

注 本题非常有代表性，在考试中经常出现，考题可能会把向量的个数 n 和方阵$\boldsymbol{P}$赋予具体数值。以下的两个例题都属于这种情况，如果题目要求写出严谨的推导过程，则可以仿照本题的证法；如果题目是填空选择题，则可以借用本题结论，这样比较快捷。

例 5 已知$\boldsymbol{\alpha}_1,\boldsymbol{\alpha}_2,\boldsymbol{\alpha}_3$线性无关，而$\boldsymbol{\alpha}_1+a\boldsymbol{\alpha}_2,\boldsymbol{\alpha}_1+2\boldsymbol{\alpha}_2+\boldsymbol{\alpha}_3,a\boldsymbol{\alpha}_1-\boldsymbol{\alpha}_3$线性相关，求 a。

解法 1 考虑方程

$$x_1(\boldsymbol{\alpha}_1+a\boldsymbol{\alpha}_2)+x_2(\boldsymbol{\alpha}_1+2\boldsymbol{\alpha}_2+\boldsymbol{\alpha}_3)+x_3(a\boldsymbol{\alpha}_1-\boldsymbol{\alpha}_3)=\boldsymbol{0}。\tag{*}$$

因为$\boldsymbol{\alpha}_1+a\boldsymbol{\alpha}_2,\boldsymbol{\alpha}_1+2\boldsymbol{\alpha}_2+\boldsymbol{\alpha}_3,a\boldsymbol{\alpha}_1-\boldsymbol{\alpha}_3$线性相关，所以方程(*)有非零解，而方程(*)等价于

$$(x_1+x_2+ax_3)\boldsymbol{\alpha}_1+(ax_1+2x_2)\boldsymbol{\alpha}_2+(x_2-x_3)\boldsymbol{\alpha}_3=\boldsymbol{0}。\tag{**}$$

故$\boldsymbol{\alpha}_1+a\boldsymbol{\alpha}_2,\boldsymbol{\alpha}_1+2\boldsymbol{\alpha}_2+\boldsymbol{\alpha}_3,a\boldsymbol{\alpha}_1-\boldsymbol{\alpha}_3$线性相关可以推出方程(**)有非零解。

注意到$\boldsymbol{\alpha}_1,\boldsymbol{\alpha}_2,\boldsymbol{\alpha}_3$线性无关，所以方程(**)等价于

$$\begin{cases}x_1+x_2+ax_3=0,\\ ax_1+2x_2=0,\\ x_2-x_3=0。\end{cases}\tag{***}$$

所以方程(**)有非零解$\Leftrightarrow$方程(***)有非零解$\Leftrightarrow$系数行列式$\begin{vmatrix}1&1&a\\a&2&0\\0&1&-1\end{vmatrix}=0$，即$-2+a+a^2=0$，从而 $a=-2$ 或 $a=1$。 □

解法 2 因为$\boldsymbol{\alpha}_1+a\boldsymbol{\alpha}_2,\boldsymbol{\alpha}_1+2\boldsymbol{\alpha}_2+\boldsymbol{\alpha}_3,a\boldsymbol{\alpha}_1-\boldsymbol{\alpha}_3$线性相关，所以

$\mathrm{r}(\boldsymbol{\alpha}_1+a\boldsymbol{\alpha}_2,\boldsymbol{\alpha}_1+2\boldsymbol{\alpha}_2+\boldsymbol{\alpha}_3,a\boldsymbol{\alpha}_1-\boldsymbol{\alpha}_3)<3$，而

$$(\boldsymbol{\alpha}_1+a\boldsymbol{\alpha}_2,\boldsymbol{\alpha}_1+2\boldsymbol{\alpha}_2+\boldsymbol{\alpha}_3,a\boldsymbol{\alpha}_1-\boldsymbol{\alpha}_3)=(\boldsymbol{\alpha}_1,\boldsymbol{\alpha}_2,\boldsymbol{\alpha}_3)\begin{pmatrix}1&1&a\\a&2&0\\0&1&-1\end{pmatrix},$$

其中$\boldsymbol{\alpha}_1,\boldsymbol{\alpha}_2,\boldsymbol{\alpha}_3$线性无关，故 $\mathrm{r}(\boldsymbol{\alpha}_1,\boldsymbol{\alpha}_2,\boldsymbol{\alpha}_3)=3$。

若$\begin{vmatrix}1&1&a\\a&2&0\\0&1&-1\end{vmatrix}\neq 0$，则$\begin{pmatrix}1&1&a\\a&2&0\\0&1&-1\end{pmatrix}$满秩即秩为 3，这会导致 $\mathrm{r}(\boldsymbol{\alpha}_1+a\boldsymbol{\alpha}_2,\boldsymbol{\alpha}_1+2\boldsymbol{\alpha}_2+\boldsymbol{\alpha}_3,a\boldsymbol{\alpha}_1-\boldsymbol{\alpha}_3)=3$，与已有结论 $\mathrm{r}(\boldsymbol{\alpha}_1+a\boldsymbol{\alpha}_2,\boldsymbol{\alpha}_1+2\boldsymbol{\alpha}_2+\boldsymbol{\alpha}_3,a\boldsymbol{\alpha}_1-\boldsymbol{\alpha}_3)<3$ 矛盾。故$\begin{vmatrix}1&1&a\\a&2&0\\0&1&-1\end{vmatrix}=0$，即$-2+a+a^2=0$，从而 $a=-2$ 或 $a=1$。 □

例 6 已知向量组$\boldsymbol{\alpha}_1,\boldsymbol{\alpha}_2,\boldsymbol{\alpha}_3,\boldsymbol{\alpha}_4$线性无关，则下面成立的是(　　)。

A. $\boldsymbol{\alpha}_1+\boldsymbol{\alpha}_2,\boldsymbol{\alpha}_2+\boldsymbol{\alpha}_3,\boldsymbol{\alpha}_3+\boldsymbol{\alpha}_4,\boldsymbol{\alpha}_4+\boldsymbol{\alpha}_1$ 线性无关

B. $\boldsymbol{\alpha}_1-\boldsymbol{\alpha}_2,\boldsymbol{\alpha}_2-\boldsymbol{\alpha}_3,\boldsymbol{\alpha}_3-\boldsymbol{\alpha}_4,\boldsymbol{\alpha}_4-\boldsymbol{\alpha}_1$ 线性无关

C. $\boldsymbol{\alpha}_1+\boldsymbol{\alpha}_2,\boldsymbol{\alpha}_2+\boldsymbol{\alpha}_3,\boldsymbol{\alpha}_3+\boldsymbol{\alpha}_4,\boldsymbol{\alpha}_4-\boldsymbol{\alpha}_1$ 线性无关

D. $\boldsymbol{\alpha}_1+\boldsymbol{\alpha}_2,\boldsymbol{\alpha}_2+\boldsymbol{\alpha}_3,\boldsymbol{\alpha}_3-\boldsymbol{\alpha}_4,\boldsymbol{\alpha}_4-\boldsymbol{\alpha}_1$ 线性无关

解 本题是选择题，不要求写出最严谨的推导过程，所以可直接使用例 4 的结论。

$$(\boldsymbol{\alpha}_1+\boldsymbol{\alpha}_2,\boldsymbol{\alpha}_2+\boldsymbol{\alpha}_3,\boldsymbol{\alpha}_3+\boldsymbol{\alpha}_4,\boldsymbol{\alpha}_4+\boldsymbol{\alpha}_1)=(\boldsymbol{\alpha}_1,\boldsymbol{\alpha}_2,\boldsymbol{\alpha}_3,\boldsymbol{\alpha}_4)\begin{pmatrix}1&0&0&1\\1&1&0&0\\0&1&1&0\\0&0&1&1\end{pmatrix},$$

而 $\begin{vmatrix}1&0&0&1\\1&1&0&0\\0&1&1&0\\0&0&1&1\end{vmatrix}=0$，由例4结论得，$\boldsymbol{\alpha}_1+\boldsymbol{\alpha}_2,\boldsymbol{\alpha}_2+\boldsymbol{\alpha}_3,\boldsymbol{\alpha}_3+\boldsymbol{\alpha}_4,\boldsymbol{\alpha}_4+\boldsymbol{\alpha}_1$线性相关，故A错。

同理可知，B，D也错。

$$(\boldsymbol{\alpha}_1+\boldsymbol{\alpha}_2,\boldsymbol{\alpha}_2+\boldsymbol{\alpha}_3,\boldsymbol{\alpha}_3+\boldsymbol{\alpha}_4,\boldsymbol{\alpha}_4-\boldsymbol{\alpha}_1)=(\boldsymbol{\alpha}_1,\boldsymbol{\alpha}_2,\boldsymbol{\alpha}_3,\boldsymbol{\alpha}_4)\begin{pmatrix}1&0&0&-1\\1&1&0&0\\0&1&1&0\\0&0&1&1\end{pmatrix}。$$

而 $\begin{vmatrix}1&0&0&-1\\1&1&0&0\\0&1&1&0\\0&0&1&1\end{vmatrix}=2\neq0$，由例4结论得，$\boldsymbol{\alpha}_1+\boldsymbol{\alpha}_2,\boldsymbol{\alpha}_2+\boldsymbol{\alpha}_3,\boldsymbol{\alpha}_3+\boldsymbol{\alpha}_4,\boldsymbol{\alpha}_4+\boldsymbol{\alpha}_1$线性无关，故C正确，选C。 □

例7 试证：向量组$\boldsymbol{\alpha}_1,\boldsymbol{\alpha}_2,\cdots,\boldsymbol{\alpha}_r$线性无关的充要条件是向量组$\boldsymbol{\alpha}_1,\boldsymbol{\alpha}_1+\boldsymbol{\alpha}_2,\cdots,\boldsymbol{\alpha}_1+\boldsymbol{\alpha}_2+\cdots+\boldsymbol{\alpha}_r$线性无关。

证 因为由

$$\begin{cases}\boldsymbol{\beta}_1=\boldsymbol{\alpha}_1,\\ \boldsymbol{\beta}_2=\boldsymbol{\alpha}_1+\boldsymbol{\alpha}_2,\\ \quad\vdots\\ \boldsymbol{\beta}_r=\boldsymbol{\alpha}_1+\boldsymbol{\alpha}_2+\cdots+\boldsymbol{\alpha}_r,\end{cases}\quad 可得\quad\begin{cases}\boldsymbol{\alpha}_1=\boldsymbol{\beta}_1,\\ \boldsymbol{\alpha}_2=\boldsymbol{\beta}_2-\boldsymbol{\beta}_1,\\ \quad\vdots\\ \boldsymbol{\alpha}_r=\boldsymbol{\beta}_r-\boldsymbol{\beta}_{r-1},\end{cases}$$

即$\boldsymbol{\alpha}_1,\boldsymbol{\alpha}_2,\cdots,\boldsymbol{\alpha}_r$与$\boldsymbol{\beta}_1,\boldsymbol{\beta}_2,\cdots,\boldsymbol{\beta}_r$等价，故$\mathrm{R}(\boldsymbol{\beta}_1,\boldsymbol{\beta}_2,\cdots,\boldsymbol{\beta}_r)=\mathrm{R}(\boldsymbol{\alpha}_1,\boldsymbol{\alpha}_2,\cdots,\boldsymbol{\alpha}_r)$，从而

$$\boldsymbol{\alpha}_1,\boldsymbol{\alpha}_2,\cdots,\boldsymbol{\alpha}_r线性无关\Leftrightarrow\mathrm{R}(\boldsymbol{\alpha}_1,\boldsymbol{\alpha}_2,\cdots,\boldsymbol{\alpha}_r)=r=\mathrm{R}(\boldsymbol{\beta}_1,\boldsymbol{\beta}_2,\cdots,\boldsymbol{\beta}_r)$$
$$\Leftrightarrow\boldsymbol{\beta}_1,\boldsymbol{\beta}_2,\cdots,\boldsymbol{\beta}_r线性无关。$$ □

注 证明$\mathrm{R}(\boldsymbol{\beta}_1,\boldsymbol{\beta}_2,\cdots,\boldsymbol{\beta}_r)=\mathrm{R}(\boldsymbol{\alpha}_1,\boldsymbol{\alpha}_2,\cdots,\boldsymbol{\alpha}_r)$也可以采用如下的方法：

$$(\boldsymbol{\beta}_1,\boldsymbol{\beta}_2,\cdots,\boldsymbol{\beta}_r)=(\boldsymbol{\alpha}_1,\boldsymbol{\alpha}_2,\cdots,\boldsymbol{\alpha}_r)\begin{pmatrix}1&1&\cdots&1\\0&1&\cdots&1\\\vdots&\vdots&\ddots&\vdots\\0&0&\cdots&1\end{pmatrix},\quad 而\begin{vmatrix}1&1&\cdots&1\\0&1&\cdots&1\\\vdots&\vdots&\ddots&\vdots\\0&0&\cdots&1\end{vmatrix}=1\neq0,$$

即$\begin{pmatrix}1&1&\cdots&1\\0&1&\cdots&1\\\vdots&\vdots&\ddots&\vdots\\0&0&\cdots&1\end{pmatrix}$可逆，所以$\mathrm{R}(\boldsymbol{\beta}_1,\boldsymbol{\beta}_2,\cdots,\boldsymbol{\beta}_r)=\mathrm{R}(\boldsymbol{\alpha}_1,\boldsymbol{\alpha}_2,\cdots,\boldsymbol{\alpha}_r)$。

例8 设向量组$B:\boldsymbol{\beta}_1,\boldsymbol{\beta}_2,\cdots,\boldsymbol{\beta}_r$能由向量组$A:\boldsymbol{\alpha}_1,\boldsymbol{\alpha}_2,\cdots,\boldsymbol{\alpha}_s$线性表示为

$\begin{pmatrix}\boldsymbol{\beta}_1\\\boldsymbol{\beta}_2\\\vdots\\\boldsymbol{\beta}_r\end{pmatrix}=\boldsymbol{K}\begin{pmatrix}\boldsymbol{\alpha}_1\\\boldsymbol{\alpha}_2\\\vdots\\\boldsymbol{\alpha}_s\end{pmatrix}$，其中 $\boldsymbol{K}$ 为 $r\times s$ 矩阵，且向量组 A 线性无关，证明：向量组 B 线性无关的充分必要条件为 $\mathrm{R}(\boldsymbol{K})=r$。

证 必要性：已知 $\mathrm{R}(\boldsymbol{K})=r$，要证 $\boldsymbol{\beta}_1,\boldsymbol{\beta}_2,\cdots,\boldsymbol{\beta}_r$ 线性无关。

反证法 若 $\boldsymbol{\beta}_1,\boldsymbol{\beta}_2,\cdots,\boldsymbol{\beta}_r$ 线性相关，则存在不全为零的数 $\lambda_1,\lambda_2,\cdots,\lambda_r$ 使 $\lambda_1\boldsymbol{\beta}_1+\lambda_2\boldsymbol{\beta}_2+\cdots+\lambda_r\boldsymbol{\beta}_r=\boldsymbol{0}$，即

$$(\lambda_1,\lambda_2,\cdots,\lambda_r)\boldsymbol{K}\begin{pmatrix}\boldsymbol{\alpha}_1\\\boldsymbol{\alpha}_2\\\vdots\\\boldsymbol{\alpha}_s\end{pmatrix}=\boldsymbol{0}。$$

因为 $\boldsymbol{\alpha}_1,\boldsymbol{\alpha}_2,\cdots,\boldsymbol{\alpha}_s$ 线性无关，所以 $(\lambda_1,\lambda_2,\cdots,\lambda_r)\boldsymbol{K}=\boldsymbol{0}$，即

$$(\lambda_1,\lambda_2,\cdots,\lambda_r)\begin{pmatrix}\boldsymbol{k}_1\\\boldsymbol{k}_2\\\vdots\\\boldsymbol{k}_r\end{pmatrix}=\boldsymbol{0}。$$

从而 $\boldsymbol{k}_1,\boldsymbol{k}_2,\cdots,\boldsymbol{k}_r$ 线性相关，则 $\mathrm{R}(\boldsymbol{K})\neq r$，这与 $\mathrm{R}(\boldsymbol{K})=r$ 矛盾，故 $\boldsymbol{\beta}_1,\boldsymbol{\beta}_2,\cdots,\boldsymbol{\beta}_r$ 线性无关。

充分性：已知 $\boldsymbol{\beta}_1,\boldsymbol{\beta}_2,\cdots,\boldsymbol{\beta}_r$ 线性无关，要证 $\mathrm{R}(\boldsymbol{K})=r$。

若 $\mathrm{R}(\boldsymbol{K})\neq r$，则 $\boldsymbol{K}$ 的 r 个 s 维行向量线性相关。所以存在 $\lambda_1,\lambda_2,\cdots,\lambda_r$ 不全为零，使 $(\lambda_1,\lambda_2,\cdots,\lambda_r)\boldsymbol{K}=\boldsymbol{0}$，所以

$$(\lambda_1,\lambda_2,\cdots,\lambda_r)\boldsymbol{K}\begin{pmatrix}\boldsymbol{\alpha}_1\\\boldsymbol{\alpha}_2\\\vdots\\\boldsymbol{\alpha}_s\end{pmatrix}=\boldsymbol{0}\Rightarrow(\lambda_1,\lambda_2,\cdots,\lambda_r)\begin{pmatrix}\boldsymbol{\beta}_1\\\boldsymbol{\beta}_2\\\vdots\\\boldsymbol{\beta}_r\end{pmatrix}=\boldsymbol{0},$$

故 $\boldsymbol{\beta}_1,\boldsymbol{\beta}_2,\cdots,\boldsymbol{\beta}_r$ 线性相关，与已知矛盾。所以 $\mathrm{R}(\boldsymbol{K})=r$。 □

例 9 设向量组 $\boldsymbol{\alpha}_1,\boldsymbol{\alpha}_2,\cdots,\boldsymbol{\alpha}_r$ 线性无关，且可由向量组 $\boldsymbol{\beta}_1,\boldsymbol{\beta}_2,\cdots,\boldsymbol{\beta}_r$ 线性表示，证明：$\boldsymbol{\beta}_1,\boldsymbol{\beta}_2,\cdots,\boldsymbol{\beta}_r$ 也线性无关。

证 因为 $\boldsymbol{\alpha}_1,\boldsymbol{\alpha}_2,\cdots,\boldsymbol{\alpha}_r$ 可由 $\boldsymbol{\beta}_1,\boldsymbol{\beta}_2,\cdots,\boldsymbol{\beta}_r$ 线性表出，所以

$$\mathrm{R}(\boldsymbol{\beta}_1,\boldsymbol{\beta}_2,\cdots,\boldsymbol{\beta}_r)\geqslant\mathrm{R}(\boldsymbol{\alpha}_1,\boldsymbol{\alpha}_2,\cdots,\boldsymbol{\alpha}_r)。$$

又因为向量组 $\boldsymbol{\alpha}_1,\boldsymbol{\alpha}_2,\cdots,\boldsymbol{\alpha}_r$ 线性无关，所以 $\mathrm{R}(\boldsymbol{\alpha}_1,\boldsymbol{\alpha}_2,\cdots,\boldsymbol{\alpha}_r)=r$，进而 $\mathrm{R}(\boldsymbol{\beta}_1,\boldsymbol{\beta}_2,\cdots,\boldsymbol{\beta}_r)\geqslant r$。

由于 $\mathrm{R}(\boldsymbol{\beta}_1,\boldsymbol{\beta}_2,\cdots,\boldsymbol{\beta}_r)\leqslant r$，所以 $\mathrm{R}(\boldsymbol{\beta}_1,\boldsymbol{\beta}_2,\cdots,\boldsymbol{\beta}_r)=r$。从而 $\boldsymbol{\beta}_1,\boldsymbol{\beta}_2,\cdots,\boldsymbol{\beta}_r$ 也线性无关。 □

例 10 已知两组向量(1) $\boldsymbol{\alpha}_1=\begin{pmatrix}1\\2\\-3\end{pmatrix},\boldsymbol{\alpha}_2=\begin{pmatrix}3\\0\\1\end{pmatrix},\boldsymbol{\alpha}_3=\begin{pmatrix}9\\6\\-7\end{pmatrix}$；(2) $\boldsymbol{\beta}_1=\begin{pmatrix}0\\1\\-1\end{pmatrix},\boldsymbol{\beta}_2=\begin{pmatrix}a\\2\\1\end{pmatrix}$，$\boldsymbol{\beta}_3=\begin{pmatrix}b\\1\\0\end{pmatrix}$。两向量组的秩相同，且 $\boldsymbol{\beta}_3$ 可由(1)组线性表示，求 a,b。

解 $(\boldsymbol{\alpha}_1,\boldsymbol{\alpha}_2,\boldsymbol{\alpha}_3 \mid \boldsymbol{\beta}_1,\boldsymbol{\beta}_2,\boldsymbol{\beta}_3)=\left(\begin{array}{ccc|ccc}1&3&9&0&a&b\\2&0&6&1&2&1\\-3&1&-7&-1&1&0\end{array}\right)$

$$\xrightarrow{r_3+r_2}\left(\begin{array}{ccc|ccc}1&3&9&0&a&b\\2&0&6&1&2&1\\-1&1&-1&0&3&1\end{array}\right)$$

$$\xrightarrow[r_2+2r_3]{r_1+r_3}\left(\begin{array}{ccc|ccc}0&4&8&0&a+3&b+1\\0&2&4&1&8&3\\-1&1&-1&0&3&1\end{array}\right)$$

$$\xrightarrow{r_1-2r_2}\left(\begin{array}{ccc|ccc}0&0&0&-2&a-13&b-5\\0&2&4&1&8&3\\-1&1&-1&0&3&1\end{array}\right),$$

故 $\mathrm{r}(\boldsymbol{\alpha}_1,\boldsymbol{\alpha}_2,\boldsymbol{\alpha}_3)=2$。

由$\boldsymbol{\beta}_3$可由向量组(1)线性表示，必有 $b=5$。

由 $\mathrm{r}(\boldsymbol{\beta}_1,\boldsymbol{\beta}_2,\boldsymbol{\beta}_3)=2$ 知，

$$\begin{pmatrix}-2&a-13&0\\1&8&3\\0&3&1\end{pmatrix}\xrightarrow{r_1+2r_2}\begin{pmatrix}0&a+3&6\\1&8&3\\0&3&1\end{pmatrix}\xrightarrow[c_3-3c_1]{c_2-8c_1}\begin{pmatrix}0&a+3&6\\1&0&0\\0&3&1\end{pmatrix}$$

$$\xrightarrow[\substack{r_2\leftrightarrow r_3\\ r_3-6r_2}]{r_1\leftrightarrow r_2}\begin{pmatrix}1&0&0\\0&3&1\\0&a-15&0\end{pmatrix},$$

故 $a=15$。 □

例 11 设向量$\boldsymbol{\beta}$可由向量组$\boldsymbol{\alpha}_1,\boldsymbol{\alpha}_2,\cdots,\boldsymbol{\alpha}_r$线性表示，但不能由$\boldsymbol{\alpha}_1,\boldsymbol{\alpha}_2,\cdots,\boldsymbol{\alpha}_{r-1}$线性表示，试证：(1) $\boldsymbol{\alpha}_r$不能由向量组$\boldsymbol{\alpha}_1,\boldsymbol{\alpha}_2,\cdots,\boldsymbol{\alpha}_{r-1}$线性表示；(2) $\boldsymbol{\alpha}_r$能由$\boldsymbol{\alpha}_1,\boldsymbol{\alpha}_2,\cdots,\boldsymbol{\alpha}_{r-1},\boldsymbol{\beta}$线性表示。

证 (1) 反证法。若$\boldsymbol{\alpha}_r$可由$\boldsymbol{\alpha}_1,\boldsymbol{\alpha}_2,\cdots,\boldsymbol{\alpha}_{r-1}$线性表示，设

$$\boldsymbol{\alpha}_r=k_1\boldsymbol{\alpha}_1+k_2\boldsymbol{\alpha}_2+\cdots+k_{r-1}\boldsymbol{\alpha}_{r-1}。$$

又$\boldsymbol{\beta}$可由向量组$\boldsymbol{\alpha}_1,\boldsymbol{\alpha}_2,\cdots,\boldsymbol{\alpha}_r$线性表示，设$\boldsymbol{\beta}=l_1\boldsymbol{\alpha}_1+l_2\boldsymbol{\alpha}_2+\cdots+l_r\boldsymbol{\alpha}_r$，将上述前一式代入后一式中，可知$\boldsymbol{\beta}$可由$\boldsymbol{\alpha}_1,\boldsymbol{\alpha}_2,\cdots,\boldsymbol{\alpha}_{r-1}$线性表示，矛盾。故$\boldsymbol{\alpha}_r$不能由$\boldsymbol{\alpha}_1,\boldsymbol{\alpha}_2,\cdots,\boldsymbol{\alpha}_{r-1}$线性表示。

(2) 因$\boldsymbol{\beta}$可由向量组$\boldsymbol{\alpha}_1,\boldsymbol{\alpha}_2,\cdots,\boldsymbol{\alpha}_r$线性表示，可设

$$\boldsymbol{\beta}=l_1\boldsymbol{\alpha}_1+l_2\boldsymbol{\alpha}_2+\cdots+l_r\boldsymbol{\alpha}_r。$$

由$\boldsymbol{\beta}$不能由$\boldsymbol{\alpha}_1,\boldsymbol{\alpha}_2,\cdots,\boldsymbol{\alpha}_{r-1}$线性表示知必有 $l_r\neq0$，故有

$$\boldsymbol{\alpha}_r=-\frac{l_1}{l_r}\boldsymbol{\alpha}_1-\frac{l_2}{l_r}\boldsymbol{\alpha}_2-\cdots-\frac{l_{r-1}}{l_r}\boldsymbol{\alpha}_{r-1}+\frac{1}{l_r}\boldsymbol{\beta},$$

即$\boldsymbol{\alpha}_r$可由$\boldsymbol{\alpha}_1,\boldsymbol{\alpha}_2,\cdots,\boldsymbol{\alpha}_{r-1},\boldsymbol{\beta}$线性表示。 □

题型 3 求向量组的极大线性无关组与秩

解题思路 (1) 初等行变换法

① 将向量组中的各向量作为矩阵 $\mathbf{A}$ 的各列；

② 对 $\mathbf{A}$ 进行初等行变换，注意仅作初等行变换；

③ 化 $\boldsymbol{A}$ 为行阶梯形，在每一阶梯中取一列为代表，则所得向量组即为原向量组的极大线性无关组。

用初等行变换法求极大线性无关组是最基本的方法。

(2) 定义法

因要列举向量组中所有线性无关部分组情形进行讨论，一般只对向量个数较少的向量组或某些证明题才使用。

(3) 利用等价性

若某向量组中的一个极大线性无关组由某 r 个向量组成，则此向量组中任意 r 个线性无关的部分组都是极大线性无关组。

例 12 已知向量组

$$\boldsymbol{\alpha}_1=\begin{pmatrix}1\\3\\2\\0\end{pmatrix},\quad \boldsymbol{\alpha}_2=\begin{pmatrix}7\\0\\14\\3\end{pmatrix},\quad \boldsymbol{\alpha}_3=\begin{pmatrix}2\\-1\\0\\1\end{pmatrix},\quad \boldsymbol{\alpha}_4=\begin{pmatrix}5\\1\\6\\2\end{pmatrix},\quad \boldsymbol{\alpha}_5=\begin{pmatrix}2\\-1\\4\\1\end{pmatrix}。$$

(1) 求向量组的秩；

(2) 求向量组的一个极大线性无关组，并把其余的向量用该极大线性无关组表示。

解 (1) $\boldsymbol{A}=(\boldsymbol{\alpha}_1,\boldsymbol{\alpha}_2,\boldsymbol{\alpha}_3,\boldsymbol{\alpha}_4,\boldsymbol{\alpha}_5)=\begin{pmatrix}1&7&2&5&2\\3&0&-1&1&-1\\2&14&0&6&4\\0&3&1&2&1\end{pmatrix}$，作初等行变换有

$$\boldsymbol{A}\to\begin{pmatrix}1&7&2&5&2\\0&-21&-7&-14&-7\\0&0&-4&-4&0\\0&3&1&2&1\end{pmatrix}\xrightarrow[\substack{r_2\leftrightarrow r_4\\ r_4+7r_2}]{r_3\times\left(-\frac{1}{4}\right)}\begin{pmatrix}1&7&2&5&2\\0&3&1&2&1\\0&0&1&1&0\\0&0&0&0&0\end{pmatrix}$$

$$\xrightarrow[r_2-r_3]{r_1-2r_3}\begin{pmatrix}1&7&0&3&2\\0&3&0&1&1\\0&0&1&1&0\\0&0&0&0&0\end{pmatrix}\xrightarrow[r_1-7r_2]{r_2\times\frac{1}{3}}\begin{pmatrix}1&0&0&\frac{2}{3}&-\frac{1}{3}\\0&1&0&\frac{1}{3}&\frac{1}{3}\\0&0&1&1&0\\0&0&0&0&0\end{pmatrix},$$

故 $\mathrm{r}(\boldsymbol{A})=3$。

(2) 因为初等行变换不改变列向量的线性相关性，由(1)中 $\boldsymbol{A}$ 的行最简形，可取 $\boldsymbol{\alpha}_1,\boldsymbol{\alpha}_2,\boldsymbol{\alpha}_3$ 为极大无关组，且：$\boldsymbol{\alpha}_4=\frac{2}{3}\boldsymbol{\alpha}_1+\frac{1}{3}\boldsymbol{\alpha}_2+\boldsymbol{\alpha}_3$，$\boldsymbol{\alpha}_5=-\frac{1}{3}\boldsymbol{\alpha}_1+\frac{1}{3}\boldsymbol{\alpha}_2$。 □

例 13 已知向量组 $\boldsymbol{\alpha}_1=(1,2,-1,1)$，$\boldsymbol{\alpha}_2=(2,0,t,0)$，$\boldsymbol{\alpha}_3=(0,-4,5,-2)$ 的秩为 2，则 $t=$________。

解 由于矩阵 $\boldsymbol{A}=\begin{pmatrix}\alpha_1\\\alpha_2\\\alpha_3\end{pmatrix}=\begin{pmatrix}1&2&-1&1\\2&0&t&0\\0&-4&5&-2\end{pmatrix}$ 的一个二阶子式 $D=\begin{vmatrix}1&2\\2&0\end{vmatrix}\neq0$，含 D

的三阶子式 $\begin{vmatrix}1&2&-1\\2&0&t\\0&-4&5\end{vmatrix}=0$,可得 $4t-12=0$,由此解得 $t=3$。 □

例 14 设四维向量组 $\boldsymbol{\alpha}_1=(1+a,1,1,1)^{\mathrm{T}}$,$\boldsymbol{\alpha}_2=(2,2+a,2,2)^{\mathrm{T}}$,$\boldsymbol{\alpha}_3=(3,3,3+a,3)^{\mathrm{T}}$,$\boldsymbol{\alpha}_4=(4,4,4,4+a)^{\mathrm{T}}$,问 a 为何值时,$\boldsymbol{\alpha}_1,\boldsymbol{\alpha}_2,\boldsymbol{\alpha}_3,\boldsymbol{\alpha}_4$ 线性相关?当 $\boldsymbol{\alpha}_1,\boldsymbol{\alpha}_2,\boldsymbol{\alpha}_3,\boldsymbol{\alpha}_4$ 线性相关时,求其一个极大线性无关组,并将其余向量用该极大线性无关组线性表出。

解 记以 $\boldsymbol{\alpha}_1,\boldsymbol{\alpha}_2,\boldsymbol{\alpha}_3,\boldsymbol{\alpha}_4$ 为列向量的矩阵为 $\boldsymbol{A}$,则

$$|\boldsymbol{A}|=\begin{vmatrix}1+a&2&3&4\\1&2+a&3&4\\1&2&3+a&4\\1&2&3&4+a\end{vmatrix}=(10+a)a^3。$$

于是当 $|\boldsymbol{A}|=0$,即 $a=0$ 或 $a=-10$ 时,$\boldsymbol{\alpha}_1,\boldsymbol{\alpha}_2,\boldsymbol{\alpha}_3,\boldsymbol{\alpha}_4$ 线性相关。

当 $a=0$ 时,显然 $\boldsymbol{\alpha}_1$ 是一个极大线性无关组,且 $\boldsymbol{\alpha}_2=2\boldsymbol{\alpha}_1,\boldsymbol{\alpha}_3=3\boldsymbol{\alpha}_1,\boldsymbol{\alpha}_4=4\boldsymbol{\alpha}_1$。

当 $a=-10$ 时,有

$$\boldsymbol{A}=\begin{pmatrix}-9&2&3&4\\1&-8&3&4\\1&2&-7&4\\1&2&3&-6\end{pmatrix},$$

因为此时 $\boldsymbol{A}$ 有三阶非零行列式 $\begin{vmatrix}-9&2&3\\1&-8&3\\1&2&-7\end{vmatrix}=-400\neq0$,故极大无关组为 $\boldsymbol{\alpha}_1,\boldsymbol{\alpha}_2,\boldsymbol{\alpha}_3$,且 $\boldsymbol{\alpha}_1+\boldsymbol{\alpha}_2+\boldsymbol{\alpha}_3+\boldsymbol{\alpha}_4=\boldsymbol{0}$,即 $\boldsymbol{\alpha}_4=-\boldsymbol{\alpha}_1-\boldsymbol{\alpha}_2-\boldsymbol{\alpha}_3$。 □

例 15 向量组 $\boldsymbol{\alpha}_1,\boldsymbol{\alpha}_2,\cdots,\boldsymbol{\alpha}_r$ 与向量组 $\boldsymbol{\alpha}_1,\boldsymbol{\alpha}_2,\cdots,\boldsymbol{\alpha}_r,\boldsymbol{\alpha}_{r+1},\cdots,\boldsymbol{\alpha}_s$ 有相同的秩的充要条件是每个 $\boldsymbol{\alpha}_i(i=r+1,\cdots,s)$ 都可由 $\boldsymbol{\alpha}_1,\boldsymbol{\alpha}_2,\cdots,\boldsymbol{\alpha}_r$ 线性表出。

证 设(Ⅰ):$\boldsymbol{\alpha}_1,\boldsymbol{\alpha}_2,\cdots,\boldsymbol{\alpha}_r$ 与(Ⅱ):$\boldsymbol{\alpha}_1,\boldsymbol{\alpha}_2,\cdots,\boldsymbol{\alpha}_r,\boldsymbol{\alpha}_{r+1},\cdots,\boldsymbol{\alpha}_s$ 秩相等。则当秩为 0 时,由(Ⅱ)中均为零向量知结论成立。

若秩不为 0,由秩(Ⅰ)= 秩(Ⅱ)且(Ⅰ)包含在(Ⅱ)中知,(Ⅰ)的极大无关组也是(Ⅱ)的极大无关组。因此每个 $\boldsymbol{\alpha}_i(i=r+1,\cdots,s)$ 都可由此极大无关组线性表出,从而可由(Ⅰ)线性表出。

反之,若 $\boldsymbol{\alpha}_i(i=r+1,\cdots,s)$ 可由(Ⅰ)线性表出,则显然(Ⅰ)与组(Ⅱ)等价,故它们秩相等。

□

例 16 秩相等的两向量组是否一定等价?

证 不一定,例如,$\boldsymbol{\alpha}_1=(1,0,0)$,$\boldsymbol{\alpha}_2=(0,1,0)$ 与 $\boldsymbol{\beta}_1=(0,0,1)$,$\boldsymbol{\beta}_2=(0,2,0)$ 秩相等。但 $\boldsymbol{\alpha}_1$ 不能由 $\boldsymbol{\beta}_1,\boldsymbol{\beta}_2$ 线性表出,故 $\boldsymbol{\alpha}_1,\boldsymbol{\alpha}_2$ 与 $\boldsymbol{\beta}_1,\boldsymbol{\beta}_2$ 不等价。 □

题型 4 有关向量空间命题的证明

解题思路 根据相关定义来证明。

例 17 设向量组 $\boldsymbol{\alpha}_1,\boldsymbol{\alpha}_2,\boldsymbol{\alpha}_3$ 为 $\mathbf{R}^3$ 的一组基,$\boldsymbol{\beta}_1=2\boldsymbol{\alpha}_1+2k\boldsymbol{\alpha}_3$,$\boldsymbol{\beta}_2=2\boldsymbol{\alpha}_2$,$\boldsymbol{\beta}_3=\boldsymbol{\alpha}_1+(k+1)\boldsymbol{\alpha}_3$,证明向量组 $\boldsymbol{\beta}_1,\boldsymbol{\beta}_2,\boldsymbol{\beta}_3$ 为 $\mathbf{R}^3$ 的一组基。

证 $(\boldsymbol{\beta}_1,\boldsymbol{\beta}_2,\boldsymbol{\beta}_3)=(2\boldsymbol{\alpha}_1+2k\boldsymbol{\alpha}_3,2\boldsymbol{\alpha}_2,\boldsymbol{\alpha}_1+(k+1)\boldsymbol{\alpha}_3)=(\boldsymbol{\alpha}_1,\boldsymbol{\alpha}_2,\boldsymbol{\alpha}_3)\begin{pmatrix}2&0&1\\0&2&0\\2k&0&k+1\end{pmatrix}$。

因为$\begin{vmatrix}2&0&1\\0&2&0\\2k&0&k+1\end{vmatrix}=2\begin{vmatrix}2&1\\2k&k+1\end{vmatrix}=4\neq0$，即$\begin{pmatrix}2&0&1\\0&2&0\\2k&0&k+1\end{pmatrix}$可逆，所以 $\mathrm{r}(\boldsymbol{\beta}_1,\boldsymbol{\beta}_2,\boldsymbol{\beta}_3)=\mathrm{r}(\boldsymbol{\alpha}_1,\boldsymbol{\alpha}_2,\boldsymbol{\alpha}_3)$。

又因为$\boldsymbol{\alpha}_1,\boldsymbol{\alpha}_2,\boldsymbol{\alpha}_3$为 $\mathbf{R}^3$ 的一组基，所以$\boldsymbol{\alpha}_1,\boldsymbol{\alpha}_2,\boldsymbol{\alpha}_3$线性无关，进而 $\mathrm{r}(\boldsymbol{\beta}_1,\boldsymbol{\beta}_2,\boldsymbol{\beta}_3)=\mathrm{r}(\boldsymbol{\alpha}_1,\boldsymbol{\alpha}_2,\boldsymbol{\alpha}_3)=3$，因此向量组$\boldsymbol{\beta}_1,\boldsymbol{\beta}_2,\boldsymbol{\beta}_3$线性无关，于是$\boldsymbol{\beta}_1,\boldsymbol{\beta}_2,\boldsymbol{\beta}_3$构成了 $\mathbf{R}^3$ 的一个基。 □

例 18 试证两个向量组生成相同的子空间的充要条件是这两个向量组等价。

证 必要性：设$\boldsymbol{\alpha}_1,\boldsymbol{\alpha}_2,\cdots,\boldsymbol{\alpha}_s$与$\boldsymbol{\beta}_1,\boldsymbol{\beta}_2,\cdots,\boldsymbol{\beta}_t$是两个向量组，且设 V_1,V_2 分别为由$\boldsymbol{\alpha}_1,\boldsymbol{\alpha}_2,\cdots,\boldsymbol{\alpha}_s$与$\boldsymbol{\beta}_1,\boldsymbol{\beta}_2,\cdots,\boldsymbol{\beta}_t$生成的子空间。假若 $V_1=V_2$，则每个$\boldsymbol{\alpha}_i(i=1,2,\cdots,s)$都是 V_2 中的向量，即每个$\boldsymbol{\alpha}_i(i=1,2,\cdots,s)$都可以由$\boldsymbol{\beta}_1,\boldsymbol{\beta}_2,\cdots,\boldsymbol{\beta}_t$线性表示；同理，每个$\boldsymbol{\beta}_i(i=1,2,\cdots,t)$都可以由$\boldsymbol{\alpha}_1,\boldsymbol{\alpha}_2,\cdots,\boldsymbol{\alpha}_s$线性表示，即两个向量组等价。

充分性：若$\boldsymbol{\alpha}_1,\boldsymbol{\alpha}_2,\cdots,\boldsymbol{\alpha}_s$与$\boldsymbol{\beta}_1,\boldsymbol{\beta}_2,\cdots,\boldsymbol{\beta}_t$等价，则两组向量可以互相线性表示。设任意$\boldsymbol{\alpha}\in V_1$，则$\boldsymbol{\alpha}$ 可以由$\boldsymbol{\alpha}_1,\boldsymbol{\alpha}_2,\cdots,\boldsymbol{\alpha}_s$线性表示，由向量组的等价性可知$\boldsymbol{\alpha}$ 也可由$\boldsymbol{\beta}_1,\boldsymbol{\beta}_2,\cdots,\boldsymbol{\beta}_t$线性表示，因此$\boldsymbol{\alpha}\in V_2$，即 $V_1\subseteq V_2$。同理可证 $V_2\subseteq V_1$。于是 $V_1=V_2$。 □

题型 5 坐标与过渡矩阵

解题思路 求过渡矩阵的方法：(1)定义法；(2)初等变换法；(3)利用坐标变换公式求过渡矩阵；(4)中介法，即取向量空间的一组标准基作中介，求所给两组基之间的过渡矩阵。

例 19 设$\boldsymbol{\alpha}_1,\boldsymbol{\alpha}_2,\boldsymbol{\alpha}_3$是三维向量空间 $\mathbf{R}^3$ 的一组基，则基$\boldsymbol{\alpha}_1,\frac{1}{2}\boldsymbol{\alpha}_2,\frac{1}{3}\boldsymbol{\alpha}_3$到基$\boldsymbol{\alpha}_1+\boldsymbol{\alpha}_2,\boldsymbol{\alpha}_2+\boldsymbol{\alpha}_3,\boldsymbol{\alpha}_3+\boldsymbol{\alpha}_1$的过渡矩阵为(　　)。

A. $\begin{pmatrix}1&0&1\\2&2&0\\0&3&3\end{pmatrix}$　　B. $\begin{pmatrix}1&2&0\\0&2&3\\1&0&3\end{pmatrix}$

C. $\begin{pmatrix}\frac{1}{2}&\frac{1}{4}&-\frac{1}{6}\\-\frac{1}{2}&\frac{1}{4}&\frac{1}{6}\\\frac{1}{2}&-\frac{1}{4}&\frac{1}{6}\end{pmatrix}$　　D. $\begin{pmatrix}\frac{1}{2}&-\frac{1}{2}&\frac{1}{2}\\\frac{1}{4}&\frac{1}{4}&-\frac{1}{4}\\-\frac{1}{6}&\frac{1}{6}&\frac{1}{6}\end{pmatrix}$。

解法 1 根据过渡矩阵的定义，有

$$(\boldsymbol{\alpha}_1+\boldsymbol{\alpha}_2,\boldsymbol{\alpha}_2+\boldsymbol{\alpha}_3,\boldsymbol{\alpha}_3+\boldsymbol{\alpha}_1)=\left(\boldsymbol{\alpha}_1,\frac{1}{2}\boldsymbol{\alpha}_2,\frac{1}{3}\boldsymbol{\alpha}_3\right)\begin{pmatrix}1&0&1\\2&2&0\\0&3&3\end{pmatrix},$$

可见过渡矩阵为$\begin{pmatrix}1&0&1\\2&2&0\\0&3&3\end{pmatrix}$，应选 A。 □

解法2 因$\left(\boldsymbol{\alpha}_1,\frac{1}{2}\boldsymbol{\alpha}_2,\frac{1}{3}\boldsymbol{\alpha}_3\right)=(\boldsymbol{\alpha}_1,\boldsymbol{\alpha}_2,\boldsymbol{\alpha}_3)\begin{pmatrix}1&0&0\\0&\frac{1}{2}&0\\0&0&\frac{1}{3}\end{pmatrix}$，$(\boldsymbol{\alpha}_1+\boldsymbol{\alpha}_2,\boldsymbol{\alpha}_2+\boldsymbol{\alpha}_3,\boldsymbol{\alpha}_3+\boldsymbol{\alpha}_1)=$ $(\boldsymbol{\alpha}_1,\boldsymbol{\alpha}_2,\boldsymbol{\alpha}_3)\begin{pmatrix}1&0&1\\1&1&0\\0&1&1\end{pmatrix}$，故$(\boldsymbol{\alpha}_1+\boldsymbol{\alpha}_2,\boldsymbol{\alpha}_2+\boldsymbol{\alpha}_3,\boldsymbol{\alpha}_3+\boldsymbol{\alpha}_1)=\left(\boldsymbol{\alpha}_1,\frac{1}{2}\boldsymbol{\alpha}_2,\frac{1}{3}\boldsymbol{\alpha}_3\right)\begin{pmatrix}1&0&1\\2&2&0\\0&3&3\end{pmatrix}$，可见过渡矩阵为$\begin{pmatrix}1&0&1\\2&2&0\\0&3&3\end{pmatrix}$，应选A。 □

例20 设有$\mathbf{R}^3$的两组基为

(Ⅰ)：$\boldsymbol{\alpha}_1=(1,1,1)^{\mathrm{T}},\boldsymbol{\alpha}_2=(0,1,1)^{\mathrm{T}},\boldsymbol{\alpha}_3=(0,0,1)^{\mathrm{T}}$；

(Ⅱ)：$\boldsymbol{\beta}_1=(1,0,1)^{\mathrm{T}},\boldsymbol{\beta}_2=(0,1,-1)^{\mathrm{T}},\boldsymbol{\beta}_3=(1,2,0)^{\mathrm{T}}$。

求：$\boldsymbol{\alpha}_1,\boldsymbol{\alpha}_2,\boldsymbol{\alpha}_3$到$\boldsymbol{\beta}_1,\boldsymbol{\beta}_2,\boldsymbol{\beta}_3$的过渡矩阵$\boldsymbol{C}$，并求$\boldsymbol{\xi}=(-1,2,1)^{\mathrm{T}}$在基$\boldsymbol{\beta}_1,\boldsymbol{\beta}_2,\boldsymbol{\beta}_3$下的坐标。

解 记$\boldsymbol{A}=(\boldsymbol{\alpha}_1,\boldsymbol{\alpha}_2,\boldsymbol{\alpha}_3)=\begin{pmatrix}1&0&0\\1&1&0\\1&1&1\end{pmatrix}$，$\boldsymbol{B}=(\boldsymbol{\beta}_1,\boldsymbol{\beta}_2,\boldsymbol{\beta}_3)=\begin{pmatrix}1&0&1\\0&1&2\\1&-1&0\end{pmatrix}$。

设$\boldsymbol{\alpha}_1,\boldsymbol{\alpha}_2,\boldsymbol{\alpha}_3$到$\boldsymbol{\beta}_1,\boldsymbol{\beta}_2,\boldsymbol{\beta}_3$的过渡矩阵为$\boldsymbol{C}$，即

$$(\boldsymbol{\beta}_1,\boldsymbol{\beta}_2,\boldsymbol{\beta}_3)=(\boldsymbol{\alpha}_1,\boldsymbol{\alpha}_2,\boldsymbol{\alpha}_3)\boldsymbol{C},$$

从而$\boldsymbol{B}=\boldsymbol{AC}$，所以$\boldsymbol{C}=\boldsymbol{A}^{-1}\boldsymbol{B}$。因为$\boldsymbol{A}^{-1}(\boldsymbol{AB})=(\boldsymbol{EA}^{-1}\boldsymbol{B})$，则用同样的初等行变换将$\boldsymbol{A}$化为$\boldsymbol{E}$时，$\boldsymbol{B}$化为$\boldsymbol{A}^{-1}\boldsymbol{B}$(也可以先求$\boldsymbol{A}^{-1}$，再求$\boldsymbol{A}^{-1}\boldsymbol{B}$)。

$$(\boldsymbol{A},\boldsymbol{B})=\begin{pmatrix}1&0&0&1&0&1\\1&1&0&0&1&2\\1&1&1&1&-1&0\end{pmatrix}\xrightarrow[r_2-r_1]{r_3-r_2}\begin{pmatrix}1&0&0&1&0&1\\0&1&0&-1&1&1\\0&0&1&1&-2&-2\end{pmatrix}$$

所以，$\boldsymbol{\alpha}_1,\boldsymbol{\alpha}_2,\boldsymbol{\alpha}_3$到$\boldsymbol{\beta}_1,\boldsymbol{\beta}_2,\boldsymbol{\beta}_3$的过渡矩阵为

$$\boldsymbol{C}=\boldsymbol{A}^{-1}\boldsymbol{B}=\begin{pmatrix}1&0&1\\-1&1&1\\1&-2&-2\end{pmatrix}。$$

设$\boldsymbol{\xi}$在基$\boldsymbol{\beta}_1,\boldsymbol{\beta}_2,\boldsymbol{\beta}_3$下的坐标为$\boldsymbol{y}=\begin{pmatrix}y_1\\y_2\\y_3\end{pmatrix}$，即$\boldsymbol{\xi}=\boldsymbol{By}$，所以$\boldsymbol{y}=\boldsymbol{B}^{-1}\boldsymbol{\xi}$。

$$(\boldsymbol{B},\boldsymbol{E})=\begin{pmatrix}1&0&1&1&0&0\\0&1&2&0&1&0\\1&-1&0&0&0&1\end{pmatrix}\xrightarrow{r_3-r_1}\begin{pmatrix}1&0&1&1&0&0\\0&1&2&0&1&0\\0&-1&-1&-1&0&1\end{pmatrix}$$

$$\xrightarrow{r_3+r_2}\begin{pmatrix}1&0&1&1&0&0\\0&1&2&0&1&0\\0&0&1&-1&1&1\end{pmatrix}\xrightarrow[r_2-2r_3]{r_1-r_3}\begin{pmatrix}1&0&0&2&-1&-1\\0&1&0&2&-1&-2\\0&0&1&-1&1&1\end{pmatrix}$$

所以，$\boldsymbol{B}^{-1}=\begin{pmatrix}2&-1&-1\\2&-1&-2\\-1&1&1\end{pmatrix}$，故

$$\boldsymbol{y}=\boldsymbol{B}^{-1}\boldsymbol{\xi}=\begin{pmatrix}2&-1&-1\\2&-1&-2\\-1&1&1\end{pmatrix}\begin{pmatrix}-1\\2\\1\end{pmatrix}=\begin{pmatrix}-5\\-6\\4\end{pmatrix},\quad 即\quad \boldsymbol{\xi}=-5\boldsymbol{\beta}_1-6\boldsymbol{\beta}_2+4\boldsymbol{\beta}_3。$$ □

题型 6 施密特正交化与正交矩阵

解题思路 证明矩阵 $\boldsymbol{A}$ 是正交矩阵的方法：(1)定义法；(2)利用正交阵的等价条件：每个列向量都是单位向量，且不同的列向量两两正交。

例 21 已知 $\boldsymbol{\alpha}_1=\begin{pmatrix}1\\0\\1\end{pmatrix}$，$\boldsymbol{\alpha}_2=\begin{pmatrix}1\\2\\1\end{pmatrix}$，$\boldsymbol{\alpha}_3=\begin{pmatrix}3\\1\\2\end{pmatrix}$，记 $\boldsymbol{\beta}_1=\boldsymbol{\alpha}_1$，$\boldsymbol{\beta}_2=\boldsymbol{\alpha}_2-k\boldsymbol{\beta}_1$，$\boldsymbol{\beta}_3=\boldsymbol{\alpha}_3-l_1\boldsymbol{\beta}_1-l_2\boldsymbol{\beta}_2$。若 $\boldsymbol{\beta}_1,\boldsymbol{\beta}_2,\boldsymbol{\beta}_3$ 两两正交，则 l_1,l_2 依次为(　　)。

A. $\frac{5}{2},\frac{1}{2}$　　B. $-\frac{5}{2},\frac{1}{2}$　　C. $\frac{5}{2},-\frac{1}{2}$　　D. $-\frac{5}{2},-\frac{1}{2}$

解 由施密特正交化公式

$$\boldsymbol{\beta}_2=\boldsymbol{\alpha}_2-\frac{\boldsymbol{\alpha}_2\cdot\boldsymbol{\beta}_1}{\boldsymbol{\beta}_1\cdot\boldsymbol{\beta}_1}\boldsymbol{\beta}_1=\begin{pmatrix}0\\2\\0\end{pmatrix},\quad \boldsymbol{\beta}_3=\boldsymbol{\alpha}_3-\frac{\boldsymbol{\alpha}_3\cdot\boldsymbol{\beta}_1}{\boldsymbol{\beta}_1\cdot\boldsymbol{\beta}_1}\boldsymbol{\beta}_1-\frac{\boldsymbol{\alpha}_3\cdot\boldsymbol{\beta}_2}{\boldsymbol{\beta}_2\cdot\boldsymbol{\beta}_2}\boldsymbol{\beta}_2=\boldsymbol{\alpha}_3-\frac{5}{2}\boldsymbol{\beta}_1-\frac{1}{2}\boldsymbol{\beta}_2,$$

故正确选项为 A。□

例 22 证明：如果 $\boldsymbol{A}$ 为正交矩阵，则 $\boldsymbol{A}^{-1}$ 和 $\boldsymbol{A}^*$ 也是正交矩阵。

证 因为 $\boldsymbol{A}$ 为正交矩阵，所以 $\boldsymbol{A}^{\mathrm{T}}\boldsymbol{A}=\boldsymbol{E}$，而 $(\boldsymbol{A}^{-1})^{\mathrm{T}}\boldsymbol{A}^{-1}=(\boldsymbol{A}^{\mathrm{T}})^{-1}\boldsymbol{A}^{-1}=(\boldsymbol{A}\boldsymbol{A}^{\mathrm{T}})^{-1}=\boldsymbol{E}^{-1}=\boldsymbol{E}$，所以 $\boldsymbol{A}^{-1}$ 是正交矩阵。

又因为 $\boldsymbol{A}$ 为正交矩阵，所以 $|\boldsymbol{A}|=\pm1$，进而 $|\boldsymbol{A}|^2=1$。于是

$$(\boldsymbol{A}^*)^{\mathrm{T}}\boldsymbol{A}^*=\frac{1}{|\boldsymbol{A}|^2}(\boldsymbol{A}^*)^{\mathrm{T}}\boldsymbol{A}^*=\left(\frac{1}{|\boldsymbol{A}|}\boldsymbol{A}^*\right)^{\mathrm{T}}\left(\frac{1}{|\boldsymbol{A}|}\boldsymbol{A}^*\right)=(\boldsymbol{A}^{-1})^{\mathrm{T}}\boldsymbol{A}^{-1}=\boldsymbol{E}。$$

(其中最后一个等号是用到了“若 $\boldsymbol{A}$ 为正交矩阵，则 $\boldsymbol{A}$ 逆也是正交阵”这一结论)所以 $\boldsymbol{A}^*$ 也是正交矩阵。□

3.3 考研真题选讲

(1) (1994，数四) 设有向量组 $\boldsymbol{\alpha}_1=(1,-1,2,4)$，$\boldsymbol{\alpha}_2=(0,3,1,2)$，$\boldsymbol{\alpha}_3=(3,0,7,14)$，$\boldsymbol{\alpha}_4=(1,-2,2,0)$，$\boldsymbol{\alpha}_5=(2,1,5,10)$，则该向量组的极大线性无关组是(　　)。

A. $\boldsymbol{\alpha}_1,\boldsymbol{\alpha}_2,\boldsymbol{\alpha}_3$　　B. $\boldsymbol{\alpha}_1,\boldsymbol{\alpha}_2,\boldsymbol{\alpha}_4$　　C. $\boldsymbol{\alpha}_1,\boldsymbol{\alpha}_2,\boldsymbol{\alpha}_5$　　D. $\boldsymbol{\alpha}_1,\boldsymbol{\alpha}_2,\boldsymbol{\alpha}_4,\boldsymbol{\alpha}_5$

解 对以 $\boldsymbol{\alpha}_1^{\mathrm{T}},\boldsymbol{\alpha}_2^{\mathrm{T}},\boldsymbol{\alpha}_3^{\mathrm{T}},\boldsymbol{\alpha}_4^{\mathrm{T}},\boldsymbol{\alpha}_5^{\mathrm{T}}$ 作为列向量的矩阵施以初等行变换：

$$\begin{pmatrix}1&0&3&1&2\\-1&3&0&-2&1\\2&1&7&2&5\\4&2&14&0&10\end{pmatrix}\to\cdots\to\begin{pmatrix}1&0&3&1&2\\0&1&1&0&1\\0&0&0&1&0\\0&0&0&0&0\end{pmatrix}。$$

由此可知，B 选项成立。

由于$\boldsymbol{\alpha}_3=3\boldsymbol{\alpha}_1+\boldsymbol{\alpha}_2$，故 A 选项错误；由于$\boldsymbol{\alpha}_5=2\boldsymbol{\alpha}_1+\boldsymbol{\alpha}_2$，故 C 选项错误；由阶梯化的结果可知，该向量组的秩为 3，所以 D 选项也错误。综上，应选 B。 □

(2) (1995，数三) 设矩阵 $\boldsymbol{A}_{m\times n}$ 的秩为 $R(\boldsymbol{A})=m<n$，$\boldsymbol{E}_m$ 为 m 阶单位矩阵，下述结论中正确的是(　　)。

A. $\boldsymbol{A}$ 的任意 m 个列向量必线性无关　　B. $\boldsymbol{A}$ 的任意一个 m 阶子式必不等于零

C. 若矩阵 $\boldsymbol{B}$ 满足 $\boldsymbol{BA}=\boldsymbol{O}$，则 $\boldsymbol{B}=\boldsymbol{O}$　　D. $\boldsymbol{A}$ 通过初等行变换，必可化为$(\boldsymbol{E}_m,\boldsymbol{O})$的形式

解 答案为 C。

A，B 中“任意”应改为“存在”。

D 中若改为通过初等变换(包括行、列变换)，则必可化为$(\boldsymbol{E}_m,\boldsymbol{O})$的形式。

只有 C 为正确答案。事实上，由 $\boldsymbol{BA}=\boldsymbol{O}$，有 $\boldsymbol{A}^{\mathrm{T}}\boldsymbol{B}^{\mathrm{T}}=\boldsymbol{O}$，即 $\boldsymbol{B}^{\mathrm{T}}$ 的每列均为 $\boldsymbol{A}^{\mathrm{T}}\boldsymbol{x}=\boldsymbol{0}$ 的解，而 $\boldsymbol{A}^{\mathrm{T}}$ 是列满秩的，所以 $\boldsymbol{A}^{\mathrm{T}}\boldsymbol{x}=\boldsymbol{0}$ 只有零解，从而 $\boldsymbol{B}^{\mathrm{T}}$ 的每列均为零，即 $\boldsymbol{B}=\boldsymbol{O}$。 □

(3) (1995，数三) 已知向量组(Ⅰ)$\boldsymbol{\alpha}_1,\boldsymbol{\alpha}_2,\boldsymbol{\alpha}_3$；(Ⅱ)$\boldsymbol{\alpha}_1,\boldsymbol{\alpha}_2,\boldsymbol{\alpha}_3,\boldsymbol{\alpha}_4$；(Ⅲ)$\boldsymbol{\alpha}_1,\boldsymbol{\alpha}_2,\boldsymbol{\alpha}_3,\boldsymbol{\alpha}_5$。如果各向量组的秩分别为：r(Ⅰ)=r(Ⅱ)=3，r(Ⅲ)=4，证明：向量组$\boldsymbol{\alpha}_1,\boldsymbol{\alpha}_2,\boldsymbol{\alpha}_3,\boldsymbol{\alpha}_5-\boldsymbol{\alpha}_4$的秩为 4。

证 要证明$\boldsymbol{\alpha}_1,\boldsymbol{\alpha}_2,\boldsymbol{\alpha}_3,\boldsymbol{\alpha}_5-\boldsymbol{\alpha}_4$的秩为 4，即要证明向量组$\boldsymbol{\alpha}_1,\boldsymbol{\alpha}_2,\boldsymbol{\alpha}_3,\boldsymbol{\alpha}_5-\boldsymbol{\alpha}_4$线性无关。因 R(Ⅰ)=R(Ⅱ)=3，所以$\boldsymbol{\alpha}_1,\boldsymbol{\alpha}_2,\boldsymbol{\alpha}_3$线性无关，而$\boldsymbol{\alpha}_1,\boldsymbol{\alpha}_2,\boldsymbol{\alpha}_3,\boldsymbol{\alpha}_4$线性相关，故存在数 $\lambda_1,\lambda_2,\lambda_3$ 使得

$$\boldsymbol{\alpha}_4=\lambda_1\boldsymbol{\alpha}_1+\lambda_2\boldsymbol{\alpha}_2+\lambda_3\boldsymbol{\alpha}_3。$$

设有数 k_1,k_2,k_3,k_4 使得

$$k_1\boldsymbol{\alpha}_1+k_2\boldsymbol{\alpha}_2+k_3\boldsymbol{\alpha}_3+k_4(\boldsymbol{\alpha}_5-\boldsymbol{\alpha}_4)=\boldsymbol{0}。$$

代入$\boldsymbol{\alpha}_4$，化简得

$$(k_1-\lambda_1k_4)\boldsymbol{\alpha}_1+(k_2-\lambda_2k_4)\boldsymbol{\alpha}_2+(k_3-\lambda_3k_4)\boldsymbol{\alpha}_3+k_4\boldsymbol{\alpha}_5=\boldsymbol{0}。$$

由 R(Ⅲ)=4，知$\boldsymbol{\alpha}_1,\boldsymbol{\alpha}_2,\boldsymbol{\alpha}_3,\boldsymbol{\alpha}_5$线性无关。所以得线性方程组

$$\begin{cases}k_1 & & & -\lambda_1k_4=0,\\ & k_2 & & -\lambda_2k_4=0,\\ & & k_3 & -\lambda_3k_4=0,\\ & & & k_4=0。\end{cases}$$

由此解出 $k_1=k_2=k_3=k_4=0$，故向量组$\boldsymbol{\alpha}_1,\boldsymbol{\alpha}_2,\boldsymbol{\alpha}_3,\boldsymbol{\alpha}_5-\boldsymbol{\alpha}_4$线性无关。 □

(4) (1996，数三、数四) 设有任意两个 n 维向量组$\boldsymbol{\alpha}_1,\boldsymbol{\alpha}_2,\cdots,\boldsymbol{\alpha}_m$和$\boldsymbol{\beta}_1,\boldsymbol{\beta}_2,\cdots,\boldsymbol{\beta}_m$，若存在两组不全为零的数 $\lambda_1,\lambda_2,\cdots,\lambda_m$ 和 $k_1,k_2,\cdots,k_m$，使$(\lambda_1+k_1)\boldsymbol{\alpha}_1+\cdots+(\lambda_m+k_m)\boldsymbol{\alpha}_m+(\lambda_1-k_1)\boldsymbol{\beta}_1+\cdots+(\lambda_m-k_m)\boldsymbol{\beta}_m=\boldsymbol{0}$，则(　　)。

A. $\boldsymbol{\alpha}_1,\boldsymbol{\alpha}_2,\cdots,\boldsymbol{\alpha}_m$和$\boldsymbol{\beta}_1,\boldsymbol{\beta}_2,\cdots,\boldsymbol{\beta}_m$都线性相关

B. $\boldsymbol{\alpha}_1,\boldsymbol{\alpha}_2,\cdots,\boldsymbol{\alpha}_m$和$\boldsymbol{\beta}_1,\boldsymbol{\beta}_2,\cdots,\boldsymbol{\beta}_m$都线性无关

C. $\boldsymbol{\alpha}_1+\boldsymbol{\beta}_1,\cdots,\boldsymbol{\alpha}_m+\boldsymbol{\beta}_m,\boldsymbol{\alpha}_1-\boldsymbol{\beta}_1,\cdots,\boldsymbol{\alpha}_m-\boldsymbol{\beta}_m$线性无关

D. $\boldsymbol{\alpha}_1+\boldsymbol{\beta}_1,\cdots,\boldsymbol{\alpha}_m+\boldsymbol{\beta}_m,\boldsymbol{\alpha}_1-\boldsymbol{\beta}_1,\cdots,\boldsymbol{\alpha}_m-\boldsymbol{\beta}_m$线性相关

解 本题选 D，原因如下，条件$\sum\limits_{i=1}^{m}(\lambda_i+k_i)\boldsymbol{\alpha}_i+\sum\limits_{i=1}^{m}(\lambda_i-k_i)\boldsymbol{\beta}_i=\boldsymbol{0}$经过整理可以推出：

$$\sum_{i=1}^{m}\lambda_i(\boldsymbol{\alpha}_i+\boldsymbol{\beta}_i)+k_i(\boldsymbol{\alpha}_i-\boldsymbol{\beta}_i)=\boldsymbol{0}。$$

而上述等式就意味着：$\boldsymbol{\alpha}_1+\boldsymbol{\beta}_1,\boldsymbol{\alpha}_2+\boldsymbol{\beta}_2,\cdots,\boldsymbol{\alpha}_m+\boldsymbol{\beta}_m,\boldsymbol{\alpha}_1-\boldsymbol{\beta}_1,\boldsymbol{\alpha}_2-\boldsymbol{\beta}_2,\cdots,\boldsymbol{\alpha}_m-\boldsymbol{\beta}_m$线性相关。 □

(5)(1997,数三、数四) 设向量组$\boldsymbol{\alpha}_1,\boldsymbol{\alpha}_2,\boldsymbol{\alpha}_3$线性无关，则下列向量组中线性无关的是(　　)。

A. $\boldsymbol{\alpha}_1+\boldsymbol{\alpha}_2,\boldsymbol{\alpha}_2+\boldsymbol{\alpha}_3,\boldsymbol{\alpha}_3-\boldsymbol{\alpha}_1$

B. $\boldsymbol{\alpha}_1+\boldsymbol{\alpha}_2,\boldsymbol{\alpha}_2+\boldsymbol{\alpha}_3,\boldsymbol{\alpha}_1+2\boldsymbol{\alpha}_2+\boldsymbol{\alpha}_3$

C. $\boldsymbol{\alpha}_1+2\boldsymbol{\alpha}_2,2\boldsymbol{\alpha}_2+3\boldsymbol{\alpha}_3,3\boldsymbol{\alpha}_3+\boldsymbol{\alpha}_1$

D. $\boldsymbol{\alpha}_1+\boldsymbol{\alpha}_2+\boldsymbol{\alpha}_3,2\boldsymbol{\alpha}_1-3\boldsymbol{\alpha}_2+22\boldsymbol{\alpha}_3,3\boldsymbol{\alpha}_1+5\boldsymbol{\alpha}_2-5\boldsymbol{\alpha}_3$

解 判断一组向量的线性相关性，基本方法是定义。对于此类选择题，往往可直接观察到某一组或几组向量的线性组合为零(系数不全为零)，则这些向量线性相关。若无法观察出，最终才用定义讨论。

A 选项可以推出：$\boldsymbol{\alpha}_3-\boldsymbol{\alpha}_1=(\boldsymbol{\alpha}_2+\boldsymbol{\alpha}_3)-(\boldsymbol{\alpha}_1+\boldsymbol{\alpha}_2)$，故 A 中的向量组线性相关。

B 选项可以推出：$\boldsymbol{\alpha}_1+2\boldsymbol{\alpha}_2+\boldsymbol{\alpha}_3=(\boldsymbol{\alpha}_1+\boldsymbol{\alpha}_2)+(\boldsymbol{\alpha}_2+\boldsymbol{\alpha}_3)$，故 B 中的向量组线性相关。

C 选项可以推出：$(\boldsymbol{\alpha}_1+2\boldsymbol{\alpha}_2,2\boldsymbol{\alpha}_2+3\boldsymbol{\alpha}_3,3\boldsymbol{\alpha}_3+\boldsymbol{\alpha}_1)=(\boldsymbol{\alpha}_1,\boldsymbol{\alpha}_2,\boldsymbol{\alpha}_3)\begin{pmatrix}1&0&1\\2&2&0\\0&3&3\end{pmatrix}$。

由于$\begin{vmatrix}1&0&1\\2&2&0\\0&3&3\end{vmatrix}=12\neq0$，所以 C 中的向量组线性无关。 □

(6)(1998,数四) 若向量组$\boldsymbol{\alpha},\boldsymbol{\beta},\boldsymbol{\gamma}$线性无关，$\boldsymbol{\alpha},\boldsymbol{\beta},\boldsymbol{\delta}$线性相关，则(　　)。

A. $\boldsymbol{\alpha}$必可由$\boldsymbol{\beta},\boldsymbol{\gamma},\boldsymbol{\delta}$线性表示

B. $\boldsymbol{\beta}$必不可由$\boldsymbol{\alpha},\boldsymbol{\gamma},\boldsymbol{\delta}$线性表示

C. $\boldsymbol{\delta}$必可由$\boldsymbol{\alpha},\boldsymbol{\beta},\boldsymbol{\gamma}$线性表示

D. $\boldsymbol{\delta}$必不可由$\boldsymbol{\alpha},\boldsymbol{\beta},\boldsymbol{\gamma}$线性表示

解 应选 C。

由题设$\boldsymbol{\alpha},\boldsymbol{\beta},\boldsymbol{\gamma}$线性无关，因此$\boldsymbol{\alpha},\boldsymbol{\beta}$也线性无关。而题设$\boldsymbol{\alpha},\boldsymbol{\beta},\boldsymbol{\delta}$线性相关，故$\boldsymbol{\delta}$必可由$\boldsymbol{\alpha},\boldsymbol{\beta}$线性表示，且表示方法唯一。从而$\boldsymbol{\delta}$更可以由$\boldsymbol{\alpha},\boldsymbol{\beta},\boldsymbol{\gamma}$线性表示。 □

(7)(1999,数二) 设有向量组：$\boldsymbol{\alpha}_1=(1,1,1,3)^{\mathrm{T}},\boldsymbol{\alpha}_2=(-1,-3,5,1)^{\mathrm{T}},\boldsymbol{\alpha}_3=(3,2,-1,p+2)^{\mathrm{T}},\boldsymbol{\alpha}_4=(-2,-6,10,p)^{\mathrm{T}}$。

(Ⅰ)p为何值时，该向量组线性无关？并在此时，将向量$\boldsymbol{\alpha}=(4,1,6,10)^{\mathrm{T}}$用$\boldsymbol{\alpha}_1,\boldsymbol{\alpha}_2,\boldsymbol{\alpha}_3,\boldsymbol{\alpha}_4$线性表出；

(Ⅱ)p为何值时，该向量组线性相关？并在此时求出它的秩和一个极大线性无关组。

解 (Ⅰ)设$x_1\boldsymbol{\alpha}_1+x_2\boldsymbol{\alpha}_2+x_3\boldsymbol{\alpha}_3+x_4\boldsymbol{\alpha}_4=\boldsymbol{\alpha}$，因为初等行变换不改变列向量的线性相关性，令

$$\boldsymbol{B}=(\boldsymbol{A},\boldsymbol{\alpha})=\begin{pmatrix}1&-1&3&-2&4\\1&-3&2&-6&1\\1&5&-1&10&6\\3&1&p+2&p&10\end{pmatrix}$$

$$\xrightarrow{r_3-r_1,r_2-r_1,r_4-3r_1}\begin{pmatrix}1&-1&3&-2&4\\0&-2&-1&-4&-3\\0&6&-4&12&2\\0&4&p-7&p+6&-2\end{pmatrix}$$

$$\xrightarrow{r_3+3r_2,r_4+2r_2}\begin{pmatrix}1&-1&3&-2&4\\0&-2&-1&-4&-3\\0&0&-7&0&-7\\0&0&p-9&p-2&-8\end{pmatrix}\to\begin{pmatrix}1&-1&3&-2&4\\0&-2&-1&-4&-3\\0&0&1&0&1\\0&0&p-9&p-2&-8\end{pmatrix}$$

$$\to\begin{pmatrix}1&-1&3&-2&4\\0&-2&-1&-4&-3\\0&0&1&0&1\\0&0&0&p-2&1-p\end{pmatrix}。$$

所以 $p\neq 2$ 时，$\boldsymbol{\alpha}_1,\boldsymbol{\alpha}_2,\boldsymbol{\alpha}_3,\boldsymbol{\alpha}_4$ 线性无关。

当 $p\neq 2$ 时，有

$$(\boldsymbol{A},\boldsymbol{\alpha})\to\begin{pmatrix}1&-1&3&-2&4\\0&-2&-1&-4&-3\\0&0&1&0&1\\0&0&0&p-2&1-p\end{pmatrix}$$

$$\xrightarrow{r_1-3r_3,r_2+r_3}\begin{pmatrix}1&-1&0&-2&1\\0&-2&0&-4&-2\\0&0&1&0&1\\0&0&0&p-2&1-p\end{pmatrix}$$

$$\xrightarrow{r_2\times\left(-\frac{1}{2}\right),r_1+r_2}\begin{pmatrix}1&0&0&0&2\\0&1&0&2&1\\0&0&1&0&1\\0&0&0&p-2&1-p\end{pmatrix}\to\begin{pmatrix}1&0&0&0&2\\0&1&0&0&\frac{3p-4}{p-2}\\0&0&1&0&1\\0&0&0&1&\frac{1-p}{p-2}\end{pmatrix}。$$

所以 $\boldsymbol{\alpha}=2\boldsymbol{\alpha}_1+\frac{3p-4}{p-2}\boldsymbol{\alpha}_2+\boldsymbol{\alpha}_3+\frac{1-p}{p-2}\boldsymbol{\alpha}_4$。

（Ⅱ）当 $p=2$ 时，$(\boldsymbol{A},\boldsymbol{\alpha})\to\begin{pmatrix}1&0&0&0&2\\0&1&0&2&1\\0&0&1&0&1\\0&0&0&0&-1\end{pmatrix}$，

$R(\boldsymbol{A})=R(\boldsymbol{\alpha}_1,\boldsymbol{\alpha}_2,\boldsymbol{\alpha}_3,\boldsymbol{\alpha}_4)=3$，所以 $\boldsymbol{\alpha}_1,\boldsymbol{\alpha}_2,\boldsymbol{\alpha}_3,\boldsymbol{\alpha}_4$ 线性相关，且 $\boldsymbol{\alpha}_1,\boldsymbol{\alpha}_2,\boldsymbol{\alpha}_3$ 为一个极大无关组。□

(8)（2000，数一） n 维向量组 $\boldsymbol{\alpha}_1,\boldsymbol{\alpha}_2,\cdots,\boldsymbol{\alpha}_m(m<n)$ 线性无关，n 维向量组 $\boldsymbol{\beta}_1,\boldsymbol{\beta}_2,\cdots,\boldsymbol{\beta}_m$ 线性无关的充分必要条件是（　　）。

A. $\boldsymbol{\alpha}_1,\boldsymbol{\alpha}_2,\cdots,\boldsymbol{\alpha}_m$ 可由 $\boldsymbol{\beta}_1,\boldsymbol{\beta}_2,\cdots,\boldsymbol{\beta}_m$ 线性表示

B. $\boldsymbol{\beta}_1,\boldsymbol{\beta}_2,\cdots,\boldsymbol{\beta}_m$ 可由 $\boldsymbol{\alpha}_1,\boldsymbol{\alpha}_2,\cdots,\boldsymbol{\alpha}_m$ 线性表示

C. $\boldsymbol{\alpha}_1,\boldsymbol{\alpha}_2,\cdots,\boldsymbol{\alpha}_m$ 与 $\boldsymbol{\beta}_1,\boldsymbol{\beta}_2,\cdots,\boldsymbol{\beta}_m$ 等价

D. 矩阵 $\boldsymbol{A}=(\boldsymbol{\alpha}_1,\boldsymbol{\alpha}_2,\cdots,\boldsymbol{\alpha}_m)$ 与 $B=(\boldsymbol{\beta}_1,\boldsymbol{\beta}_2,\cdots,\boldsymbol{\beta}_m)$ 等价

解 本题可采用特殊值法，取 $\boldsymbol{\alpha}_1=\begin{pmatrix}1\\0\end{pmatrix}$，$\boldsymbol{\beta}_1=\begin{pmatrix}0\\1\end{pmatrix}$。因为这两个向量不能互相线性表示，

所以排除了 A,B,C。但矩阵 $\boldsymbol{A}=\boldsymbol{\alpha}_1=\begin{pmatrix}1\\0\end{pmatrix}$,$\boldsymbol{B}=\boldsymbol{\beta}_1=\begin{pmatrix}0\\1\end{pmatrix}$是等价的,因为交换 $\boldsymbol{B}$ 的第一,二行即可得到 $\boldsymbol{A}$。故选 D。 □

(9)(2002,数二) 设向量组$\boldsymbol{\alpha}_1,\boldsymbol{\alpha}_2,\boldsymbol{\alpha}_3$线性无关,向量$\boldsymbol{\beta}_1$可由$\boldsymbol{\alpha}_1,\boldsymbol{\alpha}_2,\boldsymbol{\alpha}_3$线性表示,而向量$\boldsymbol{\beta}_2$不能由$\boldsymbol{\alpha}_1,\boldsymbol{\alpha}_2,\boldsymbol{\alpha}_3$线性表示,则$\forall k$(为常数)必有(　　)。

A. $\boldsymbol{\alpha}_1,\boldsymbol{\alpha}_2,\boldsymbol{\alpha}_3,k\boldsymbol{\beta}_1+\boldsymbol{\beta}_2$线性无关　　B. $\boldsymbol{\alpha}_1,\boldsymbol{\alpha}_2,\boldsymbol{\alpha}_3,k\boldsymbol{\beta}_1+\boldsymbol{\beta}_2$线性相关

C. $\boldsymbol{\alpha}_1,\boldsymbol{\alpha}_2,\boldsymbol{\alpha}_3,\boldsymbol{\beta}_1+k\boldsymbol{\beta}_2$线性无关　　D. $\boldsymbol{\alpha}_1,\boldsymbol{\alpha}_2,\boldsymbol{\alpha}_3,\boldsymbol{\beta}_1+k\boldsymbol{\beta}_2$线性相关

解 取 $k=0$,B,C 错,被排除;取 $k=1$,D 错,被排除。故选 A。 □

(10)(2003,数一、数二) 设向量组Ⅰ:$\boldsymbol{\alpha}_1,\boldsymbol{\alpha}_2,\cdots,\boldsymbol{\alpha}_r$可由向量组Ⅱ:$\boldsymbol{\beta}_1,\boldsymbol{\beta}_2,\cdots,\boldsymbol{\beta}_s$线性表示,则(　　)。

A. 当 $r<s$ 时,向量组Ⅱ必线性相关　　B. 当 $r>s$ 时,向量组Ⅱ必线性相关

C. 当 $r<s$ 时,向量组Ⅰ必线性相关　　D. 当 $r>s$ 时,向量组Ⅰ必线性相关

解 本题可用排除法。

如取$\boldsymbol{\alpha}_1=\begin{pmatrix}0\\0\end{pmatrix}$,$\boldsymbol{\beta}_1=\begin{pmatrix}1\\0\end{pmatrix}$,$\boldsymbol{\beta}_2=\begin{pmatrix}0\\1\end{pmatrix}$,则$\boldsymbol{\alpha}_1=0\cdot\boldsymbol{\beta}_1+0\cdot\boldsymbol{\beta}_2$,但$\boldsymbol{\beta}_1,\boldsymbol{\beta}_2$线性无关,排除 A;

取$\boldsymbol{\alpha}_1=\begin{pmatrix}0\\0\end{pmatrix}$,$\boldsymbol{\alpha}_2=\begin{pmatrix}1\\0\end{pmatrix}$,$\boldsymbol{\beta}_1=\begin{pmatrix}1\\0\end{pmatrix}$,则 α_1,α_2 可由$\boldsymbol{\beta}_1$线性表示,但$\boldsymbol{\beta}_1$线性无关,排除 B;

取$\boldsymbol{\alpha}_1=\begin{pmatrix}1\\0\end{pmatrix}$,$\boldsymbol{\beta}_1=\begin{pmatrix}1\\0\end{pmatrix}$,$\boldsymbol{\beta}_2=\begin{pmatrix}0\\1\end{pmatrix}$,$\boldsymbol{\alpha}_1$可由$\boldsymbol{\beta}_1,\boldsymbol{\beta}_2$线性表示,但$\boldsymbol{\alpha}_1$线性无关,排除 C。

故正确选项为 D,D 选项的正确性可以这样推导:由于向量组Ⅰ可由向量组Ⅱ表示,所以

$$\mathrm{r}(\boldsymbol{\alpha}_1,\boldsymbol{\alpha}_2,\cdots,\boldsymbol{\alpha}_r)\leqslant\mathrm{r}(\boldsymbol{\beta}_1,\boldsymbol{\beta}_2,\cdots,\boldsymbol{\beta}_s),$$

而选项的条件意味着

$$\mathrm{r}(\boldsymbol{\beta}_1,\boldsymbol{\beta}_2,\cdots,\boldsymbol{\beta}_s)\leqslant s<r。$$

综上,$\mathrm{r}(\boldsymbol{\alpha}_1,\boldsymbol{\alpha}_2,\cdots,\boldsymbol{\alpha}_r)\leqslant r$,故向量组Ⅰ线性相关。 □

(11)(2003,数三) 设$\boldsymbol{\alpha}_1,\boldsymbol{\alpha}_2,\cdots,\boldsymbol{\alpha}_s$均为 n 维向量,下列结论不正确的是(　　)。

A. 若对于任意一组不全为零的数 $k_1,k_2,\cdots,k_s$,都有 $k_1\boldsymbol{\alpha}_1+k_2\boldsymbol{\alpha}_2+\cdots+k_s\boldsymbol{\alpha}_s\neq\boldsymbol{0}$,则$\boldsymbol{\alpha}_1,\boldsymbol{\alpha}_2,\cdots,\boldsymbol{\alpha}_s$线性无关

B. 若$\boldsymbol{\alpha}_1,\boldsymbol{\alpha}_2,\cdots,\boldsymbol{\alpha}_s$线性相关,则对于任意一组不全为零的数 $k_1,k_2,\cdots,k_s$,都有 $k_1\boldsymbol{\alpha}_1+k_2\boldsymbol{\alpha}_2+\cdots+k_s\boldsymbol{\alpha}_s=\boldsymbol{0}$

C. $\boldsymbol{\alpha}_1,\boldsymbol{\alpha}_2,\cdots,\boldsymbol{\alpha}_s$线性无关的充分必要条件是此向量组的秩为 s

D. $\boldsymbol{\alpha}_1,\boldsymbol{\alpha}_2,\cdots,\boldsymbol{\alpha}_s$线性无关的必要条件是其中任意两个向量线性无关

解 若对于任意一组不全为零的数 $k_1,k_2,\cdots,k_s$,都有 $k_1\boldsymbol{\alpha}_1+k_2\boldsymbol{\alpha}_2+\cdots+k_s\boldsymbol{\alpha}_s\neq\boldsymbol{0}$,则$\boldsymbol{\alpha}_1,\boldsymbol{\alpha}_2,\cdots,\boldsymbol{\alpha}_s$必线性无关。因为若$\boldsymbol{\alpha}_1,\boldsymbol{\alpha}_2,\cdots,\boldsymbol{\alpha}_s$线性相关,则存在一组不全为零的数 $k_1,k_2,\cdots,k_s$,使得 $k_1\boldsymbol{\alpha}_1+k_2\boldsymbol{\alpha}_2+\cdots+k_s\boldsymbol{\alpha}_s=\boldsymbol{0}$,矛盾。可见 A 成立。

若$\boldsymbol{\alpha}_1,\boldsymbol{\alpha}_2,\cdots,\boldsymbol{\alpha}_s$线性相关,则存在一组,而不是对任意一组不全为零的数 $k_1,k_2,\cdots,k_s$,都有 $k_1\boldsymbol{\alpha}_1+k_2\boldsymbol{\alpha}_2+\cdots+k_s\boldsymbol{\alpha}_s=\boldsymbol{0}$,故 B 不成立。

若$\boldsymbol{\alpha}_1,\boldsymbol{\alpha}_2,\cdots,\boldsymbol{\alpha}_s$线性无关,则此向量组的秩为$s$;反过来,若向量组$\boldsymbol{\alpha}_1,\boldsymbol{\alpha}_2,\cdots,\boldsymbol{\alpha}_s$的秩为$s$,则$\boldsymbol{\alpha}_1,\boldsymbol{\alpha}_2,\cdots,\boldsymbol{\alpha}_s$线性无关,因此C成立。

若$\boldsymbol{\alpha}_1,\boldsymbol{\alpha}_2,\cdots,\boldsymbol{\alpha}_s$线性无关,则其任一部分组线性无关,当然其中任意两个向量线性无关,可见D也成立。

综上所述,应选B。 □

(12)(2005,数三、数四) 设行向量组$(2,1,1,1),(2,1,a,a),(3,2,1,a),(4,3,2,1)$线性相关,且$a\neq1$,则$a=$________。

解 由题设,有

$$\begin{vmatrix}2&1&1&1\\2&1&a&a\\3&2&1&a\\4&3&2&1\end{vmatrix}=(a-1)(2a-1)=0,\quad 故得\ a=1,a=\frac{1}{2}。$$

但题设$a\neq1$,故$a=\frac{1}{2}$。 □

(13)(2006,数一、数二、数三) 设$\boldsymbol{\alpha}_1,\boldsymbol{\alpha}_2,\cdots,\boldsymbol{\alpha}_s$均为$n$维列向量,$\boldsymbol{A}$是$m\times n$矩阵,下列选项正确的是( )。

A. 若$\boldsymbol{\alpha}_1,\boldsymbol{\alpha}_2,\cdots,\boldsymbol{\alpha}_s$线性相关,则$\boldsymbol{A\alpha}_1,\boldsymbol{A\alpha}_2,\cdots,\boldsymbol{A\alpha}_s$线性相关

B. 若$\boldsymbol{\alpha}_1,\boldsymbol{\alpha}_2,\cdots,\boldsymbol{\alpha}_s$线性相关,则$\boldsymbol{A\alpha}_1,\boldsymbol{A\alpha}_2,\cdots,\boldsymbol{A\alpha}_s$线性无关

C. 若$\boldsymbol{\alpha}_1,\boldsymbol{\alpha}_2,\cdots,\boldsymbol{\alpha}_s$线性无关,则$\boldsymbol{A\alpha}_1,\boldsymbol{A\alpha}_2,\cdots,\boldsymbol{A\alpha}_s$线性相关

D. 若$\boldsymbol{\alpha}_1,\boldsymbol{\alpha}_2,\cdots,\boldsymbol{\alpha}_s$线性无关,则$\boldsymbol{A\alpha}_1,\boldsymbol{A\alpha}_2,\cdots,\boldsymbol{A\alpha}_s$线性无关

解 记$\boldsymbol{B}=(\boldsymbol{\alpha}_1,\boldsymbol{\alpha}_2,\cdots,\boldsymbol{\alpha}_s)$,则$(\boldsymbol{A\alpha}_1,\boldsymbol{A\alpha}_2,\cdots,\boldsymbol{A\alpha}_s)=\boldsymbol{A}(\boldsymbol{\alpha}_1,\boldsymbol{\alpha}_2,\cdots,\boldsymbol{\alpha}_s)=\boldsymbol{AB}$,所以,若向量组$\boldsymbol{\alpha}_1,\boldsymbol{\alpha}_2,\cdots,\boldsymbol{\alpha}_s$线性相关,则$\mathrm{r}(\boldsymbol{B})<s$,从而$\mathrm{r}(\boldsymbol{AB})\leqslant\mathrm{r}(\boldsymbol{B})<s$,向量组$\boldsymbol{A\alpha}_1,\boldsymbol{A\alpha}_2,\cdots,\boldsymbol{A\alpha}_s$也线性相关,故应选A。 □

(14)(2008,数一) 设$\boldsymbol{\alpha},\boldsymbol{\beta}$为三维列向量,矩阵$\boldsymbol{A}=\boldsymbol{\alpha\alpha}^{\mathrm{T}}+\boldsymbol{\beta\beta}^{\mathrm{T}}$,其中$\boldsymbol{\alpha}^{\mathrm{T}},\boldsymbol{\beta}^{\mathrm{T}}$分别为$\boldsymbol{\alpha}$,$\boldsymbol{\beta}$的转置。证明:(Ⅰ)$\mathrm{r}(\boldsymbol{A})\leqslant2$;(Ⅱ)若$\boldsymbol{\alpha},\boldsymbol{\beta}$线性相关,则$\mathrm{r}(\boldsymbol{A})<2$。

证 (Ⅰ)因为$\mathrm{r}(\boldsymbol{\alpha\alpha}^{\mathrm{T}})\leqslant\mathrm{r}(\boldsymbol{\alpha})\leqslant1,\mathrm{r}(\boldsymbol{\beta\beta}^{\mathrm{T}})\leqslant\mathrm{r}(\boldsymbol{\beta})\leqslant1$,于是

$$\mathrm{r}(\boldsymbol{A})=\mathrm{r}(\boldsymbol{\alpha\alpha}^{\mathrm{T}}+\boldsymbol{\beta\beta}^{\mathrm{T}})\leqslant\mathrm{r}(\boldsymbol{\alpha\alpha}^{\mathrm{T}})+\mathrm{r}(\boldsymbol{\beta\beta}^{\mathrm{T}})\leqslant2。$$

(Ⅱ)若$\boldsymbol{\alpha},\boldsymbol{\beta}$线性相关,不妨设$\boldsymbol{\beta}=k\boldsymbol{\alpha}$,$k$为常数,则有

$$\boldsymbol{A}=\boldsymbol{\alpha\alpha}^{\mathrm{T}}+\boldsymbol{\beta\beta}^{\mathrm{T}}=(k^2+1)\boldsymbol{\alpha\alpha}^{\mathrm{T}}。$$

故$\mathrm{r}(\boldsymbol{A})=\mathrm{r}(\boldsymbol{\alpha\alpha}^{\mathrm{T}}+\boldsymbol{\beta\beta}^{\mathrm{T}})=\mathrm{r}((k^2+1)\boldsymbol{\alpha\alpha}^{\mathrm{T}})=\mathrm{r}(\boldsymbol{\alpha\alpha}^{\mathrm{T}})\leqslant1<2$。 □

(15)(2010,数二、数三) 设向量组Ⅰ:$\boldsymbol{\alpha}_1,\boldsymbol{\alpha}_2,\cdots,\boldsymbol{\alpha}_r$可由向量组Ⅱ:$\boldsymbol{\beta}_1,\boldsymbol{\beta}_2,\cdots,\boldsymbol{\beta}_s$线性表示,则下列命题正确的是( )。

A. 若向量组Ⅰ线性无关,则$r\leqslant s$　　B. 若向量组Ⅰ线性相关,则$r>s$

C. 若向量组Ⅱ线性无关,则$r\leqslant s$　　D. 若向量组Ⅱ线性相关,则$r>s$

解 因向量组Ⅰ能由向量组Ⅱ线性表示,所以r(Ⅰ)≤r(Ⅱ),即

$$\mathrm{r}(\boldsymbol{\alpha}_1,\boldsymbol{\alpha}_2,\cdots,\boldsymbol{\alpha}_r)\leqslant\mathrm{r}(\boldsymbol{\beta}_1,\boldsymbol{\beta}_2,\cdots,\boldsymbol{\beta}_s)\leqslant s。$$

而向量组Ⅰ线性无关,于是$\mathrm{r}(\boldsymbol{\alpha}_1,\boldsymbol{\alpha}_2,\cdots,\boldsymbol{\alpha}_r)=r$,所以$r\leqslant s$。选A。 □

(16)(2010,数一) 设$\boldsymbol{\alpha}_1=(1,2,-1,0)^{\mathrm{T}},\boldsymbol{\alpha}_2=(1,1,0,2)^{\mathrm{T}},\boldsymbol{\alpha}_3=(2,1,1,a)^{\mathrm{T}}$,若由$\boldsymbol{\alpha}_1$,$\boldsymbol{\alpha}_2,\boldsymbol{\alpha}_3$生成的向量空间的维数为2,则$a=$________。

解 由 $\boldsymbol{\alpha}_1,\boldsymbol{\alpha}_2,\boldsymbol{\alpha}_3$构成的向量组的秩为 2，从而向量组线性相关。对$(\boldsymbol{\alpha}_1,\boldsymbol{\alpha}_2,\boldsymbol{\alpha}_3)$作初等行变换有

$$(\boldsymbol{\alpha}_1,\boldsymbol{\alpha}_2,\boldsymbol{\alpha}_3)=\begin{pmatrix}1&1&2\\2&1&1\\-1&0&1\\0&2&a\end{pmatrix}\to\begin{pmatrix}1&1&2\\0&-1&-3\\0&1&3\\0&2&a\end{pmatrix}\to\begin{pmatrix}1&1&2\\0&1&3\\0&0&a-6\\0&0&0\end{pmatrix},$$

所以 $a=6$，故应填 6。 □

(17)（2012，数一、数二、数三） 设$\boldsymbol{\alpha}_1=\begin{pmatrix}0\\0\\c_1\end{pmatrix},\boldsymbol{\alpha}_2=\begin{pmatrix}0\\1\\c_2\end{pmatrix},\boldsymbol{\alpha}_3=\begin{pmatrix}1\\-1\\c_3\end{pmatrix},\boldsymbol{\alpha}_4=\begin{pmatrix}-1\\1\\c_4\end{pmatrix}$，其中 c_1,c_2,c_3,c_4 为任意常数，则下列向量组线性相关的为（　　）。

A. $\boldsymbol{\alpha}_1,\boldsymbol{\alpha}_2,\boldsymbol{\alpha}_3$　　B. $\boldsymbol{\alpha}_1,\boldsymbol{\alpha}_2,\boldsymbol{\alpha}_4$　　C. $\boldsymbol{\alpha}_1,\boldsymbol{\alpha}_3,\boldsymbol{\alpha}_4$　　D. $\boldsymbol{\alpha}_2,\boldsymbol{\alpha}_3,\boldsymbol{\alpha}_4$

解 显然，$\mathrm{r}(\boldsymbol{\alpha}_1,\boldsymbol{\alpha}_3,\boldsymbol{\alpha}_4)=\mathrm{r}\begin{pmatrix}0&1&-1\\0&-1&1\\c_1&c_3&c_4\end{pmatrix}\leqslant 2$，所以向量组$\boldsymbol{\alpha}_1,\boldsymbol{\alpha}_3,\boldsymbol{\alpha}_4$线性相关，故选 C。 □

(18)（2013，数一、数二、数三） 设 $\boldsymbol{A},\boldsymbol{B},\boldsymbol{C}$ 均为 n 阶矩阵。若 $\boldsymbol{AB}=\boldsymbol{C}$，且 $\boldsymbol{B}$ 可逆，则（　　）。

A. 矩阵 $\boldsymbol{C}$ 的行向量组与矩阵 $\boldsymbol{A}$ 的行向量组等价

B. 矩阵 $\boldsymbol{C}$ 的列向量组与矩阵 $\boldsymbol{A}$ 的列向量组等价

C. 矩阵 $\boldsymbol{C}$ 的行向量组与矩阵 $\boldsymbol{B}$ 的行向量组等价

D. 矩阵 $\boldsymbol{C}$ 的列向量组与矩阵 $\boldsymbol{B}$ 的列向量组等价

解 设 $\boldsymbol{A}=(\boldsymbol{\alpha}_1,\boldsymbol{\alpha}_2,\cdots,\boldsymbol{\alpha}_n)$，$\boldsymbol{C}=(\boldsymbol{\gamma}_1,\boldsymbol{\gamma}_2,\cdots,\boldsymbol{\gamma}_n)$，由 $\boldsymbol{AB}=\boldsymbol{C}$，则有

$$(\boldsymbol{\alpha}_1,\boldsymbol{\alpha}_2,\cdots,\boldsymbol{\alpha}_n)\begin{pmatrix}b_{11}&b_{12}&\cdots&b_{1n}\\b_{21}&b_{22}&\cdots&b_{2n}\\\vdots&\vdots&&\vdots\\b_{n1}&b_{n2}&\cdots&b_{nn}\end{pmatrix}=(\boldsymbol{\gamma}_1,\boldsymbol{\gamma}_2,\cdots,\boldsymbol{\gamma}_n),$$

可知 $\boldsymbol{\gamma}_i=\sum\limits_{j=1}^{n}b_{ji}\boldsymbol{\alpha}_j\ (i=1,2,\cdots,n)$，即矩阵 $\boldsymbol{C}$ 的列向量组可由矩阵 $\boldsymbol{A}$ 的列向量组线性表示。又因 $\boldsymbol{B}$ 为可逆矩阵，于是

$$(\boldsymbol{\alpha}_1,\boldsymbol{\alpha}_2,\cdots,\boldsymbol{\alpha}_n)=(\boldsymbol{\gamma}_1,\boldsymbol{\gamma}_2,\cdots,\boldsymbol{\gamma}_n)\begin{pmatrix}b_{11}&b_{12}&\cdots&b_{1n}\\b_{21}&b_{22}&\cdots&b_{2n}\\\vdots&\vdots&&\vdots\\b_{n1}&b_{n2}&\cdots&b_{nn}\end{pmatrix}^{-1},$$

矩阵 $\boldsymbol{A}$ 的列向量组也可由矩阵 $\boldsymbol{C}$ 的列向量组线性表示，即矩阵 $\boldsymbol{C}$ 的列向量组与矩阵 $\boldsymbol{A}$ 的列向量组等价。故选 B。 □

(19)（2014，数一、数二、数三） 设$\boldsymbol{\alpha}_1,\boldsymbol{\alpha}_2,\boldsymbol{\alpha}_3$均为三维向量，则对任意常数 k,l，向量组 $\boldsymbol{\alpha}_1+k\boldsymbol{\alpha}_3,\boldsymbol{\alpha}_2+l\boldsymbol{\alpha}_3$线性无关是向量组 $\boldsymbol{B}=\{\boldsymbol{\alpha}_1,\boldsymbol{\alpha}_2,\boldsymbol{\alpha}_3\}$线性无关的（　　）。

A. 必要非充分条件　　B. 充分非必要条件

C. 充分必要条件　　D. 既非充分也非必要条件

解　记 $\boldsymbol{A}=(\boldsymbol{\alpha}_1+k\boldsymbol{\alpha}_3,\boldsymbol{\alpha}_2+l\boldsymbol{\alpha}_3)$，$\boldsymbol{B}=(\boldsymbol{\alpha}_1,\boldsymbol{\alpha}_2,\boldsymbol{\alpha}_3)$，则 $\boldsymbol{A}=\boldsymbol{B}\begin{pmatrix}1&0\\0&1\\k&l\end{pmatrix}$。

若$\boldsymbol{\alpha}_1,\boldsymbol{\alpha}_2,\boldsymbol{\alpha}_3$线性无关，有 $\mathrm{r}(\boldsymbol{A})=\mathrm{r}\left(\boldsymbol{B}\begin{pmatrix}1&0\\0&1\\k&l\end{pmatrix}\right)=\mathrm{r}\begin{pmatrix}1&0\\0&1\\k&l\end{pmatrix}=2$，故$\boldsymbol{\alpha}_1+k\boldsymbol{\alpha}_3,\boldsymbol{\alpha}_2+l\boldsymbol{\alpha}_3$线性无关。

令$\boldsymbol{\alpha}_3=\boldsymbol{0}$，若$\boldsymbol{\alpha}_1+k\boldsymbol{\alpha}_3=\boldsymbol{\alpha}_1,\boldsymbol{\alpha}_2+l\boldsymbol{\alpha}_3=\boldsymbol{\alpha}_2$线性无关，此时$\boldsymbol{\alpha}_1,\boldsymbol{\alpha}_2,\boldsymbol{\alpha}_3$却线性相关。

综上所述，故选 A。 □

(20)(2015，数一)　设向量组$\boldsymbol{\alpha}_1,\boldsymbol{\alpha}_2,\boldsymbol{\alpha}_3$为 $\mathbf{R}^3$ 的一组基，$\boldsymbol{\beta}_1=2\boldsymbol{\alpha}_1+2k\boldsymbol{\alpha}_3$，$\boldsymbol{\beta}_2=2\boldsymbol{\alpha}_2$，$\boldsymbol{\beta}_3=\boldsymbol{\alpha}_1+(k+1)\boldsymbol{\alpha}_3$。

(Ⅰ)证明向量组$\boldsymbol{\beta}_1,\boldsymbol{\beta}_2,\boldsymbol{\beta}_3$为 $\mathbf{R}^3$ 的一组基；

(Ⅱ)当 k 为何值时，存在非零向量$\boldsymbol{\xi}$在基$\boldsymbol{\alpha}_1,\boldsymbol{\alpha}_2,\boldsymbol{\alpha}_3$与$\boldsymbol{\beta}_1,\boldsymbol{\beta}_2,\boldsymbol{\beta}_3$下的坐标相同，并求所有的$\boldsymbol{\xi}$。

证　(Ⅰ)的证明请见本章例 17。

(Ⅱ)设向量$\boldsymbol{\xi}\neq\boldsymbol{0}$ 在基$\boldsymbol{\alpha}_1,\boldsymbol{\alpha}_2,\boldsymbol{\alpha}_3$的坐标为 k_1,k_2,k_3，由题意知

$$\boldsymbol{\xi}=k_1\boldsymbol{\alpha}_1+k_2\boldsymbol{\alpha}_2+k_3\boldsymbol{\alpha}_3=k_1\boldsymbol{\beta}_1+k_2\boldsymbol{\beta}_2+k_3\boldsymbol{\beta}_3,$$

整理得 $k_1(\boldsymbol{\beta}_1-\boldsymbol{\alpha}_1)+k_2(\boldsymbol{\beta}_2-\boldsymbol{\alpha}_2)+k_3(\boldsymbol{\beta}_3-\boldsymbol{\alpha}_3)=\boldsymbol{0}$。显然，$k_1,k_2,k_3$ 不能全为零，因此

$$k_1(\boldsymbol{\alpha}_1+2k\boldsymbol{\alpha}_3)+k_2\boldsymbol{\alpha}_2+k_3(\boldsymbol{\alpha}_1+k\boldsymbol{\alpha}_3)=\boldsymbol{0}\qquad (*)$$

有非零解。这意味着$\boldsymbol{\alpha}_1+2k\boldsymbol{\alpha}_3,\boldsymbol{\alpha}_2,\boldsymbol{\alpha}_1+k\boldsymbol{\alpha}_3$线性相关，进而行列式$|\boldsymbol{\alpha}_1+2k\boldsymbol{\alpha}_3,\boldsymbol{\alpha}_2,\boldsymbol{\alpha}_1+k\boldsymbol{\alpha}_3|=0$。

再注意到$(\boldsymbol{\alpha}_1+2k\boldsymbol{\alpha}_3,\boldsymbol{\alpha}_2,\boldsymbol{\alpha}_1+k\boldsymbol{\alpha}_3)=(\boldsymbol{\alpha}_1,\boldsymbol{\alpha}_2,\boldsymbol{\alpha}_3)\begin{pmatrix}1&0&1\\0&1&0\\2k&0&k\end{pmatrix}$，所以行列式$|\boldsymbol{\alpha}_1,\boldsymbol{\alpha}_2,\boldsymbol{\alpha}_3|\cdot\begin{vmatrix}1&0&1\\0&1&0\\2k&0&k\end{vmatrix}=0$，其中$\boldsymbol{\alpha}_1,\boldsymbol{\alpha}_2,\boldsymbol{\alpha}_3$线性无关，所以$|\boldsymbol{\alpha}_1,\boldsymbol{\alpha}_2,\boldsymbol{\alpha}_3|\neq 0$，因此 $\begin{vmatrix}1&0&1\\0&1&0\\2k&0&k\end{vmatrix}=-k=0$，由此解得 $k=0$。将 $k=0$ 代入$(*)$式得$(k_1+k_3)\boldsymbol{\alpha}_1+k_2\boldsymbol{\alpha}_2=\boldsymbol{0}$ 有非零解。注意到$\boldsymbol{\alpha}_1,\boldsymbol{\alpha}_2,\boldsymbol{\alpha}_3$线性无关，所以 $k_1+k_3=0,k_2=0$。故形如$\boldsymbol{\xi}=k_1\boldsymbol{\alpha}_1-k_1\boldsymbol{\alpha}_3(k_1\neq 0)$的所有非零向量$\boldsymbol{\xi}$即为所求。 □

(21)(2017，数一、数三)　设矩阵 $\boldsymbol{A}=\begin{pmatrix}1&0&1\\1&1&2\\0&1&1\end{pmatrix}$，$\boldsymbol{\alpha}_1,\boldsymbol{\alpha}_2,\boldsymbol{\alpha}_3$为线性无关的三维列向量组，则向量组 $\boldsymbol{A}\boldsymbol{\alpha}_1,\boldsymbol{A}\boldsymbol{\alpha}_2,\boldsymbol{A}\boldsymbol{\alpha}_3$的秩为________。

解　易见$(\boldsymbol{A}\boldsymbol{\alpha}_1,\boldsymbol{A}\boldsymbol{\alpha}_2,\boldsymbol{A}\boldsymbol{\alpha}_3)=\boldsymbol{A}(\boldsymbol{\alpha}_1,\boldsymbol{\alpha}_2,\boldsymbol{\alpha}_3)$。因为$\boldsymbol{\alpha}_1,\boldsymbol{\alpha}_2,\boldsymbol{\alpha}_3$为线性无关的三维列向量，知矩阵$(\boldsymbol{\alpha}_1,\boldsymbol{\alpha}_2,\boldsymbol{\alpha}_3)$可逆，所以 $\mathrm{r}(\boldsymbol{A}\boldsymbol{\alpha}_1,\boldsymbol{A}\boldsymbol{\alpha}_2,\boldsymbol{A}\boldsymbol{\alpha}_3)=\mathrm{r}(\boldsymbol{A})=2$，即向量组 $\boldsymbol{A}\boldsymbol{\alpha}_1,\boldsymbol{A}\boldsymbol{\alpha}_2,\boldsymbol{A}\boldsymbol{\alpha}_3$的秩为 2。 □

(22)(2018，数三)　设 $\boldsymbol{A}$ 为三阶矩阵，$\boldsymbol{\alpha}_1,\boldsymbol{\alpha}_2,\boldsymbol{\alpha}_3$是线性无关的向量组。若 $\boldsymbol{A}\boldsymbol{\alpha}_1=\boldsymbol{\alpha}_2+\boldsymbol{\alpha}_3$，$\boldsymbol{A}\boldsymbol{\alpha}_2=\boldsymbol{\alpha}_1+\boldsymbol{\alpha}_3$，$\boldsymbol{A}\boldsymbol{\alpha}_3=\boldsymbol{\alpha}_1+\boldsymbol{\alpha}_2$，则$|\boldsymbol{A}|=$________。

解　由已知条件

$$\boldsymbol{A}(\boldsymbol{\alpha}_1,\boldsymbol{\alpha}_2,\boldsymbol{\alpha}_3)=(A\boldsymbol{\alpha}_1,A\boldsymbol{\alpha}_2,A\boldsymbol{\alpha}_3)=(\boldsymbol{\alpha}_2+\boldsymbol{\alpha}_3,\boldsymbol{\alpha}_1+\boldsymbol{\alpha}_3,\boldsymbol{\alpha}_1+\boldsymbol{\alpha}_2)=(\boldsymbol{\alpha}_1,\boldsymbol{\alpha}_2,\boldsymbol{\alpha}_3)\begin{pmatrix}0&1&1\\1&0&1\\1&1&0\end{pmatrix}。$$

两边取行列式得

$$|\boldsymbol{A}|\cdot|\boldsymbol{\alpha}_1,\boldsymbol{\alpha}_2,\boldsymbol{\alpha}_3|=|\boldsymbol{\alpha}_1,\boldsymbol{\alpha}_2,\boldsymbol{\alpha}_3|\cdot\begin{vmatrix}0&1&1\\1&0&1\\1&1&0\end{vmatrix}。\qquad (*)$$

由于$\boldsymbol{\alpha}_1,\boldsymbol{\alpha}_2,\boldsymbol{\alpha}_3$线性无关,所以行列式$|\boldsymbol{\alpha}_1,\boldsymbol{\alpha}_2,\boldsymbol{\alpha}_3|\neq 0$,于是由(*)式可推出

$$|\boldsymbol{A}|=\begin{vmatrix}0&1&1\\1&0&1\\1&1&0\end{vmatrix}=2。$$

□

3.4 习题与解答

习题

1. 填空题

(1) 若矩阵 $\boldsymbol{A}=\begin{pmatrix}1&2&-2\\4&t&3\\3&-1&1\end{pmatrix}$的列向量组线性相关,则 $t=$________。

(2) 设向量$\boldsymbol{\alpha}_1=(1,1,1)^{\mathrm{T}}$,$\boldsymbol{\alpha}_2=(1,1,0)^{\mathrm{T}}$,$\boldsymbol{\alpha}_3=(1,0,0)^{\mathrm{T}}$,$\boldsymbol{\beta}=(0,1,1)^{\mathrm{T}}$, 则$\boldsymbol{\beta}$由$\boldsymbol{\alpha}_1$,$\boldsymbol{\alpha}_2$,$\boldsymbol{\alpha}_3$线性表出的表示式为________。

(3) 设三阶矩阵 $\boldsymbol{A}=\begin{pmatrix}1&2&-2\\2&1&2\\3&0&4\end{pmatrix}$,三维列向量$\boldsymbol{\alpha}=\begin{pmatrix}a\\1\\1\end{pmatrix}$,已知 $\boldsymbol{A}\boldsymbol{\alpha}$ 与$\boldsymbol{\alpha}$ 线性相关,则 $a=$________。

(4) 已知三维向量空间 $\mathbf{R}^3$ 的一组基为$\boldsymbol{\alpha}_1=(1,1,0)^{\mathrm{T}}$,$\boldsymbol{\alpha}_2=(1,0,1)^{\mathrm{T}}$,$\boldsymbol{\alpha}_3=(0,1,1)^{\mathrm{T}}$,则向量$\boldsymbol{\alpha}=(2,0,0)^{\mathrm{T}}$ 在上述基下的坐标是________。

(5) 设$\boldsymbol{\alpha}=(1,-1,-1)^{\mathrm{T}}$,$\boldsymbol{\beta}=(0,1,1)^{\mathrm{T}}$,则$\boldsymbol{\beta}-\dfrac{\langle\boldsymbol{\alpha},\boldsymbol{\beta}\rangle}{\langle\boldsymbol{\alpha},\boldsymbol{\alpha}\rangle}\boldsymbol{\alpha}=$________。

2. 单项选择题

(1) 设线性无关的向量组$\boldsymbol{\alpha}_1,\boldsymbol{\alpha}_2,\boldsymbol{\alpha}_3,\boldsymbol{\alpha}_4$可由向量组$\boldsymbol{\beta}_1,\boldsymbol{\beta}_2,\cdots,\boldsymbol{\beta}_t$线性表出,则必有(　　)。

A. $\boldsymbol{\beta}_1,\boldsymbol{\beta}_2,\cdots,\boldsymbol{\beta}_t$ 线性相关　　　B. $t\geqslant 4$

C. $\boldsymbol{\beta}_1,\boldsymbol{\beta}_2,\cdots,\boldsymbol{\beta}_t$ 线性无关　　　D. $t<4$

(2) 设向量组$\boldsymbol{\alpha}_1=(1,0,0)^{\mathrm{T}}$,$\boldsymbol{\alpha}_2=(0,0,1)^{\mathrm{T}}$,下列向量中可以由$\boldsymbol{\alpha}_1,\boldsymbol{\alpha}_2$线性表出的是(　　)。

A. $(2,0,0)^{\mathrm{T}}$　　B. $(-3,2,4)^{\mathrm{T}}$　　C. $(1,1,0)^{\mathrm{T}}$　　D. $(0,-1,0)^{\mathrm{T}}$

(3) 设 $\boldsymbol{A}$ 是 n 阶矩阵($n\geqslant 2$),$|\boldsymbol{A}|=0$,则下列结论中**错误**的是(　　)。

A. $\mathrm{r}(\boldsymbol{A})<n$

B. $\boldsymbol{A}$ 必有两行元素成比例

C. $\boldsymbol{A}$ 的 n 个列向量线性相关

D. $\boldsymbol{A}$ 有一个行向量可由其余 $n-1$ 个行向量线性表出

(4) 在 $\mathbf{R}^3$ 中,与向量 $\boldsymbol{\alpha}_1=(1,1,1)^{\mathrm{T}}$,$\boldsymbol{\alpha}_2=(1,2,1)^{\mathrm{T}}$ 都正交的单位向量是(　　)。

A. $(-1,0,1)^{\mathrm{T}}$　　B. $\frac{1}{\sqrt{2}}(-1,0,1)^{\mathrm{T}}$

C. $(1,0,-1)^{\mathrm{T}}$　　D. $\frac{1}{\sqrt{2}}(1,0,1)^{\mathrm{T}}$

(5) 设向量组 $\boldsymbol{\alpha}_1,\boldsymbol{\alpha}_2,\cdots,\boldsymbol{\alpha}_s(s\geqslant 2)$ 线性无关,则(　　)。

A. 组中增加任意一个向量后仍线性无关

B. 组中减少任意一个向量后仍线性无关

C. 存在不全为零的数 $k_1,k_2,\cdots,k_s$,使得 $\sum_{i=1}^{s}k_i\boldsymbol{\alpha}_i=\mathbf{0}$

D. 组中至少有一个向量可以由其余向量线性表出

3. 问 k 取何值时,下列向量组线性相关?线性无关?

$$\boldsymbol{\alpha}_1=(k,2,1),\quad \boldsymbol{\alpha}_2=(2,k,0),\quad \boldsymbol{\alpha}_3=(1,-1,1)。$$

4. 设 t_1,t_2,t_3 为互不相等的常数,讨论向量组 $\boldsymbol{\alpha}_1=(1,t_1,t_1^2)^{\mathrm{T}}$,$\boldsymbol{\alpha}_2=(1,t_2,t_2^2)^{\mathrm{T}}$,$\boldsymbol{\alpha}_3=(1,t_3,t_3^2)^{\mathrm{T}}$ 的线性相关性。

5. 设向量组 $\boldsymbol{\alpha}_1,\boldsymbol{\alpha}_2,\boldsymbol{\alpha}_3$ 线性无关,证明下列向量组也线性无关:

(1) $\boldsymbol{\beta}_1=\boldsymbol{\alpha}_1,\boldsymbol{\beta}_2=\boldsymbol{\alpha}_1+\boldsymbol{\alpha}_2,\boldsymbol{\beta}_3=\boldsymbol{\alpha}_1+\boldsymbol{\alpha}_2+\boldsymbol{\alpha}_3$;

(2) $\boldsymbol{\gamma}_1=-\boldsymbol{\alpha}_1+\boldsymbol{\alpha}_2+\boldsymbol{\alpha}_3,\boldsymbol{\gamma}_2=\boldsymbol{\alpha}_1-\boldsymbol{\alpha}_2+\boldsymbol{\alpha}_3,\boldsymbol{\gamma}_3=\boldsymbol{\alpha}_1+\boldsymbol{\alpha}_2-\boldsymbol{\alpha}_3$。

6. 设向量组 $\boldsymbol{\alpha}_1,\boldsymbol{\alpha}_2$ 线性无关,$\boldsymbol{\beta}=k_1\boldsymbol{\alpha}_1+k_2\boldsymbol{\alpha}_2$。证明:如果 $k_1\neq 0$,则向量组 $\boldsymbol{\beta},\boldsymbol{\alpha}_2$ 也线性无关。

7. 设 $\boldsymbol{A}$ 为 n 阶方阵,$\boldsymbol{\alpha}_1,\boldsymbol{\alpha}_2,\cdots,\boldsymbol{\alpha}_n$ 为 n 个线性无关的 n 维列向量,证明:$\mathrm{R}(\boldsymbol{A})=n$ 的充要条件是 $\boldsymbol{A}\boldsymbol{\alpha}_1,\boldsymbol{A}\boldsymbol{\alpha}_2,\cdots,\boldsymbol{A}\boldsymbol{\alpha}_n$ 线性无关。

8. 分别求下列各向量组的一个极大无关组,并将向量组中其余的向量由该极大无关组线性表出:

(1) $\boldsymbol{\beta}_1=(1,3,-5,1)^{\mathrm{T}},\boldsymbol{\beta}_2=(2,6,1,4)^{\mathrm{T}},\boldsymbol{\beta}_3=(3,9,7,10)^{\mathrm{T}}$;

(2) $\boldsymbol{\gamma}_1=(1,2,3,4)^{\mathrm{T}},\boldsymbol{\gamma}_2=(2,3,4,5)^{\mathrm{T}},\boldsymbol{\gamma}_3=(3,4,5,6)^{\mathrm{T}},\boldsymbol{\gamma}_4=(4,5,6,7)^{\mathrm{T}}$。

9. 设 $\boldsymbol{\beta}_1=\boldsymbol{\alpha}_2+\boldsymbol{\alpha}_3+\cdots+\boldsymbol{\alpha}_s,\boldsymbol{\beta}_2=\boldsymbol{\alpha}_1+\boldsymbol{\alpha}_3+\cdots+\boldsymbol{\alpha}_s,\cdots,\boldsymbol{\beta}_s=\boldsymbol{\alpha}_1+\boldsymbol{\alpha}_2+\cdots+\boldsymbol{\alpha}_{s-1}$。求证:向量组 $\boldsymbol{\beta}_1,\boldsymbol{\beta}_2,\cdots,\boldsymbol{\beta}_s$ 与向量组 $\boldsymbol{\alpha}_1,\boldsymbol{\alpha}_2,\cdots,\boldsymbol{\alpha}_s$ 有相同的秩。

10. 判定下列各组中给定的两个向量组是否等价:

(1) $\boldsymbol{\alpha}_1=(1,0)^{\mathrm{T}},\boldsymbol{\alpha}_2=(0,1)^{\mathrm{T}}$ 与 $\boldsymbol{\beta}_1=(1,2)^{\mathrm{T}},\boldsymbol{\beta}_2=(-1,1)^{\mathrm{T}}$;

(2) $\boldsymbol{\alpha}_1=(1,1)^{\mathrm{T}},\boldsymbol{\alpha}_2=(0,-1)^{\mathrm{T}}$ 与 $\boldsymbol{\beta}_1=(2,2)^{\mathrm{T}},\boldsymbol{\beta}_2=(0,0)^{\mathrm{T}}$。

11. 设 $\boldsymbol{A}$ 为 $m\times n$ 矩阵,$\boldsymbol{B}$ 为 $n\times m$ 矩阵。证明:如果 $m>n$,则 $|\boldsymbol{AB}|=0$。

12. 设 $\boldsymbol{\alpha}$ 与 $\boldsymbol{\beta}$ 是正交的两个 n 维非零列向量,记 n 阶矩阵 $\boldsymbol{A}=\boldsymbol{\alpha}\boldsymbol{\beta}^{\mathrm{T}}$,求 $\boldsymbol{A}^2$。

13. 设列向量 $\boldsymbol{\alpha}_1,\boldsymbol{\alpha}_2,\cdots,\boldsymbol{\alpha}_s,\boldsymbol{\beta}_1,\boldsymbol{\beta}_2,\cdots,\boldsymbol{\beta}_l\in\mathbf{R}^n$,构造矩阵

$$\boldsymbol{A}=(\boldsymbol{\alpha}_1,\boldsymbol{\alpha}_2,\cdots,\boldsymbol{\alpha}_s),\quad \boldsymbol{B}=(\boldsymbol{\beta}_1,\boldsymbol{\beta}_2,\cdots,\boldsymbol{\beta}_l),\quad \boldsymbol{C}=(\boldsymbol{\alpha}_1,\boldsymbol{\alpha}_2,\cdots,\boldsymbol{\alpha}_s,\boldsymbol{\beta}_1,\boldsymbol{\beta}_2,\cdots,\boldsymbol{\beta}_l)。$$

证明:如果 $\mathrm{r}(\boldsymbol{A})=r_1,\mathrm{r}(\boldsymbol{B})=r_2,\mathrm{r}(\boldsymbol{C})=r_3$,则 $\max\{r_1,r_2\}\leqslant r_3\leqslant r_1+r_2$。

14. 设 $\boldsymbol{A},\boldsymbol{B}$ 均为 $m\times n$ 矩阵，令 $\boldsymbol{A}=(\boldsymbol{\alpha}_1,\boldsymbol{\alpha}_2,\cdots,\boldsymbol{\alpha}_n)$，$\boldsymbol{B}=(\boldsymbol{\beta}_1,\boldsymbol{\beta}_2,\cdots,\boldsymbol{\beta}_n)$，证明：

$$\mathrm{r}(\boldsymbol{A}-\boldsymbol{B})\leqslant \mathrm{r}(\boldsymbol{A})+\mathrm{r}(\boldsymbol{B})。$$

15. 给出向量组$\boldsymbol{\alpha}_1=(1,0,-1)^{\mathrm{T}}$，$\boldsymbol{\alpha}_2=(2,1,1)^{\mathrm{T}}$，$\boldsymbol{\alpha}_3=(1,1,1)^{\mathrm{T}}$ 与向量组$\boldsymbol{\beta}_1=(3,1,4)^{\mathrm{T}}$，$\boldsymbol{\beta}_2=(5,2,1)^{\mathrm{T}}$，$\boldsymbol{\beta}_3=(1,1,-6)^{\mathrm{T}}$。

(1) 证明：向量组$\boldsymbol{\alpha}_1,\boldsymbol{\alpha}_2,\boldsymbol{\alpha}_3$与向量组$\boldsymbol{\beta}_1,\boldsymbol{\beta}_2,\boldsymbol{\beta}_3$都是 $\mathbf{R}^3$ 的基；

(2) 求由基$\boldsymbol{\alpha}_1,\boldsymbol{\alpha}_2,\boldsymbol{\alpha}_3$到基$\boldsymbol{\beta}_1,\boldsymbol{\beta}_2,\boldsymbol{\beta}_3$的过渡矩阵。

16. 在 $\mathbf{R}^3$ 中求一个向量$\boldsymbol{\gamma}$，使它在下面两组基：

(Ⅰ) $\boldsymbol{\alpha}_1=(1,0,1)^{\mathrm{T}}$，$\boldsymbol{\alpha}_2=(-1,0,0)^{\mathrm{T}}$，$\boldsymbol{\alpha}_3=(0,1,1)^{\mathrm{T}}$；

(Ⅱ) $\boldsymbol{\beta}_1=(0,-1,1)^{\mathrm{T}}$，$\boldsymbol{\beta}_2=(1,-1,0)^{\mathrm{T}}$，$\boldsymbol{\beta}_3=(1,0,1)^{\mathrm{T}}$ 下有相同的坐标。

17. 在 $\mathbf{R}^3$ 中取两组基：

$$\boldsymbol{\alpha}_1=(1,2,1)^{\mathrm{T}},\quad \boldsymbol{\alpha}_2=(2,3,3)^{\mathrm{T}},\quad \boldsymbol{\alpha}_3=(3,7,1)^{\mathrm{T}};$$
$$\boldsymbol{\beta}_1=(3,1,4)^{\mathrm{T}},\quad \boldsymbol{\beta}_2=(5,2,1)^{\mathrm{T}},\quad \boldsymbol{\beta}_3=(1,1,-6)^{\mathrm{T}},$$

试求坐标变换公式。

18. 证明：如果向量$\boldsymbol{\beta}$ 与向量组$\boldsymbol{\alpha}_1,\boldsymbol{\alpha}_2,\cdots,\boldsymbol{\alpha}_s$中的每个向量都正交，则$\boldsymbol{\beta}$ 与$\boldsymbol{\alpha}_1,\boldsymbol{\alpha}_2,\cdots,\boldsymbol{\alpha}_s$的任意线性组合 $k_1\boldsymbol{\alpha}_1+k_2\boldsymbol{\alpha}_2+\cdots+k_s\boldsymbol{\alpha}_s$ 也正交。

19. 利用施密特正交化方法，分别将下列各向量组化为正交的单位向量组：

(1) $\boldsymbol{\alpha}_1=(1,-2,2)^{\mathrm{T}}$，$\boldsymbol{\alpha}_2=(-1,0,-1)^{\mathrm{T}}$，$\boldsymbol{\alpha}_3=(5,-3,-7)^{\mathrm{T}}$；

(2) $\boldsymbol{\alpha}_1=(1,1,1,1)^{\mathrm{T}}$，$\boldsymbol{\alpha}_2=(3,3,-1,-1)^{\mathrm{T}}$，$\boldsymbol{\alpha}_3=(-2,0,6,8)^{\mathrm{T}}$。

20. 设$\boldsymbol{\alpha}_1,\boldsymbol{\alpha}_2,\boldsymbol{\alpha}_3$是 $\mathbf{R}^3$ 的一组标准正交基，如果

$$\boldsymbol{\beta}_1=\frac{2}{3}\boldsymbol{\alpha}_1+\frac{2}{3}\boldsymbol{\alpha}_2-\frac{1}{3}\boldsymbol{\alpha}_3,\boldsymbol{\beta}_2=\frac{2}{3}\boldsymbol{\alpha}_1-\frac{1}{3}\boldsymbol{\alpha}_2+\frac{2}{3}\boldsymbol{\alpha}_3,\boldsymbol{\beta}_3=\frac{1}{3}\boldsymbol{\alpha}_1-\frac{2}{3}\boldsymbol{\alpha}_2-\frac{2}{3}\boldsymbol{\alpha}_3。$$

证明：$\boldsymbol{\beta}_1,\boldsymbol{\beta}_2,\boldsymbol{\beta}_3$也是 $\mathbf{R}^3$ 的一组标准正交基。

21. 已知向量组$\boldsymbol{\alpha}_1=(1,2,1)^{\mathrm{T}}$，$\boldsymbol{\alpha}_2=(1,3,2)^{\mathrm{T}}$，$\boldsymbol{\alpha}_3=(1,a,3)^{\mathrm{T}}$ 为 $\mathbf{R}^3$ 的一组基，$\boldsymbol{\beta}=(1,1,1)^{\mathrm{T}}$ 在这组基下的坐标为$(b,c,1)^{\mathrm{T}}$。

(Ⅰ) 求 a,b,c；

(Ⅱ) 求证$\boldsymbol{\alpha}_2,\boldsymbol{\alpha}_3,\boldsymbol{\beta}$ 也是 $\mathbf{R}^3$ 的一组基，并求从$\boldsymbol{\alpha}_2,\boldsymbol{\alpha}_3,\boldsymbol{\beta}$ 到$\boldsymbol{\alpha}_1,\boldsymbol{\alpha}_2,\boldsymbol{\alpha}_3$的过渡矩阵。

22. 在 $\boldsymbol{R}^4$ 中取两组基 $\begin{cases}\boldsymbol{e}_1=(1,0,0,0)^{\mathrm{T}},\\ \boldsymbol{e}_2=(0,1,0,0)^{\mathrm{T}},\\ \boldsymbol{e}_3=(0,0,1,0)^{\mathrm{T}},\\ \boldsymbol{e}_4=(0,0,0,1)^{\mathrm{T}},\end{cases}\begin{cases}\boldsymbol{\alpha}_1=(2,1,-1,1)^{\mathrm{T}},\\ \boldsymbol{\alpha}_2=(0,3,1,0)^{\mathrm{T}},\\ \boldsymbol{\alpha}_3=(5,3,2,1)^{\mathrm{T}},\\ \boldsymbol{\alpha}_4=(6,6,1,3)^{\mathrm{T}}。\end{cases}$

(1) 求由前一组基到后一组基的过渡矩阵；

(2) 求向量$(x_1,x_2,x_3,x_4)^{\mathrm{T}}$ 在后一组基下的坐标；

(3) 求在两组基下有相同坐标的向量。

解答

1. (1) -3；(2) $\boldsymbol{\beta}=\boldsymbol{\alpha}_1+0\boldsymbol{\alpha}_2-\boldsymbol{\alpha}_3$；(3) $a=-1$；(4) $(1,1,-1)^{\mathrm{T}}$；(5) $\left(\frac{2}{3},\frac{1}{3},\frac{1}{3}\right)^{\mathrm{T}}$

2. (1) B； (2) A； (3) B； (4) B； (5) B。

3. 提示：通过讨论行列式$\begin{vmatrix} k & 2 & 1 \\ 2 & k & -1 \\ 1 & 0 & 1 \end{vmatrix}$与0之间的关系，即可得出当$k=3$或$k=-2$时，$\boldsymbol{\alpha}_1,\boldsymbol{\alpha}_2,\boldsymbol{\alpha}_3$线性相关；当$k\neq3$且$k\neq-2$时，$\boldsymbol{\alpha}_1,\boldsymbol{\alpha}_2,\boldsymbol{\alpha}_3$线性无关。

4. 解　行列式$|\boldsymbol{\alpha}_1,\boldsymbol{\alpha}_2,\boldsymbol{\alpha}_3|=\begin{vmatrix} 1 & 1 & 1 \\ t_1 & t_2 & t_3 \\ t_1^2 & t_2^2 & t_3^2 \end{vmatrix}$为三阶范德蒙德行列式，其值为$(t_2-t_1)(t_3-t_1)(t_3-t_2)$。由于$t_1,t_2,t_3$互不相同，故该行列式不为0，从而向量组$\boldsymbol{\alpha}_1,\boldsymbol{\alpha}_2,\boldsymbol{\alpha}_3$线性无关。

5. 提示：用定义证明即可，也可应用本节经典例题例4的结论。

6. 提示：设有

$$l_1\boldsymbol{\beta}+l_2\boldsymbol{\alpha}_2=\mathbf{0} \qquad ①,$$

再将$\boldsymbol{\beta}=k_1\boldsymbol{\alpha}_1+k_2\boldsymbol{\alpha}_2$代入式①，有$l_1(k_1\boldsymbol{\alpha}_1+k_2\boldsymbol{\alpha}_2)+l_2\boldsymbol{\alpha}_2=\mathbf{0}$。可整理为$l_1k_1\boldsymbol{\alpha}_1+(l_1k_2+l_2)\boldsymbol{\alpha}_2=\mathbf{0}$。

已知$\boldsymbol{\alpha}_1,\boldsymbol{\alpha}_2$线性无关，故由上式可推出$\begin{cases} l_1k_1=0, \\ l_1k_2+l_2=0, \end{cases}$由于$k_1\neq0$，可得到$l_1=l_2=0$。

7. 证：令$\boldsymbol{B}=(\boldsymbol{\alpha}_1,\boldsymbol{\alpha}_2,\cdots,\boldsymbol{\alpha}_n)$，由$\boldsymbol{\alpha}_1,\boldsymbol{\alpha}_2,\cdots,\boldsymbol{\alpha}_n$的线性无关性可知$|\boldsymbol{B}|\neq0$。

"⇒"$\mathrm{R}(\boldsymbol{A})=n$，故$|A|\neq0$。令

$$k_1\boldsymbol{A}\boldsymbol{\alpha}_1+k_2\boldsymbol{A}\boldsymbol{\alpha}_2+\cdots+k_n\boldsymbol{A}\boldsymbol{\alpha}_n=\mathbf{0}。$$

用$\boldsymbol{A}^{-1}$左乘上式，得$k_1\boldsymbol{\alpha}_1+k_2\boldsymbol{\alpha}_2+\cdots+k_n\boldsymbol{\alpha}_n=\mathbf{0}$，故$k_1=k_2=k_3=\cdots=k_n=0$，得证。

"⇐"设$\boldsymbol{A}\boldsymbol{\alpha}_1,\boldsymbol{A}\boldsymbol{\alpha}_2,\cdots,\boldsymbol{A}\boldsymbol{\alpha}_n$线性无关，则

$$|\boldsymbol{A}\boldsymbol{\alpha}_1,\boldsymbol{A}\boldsymbol{\alpha}_2,\cdots,\boldsymbol{A}\boldsymbol{\alpha}_n|=|\boldsymbol{A}|\cdot|\boldsymbol{\alpha}_1,\boldsymbol{\alpha}_2,\cdots,\boldsymbol{\alpha}_n|=|\boldsymbol{A}|\cdot|\boldsymbol{B}|\neq0,$$

所以$|\boldsymbol{A}|\neq0$，故$\mathrm{R}(\boldsymbol{A})=n$。

8. (1) $\boldsymbol{\beta}_1,\boldsymbol{\beta}_2,\boldsymbol{\beta}_3$线性无关，从而极大无关组即为该向量组自身；

(2) $\boldsymbol{\gamma}_1,\boldsymbol{\gamma}_2$为一个极大无关组，$\boldsymbol{\gamma}_3=-\boldsymbol{\gamma}_1+2\boldsymbol{\gamma}_2$，$\boldsymbol{\gamma}_4=-2\boldsymbol{\gamma}_1+3\boldsymbol{\gamma}_2$。

9. 证：由题设得$(\beta_1,\beta_2,\cdots,\beta_s)=\begin{pmatrix} 0 & 1 & 1 & \cdots & 1 \\ 1 & 0 & 1 & \cdots & 1 \\ 1 & 1 & 0 & \cdots & 1 \\ \vdots & \vdots & \vdots & \ddots & \vdots \\ 1 & 1 & 1 & \cdots & 0 \end{pmatrix}\begin{pmatrix} \alpha_1 \\ \alpha_2 \\ \vdots \\ \alpha_s \end{pmatrix}$。

因$\begin{vmatrix} 0 & 1 & 1 & \cdots & 1 \\ 1 & 0 & 1 & \cdots & 1 \\ 1 & 1 & 0 & \cdots & 1 \\ \vdots & \vdots & \vdots & \ddots & \vdots \\ 1 & 1 & 1 & \cdots & 0 \end{vmatrix}\neq0$，故$\boldsymbol{\beta}_1,\boldsymbol{\beta}_2,\cdots,\boldsymbol{\beta}_s$与$\boldsymbol{\alpha}_1,\boldsymbol{\alpha}_2,\cdots,\boldsymbol{\alpha}_s$可以相互表示。因而有相同的秩。

10. (1) 等价；　(2) 不等价(由于$\boldsymbol{\alpha}_1,\boldsymbol{\alpha}_2$不能由$\boldsymbol{\beta}_1,\boldsymbol{\beta}_2$线性表出)。

11. 提示：由条件知$\boldsymbol{AB}$为m阶矩阵，而$|\boldsymbol{AB}|=0\Leftrightarrow \mathrm{r}(\boldsymbol{AB})<m$。

对于任意$m\times n$矩阵$\boldsymbol{A}$，有$\mathrm{r}(\boldsymbol{A})\leqslant\min\{m,n\}$，因此当$m>n$时，必有$\mathrm{r}(\boldsymbol{A})\leqslant n<m$。同理可得$\mathrm{r}(\boldsymbol{B})\leqslant n<m$。

又由于$\mathrm{r}(\boldsymbol{AB})\leqslant\min\{\mathrm{r}(\boldsymbol{A}),\mathrm{r}(\boldsymbol{B})\}$，从而对于$m$阶矩阵$\boldsymbol{AB}$，有$\mathrm{r}(\boldsymbol{AB})\leqslant n<m$。

12. 解：由题设 $A^2=(\alpha\beta^T)(\alpha\beta^T)=\alpha(\beta^T\alpha)\beta^T=\alpha(\beta\cdot\alpha)\beta^T$。因为$\alpha$与$\beta$正交，所以$\beta\cdot\alpha=0$，所以 $A^2=\alpha(\beta\cdot\alpha)\beta^T=O$。

13. 提示：由于$\alpha_1,\alpha_2,\cdots,\alpha_s$可由$\alpha_1,\alpha_2,\cdots,\alpha_s,\beta_1,\beta_2,\cdots,\beta_l$线性表示，故

$$r(\alpha_1,\alpha_2,\cdots,\alpha_s)\leqslant r(\alpha_1,\alpha_2,\cdots,\alpha_s,\beta_1,\beta_2,\cdots,\beta_l),$$

即 $r(A)\leqslant r(C)$。

又$\beta_1,\beta_2,\cdots,\beta_l$可由$\alpha_1,\alpha_2,\cdots,\alpha_s,\beta_1,\beta_2,\cdots,\beta_l$线性表出，故

$$r(\beta_1,\beta_2,\cdots,\beta_l)\leqslant r(\alpha_1,\alpha_2,\cdots,\alpha_s,\beta_1,\beta_2,\cdots,\beta_l),$$

即 $r(B)\leqslant r(C)$。

综上 $\max\{r(A),r(B)\}\leqslant r(C)$，即 $\max\{r_1,r_2\}\leqslant r_3$。

设$\alpha_{i_1},\alpha_{i_2},\cdots,\alpha_{ir1}$和$\beta_{i_1},\beta_{i_2},\cdots,\beta_{ir2}$分别为向量组$\alpha_1,\alpha_2,\cdots,\alpha_s$和$\beta_1,\beta_2,\cdots,\beta_l$的一个极大无关组，则

$\alpha_1,\alpha_2,\cdots,\alpha_s,\beta_1,\beta_2,\cdots,\beta_l$可由$\alpha_{i_1},\alpha_{i_2},\cdots,\alpha_{ir1},\beta_{i_1},\beta_{i_2},\cdots,\beta_{ir2}$线性表示，故 $r(\alpha_1,\alpha_2,\cdots,\alpha_s,\beta_1,\beta_2,\cdots,\beta_l)\leqslant r_1+r_2$。

由此可知 $r(C)\leqslant r(A)+r(B)$，即 $r_3\leqslant r_1+r_2$。

将两个结果合并起来，有 $\max\{r_1,r_2\}\leqslant r_3\leqslant r_1+r_2$。

14. 提示：记 $r(A)=s$，$r(B)=t$，并设$\alpha_{i_1},\alpha_{i_2},\cdots,\alpha_{i_s}$为 A 的列向量组$\alpha_1,\alpha_2,\cdots,\alpha_n$的一个极大无关组，$\beta_{i_1},\beta_{i_2},\cdots,\beta_{i_t}$为 B 的列向量组$\beta_1,\beta_2,\cdots,\beta_n$的一个极大无关组。

因此 $A-B$ 的列向量组$\alpha_1-\beta_1,\alpha_2-\beta_2,\cdots,\alpha_n-\beta_n$可由$\alpha_{i_1},\alpha_{i_2},\cdots,\alpha_{i_s},\beta_{i_1},\beta_{i_2},\cdots,\beta_{i_t}$线性表示，从而

$$r(\alpha_1-\beta_1,\alpha_2-\beta_2,\cdots,\alpha_n-\beta_n)\leqslant r(\alpha_{i_1},\alpha_{i_2},\cdots,\alpha_{i_s},\beta_{i_1},\beta_{i_2},\cdots,\beta_{i_t})\leqslant s+t,$$

即 $r(A-B)\leqslant r(A)+r(B)$。

15. 提示：(1) 验证行列式$|\alpha_1,\alpha_2,\alpha_3|$与行列式$|\beta_1,\beta_2,\beta_3|$均不为零即可；

(2) 过渡矩阵为$\begin{pmatrix}-3&1&7\\5&2&-7\\-4&0&8\end{pmatrix}$。

16. $\gamma=(1,2,-3)^T$。

17. 设α在$\alpha_1,\alpha_2,\alpha_3$下的坐标是$(x_1,x_2,x_3)^T$，在$\beta_1,\beta_2,\beta_3$下的坐标是$(y_1,y_2,y_3)^T$，则

$$\begin{pmatrix}y_1\\y_2\\y_3\end{pmatrix}=\begin{pmatrix}13&19&\frac{181}{4}\\-9&-13&-\frac{63}{2}\\7&10&\frac{99}{4}\end{pmatrix}\begin{pmatrix}x_1\\x_2\\x_3\end{pmatrix}\quad\text{或}\quad\begin{pmatrix}x_1\\x_2\\x_3\end{pmatrix}=\begin{pmatrix}-27&-71&-41\\9&20&9\\4&12&8\end{pmatrix}\begin{pmatrix}y_1\\y_2\\y_3\end{pmatrix}。$$

18. 提示：由$\beta\cdot\alpha_i=0$，$i=1,2,\cdots,s$，推出$\beta\cdot k_i\alpha_i=0$，进而$\beta\cdot\left(\sum_{i=1}^{s}k_i\alpha_i\right)=0$。

19. (1) $\gamma_1=\left(\frac{1}{3},-\frac{2}{3},\frac{2}{3}\right)^T$，$\gamma_2=\left(-\frac{2}{3},-\frac{2}{3},-\frac{1}{3}\right)^T$，$\gamma_3=\left(\frac{2}{3},-\frac{1}{3},-\frac{2}{3}\right)^T$；

(2) $\gamma_1=\left(\frac{1}{2},\frac{1}{2},\frac{1}{2},\frac{1}{2}\right)^T$，$\gamma_2=\left(\frac{1}{2},\frac{1}{2},-\frac{1}{2},-\frac{1}{2}\right)^T$，$\gamma_3=\left(-\frac{1}{2},\frac{1}{2},-\frac{1}{2},\frac{1}{2}\right)^T$。

20. 提示：$\|\boldsymbol{\beta}_1\|^2=\boldsymbol{\beta}_1\cdot\boldsymbol{\beta}_1=\left(\frac{2}{3}\boldsymbol{\alpha}_1+\frac{2}{3}\boldsymbol{\alpha}_2-\frac{1}{3}\boldsymbol{\alpha}_3\right)\cdot\left(\frac{2}{3}\boldsymbol{\alpha}_1+\frac{2}{3}\boldsymbol{\alpha}_2-\frac{1}{3}\boldsymbol{\alpha}_3\right)$

$$=\frac{4}{9}\boldsymbol{\alpha}_1\cdot\boldsymbol{\alpha}_1+\frac{4}{9}\boldsymbol{\alpha}_2\cdot\boldsymbol{\alpha}_2+\frac{1}{9}\boldsymbol{\alpha}_3\cdot\boldsymbol{\alpha}_3+\frac{8}{9}\boldsymbol{\alpha}_1\cdot\boldsymbol{\alpha}_2-\frac{4}{9}\boldsymbol{\alpha}_2\cdot\boldsymbol{\alpha}_3-\frac{4}{9}\boldsymbol{\alpha}_3\cdot\boldsymbol{\alpha}_1$$

$$=\frac{4}{9}\|\boldsymbol{\alpha}_1\|^2+\frac{4}{9}\|\boldsymbol{\alpha}_2\|^2+\frac{1}{9}\|\boldsymbol{\alpha}_3\|^2+\frac{8}{9}\times 0-\frac{4}{9}\times 0-\frac{4}{9}\times 0$$

$$=\frac{4}{9}+\frac{4}{9}+\frac{1}{9}=1,$$

所以$\boldsymbol{\beta}_1$是单位向量，同理可验证$\boldsymbol{\beta}_2$，$\boldsymbol{\beta}_3$也是单位向量

$$\boldsymbol{\beta}_1\cdot\boldsymbol{\beta}_2=\left(\frac{2}{3}\boldsymbol{\alpha}_1+\frac{2}{3}\boldsymbol{\alpha}_2-\frac{1}{3}\boldsymbol{\alpha}_3\right)\cdot\left(\frac{2}{3}\boldsymbol{\alpha}_1-\frac{1}{3}\boldsymbol{\alpha}_2+\frac{2}{3}\boldsymbol{\alpha}_3\right)$$

$$=\frac{4}{9}\boldsymbol{\alpha}_1\cdot\boldsymbol{\alpha}_1-\frac{2}{9}\boldsymbol{\alpha}_2\cdot\boldsymbol{\alpha}_2-\frac{2}{9}\boldsymbol{\alpha}_3\cdot\boldsymbol{\alpha}_3+\frac{2}{9}\boldsymbol{\alpha}_1\cdot\boldsymbol{\alpha}_2+\frac{5}{9}\boldsymbol{\alpha}_2\cdot\boldsymbol{\alpha}_3+\frac{2}{9}\boldsymbol{\alpha}_3\cdot\boldsymbol{\alpha}_1$$

$$=\frac{4}{9}|\boldsymbol{\alpha}_1|^2-\frac{2}{9}|\boldsymbol{\alpha}_2|^2-\frac{2}{9}|\boldsymbol{\alpha}_3|^2+\frac{2}{9}\times 0+\frac{5}{9}\times 0+\frac{2}{9}\times 0=\frac{4}{9}-\frac{2}{9}-\frac{2}{9}=0,$$

所以$\boldsymbol{\beta}_1$，$\boldsymbol{\beta}_2$正交，同理可验证$\boldsymbol{\beta}_1$，$\boldsymbol{\beta}_2$，$\boldsymbol{\beta}_3$两两正交。

综上可得$\boldsymbol{\beta}_1$，$\boldsymbol{\beta}_2$，$\boldsymbol{\beta}_3$构成了 $\mathbf{R}^3$ 的一组标准正交基。

21.（Ⅰ）解：由已知条件$\boldsymbol{\beta}=b\boldsymbol{\alpha}_1+c\boldsymbol{\alpha}_2+\boldsymbol{\alpha}_3$，即

$(1,1,1)^{\mathrm{T}}=b(1,2,1)^{\mathrm{T}}+c(1,3,2)^{\mathrm{T}}+(1,a,3)^{\mathrm{T}}=(b+c+1,a+2b+3c,b+2c+3)^{\mathrm{T}}$，

整理得$\begin{cases}b+c+1=1,\\a+2b+c=1,\\b+2c+3=1,\end{cases}$第 1 个和第 3 个方程联立可以解出 $b=2,c=-2$，代入第 2 个方程可以解出 $a=-1$。

（Ⅱ）证明：$|\boldsymbol{\alpha}_2,\boldsymbol{\alpha}_3,\boldsymbol{\beta}|=\begin{vmatrix}1&1&1\\3&-1&1\\2&3&1\end{vmatrix}=6\neq 0$，所以$\boldsymbol{\alpha}_2$，$\boldsymbol{\alpha}_3$，$\boldsymbol{\beta}$线性无关，因此$\boldsymbol{\alpha}_2$，$\boldsymbol{\alpha}_3$，$\boldsymbol{\beta}$能构成三维空间 $\mathbf{R}^3$ 的一组基。

由$\boldsymbol{\beta}=2\boldsymbol{\alpha}_1-2\boldsymbol{\alpha}_2+\boldsymbol{\alpha}_3$可得$\boldsymbol{\alpha}_1=\boldsymbol{\alpha}_2-\frac{1}{2}\boldsymbol{\alpha}_3+\frac{1}{2}\boldsymbol{\beta}$，进而

$$(\boldsymbol{\alpha}_1,\boldsymbol{\alpha}_2,\boldsymbol{\alpha}_3)=\left(\boldsymbol{\alpha}_2-\frac{1}{2}\boldsymbol{\alpha}_3+\frac{1}{2}\boldsymbol{\beta},\boldsymbol{\alpha}_2,\boldsymbol{\alpha}_3\right)=(\boldsymbol{\alpha}_2,\boldsymbol{\alpha}_3,\boldsymbol{\beta})\begin{pmatrix}1&1&0\\-1/2&0&1\\1/2&0&0\end{pmatrix}。$$

22. （1） 设过渡矩阵为 $\mathbf{A}$，则 $\begin{pmatrix}2&0&5&6\\1&3&3&6\\-1&1&2&1\\1&0&1&3\end{pmatrix}=\begin{pmatrix}1&0&0&0\\0&1&0&0\\0&0&1&0\\0&0&0&1\end{pmatrix}\mathbf{A}$，故

$$\mathbf{A}=\begin{pmatrix}2&0&5&6\\1&3&3&6\\-1&1&2&1\\1&0&1&3\end{pmatrix}。$$

(2) 设向量在后一个基下的坐标为$(k_1,k_2,k_3,k_4)^{\mathrm{T}}$,则

$$k_1\begin{pmatrix}2\\1\\-1\\1\end{pmatrix}+k_2\begin{pmatrix}0\\3\\1\\0\end{pmatrix}+k_3\begin{pmatrix}5\\3\\2\\1\end{pmatrix}+k_4\begin{pmatrix}6\\6\\1\\3\end{pmatrix}=\begin{pmatrix}x_1\\x_2\\x_3\\x_4\end{pmatrix};\quad \text{解得}\begin{pmatrix}k_1\\k_2\\k_3\\k_4\end{pmatrix}=\frac{1}{27}\begin{pmatrix}12&9&-27&-33\\1&12&-9&-23\\9&0&0&-18\\-7&-3&9&26\end{pmatrix}\begin{pmatrix}x_1\\x_2\\x_3\\x_4\end{pmatrix}。$$

(3) 设向量$\boldsymbol{\alpha}$在两组基下的坐标均为(a_1,a_2,a_3,a_4),则

$$a_1\boldsymbol{e}_1+a_2\boldsymbol{e}_2+a_3\boldsymbol{e}_3+a_4\boldsymbol{e}_4=a_1\boldsymbol{\alpha}_1+a_2\boldsymbol{\alpha}_2+a_3\boldsymbol{\alpha}_3+a_4\boldsymbol{\alpha}_4,$$

故得

$$\begin{cases}a_1=2a_1+5a_3+6a_4,\\a_2=a_1+3a_2+3a_3+6a_4,\\a_3=-a_1+a_2+2a_3+a_4,\\a_4=a_1+a_3+3a_4,\end{cases}\quad \text{即}\quad \begin{cases}a_1+5a_3+6a_4=0,\\a_1+2a_2+3a_3+6a_4=0,\\-a_1+a_2+a_3+a_4=0,\\a_1+a_3+2a_4=0,\end{cases}$$

故$\boldsymbol{\alpha}=a_1\boldsymbol{e}_1+a_2\boldsymbol{e}_2+a_3\boldsymbol{e}_3+a_4\boldsymbol{e}_4=(1,1,1,-1)^{\mathrm{T}}$。所以符合条件的全部向量为

$$k(1,1,1,-1)^{\mathrm{T}}。$$

第 4 章

线性方程组

4.1 本章要点

一、内容小结

本章研究了齐次线性方程组解的性质、结构和有非零解的判定定理，给出了齐次线性方程组的解法，并研究了非齐次线性方程组的解的性质、结构和有唯一解、无穷多解、无解的判定方法，给出了非齐次线性方程组的解法。本章的核心内容是线性方程组解的结构及解法。具体要求包括：理解齐次线性方程组的基础解系的概念，掌握齐次线性方程组的基础解系和通解的求法；理解非齐次线性方程组解的结构及通解的概念，掌握非齐次线性方程组有解和无解的判定方法；掌握用初等行变换求解线性方程组的方法。

二、知识框架

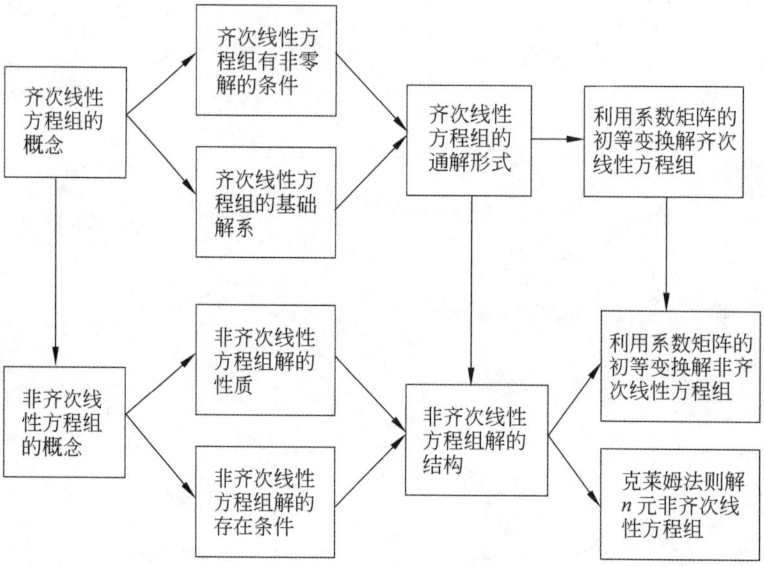

三、知识要点

1. 齐次线性方程组有非零解的充分必要条件：

(1) n 元齐次线性方程组 $\boldsymbol{A}_{m\times n}\boldsymbol{x}=\boldsymbol{0}$ 有非零解的充要条件是：系数矩阵 $\boldsymbol{A}_{m\times n}$ 的秩 $\mathrm{r}(\boldsymbol{A})<n$；

(2) n 元齐次线性方程组 $\boldsymbol{A}_{m\times n}\boldsymbol{x}=\boldsymbol{0}$ 有非零解的充要条件是：系数矩阵 $\boldsymbol{A}_{m\times n}$ 的列向量组线性相关。

2. 齐次线性方程组 $\boldsymbol{A}_{m\times n}\boldsymbol{x}=\boldsymbol{0}$ 解的性质及其结构。

(1) 若 $\boldsymbol{\xi}_1,\boldsymbol{\xi}_2$ 是 n 元齐次线性方程组 $\boldsymbol{A}_{m\times n}\boldsymbol{x}=\boldsymbol{0}$ 的解，则 $\boldsymbol{x}=\boldsymbol{\xi}_1+\boldsymbol{\xi}_2$，$\boldsymbol{x}=k\boldsymbol{\xi}_1$（$k$ 为任意实数）也是解；$\boldsymbol{A}_{m\times n}\boldsymbol{x}=\boldsymbol{0}$ 的所有解构成一个向量空间 S，称为该线性方程组的解空间，解空间的基称为 $\boldsymbol{A}_{m\times n}\boldsymbol{x}=\boldsymbol{0}$ 的基础解系；

(2) 若 $\boldsymbol{A}_{m\times n}\boldsymbol{x}=\boldsymbol{0}$ 的系数矩阵的秩小于 n，即 $\mathrm{R}(\boldsymbol{A})=r<n$，则它的基础解系含有 $n-r$ 个向量，即解空间 S 是 $n-r$ 维的。

(3) 若 $\mathrm{r}(\boldsymbol{A})=r<n$，$\boldsymbol{\xi}_1,\boldsymbol{\xi}_2,\cdots,\boldsymbol{\xi}_{n-r}$ 是 $\boldsymbol{A}_{m\times n}\boldsymbol{x}=\boldsymbol{0}$ 的一个基础解系，则线性方程组的通解为 $\boldsymbol{\xi}=k_1\boldsymbol{\xi}_1+k_2\boldsymbol{\xi}_2+\cdots+k_{n-r}\boldsymbol{\xi}_{n-r}$，其中 $k_1,k_2,\cdots,k_{n-r}$ 为任意实数。

3. 非齐次线性方程组 $\boldsymbol{A}_{m\times n}\boldsymbol{x}=\boldsymbol{b}$ 解的性质及其结构。

(1) 设 $\boldsymbol{\eta}_1,\boldsymbol{\eta}_2$ 是非齐次线性方程组 $\boldsymbol{A}_{m\times n}\boldsymbol{x}=\boldsymbol{b}$ 的解，则 $\boldsymbol{x}=\boldsymbol{\eta}_1-\boldsymbol{\eta}_2$ 为其对应的齐次线性方程组 $\boldsymbol{A}_{m\times n}\boldsymbol{x}=\boldsymbol{0}$ 的解；

(2) 设 $\boldsymbol{\eta}$ 是 $\boldsymbol{A}_{m\times n}\boldsymbol{x}=\boldsymbol{b}$ 的解，$\boldsymbol{\xi}$ 是 $\boldsymbol{A}_{m\times n}\boldsymbol{x}=\boldsymbol{0}$ 的解，则 $\boldsymbol{x}=\boldsymbol{\xi}+\boldsymbol{\eta}$ 仍是 $\boldsymbol{A}_{m\times n}\boldsymbol{x}=\boldsymbol{b}$ 的解；

(3) $\boldsymbol{A}_{m\times n}\boldsymbol{x}=\boldsymbol{b}$ 的通解等于 $\boldsymbol{A}_{m\times n}\boldsymbol{x}=\boldsymbol{0}$ 的通解与 $\boldsymbol{A}_{m\times n}\boldsymbol{x}=\boldsymbol{b}$ 的一个特解之和。

4. 非齐次线性方程组 $\boldsymbol{A}_{m\times n}\boldsymbol{x}=\boldsymbol{b}$ 有解的充分必要条件：

(1) $\boldsymbol{A}_{m\times n}\boldsymbol{x}=\boldsymbol{b}$ 有解的充要条件是 $\mathrm{r}(\boldsymbol{A})=\mathrm{r}(\boldsymbol{A},\boldsymbol{b})$；

(2) $\boldsymbol{A}_{m\times n}\boldsymbol{x}=\boldsymbol{b}$ 有解的充要条件是 $\boldsymbol{b}$ 可由 $\boldsymbol{A}$ 的列向量组线性表示。

5. 若 $\boldsymbol{A}_{m\times n}\boldsymbol{x}=\boldsymbol{b}$ 有解，即 $\mathrm{r}(\boldsymbol{A})=\mathrm{r}(\boldsymbol{A},\boldsymbol{b})=r$，则：

(1)当 $r=n$ 时，线性方程组有唯一解；

(2) 当 $r<n$ 时，线性方程组有无穷多解。

4.2 补充内容一：非齐次线性方程组解的判定定理的几何解释

非齐次线性方程组 $\boldsymbol{A}\boldsymbol{x}=\boldsymbol{b}$ 解的存在情况有三种可能：无解、唯一解、无穷多解。针对给定的非齐次方程组 $\boldsymbol{A}\boldsymbol{x}=\boldsymbol{b}$ 判断它的解属于哪一种情况是一类很重要的问题。根据教材上 4.2 节的定理 4.8 与定理 4.9，我们可以利用两个秩，即系数矩阵的秩 $\mathrm{r}(\boldsymbol{A})$ 与增广矩阵的秩 $\mathrm{r}(A,\boldsymbol{b})$，对此问题进行判断。相关结论可以总结为：考虑非齐次线性方程组 $\boldsymbol{A}_{m\times n}\boldsymbol{x}=\boldsymbol{b}$，则：

(1) $\boldsymbol{A}_{m\times n}\boldsymbol{x}=\boldsymbol{b}$ 无解当且仅当 $\mathrm{r}(\boldsymbol{A})\neq\mathrm{r}(\boldsymbol{A},\boldsymbol{b})$，$\boldsymbol{A}_{m\times n}\boldsymbol{x}=\boldsymbol{b}$ 有解当且仅当 $\mathrm{r}(\boldsymbol{A})=\mathrm{r}(\boldsymbol{A},\boldsymbol{b})$；

(2) $\boldsymbol{A}_{m\times n}\boldsymbol{x}=\boldsymbol{b}$ 有唯一解当且仅当 $\mathrm{r}(\boldsymbol{A})=\mathrm{r}(\boldsymbol{A},\boldsymbol{b})=n$；

(3) $\boldsymbol{A}_{m\times n}\boldsymbol{x}=\boldsymbol{b}$ 有无穷多解当且仅当 $\mathrm{r}(\boldsymbol{A})=\mathrm{r}(\boldsymbol{A},\boldsymbol{b})<n$。

上述结论又称**非齐次线性方程组解的判定定理**。该定理在理论上具有重要的意义，所以在本节中我们将从几何的角度对此定理予以新的诠释。

1. 两个未知量的情况

我们知道，当 a,b 不全为 0 时，线性方程 $ax+by=c$ 的解 (x,y) 构成 $\mathbf{R}^2$ 中的一条直线，因此下面二元非齐次线性方程组

$$\begin{cases}a_1x+b_1y=c_1,\\a_2x+b_2y=c_2\end{cases}$$

是否有解可以用两个线性方程所表示直线 l_1,l_2 的相互位置关系来描述。

不妨用 $\boldsymbol{A}$ 表示系数矩阵，$\boldsymbol{B}$ 表示增广矩阵，由非齐次线性方程组解的判定定理可得以

下结论：

(1) 若 $r(\boldsymbol{A})=r(\boldsymbol{B})=2$，则上述线性方程组有唯一解，其几何意义为两条直线相交于一点；

(2) 若 $r(\boldsymbol{A})=r(\boldsymbol{B})=1$，则上述线性方程组有无穷多个解，在几何上表现为两条直线重合；

(3) 若 $r(\boldsymbol{A})=1, r(\boldsymbol{B})=2$，则上述线性方程组无解，在几何上表现为两条直线平行。

2. 三个未知量的情况

我们知道，当 a,b,c 不全为0时，线性方程 $ax+by+cz=d$ 的解 (x,y,z) 构成 $\mathbf{R}^3$ 中的一个平面，因此下面三元非齐次线性方程组

$$\begin{cases}a_1x+b_1y+c_1z=d_1,\\a_2x+b_2y+c_2z=d_2,\\a_3x+b_3y+c_3z=d_3\end{cases}$$

是否有解可以用三个线性方程所表示平面 π_1,π_2,π_3 的相互位置关系来描述。

不妨用 $\boldsymbol{A}$ 表示系数矩阵，$\boldsymbol{B}$ 表示增广矩阵，由非齐次线性方程组解的判定定理可得以下结论：

(1) 若 $r(\boldsymbol{A})=r(\boldsymbol{B})=3$，则上述线性方程组有唯一解，其几何意义为三个平面相交于一点(参见图4.1)；

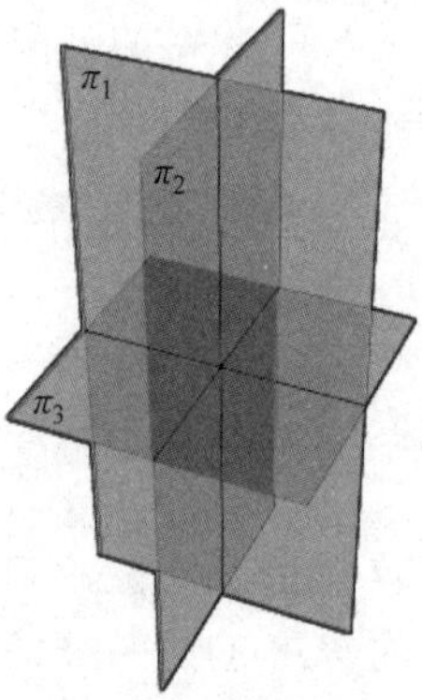

图4.1 $r(\boldsymbol{A})=r(\boldsymbol{B})=3$，线性方程组有唯一解，三个平面交于一点

(2) 若 $r(\boldsymbol{A})=r(\boldsymbol{B})=2$，则上述线性方程组有无穷多个解，在几何上表现为三个平面交于一条直线(参见图4.2)；

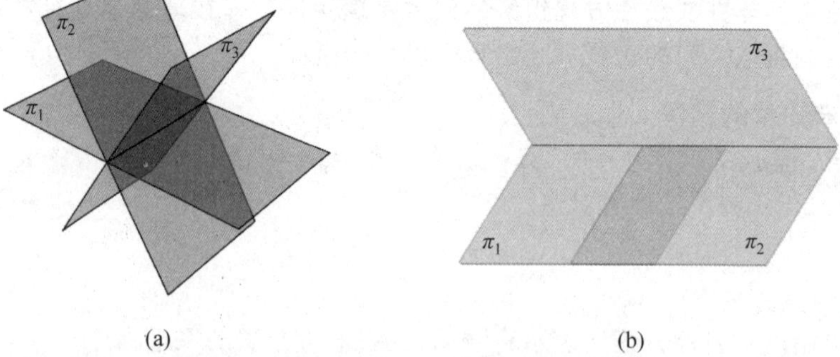

图4.2 $r(\boldsymbol{A})=r(\boldsymbol{B})=2$，线性方程组有无穷多解，三个平面交于一条直线

(3) 若 $r(\boldsymbol{A})=r(\boldsymbol{B})=1$，则上述线性方程组有无穷多个解，其几何意义为三个平面重合（参见图 4.3）；

又由非齐次线性方程组解的判定定理可得，当 $r(\boldsymbol{A})\neq r(\boldsymbol{B})$ 时，非齐次线性方程组无解。事实上，由于系数矩阵 $\boldsymbol{A}$，增广矩阵 $\boldsymbol{B}$ 分别由三个列向量和四个列向量构成，因此矩阵 $\boldsymbol{A}$ 与 $\boldsymbol{B}$ 的秩相差为 1。从而 $r(\boldsymbol{A})$ 和 $r(\boldsymbol{B})$ 不等存在下列两种情形：

(4) 若 $r(\boldsymbol{A})=2, r(\boldsymbol{B})=3$，则上述线性方程组无解，其几何意义为三个平面没有公共部分（参见图 4.4）；

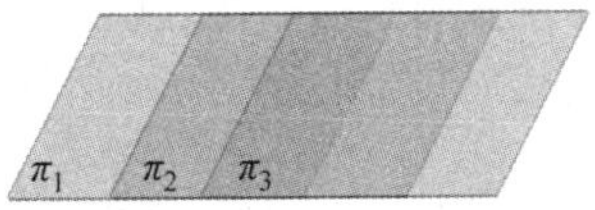

图 4.3 $r(\boldsymbol{A})=r(\boldsymbol{B})=1$，线性方程组有无穷多解，三个平面重合

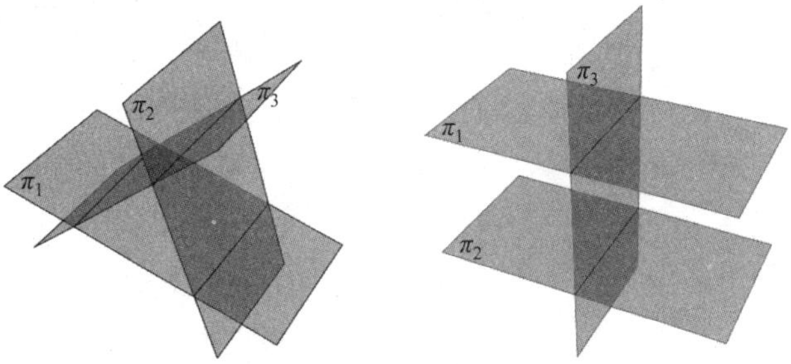

图 4.4 $r(\boldsymbol{A})=2, r(\boldsymbol{B})=3$，线性方程组无解，三个平面没有公共部分

(5) 若 $r(\boldsymbol{A})=1, r(\boldsymbol{B})=2$，则上述线性方程组无解，几何意义为三个平面平行或两个平面重合与第三个平面平行（参见图 4.5）。

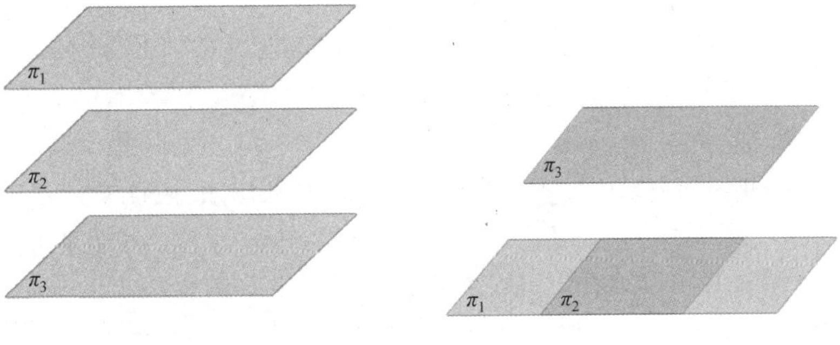

图 4.5 $r(\boldsymbol{A})=1, r(\boldsymbol{B})=2$，线性方程组无解，三个平面平行或两个平面重合与第三个平面平行

4.3 补充内容二：线性方程组求解的相关应用

实际生活中，超过 75% 的科学研究和工程应用中的数学问题，在某个阶段都涉及求解线性方程组。利用新的数学方法，通常可将较为复杂的问题化为线性方程组。线性方程组广泛应用于商业、经济学、社会学、生态学、人口统计学、遗传学、电子学、工程学以及物理学等领域。

1. 电路分析中支路电流问题

电荷守恒和能量守恒是自然界的基本法则，把它们运用到电路分析就得到基尔霍夫的两个定律：

(a) 对于电路中的任一节点，流入节点的支路电流之和等于流出节点的支路电流之和；

(b) 对于电路中的任一回路，沿着回路的某一方向，所有支路电压降的代数和等于内电压的代数和。

例 1 试确定图 4.6 所示的电路中的支路电流 I_1，I_2，I_3。

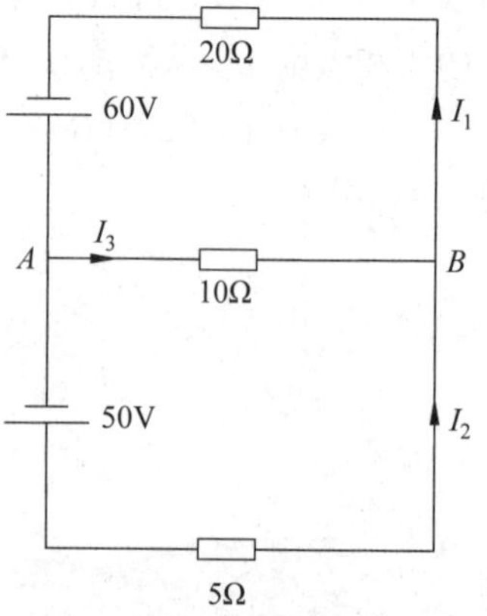

图 4.6

解 首先考虑每个节点的方程：

$$A\text{ 点 } I_1=I_2+I_3,$$
$$B\text{ 点 } I_2+I_3=I_1.$$

再考虑每个回路满足的方程：

$$20I_1+10I_3=60,$$
$$5I_2-10I_3=50,$$
$$20I_1+5I_2=60+50.$$

删去多余的方程，并整理得线性方程组

$$\begin{cases}I_1-I_2-I_3=0,\\20I_1+10I_3=60,\\5I_2-10I_3=50,\end{cases}$$

解之得 $I_1=4\boldsymbol{A}$，$I_2=6\boldsymbol{A}$，$I_3=-2\boldsymbol{A}$，其中 $I_3=-2\boldsymbol{A}$ 表示 I_3 的实际方向与图中所示方向相反。 □

2. 营养问题

例 2 一个幼儿园的营养师安排幼儿的食谱由 4 种食物 A,B,C,D 构成。幼儿的食谱要求包含 70 单位的钙，35 单位的铁，35 单位的维生素 A，50 单位的维生素 B。下表给出的是每 500g 食物 A,B,C,D 所含的钙、铁、维生素 A、维生素 B 的量(单位)。

食物	钙	铁	维生素 A	维生素 B
A	40	10	10	16
B	20	10	30	20
C	20	20	10	20
D	30	30	20	40

(1) 写出幼儿园食谱中所含食物 A,B,C,D 的量所满足的方程组。

(2) 求解该线性方程组。

解 设幼儿园食谱中所含食物 A,B,C,D 的量分别为 x_1，x_2，x_3，x_4(500g)，使得幼儿的食物满足食谱要求。于是我们有下面的线性方程组：

$$\begin{cases}40x_1+20x_2+20x_3+30x_4=70,\\10x_1+10x_2+20x_3+30x_4=35,\\10x_1+30x_2+10x_3+20x_4=35,\\16x_1+20x_2+20x_3+40x_4=50。\end{cases}$$

如果在每个方程两侧都约去系数中的公因数,那么原线性方程组可简化为下面的矩阵：

$$\begin{pmatrix}1&1&2&3&3.5\\1&3&1&2&3.5\\4&2&2&3&7\\4&5&5&10&12.5\end{pmatrix}\to\begin{pmatrix}1&1&2&3&3.5\\0&1&-3&-2&-1.5\\0&0&5&3&3\\0&0&0&-5.8&-2.8\end{pmatrix},$$

由此可得线性方程组 $\begin{cases}x_1+x_2+2x_3+3x_4=3.5,\\x_2-3x_3-2x_4=-1.5,\\5x_3+3x_4=3,\\-5.8x_4=-2.8,\end{cases}$ 解得 $\begin{pmatrix}x_1\\x_2\\x_3\\x_4\end{pmatrix}=\begin{pmatrix}30/29\\23/58\\9/29\\14/29\end{pmatrix}$。 □

3. 交通流量问题

例 3 图 4.7 给出了某城市一个街区几条单行道路网络某个中午的交通流量图(辆/时),试确定道路网络一般的流通情况。

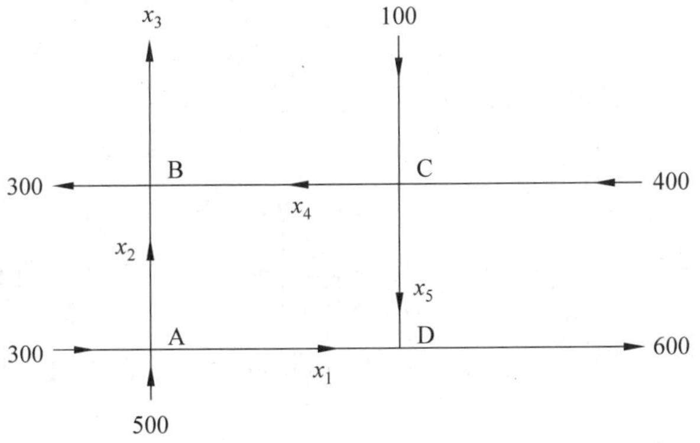

图 4.7

解 根据在每个交叉路口的车辆的流入量等于流出量的原则建立方程如下：

交叉路口	流入量	流出量
A	$300+500=$	x_1+x_2
B	$x_2+x_4=$	$300+x_3$
C	$100+400=$	x_4+x_5
D	$x_1+x_5=$	600

解出通解

$$\begin{pmatrix}x_1\\x_2\\x_3\\x_4\\x_5\end{pmatrix}=k\begin{pmatrix}-1\\1\\0\\-1\\1\end{pmatrix}+\begin{pmatrix}600\\200\\400\\500\\0\end{pmatrix},$$ 其中 $k\leqslant 500$ 为自然数， 且 $0\leqslant x_5\leqslant 500$。

请读者考虑 x_1,x_2 可能的范围。 □

4.4 典型例题

题型1 线性方程组求解

解题思路

(1) 初等行变换法

对线性方程组的增广矩阵施行初等行变换,将其化为行阶梯形矩阵,然后根据线性方程组系数矩阵与增广矩阵的秩的情况判断线性方程组是否有解。有解时求出线性方程组的通解(如例1);如果所求线性方程组含有待定参数,还要进一步讨论参数线性方程组解的情况(如例2,例3)。

初等行变换法是求解线性方程组的最一般方法,而克莱姆法则只在特殊情况下才使用。

(2) 求两个线性方程组的公共解

设有线性方程组(Ⅰ) $\boldsymbol{Ax}=\mathbf{0}$,(Ⅱ) $\boldsymbol{Bx}=\mathbf{0}$,其公共解可通过求解这两个线性方程组的联立方程组得到(如例4),亦可由上述两个线性方程组的通解表达式相等求得(如例5)。

例1 求下面线性方程组的通解:

$$\begin{cases}2x_1+x_2-x_3+x_4=1,\\ x_1+2x_2+x_3-x_4=2,\\ x_1+x_2+2x_3+x_4=3。\end{cases}$$

解 对增广矩阵作初等行变换

$$\bar{\mathbf{A}}=\begin{pmatrix}2&1&-1&1&1\\1&2&1&-1&2\\1&1&2&1&3\end{pmatrix}\to\begin{pmatrix}1&2&1&-1&2\\0&1&1&-1&1\\0&0&2&1&2\end{pmatrix},$$

$\mathrm{R}(\mathbf{A})=\mathrm{R}(\bar{\mathbf{A}})=3<4$,故线性方程组有无穷多解,得同解线性方程组

$$\begin{cases}x_1+2x_2+x_3=2+x_4,\\ x_2+x_3=1+x_4,\\ 2x_3=2-x_4。\end{cases}$$

取 $x_4=0$ 得非齐次线性方程组的特解 $\boldsymbol{\eta}_0=(1,0,1,0)^{\mathrm{T}}$。

由对应齐次线性方程组

$$\begin{cases}x_1+2x_2+x_3=x_4,\\ x_2+x_3=x_4,\\ 2x_3=-x_4。\end{cases}$$

取 $x_4=1$ 得对应齐次线性方程组的基础解系 $\boldsymbol{\xi}=\left(-\frac{3}{2},\frac{3}{2},-\frac{1}{2},1\right)^{\mathrm{T}}$,所以原方程组的一般解为 $\boldsymbol{x}=\boldsymbol{\eta}_0+k\boldsymbol{\xi}$,$k\in\mathbf{R}$。 □

例2 已知线性方程组 $\begin{pmatrix}1&2&1\\2&3&a+2\\1&a&-2\end{pmatrix}\begin{pmatrix}x_1\\x_2\\x_3\end{pmatrix}=\begin{pmatrix}1\\3\\0\end{pmatrix}$ 无解,求 a 的值。

解 对增广矩阵作初等行变换：

$$\boldsymbol{B}=(\boldsymbol{A},\boldsymbol{b})=\begin{pmatrix}1&2&1&1\\2&3&a+2&3\\1&a&-2&0\end{pmatrix}\xrightarrow[r_2-2r_1]{r_3-r_1}\begin{pmatrix}1&2&1&1\\0&-1&a&1\\0&a-2&-3&-1\end{pmatrix}$$

$$\xrightarrow{r_3+(a-2)r_2}\begin{pmatrix}1&2&1&1\\0&-1&a&1\\0&0&a^2-2a-3&a-3\end{pmatrix}=\begin{pmatrix}1&2&1&1\\0&-1&a&1\\0&0&(a-3)(a+1)&a-3\end{pmatrix}。$$

因为该线性方程组无解，所以 $\mathrm{r}(\boldsymbol{A})\neq\mathrm{r}(\boldsymbol{A},\boldsymbol{b})$，应有 $\mathrm{r}(\boldsymbol{A})<3$。故必有 $(a-3)(a+1)=0$，即 $a=3$ 或 $a=-1$。

当 $a=3$ 时，$\mathrm{r}(\boldsymbol{A})=\mathrm{r}(\boldsymbol{A},\boldsymbol{b})=2$，方程组有解（舍去）；

当 $a=-1$ 时，$\mathrm{r}(\boldsymbol{A})=2\neq\mathrm{r}(\boldsymbol{A},\boldsymbol{b})=3$，此时线性方程组无解。

所以 $a=-1$。 □

例 3 a,b 为何值时，线性方程组 $\begin{cases}x_1+x_2+x_3+x_4+x_5=1,\\3x_1+2x_2+x_3+x_4-3x_5=a,\\x_2+2x_3+2x_4+6x_5=3,\\5x_1+4x_2+3x_3+3x_4-x_5=b\end{cases}$ 有解？有解时求出通解。

解 对增广矩阵 B 作初等行变换

$$\boldsymbol{B}=\begin{pmatrix}1&1&1&1&1&1\\3&2&1&1&-3&a\\0&1&2&2&6&3\\5&4&3&3&-1&b\end{pmatrix}\xrightarrow[r_4-5r_1]{r_2-3r_1}\begin{pmatrix}1&1&1&1&1&1\\0&-1&-2&-2&-6&a-3\\0&1&2&2&6&3\\0&-1&-2&-2&-6&b-5\end{pmatrix}$$

$$\xrightarrow{r_2\leftrightarrow r_3}\begin{pmatrix}1&1&1&1&1&1\\0&1&2&2&6&3\\0&-1&-2&-2&-6&a-3\\0&-1&-2&-2&-6&b-5\end{pmatrix}\xrightarrow[r_4+r_2]{r_3+r_2}\begin{pmatrix}1&1&1&1&1&1\\0&1&2&2&6&3\\0&0&0&0&0&a\\0&0&0&0&0&b-2\end{pmatrix}。$$

由此可知 $\mathrm{R}(\boldsymbol{A})=2$

(1) 当 $a\neq0$ 或 $b\neq2$ 时，$\mathrm{R}(\boldsymbol{A})\neq\mathrm{R}(\boldsymbol{B})$，线性方程组无解；

(2) 当 $a=0$ 且 $b=2$ 时，$\mathrm{R}(\boldsymbol{A})=\mathrm{R}(\boldsymbol{B})=2<5$，线性方程组有无穷多解。

当 $a=0,b=2$ 时，得

$$\boldsymbol{B}\rightarrow\begin{pmatrix}1&0&-1&-1&-5&-2\\0&1&2&2&6&3\\0&0&0&0&0&0\\0&0&0&0&0&0\end{pmatrix},$$

得同解线性方程组 $\begin{cases}x_1=x_3+x_4+5x_5-2,\\x_2=-2x_3-2x_4-6x_5+3。\end{cases}$

取 $x_3=x_4=x_5=0$，得非齐次线性方程组的特解 $\boldsymbol{\eta}_0=(-2,3,0,0,0)^{\mathrm{T}}$。

由上述线性方程组的对应齐次线性方程组：

取 $x_3=1,x_4=x_5=0$，得 $\boldsymbol{\xi}_1=(1,-2,1,0,0)^{\mathrm{T}}$；

取 $x_3=0,x_4=1,x_5=0$，得 $\boldsymbol{\xi}_2=(1,-2,0,1,0)^{\mathrm{T}}$；

取 $x_3=x_4=0,x_5=1$，得 $\boldsymbol{\xi}_3=(5,-6,0,0,1)^{\mathrm{T}}$。

于是 $a=0,b=2$ 时，原线性方程组的一般解为 $\boldsymbol{x}=\boldsymbol{\eta}_0+k_1\boldsymbol{\xi}_1+k_2\boldsymbol{\xi}_2+k_3\boldsymbol{\xi}_3$，其中 $k_1,k_2,k_3\in\mathbf{R}$。 □

例 4 求线性方程组 $\begin{cases}x_1+x_2=0,\\x_2-x_4=0\end{cases}$ 与 $\begin{cases}x_1-x_2+x_3=0,\\x_2-x_3+x_4=0\end{cases}$ 的非零公共解。

解 联立线性方程组

$$\begin{cases}x_1+x_2=0,\\x_2-x_4=0,\\x_1-x_2+x_3=0,\\x_2-x_3+x_4=0。\end{cases}\tag{*}$$

由

$$\begin{pmatrix}1&1&0&0\\0&1&0&-1\\1&-1&1&0\\0&1&-1&1\end{pmatrix}\to\begin{pmatrix}1&0&0&1\\0&1&0&-1\\0&0&1&-2\\0&0&0&0\end{pmatrix},$$

得 $\begin{cases}x_1=-x_4,\\x_2=x_4,\\x_3=2x_4,\\x_4=x_4。\end{cases}$ 线性方程组(*)的通解为 $\begin{pmatrix}x_1\\x_2\\x_3\\x_4\end{pmatrix}=k\begin{pmatrix}-1\\1\\2\\1\end{pmatrix}$，故题中两个线性方程组的非零公共解为 $k\begin{pmatrix}-1\\1\\2\\1\end{pmatrix}$（$k\neq0$ 为任意常数）。 □

例 5 设四元齐次线性方程组(Ⅰ)$\begin{cases}x_1+x_2=0,\\x_2-x_4=0。\end{cases}$又已知某齐次线性方程组(Ⅱ)的通解为 $k_1(0,1,1,0)^{\mathrm{T}}+k_2(-1,2,2,1)^{\mathrm{T}}$。

(1) 求线性方程组(Ⅰ)的基础解系；

(2) 问(Ⅰ)和(Ⅱ)是否有非零公共解，若有，则求出所有的非零公共解。若没有，请说明理由。

解 (1) 线性方程组(Ⅰ)的系数矩阵为

$$\begin{pmatrix}1&1&0&0\\0&1&0&-1\end{pmatrix},$$

故线性方程组(Ⅰ)的基础解系可取为 $(0,0,1,0)^{\mathrm{T}},(-1,1,0,1)^{\mathrm{T}}$。

(2)有非零公共解。

将线性方程组(Ⅱ)的通解代入线性方程组(Ⅰ)，则

$$\begin{cases}-k_2+k_1+2k_2=0,\\k_1+2k_2-k_2=0。\end{cases}$$

解得 $k_1=-k_2$。

当 $k_1=-k_2\neq0$ 时，则

$$k_1(0,1,1,0)^{\mathrm T}+k_2(-1,2,2,1)^{\mathrm T}=k_2(-1,1,1,1)^{\mathrm T}。$$

满足线性方程组(Ⅰ)(显然是线性方程组(Ⅱ)的解)。故线性方程组(Ⅰ)、(Ⅱ)有非零公共解，所有非零公共解是 $k(-1,1,1,1)^{\mathrm T}(k\neq0,k\in\mathbf{R})$。 □

题型 2 利用线性方程组解的性质解题

解题思路 (1) 用线性方程组解的判定定理解题：

设非齐次线性方程组为 $\boldsymbol{A}_{m\times n}\boldsymbol{x}=\boldsymbol{b}$，则有：

$\mathrm{r}(\boldsymbol{A})=\mathrm{r}(\boldsymbol{A},\boldsymbol{b})=n\Leftrightarrow$线性方程组 $\boldsymbol{A}_{m\times n}\boldsymbol{x}=\boldsymbol{b}$ 有唯一解；

$\mathrm{r}(\boldsymbol{A})=\mathrm{r}(\boldsymbol{A},\boldsymbol{b})=r<n\Leftrightarrow$线性方程组 $\boldsymbol{A}_{m\times n}\boldsymbol{x}=\boldsymbol{b}$ 有无穷多解；

$\mathrm{r}(\boldsymbol{A})<n\Leftrightarrow$线性方程组 $\boldsymbol{A}_{m\times n}\boldsymbol{x}=\boldsymbol{0}$ 有非零解。

解题过程中还涉及行列式、向量组等知识。

(2) 综合运用线性方程组解的判定、性质、结构定理解题：

设非齐次线性方程组为 $\boldsymbol{A}\boldsymbol{x}=\boldsymbol{b}$①，对应的齐次线性方程组为 $\boldsymbol{A}\boldsymbol{x}=\boldsymbol{0}$ ②。

若$\boldsymbol{\gamma}_1,\boldsymbol{\gamma}_2$是①的解，则$\boldsymbol{\gamma}_1-\boldsymbol{\gamma}_2$是②的解；

若$\boldsymbol{\gamma}$ 是①的解，$\boldsymbol{\eta}$ 是②的解，则$\boldsymbol{\gamma}+\boldsymbol{\eta}$ 是①的解。

例 6 已知 $\boldsymbol{x}_1=(-9,1,2,11)^{\mathrm T},\boldsymbol{x}_2=(1,-5,13,0)^{\mathrm T},\boldsymbol{x}_3=(-7,-9,-24,11)^{\mathrm T}$ 是线性方程组

$$\begin{cases}a_1x_1+a_2x_2+a_3x_3+a_4x_4=d_1,\\3x_1+b_2x_2+2x_3+b_4x_4=d_2,\\9x_1+4x_2+x_3+c_4x_4=d_3\end{cases}$$

的解，求该线性方程组的通解。

解 $\boldsymbol{x}_1-\boldsymbol{x}_2=\begin{pmatrix}-10\\6\\-11\\11\end{pmatrix},\boldsymbol{x}_2-\boldsymbol{x}_3=\begin{pmatrix}8\\4\\37\\-11\end{pmatrix}$是对应的齐次线性方程组的解，且两解线性无关，因此该线性方程组对应的齐次线性方程组 $\boldsymbol{A}\boldsymbol{x}=\boldsymbol{0}$ 至少有两个线性无关解。

又由 $4-\mathrm{R}(\boldsymbol{A})\geqslant2$ 知 $\mathrm{R}(\boldsymbol{A})\leqslant2$。

而 $\boldsymbol{A}$ 中至少有子式 $\begin{vmatrix}3&2\\9&1\end{vmatrix}\neq0\Rightarrow\mathrm{R}(\boldsymbol{A})=2$。所以齐次线性方程组 $\boldsymbol{A}\boldsymbol{x}=\boldsymbol{0}$ 恰有两个线性无关解，因此 $\boldsymbol{x}_1-\boldsymbol{x}_2=\begin{pmatrix}-10\\6\\-11\\11\end{pmatrix},\boldsymbol{x}_2-\boldsymbol{x}_3=\begin{pmatrix}8\\4\\37\\-11\end{pmatrix}$构成了齐次线性方程组的一个基础解系，

进而齐次线性方程组的通解可表示为 $c_1\begin{pmatrix}-10\\6\\-11\\11\end{pmatrix}+c_2\begin{pmatrix}8\\4\\37\\-11\end{pmatrix}$。

因此原非齐次线性方程组的通解可以表示为 $\boldsymbol{x}=c_1\begin{pmatrix}-10\\6\\-11\\11\end{pmatrix}+c_2\begin{pmatrix}8\\4\\37\\-11\end{pmatrix}+\begin{pmatrix}1\\-5\\13\\0\end{pmatrix}$（$c_1,c_2$ 为任意常数）。 □

例 7 设矩阵 $\boldsymbol{A}=(\boldsymbol{\alpha}_1,\boldsymbol{\alpha}_2,\boldsymbol{\alpha}_3,\boldsymbol{\alpha}_4)$，其中 $\boldsymbol{\alpha}_2,\boldsymbol{\alpha}_3,\boldsymbol{\alpha}_4$ 线性无关，$\boldsymbol{\alpha}_1=2\boldsymbol{\alpha}_2-\boldsymbol{\alpha}_3$，向量 $\boldsymbol{b}=\boldsymbol{\alpha}_1+\boldsymbol{\alpha}_2+\boldsymbol{\alpha}_3+\boldsymbol{\alpha}_4$，求方程 $\boldsymbol{Ax}=\boldsymbol{b}$ 的通解。

解法 1 $\boldsymbol{\alpha}_1=2\boldsymbol{\alpha}_2-\boldsymbol{\alpha}_3=(\boldsymbol{\alpha}_2,\boldsymbol{\alpha}_3,\boldsymbol{\alpha}_4)\begin{pmatrix}2\\-1\\0\end{pmatrix}$，$\boldsymbol{b}=\boldsymbol{\alpha}_1+\boldsymbol{\alpha}_2+\boldsymbol{\alpha}_3+\boldsymbol{\alpha}_4=3\boldsymbol{\alpha}_2+\boldsymbol{\alpha}_4=(\boldsymbol{\alpha}_2,\boldsymbol{\alpha}_3,\boldsymbol{\alpha}_4)\begin{pmatrix}3\\0\\1\end{pmatrix}$。

增广矩阵 $\boldsymbol{B}=(\boldsymbol{\alpha}_1,\boldsymbol{\alpha}_2,\boldsymbol{\alpha}_3,\boldsymbol{\alpha}_4,\boldsymbol{b})\to\left(\begin{array}{cccc:c}2&1&0&0&3\\-1&0&1&0&0\\0&0&0&1&1\end{array}\right)$，容易求出线性方程组 $\boldsymbol{Ax}=\boldsymbol{b}$ 的通解为 $\boldsymbol{x}=c\begin{pmatrix}1\\-2\\1\\0\end{pmatrix}+\begin{pmatrix}0\\3\\0\\1\end{pmatrix}$。

解法 2 由 $\boldsymbol{b}=\boldsymbol{\alpha}_1+\boldsymbol{\alpha}_2+\boldsymbol{\alpha}_3+\boldsymbol{\alpha}_4=(\boldsymbol{\alpha}_1,\boldsymbol{\alpha}_2,\boldsymbol{\alpha}_3,\boldsymbol{\alpha}_4)\begin{pmatrix}1\\1\\1\\1\end{pmatrix}$ 可知特解为 $\boldsymbol{\eta}^*=\begin{pmatrix}1\\1\\1\\1\end{pmatrix}$。

由 $\boldsymbol{\alpha}_1=2\boldsymbol{\alpha}_2-\boldsymbol{\alpha}_3=(\boldsymbol{\alpha}_2,\boldsymbol{\alpha}_3,\boldsymbol{\alpha}_4)\begin{pmatrix}2\\-1\\0\end{pmatrix}$，知系数矩阵

$$\boldsymbol{A}=(\boldsymbol{\alpha}_1,\boldsymbol{\alpha}_2,\boldsymbol{\alpha}_3,\boldsymbol{\alpha}_4)\to\begin{pmatrix}2&1&0&0\\-1&0&1&0\\0&0&0&1\end{pmatrix}，基础解系\boldsymbol{\xi}=\begin{pmatrix}1\\-2\\1\\0\end{pmatrix}，$$

故非齐次线性方程性 $\boldsymbol{Ax}=\boldsymbol{b}$ 的通解为 $\boldsymbol{x}=c\begin{pmatrix}1\\-2\\1\\0\end{pmatrix}+\begin{pmatrix}1\\1\\1\\1\end{pmatrix}$。 □

题型 3 有关线性方程组的证明

解题思路 (1) 有关线性方程组基础解系的证明：

根据定义，欲证某一向量组 $\boldsymbol{\alpha}_1,\boldsymbol{\alpha}_2,\cdots,\boldsymbol{\alpha}_s$ 为 n 元齐次线性方程组 $\boldsymbol{Ax}=\boldsymbol{0}$ 的基础解系，要证明下面 3 个结论：

① $\boldsymbol{\alpha}_1,\boldsymbol{\alpha}_2,\cdots,\boldsymbol{\alpha}_s$均为$\boldsymbol{Ax}=\boldsymbol{0}$的解；

② $\boldsymbol{\alpha}_1,\boldsymbol{\alpha}_2,\cdots,\boldsymbol{\alpha}_s$线性无关；

③ $s=n-\mathrm{r}(\boldsymbol{A})$。

(2) 有关线性方程组的其他证明题：

熟悉线性方程组解的结构与性质，加以证明。

例 8 线性方程组$\begin{cases}a_{11}x_1+a_{12}x_2+\cdots+a_{1n}x_n=0,\\a_{21}x_1+a_{22}x_2+\cdots+a_{2n}x_n=0,\\\quad\vdots\\a_{n1}x_1+a_{n2}x_2+\cdots+a_{nn}x_n=0\end{cases}$的系数行列式$|\boldsymbol{A}|=0$，而系数矩阵$\boldsymbol{A}$中某元素的代数余子式$A_{ij}\neq0$，试证明：对于任意$1\leqslant i\leqslant n$，非零向量$\boldsymbol{\xi}_i=(A_{i1},A_{i2},\cdots,A_{in})^{\mathrm{T}}$都可以视为该线性方程组的一个基础解系。

证 因为$|\boldsymbol{A}|=\boldsymbol{0}$，所以$\mathrm{r}(\boldsymbol{A})<n$。又因为存在某个$A_{ij}\neq0$，即$\boldsymbol{A}$中至少有一个$n-1$阶子式不为零，这说明$\mathrm{r}(\boldsymbol{A})\geqslant n-1$。综上得$\mathrm{r}(\boldsymbol{A})=n-1$，故$\boldsymbol{Ax}=\boldsymbol{0}$的基础解系包含$n-(n-1)=1$个解向量。

由条件$|\boldsymbol{A}|=0$还可以推出$\boldsymbol{AA}^*=|\boldsymbol{A}|\boldsymbol{E}=\boldsymbol{O}$。

由于伴随矩阵$\boldsymbol{A}^*=\begin{pmatrix}A_{11}&A_{21}&\cdots&A_{n1}\\A_{12}&A_{22}&\cdots&A_{n2}\\\vdots&\vdots&&\vdots\\A_{1n}&A_{2n}&\cdots&A_{nn}\end{pmatrix}$可以写成列向量组$(\boldsymbol{\xi}_1,\boldsymbol{\xi}_2,\cdots,\boldsymbol{\xi}_n)$的形式，因此$\boldsymbol{AA}^*=\boldsymbol{O}\Leftrightarrow\boldsymbol{A}(\boldsymbol{\xi}_1,\boldsymbol{\xi}_2,\cdots,\boldsymbol{\xi}_n)=\boldsymbol{O}\Leftrightarrow\boldsymbol{A\xi}_i=\boldsymbol{0},\forall\,1\leqslant i\leqslant n$。

由此可见，对于任意$1\leqslant i\leqslant n$，$\boldsymbol{\xi}_i$都是$\boldsymbol{Ax}=\boldsymbol{0}$的解。又因为$\boldsymbol{Ax}=\boldsymbol{0}$的基础解系包含1个解向量，此时任意非零解向量都可以作为齐次线性方程组$\boldsymbol{Ax}=\boldsymbol{0}$的基础解系，所以对于任意$1\leqslant i\leqslant n$，非零向量$\boldsymbol{\xi}_i=(A_{i1},A_{i2},\cdots,A_{in})^{\mathrm{T}}$都可以视为该线性方程组的一个基础解系。

□

例 9 设$\boldsymbol{A}$为n阶矩阵，试证：存在一个n阶非零矩阵$\boldsymbol{B}$，使得$\boldsymbol{AB}=\boldsymbol{O}$的充分必要条件是$|\boldsymbol{A}|=0$。

证 设$\boldsymbol{B}=(\boldsymbol{b}_1,\boldsymbol{b}_2,\cdots,\boldsymbol{b}_n)$，其中$\boldsymbol{b}_i(i=1,2,\cdots,n)$为$\boldsymbol{B}$的列向量组。由$\boldsymbol{AB}=(\boldsymbol{Ab}_1,\boldsymbol{Ab}_2,\cdots,\boldsymbol{Ab}_n)$可知$\boldsymbol{AB}=\boldsymbol{O}$的充要条件是$\boldsymbol{b}_i(i=1,2,\cdots,n)$均为齐次线性方程组$\boldsymbol{Ax}=\boldsymbol{0}$的解。

必要性：若存在$\boldsymbol{B}\neq\boldsymbol{O}$，使$\boldsymbol{AB}=\boldsymbol{O}$，则$\boldsymbol{b}_1,\boldsymbol{b}_2,\cdots,\boldsymbol{b}_n$中必有非零向量。又$\boldsymbol{b}_i(i=1,2,\cdots,n)$均为$\boldsymbol{Ax}=\boldsymbol{0}$的解，即$\boldsymbol{Ax}=\boldsymbol{0}$有非零解，故$|\boldsymbol{A}|=0$。

充分性：若$|\boldsymbol{A}|=0$，则$\boldsymbol{Ax}=\boldsymbol{0}$有非零解。取$n$个非零解为列向量，作矩阵$\boldsymbol{B}$，则$\boldsymbol{B}\neq\boldsymbol{O}$且$\boldsymbol{AB}=\boldsymbol{O}$。 □

例 10 求证：齐次线性方程组$\boldsymbol{Ax}=\boldsymbol{0}$与$(\boldsymbol{A}^{\mathrm{T}}\boldsymbol{A})\boldsymbol{x}=\boldsymbol{0}$同解。

证 先证$\boldsymbol{Ax}=\boldsymbol{0}$的解同时是$(\boldsymbol{A}^{\mathrm{T}}\boldsymbol{A})\boldsymbol{x}=\boldsymbol{0}$的解。方法如下：

假设$\boldsymbol{\xi}$是$\boldsymbol{Ax}=\boldsymbol{0}$的解，则$\boldsymbol{A\xi}=\boldsymbol{0}$。两边同时左乘$\boldsymbol{A}^{\mathrm{T}}$可得$\boldsymbol{A}^{\mathrm{T}}\boldsymbol{A\xi}=\boldsymbol{A}^{\mathrm{T}}\boldsymbol{0}=\boldsymbol{0}$，由此可知$\boldsymbol{\xi}$也是$(\boldsymbol{A}^{\mathrm{T}}\boldsymbol{A})\boldsymbol{x}=\boldsymbol{0}$的解。

再证$(\boldsymbol{A}^{\mathrm{T}}\boldsymbol{A})\boldsymbol{x}=\boldsymbol{0}$的解同时是$\boldsymbol{Ax}=\boldsymbol{0}$的解。

假设$\boldsymbol{\xi}$是$(\boldsymbol{A}^{\mathrm{T}}\boldsymbol{A})\boldsymbol{x}=\boldsymbol{0}$的解，则$\boldsymbol{A}^{\mathrm{T}}\boldsymbol{A\xi}=\boldsymbol{0}$。两边同时左乘$\boldsymbol{\xi}^{\mathrm{T}}$得$\boldsymbol{\xi}^{\mathrm{T}}\boldsymbol{A}^{\mathrm{T}}\boldsymbol{A\xi}=\boldsymbol{\xi}^{\mathrm{T}}\boldsymbol{0}=0$。而$\boldsymbol{\xi}^{\mathrm{T}}\boldsymbol{A}^{\mathrm{T}}\boldsymbol{A}\boldsymbol{\xi}=(\boldsymbol{A\xi})^{\mathrm{T}}\boldsymbol{A\xi}=\|\boldsymbol{A\xi}\|^2$。所以$\boldsymbol{\xi}^{\mathrm{T}}\boldsymbol{A}^{\mathrm{T}}\boldsymbol{A\xi}=0$意味着$\|\boldsymbol{A\xi}\|^2=0$，即$\boldsymbol{A\xi}=\boldsymbol{0}$，所以

$\boldsymbol{\xi}$ 也是 $\boldsymbol{Ax}=\mathbf{0}$ 的解。

综上，齐次线性方程组 $\boldsymbol{Ax}=\mathbf{0}$ 与 $(\boldsymbol{A}^{\mathrm{T}}\boldsymbol{A})\boldsymbol{x}=\mathbf{0}$ 同解。 □

题型 4 矩阵方程

解题思路 (1) 求解形如 $\boldsymbol{AX}=\boldsymbol{B}$ 的矩阵方程：如果 $\boldsymbol{A}$ 可逆，则由公式 $\boldsymbol{X}=\boldsymbol{A}^{-1}\boldsymbol{B}$ 即可解出 $\boldsymbol{X}$；如果 $\boldsymbol{A}$ 不可逆，可以采用下面的做法：

设 $\boldsymbol{X}=(\boldsymbol{x}_1,\boldsymbol{x}_2,\cdots,\boldsymbol{x}_n)$，$\boldsymbol{B}=(\boldsymbol{b}_1,\boldsymbol{b}_2,\cdots,\boldsymbol{b}_n)$，则 $\boldsymbol{AX}=\boldsymbol{B}$ 可化为

$$\begin{aligned}&\boldsymbol{A}(\boldsymbol{x}_1,\boldsymbol{x}_2,\cdots,\boldsymbol{x}_n)=(\boldsymbol{b}_1,\boldsymbol{b}_2,\cdots,\boldsymbol{b}_n)\\ \Rightarrow&(\boldsymbol{Ax}_1,\boldsymbol{Ax}_2,\cdots,\boldsymbol{Ax}_n)=(\boldsymbol{b}_1,\boldsymbol{b}_2,\cdots,\boldsymbol{b}_n)\\ \Rightarrow&\boldsymbol{Ax}_1=\boldsymbol{b}_1,\boldsymbol{Ax}_2=\boldsymbol{b}_2,\cdots,\boldsymbol{Ax}_n=\boldsymbol{b}_n。\end{aligned}$$

于是矩阵方程被拆分为 n 个线性方程组，按常规方法即可求解每个 $\boldsymbol{x}_i$。由于 $\boldsymbol{x}_i$ 是矩阵 $\boldsymbol{X}$ 的列向量，所以将各个列向量 $\boldsymbol{x}_i$ 顺次摆放即可得到矩阵 $\boldsymbol{X}$。

(2) 讨论矩阵方程 $\boldsymbol{A}_{m\times s}\boldsymbol{X}_{s\times n}=\boldsymbol{B}$ 解的存在情况：

① $\boldsymbol{A}_{m\times s}\boldsymbol{X}_{s\times n}=\boldsymbol{B}$ 有唯一解可以化归为 $\boldsymbol{Ax}_i=\boldsymbol{b}_i(i=1,2,\cdots,n)$ 都有唯一解，即 $\mathrm{r}(\boldsymbol{A},\boldsymbol{b}_i)=\mathrm{r}(\boldsymbol{A})=s$，$i=1,2,\cdots,n$，上式也可以合并为：$\mathrm{r}(\boldsymbol{A},\boldsymbol{b}_1,\boldsymbol{b}_2,\cdots,\boldsymbol{b}_n)=\mathrm{r}(\boldsymbol{A})=s$ 或 $\mathrm{r}(\boldsymbol{A},\boldsymbol{B})=\mathrm{r}(\boldsymbol{A})=s$。

② $\boldsymbol{A}_{m\times s}\boldsymbol{X}_{s\times n}=\boldsymbol{B}$ 无解可以化归为 $\boldsymbol{Ax}_i=\boldsymbol{b}_i(i=1,2,\cdots,n)$ 中至少一个无解，即至少有一个 i 满足 $\mathrm{r}(\boldsymbol{A},\boldsymbol{b}_i)\neq\mathrm{r}(\boldsymbol{A})$，即 $\mathrm{r}(\boldsymbol{A},\boldsymbol{b}_1,\boldsymbol{b}_2,\cdots,\boldsymbol{b}_n)\neq\mathrm{r}(\boldsymbol{A})$ 或 $\mathrm{r}(\boldsymbol{A},\boldsymbol{B})\neq\mathrm{r}(\boldsymbol{A})$。

③ $\boldsymbol{A}_{m\times s}\boldsymbol{X}_{s\times n}=\boldsymbol{B}$ 有无穷多解可以化归为 $\boldsymbol{Ax}_i=\boldsymbol{b}_i(i=1,2,\cdots,n)$ 每一个都有解且至少一个有无穷多解，即 $r(\boldsymbol{A},\boldsymbol{b}_i)=\mathrm{r}(\boldsymbol{A})$，$\forall i$ 且至少有一个 i 满足 $\mathrm{r}(\boldsymbol{A},\boldsymbol{b}_i)=\mathrm{r}(\boldsymbol{A})<s$，这样的关系也可以合并为 $\mathrm{r}(\boldsymbol{A},\boldsymbol{b}_i)=\mathrm{r}(\boldsymbol{A})<s$，$\exists i$ 或 $\mathrm{r}(\boldsymbol{A},\boldsymbol{b}_1,\boldsymbol{b}_2,\cdots,\boldsymbol{b}_n)=\mathrm{r}(\boldsymbol{A})$ 或 $\mathrm{r}(\boldsymbol{A},\boldsymbol{B})=\mathrm{r}(\boldsymbol{A})<s$。

例 11 设 $\boldsymbol{A}=\begin{pmatrix}1&-2&3&-4\\0&1&-1&1\\1&2&0&-3\end{pmatrix}$，$\boldsymbol{E}$ 为三阶单位矩阵。

(1) 求线性方程组 $\boldsymbol{Ax}=\mathbf{0}$ 的一个基础解系；

(2) 求满足 $\boldsymbol{AB}=\boldsymbol{E}$ 的所有矩阵 $\boldsymbol{B}$。

解 (1) 对矩阵 $\boldsymbol{A}$ 作初等行变换

$$\boldsymbol{A}=\begin{pmatrix}1&-2&3&-4\\0&1&-1&1\\1&2&0&-3\end{pmatrix}\to\begin{pmatrix}1&-2&3&-4\\0&1&-1&1\\0&4&-3&1\end{pmatrix}$$
$$\to\begin{pmatrix}1&0&1&-2\\0&1&-1&1\\0&0&1&-3\end{pmatrix}\to\begin{pmatrix}1&0&0&1\\0&1&0&-2\\0&0&1&-3\end{pmatrix},$$

由此得线性方程组 $\boldsymbol{Ax}=\mathbf{0}$ 的一个基础解系为 $\boldsymbol{\alpha}=\begin{pmatrix}-1\\2\\3\\1\end{pmatrix}$。

(2) 记 $\boldsymbol{B}=(\boldsymbol{x}_1,\boldsymbol{x}_2,\boldsymbol{x}_3)$，$\boldsymbol{E}=\begin{pmatrix}1&0&0\\0&1&0\\0&0&1\end{pmatrix}=(\boldsymbol{\varepsilon}_1,\boldsymbol{\varepsilon}_2,\boldsymbol{\varepsilon}_3)$，则 $\boldsymbol{AB}=\boldsymbol{E}$ 化为

$$A(x_1,x_2,x_3)=(\varepsilon_1,\varepsilon_2,\varepsilon_3),\quad 进而\ Ax_1=\varepsilon_1,Ax_2=\varepsilon_2,Ax_3=\varepsilon_3。$$

以下同时求解 $Ax_1=\varepsilon_1,Ax_2=\varepsilon_2,Ax_3=\varepsilon_3$ 即可。考虑到这三个方程组系数矩阵都是 A，所以不必逐个阶梯化，三个方程组的阶梯化可以压缩为下面的流程：

将系数矩阵 A 写在左边，然后将列向量 $\varepsilon_1,\varepsilon_2,\varepsilon_3$ 写在右边，摆成一个 3×7 的矩阵 $(A,\varepsilon_1,\varepsilon_2,\varepsilon_3)$ 或 $(A\,\vdots\,E)$。然后对矩阵 $(A\,\vdots\,E)$ 作初等行变换得

$$(A\,\vdots\,E)=\left(\begin{array}{cccc:ccc}1&-2&3&-4&1&0&0\\0&1&-1&1&0&1&0\\1&2&0&-3&0&0&1\end{array}\right)\to\left(\begin{array}{cccc:ccc}1&-2&3&-4&1&0&0\\0&1&-1&1&0&1&0\\0&4&-3&1&-1&0&1\end{array}\right)$$

$$\to\left(\begin{array}{cccc:ccc}1&0&1&-2&1&2&0\\0&1&-1&1&0&1&0\\0&0&1&-3&-1&-4&1\end{array}\right)\to\left(\begin{array}{cccc:ccc}1&0&0&1&2&6&-1\\0&1&0&-2&-1&-3&1\\0&0&1&-3&-1&-4&1\end{array}\right)。$$

则：

$$Ax_1=\varepsilon_1 的通解为\ x_1=\begin{pmatrix}2\\-1\\-1\\0\end{pmatrix}+k_1\boldsymbol{\alpha},\quad k_1\ 为任意常数；$$

$$Ax_2=\varepsilon_2 的通解为\ x_2=\begin{pmatrix}6\\-3\\-4\\0\end{pmatrix}+k_2\boldsymbol{\alpha},\quad k_2\ 为任意常数；$$

$$Ax_3=\varepsilon_3 的通解为\ x_3=\begin{pmatrix}-1\\1\\1\\0\end{pmatrix}+k_3\boldsymbol{\alpha},\quad k_3\ 为任意常数，其中\ \boldsymbol{\alpha}=\begin{pmatrix}-1\\2\\3\\1\end{pmatrix}。$$

$$因此所求矩阵\ B=\begin{pmatrix}2&6&-1\\-1&-3&1\\-1&-4&1\\0&0&0\end{pmatrix}+(k_1\boldsymbol{\alpha},k_2\boldsymbol{\alpha},k_3\boldsymbol{\alpha})$$

$$=\begin{pmatrix}2-k_1&6-k_2&-1-k_3\\-1+2k_1&-3+2k_2&1+2k_3\\-1+3k_1&-4+3k_2&1+3k_3\\0+k_1&0+k_2&0+k_3\end{pmatrix},k_1,k_2,k_3\ 为任意常数。$$ □

例 12 设矩阵 $A=\begin{pmatrix}1&-1&-1\\2&a&1\\-1&1&a\end{pmatrix}$，$B=\begin{pmatrix}2&2\\1&a\\-a-1&-2\end{pmatrix}$，当 a 为何值时，方程 $AX=B$ 无解、有唯一解、有无穷多解？在有解时，求解此方程。

【分析】 本题表面上考查矩阵的运算及矩阵方程的求解，本质上就是非齐次线性方程组的求解问题。

解 由方程 $\boldsymbol{AX}=\boldsymbol{B}$ 可知，$\boldsymbol{X}$ 为三行二列的矩阵。记 $\boldsymbol{X}=(\boldsymbol{x}_1,\boldsymbol{x}_2,)$，$\boldsymbol{B}=\begin{pmatrix}2 & 2\\ 1 & a\\ -a-1 & -2\end{pmatrix}=(\boldsymbol{b}_1,\boldsymbol{b}_2)$，则 $\boldsymbol{AX}=\boldsymbol{B}$ 化为两个非齐次线性方程组 $\boldsymbol{Ax}_1=\boldsymbol{b}_1$，$\boldsymbol{Ax}_2=\boldsymbol{b}_2$。

对矩阵 $(\boldsymbol{A}\,\vdots\,\boldsymbol{B})$ 作初等行变换

$$(\boldsymbol{A}\,\vdots\,\boldsymbol{B})=\left(\begin{array}{ccc:cc}1 & -1 & -1 & 2 & 2\\ 2 & a & 1 & 1 & a\\ -1 & 1 & a & -a-1 & -2\end{array}\right)\rightarrow\left(\begin{array}{ccc:cc}1 & -1 & -1 & 2 & 2\\ 0 & a+2 & 3 & -3 & a-4\\ 0 & 0 & a-1 & -a+1 & 0\end{array}\right)。$$

(1) 当 $a=-2$ 时，$\mathrm{r}(\boldsymbol{A})=2$，$\mathrm{r}(\boldsymbol{A}\,\vdots\,\boldsymbol{B})=3$，此时，矩阵方程 $\boldsymbol{AX}=\boldsymbol{B}$ 无解。

(2) 当 $a\neq1$ 且 $a\neq-2$ 时，方程 $\boldsymbol{AX}=\boldsymbol{B}$ 有唯一解。由 $\boldsymbol{Ax}_1=\boldsymbol{b}_1$ 的增广矩阵

$$\left(\begin{array}{ccc:c}1 & -1 & -1 & 2\\ 0 & a+2 & 3 & -3\\ 0 & 0 & a-1 & -a+1\end{array}\right)$$

得其解，即 $\boldsymbol{X}$ 的第1列为 $(1,0,-1)^{\mathrm{T}}$。

由 $\boldsymbol{Ax}_2=\boldsymbol{b}_2$ 的增广矩阵

$$\left(\begin{array}{ccc:c}1 & -1 & -1 & 2\\ 0 & a+2 & 3 & a-4\\ 0 & 0 & a-1 & 0\end{array}\right)$$

得其解，即 $\boldsymbol{X}$ 的第2列为 $\left(\dfrac{3a}{a+2},\dfrac{a-4}{a+2},0\right)^{\mathrm{T}}$。

故方程的唯一解为 $X=\begin{pmatrix}1 & \dfrac{3a}{a+2}\\ 0 & \dfrac{a-4}{a+2}\\ -1 & 0\end{pmatrix}$。

(3) 当 $a=1$ 时，$\mathrm{r}(\boldsymbol{A})=\mathrm{r}(\boldsymbol{A}\,\vdots\,\boldsymbol{B})=2<3$，此时，矩阵方程 $\boldsymbol{AX}=\boldsymbol{B}$ 有无穷多解。由 $\boldsymbol{Ax}_1=\boldsymbol{b}_1$ 的增广矩阵

$$\left(\begin{array}{ccc:c}1 & -1 & -1 & 2\\ 0 & 3 & 3 & -3\\ 0 & 0 & 0 & 0\end{array}\right)$$

得其通解，即 $\boldsymbol{X}$ 的第1列为 $\boldsymbol{x}_1=(1,-1,0)^{\mathrm{T}}+k_1(0,-1,1)^{\mathrm{T}}$。

由于 $a=1$ 时 $\boldsymbol{Ax}_2=\boldsymbol{b}_2$ 的增广矩阵与 $\boldsymbol{Ax}_1=\boldsymbol{b}_1$ 完全相同，故 $\boldsymbol{X}$ 的第2列为 $\boldsymbol{x}_2=(1,-1,0)^{\mathrm{T}}+k_2(0,-1,1)^{\mathrm{T}}$（注意**两个通解的任意常数不要用同一个字母表示**）。故此时方程的解为 $\boldsymbol{X}=\begin{pmatrix}1 & 1\\ -1-k_1 & -1-k_2\\ k_1 & k_2\end{pmatrix}$，$k_1,k_2$ 为任意常数。 □

例 13 确定常数 a，使向量组 $\boldsymbol{\alpha}_1=(1,1,a)^{\mathrm{T}}$，$\boldsymbol{\alpha}_2=(1,a,1)^{\mathrm{T}}$，$\boldsymbol{\alpha}_3=(a,1,1)^{\mathrm{T}}$ 可由向量组 $\boldsymbol{\beta}_1=(1,1,a)^{\mathrm{T}}$，$\boldsymbol{\beta}_2=(-2,a,4)^{\mathrm{T}}$，$\boldsymbol{\beta}_3=(-2,a,a)^{\mathrm{T}}$ 线性表示，但向量组 $\boldsymbol{\beta}_1,\boldsymbol{\beta}_2,\boldsymbol{\beta}_3$ 不能由向量组 $\boldsymbol{\alpha}_1,\boldsymbol{\alpha}_2,\boldsymbol{\alpha}_3$ 线性表示。

解 $\boldsymbol{\alpha}_1,\boldsymbol{\alpha}_2,\boldsymbol{\alpha}_3$ 可由 $\boldsymbol{\beta}_1,\boldsymbol{\beta}_2,\boldsymbol{\beta}_3$ 线性表示，意味着：存在实数 x_{ij}，$i,j\in\{1,2,3\}$，使得

$$\boldsymbol{\alpha}_i=x_{1i}\boldsymbol{\beta}_1+x_{2i}\boldsymbol{\beta}_2+x_{3i}\boldsymbol{\beta}_3,\quad i=1,2,3。\tag{*}$$

(*)式也可以写成：存在矩阵 $\boldsymbol{X}=(x_{ij})$，使得

$$(\boldsymbol{\alpha}_1,\boldsymbol{\alpha}_2,\boldsymbol{\alpha}_3)=(\boldsymbol{\beta}_1,\boldsymbol{\beta}_2,\boldsymbol{\beta}_3)\boldsymbol{X}。\tag{**}$$

若记 $(\boldsymbol{\alpha}_1,\boldsymbol{\alpha}_2,\boldsymbol{\alpha}_3)=\boldsymbol{A}$，$(\boldsymbol{\beta}_1,\boldsymbol{\beta}_2,\boldsymbol{\beta}_3)=\boldsymbol{B}$，则(**)式又可以写成：存在矩阵 $\boldsymbol{X}$，使得

$$\boldsymbol{A}=\boldsymbol{B}\boldsymbol{X}。\tag{***}$$

(***)式意味着矩阵方程 $\boldsymbol{BX}=\boldsymbol{A}$ 有解，即 $\mathrm{r}(\boldsymbol{B}\mid\boldsymbol{A})=\mathrm{r}(\boldsymbol{B})$。而

$$(\boldsymbol{B}\mid\boldsymbol{A})=\left(\begin{array}{ccc:ccc}1&-2&-2&1&1&a\\1&a&a&1&a&1\\a&4&a&a&1&1\end{array}\right)$$

$$\rightarrow\left(\begin{array}{ccc:ccc}1&-2&-2&1&1&a\\0&a+2&a+2&0&a-1&1-a\\0&0&a-4&0&3-3a&-(a-1)^2\end{array}\right)。$$

由此可见，要想保证 $\mathrm{r}(\boldsymbol{B}\mid\boldsymbol{A})=\mathrm{r}(\boldsymbol{B})$，那么 $a\neq-2$ 且 $a\neq4$，即 $a\neq-2$ 且 $a\neq4$ 时，向量组 $\boldsymbol{\alpha}_1,\boldsymbol{\alpha}_2,\boldsymbol{\alpha}_3$ 可由向量组 $\boldsymbol{\beta}_1,\boldsymbol{\beta}_2,\boldsymbol{\beta}_3$ 线性表示。

同理 $\boldsymbol{\beta}_1,\boldsymbol{\beta}_2,\boldsymbol{\beta}_3$ 不能被 $\boldsymbol{\alpha}_1,\boldsymbol{\alpha}_2,\boldsymbol{\alpha}_3$ 线性表示意味着：矩阵方程 $\boldsymbol{AX}=\boldsymbol{B}$ 无解即 $\mathrm{r}(\boldsymbol{A},\boldsymbol{B})\neq\mathrm{r}(\boldsymbol{A})$。而

$$(\boldsymbol{A}\mid\boldsymbol{B})=\left(\begin{array}{ccc:ccc}1&1&a&1&-2&-2\\1&a&1&1&a&a\\a&1&1&a&4&a\end{array}\right)\rightarrow\left(\begin{array}{ccc:ccc}1&1&a&1&-2\\0&a-1&1-a&0&a+2&a+2\\0&0&2-a-a^2&0&3a+6&4a+2\end{array}\right)。$$

要想保证 $\mathrm{r}(\boldsymbol{A},\boldsymbol{B})\neq\mathrm{r}(\boldsymbol{A})$，则必有 $a-1=0$ 或 $2-a-a^2=0$，即 $a=1$ 或 $a=-2$。

综上所述，满足题设条件的 a 只能是 $a=1$。 □

4.5 考研真题选讲

(1)(1994，数三) 设有线性方程组 $\begin{cases}x_1+a_1x_2+a_1^2x_3=a_1^3,\\x_1+a_2x_2+a_2^2x_3=a_2^3,\\x_1+a_3x_2+a_3^2x_3=a_3^3,\\x_1+a_4x_2+a_4^2x_3=a_4^3。\end{cases}$

(Ⅰ) 证明：若 a_1,a_2,a_3,a_4 两两不相等，则此线性方程组无解；

(Ⅱ) 设 $a_1=a_3=k$，$a_2=a_4=-k(k\neq0)$，且已知 $\boldsymbol{\beta}_1,\boldsymbol{\beta}_2$ 是该线性方程组的两个解，其中 $\boldsymbol{\beta}_1=(-1,1,1)^{\mathrm{T}}$，$\boldsymbol{\beta}_2=(1,1,-1)^{\mathrm{T}}$，写出此线性方程组的通解。

证 (Ⅰ)增广矩阵 $\overline{\boldsymbol{A}}$ 的行列式

$$|\overline{\boldsymbol{A}}|=\begin{vmatrix}1&a_1&a_1^2&a_1^3\\1&a_2&a_2^2&a_2^3\\1&a_3&a_3^2&a_3^3\\1&a_4&a_4^2&a_4^3\end{vmatrix}=\prod_{1\leqslant i<j\leqslant4}(a_j-a_i)。$$

由 a_1,a_2,a_3,a_4 两两不相等,知 $|\bar{\boldsymbol{A}}|\neq 0$,从而矩阵 $\bar{\boldsymbol{A}}$ 的秩 $\mathrm{R}(\bar{\boldsymbol{A}})=4$。但系数矩阵 $\boldsymbol{A}$ 的秩 $\mathrm{R}(\boldsymbol{A})\leqslant 3$。故 $\mathrm{R}(\boldsymbol{A})\neq\mathrm{R}(\bar{\boldsymbol{A}})$。因此该线性方程组无解。

(Ⅱ) 当 $a_1=a_3=k,a_2=a_4=-k(k\neq 0)$ 时,该线性方程组为

$$\begin{cases}x_1+kx_2+k^2x_3=k^3,\\x_1-kx_2+k^2x_3=-k^3,\\x_1+kx_2+k^2x_3=k^3,\\x_1-kx_2+k^2x_3=-k^3。\end{cases}$$

而对于 $\begin{cases}x_1+kx_2+k^2x_3=k^3,\\x_1-kx_2+k^2x_3=-k^3,\end{cases}$ 因为 $\begin{vmatrix}1 & k\\1 & -k\end{vmatrix}=-2k\neq 0$,故 $\mathrm{R}(\boldsymbol{A})=\mathrm{R}(\bar{\boldsymbol{A}})=2$,从而此线性方程组有解,且对应的导出方程组的基础解系应含有 $3-2=1$ 个解向量。因为 $\boldsymbol{\beta}_1,\boldsymbol{\beta}_2$ 是原非齐次线性方程组的两个解,故 $\boldsymbol{\xi}=\boldsymbol{\beta}_1-\boldsymbol{\beta}_2=\begin{pmatrix}1\\1\\-1\end{pmatrix}-\begin{pmatrix}-1\\1\\1\end{pmatrix}=\begin{pmatrix}2\\0\\-2\end{pmatrix}$ 是对应的齐次线性方程组的解且 $\boldsymbol{\xi}\neq\boldsymbol{0}$,故 $\boldsymbol{\xi}$ 是导出方程组的基础解系。于是原非齐次线性方程组的通解为

$$\boldsymbol{x}=\boldsymbol{\beta}_1+c\boldsymbol{\xi}=\begin{pmatrix}-1\\1\\1\end{pmatrix}+c\begin{pmatrix}2\\0\\-2\end{pmatrix}\quad(c\text{ 为任意常数})。$$ □

(2) (1995,数四) 对于线性方程组 $\begin{cases}\lambda x_1+x_2+x_3=\lambda-3,\\x_1+\lambda x_2+x_3=-2,\\x_1+x_2+\lambda x_3=-2,\end{cases}$ 讨论 λ 取何值时,线性方程组无解、有唯一解和有无穷多组解。在线性方程组有无穷多组解时,试用其导出的基础解系表示全部解。

解 对线性方程组的增广矩阵进行初等变换

$$\bar{\boldsymbol{A}}=\begin{pmatrix}\lambda & 1 & 1 & \lambda-3\\1 & \lambda & 1 & -2\\1 & 1 & \lambda & -2\end{pmatrix}\rightarrow\begin{pmatrix}1 & 1 & \lambda & -2\\0 & \lambda-1 & 1-\lambda & 0\\0 & 0 & -(\lambda+2)(\lambda-1) & 3(\lambda-1)\end{pmatrix}。$$

当 $\lambda\neq-2$ 且 $\lambda\neq 1$ 时,$\mathrm{R}(\bar{\boldsymbol{A}})=\mathrm{R}(\boldsymbol{A})=3$,从而线性方程组有唯一解。

当 $\lambda=-2$ 时,$\mathrm{R}(\bar{\boldsymbol{A}})\neq\mathrm{R}(\boldsymbol{A})$ 线性方程组无解。

当 $\lambda=1$ 时,有

$$\bar{\boldsymbol{A}}=\begin{pmatrix}1 & 1 & 1 & -2\\0 & 0 & 0 & 0\\0 & 0 & 0 & 0\end{pmatrix},$$

可见 $\mathrm{R}(\bar{\boldsymbol{A}})=\mathrm{R}(\boldsymbol{A})=1<3$,此时线性方程组有无穷多组解。

当 $\lambda=1$ 时,令 $x_2=x_3=0$,得其特解为 $\boldsymbol{u}_0=(-2,0,0)^{\mathrm{T}}$。又因为此时原线性方程组对应的齐次线性方程组为 $x_1+x_2+x_3=0$,其基础解系为

$$\boldsymbol{v}_1=(-1,1,0)^{\mathrm{T}},\quad\boldsymbol{v}_2=(-1,0,1)^{\mathrm{T}},$$

对应的全解为 $\boldsymbol{x}=\boldsymbol{u}_0+c_1\boldsymbol{v}_1+c_2\boldsymbol{v}_2=\begin{pmatrix}-2\\0\\0\end{pmatrix}+c_1\begin{pmatrix}-1\\1\\0\end{pmatrix}+c_2\begin{pmatrix}-1\\0\\1\end{pmatrix}$,其中 c_1,c_2 是任意常数。

□

(3)(1997,数二) λ 取何值时,线性方程组 $\begin{cases}2x_1+\lambda x_2-x_3=1,\\ \lambda x_1-x_2+x_3=2,\\ 4x_1+5x_2-5x_3=-1\end{cases}$ 无解、有唯一解或有无穷多解?并在有无穷多解时写出线性方程组的通解。

解 对线性方程组的增广矩阵 $\overline{\boldsymbol{A}}=(\boldsymbol{A},\boldsymbol{b})$ 作初等变换,使其化为行阶梯形:

$$\overline{\boldsymbol{A}}=\begin{pmatrix}2&\lambda&-1&1\\ \lambda&-1&1&2\\ 4&5&-5&-1\end{pmatrix}\to\begin{pmatrix}2&\lambda&-1&1\\ \lambda+2&\lambda-1&0&3\\ -6&-5\lambda+5&0&-6\end{pmatrix}\to\begin{pmatrix}2&\lambda&-1&1\\ \lambda+2&\lambda-1&0&3\\ 5\lambda+4&0&0&9\end{pmatrix}。$$

当 $\lambda=-\dfrac{4}{5}$ 时,$\mathrm{r}(\boldsymbol{A})=2$,$\mathrm{r}(\overline{\boldsymbol{A}})=3$,$\mathrm{r}(\boldsymbol{A})\neq\mathrm{r}(\overline{\boldsymbol{A}})$,原线性方程组无解。

当 $\lambda\neq1$ 与 $\lambda\neq-\dfrac{4}{5}$ 时,$\mathrm{r}(\boldsymbol{A})=\mathrm{r}(\overline{\boldsymbol{A}})=3$,原线性方程组有唯一解。

当 $\lambda=1$ 时,有

$$\overline{\boldsymbol{A}}\to\begin{pmatrix}2&1&-1&1\\ 3&0&0&3\\ 9&0&0&9\end{pmatrix}\to\begin{pmatrix}2&1&-1&1\\ 1&0&0&1\\ 0&0&0&0\end{pmatrix}\to\begin{pmatrix}0&1&-1&-1\\ 1&0&0&1\\ 0&0&0&0\end{pmatrix}。$$

由此可见,$\mathrm{r}(\boldsymbol{A})=\mathrm{r}(\overline{\boldsymbol{A}})=2<3$,原线性方程组有无穷多解。

同解线性方程组为 $\begin{cases}x_1=1,\\ x_2=-1+x_3。\end{cases}$ 令 $x_3=k$(k 为任意常数),则原线性方程组的通解为

$$\begin{pmatrix}x_1\\x_2\\x_3\end{pmatrix}=\begin{pmatrix}1\\-1\\0\end{pmatrix}+k\begin{pmatrix}0\\1\\1\end{pmatrix}。$$

□

(4)(1997,数四)非齐次线性方程组 $\boldsymbol{Ax}=\boldsymbol{b}$ 中未知量个数为 n,方程个数为 m,系数矩阵 $\boldsymbol{A}$ 的秩为 r,则(　　)。

A. $r=m$ 时,线性方程组 $\boldsymbol{Ax}=\boldsymbol{b}$ 有解

B. $r=n$ 时,线性方程组 $\boldsymbol{Ax}=\boldsymbol{b}$ 有唯一解

C. $m=n$ 时,线性方程组 $\boldsymbol{Ax}=\boldsymbol{b}$ 有唯一解

D. $r<n$ 时,线性方程组 $\boldsymbol{Ax}=\boldsymbol{b}$ 有无穷多解

解 选 A。

$\boldsymbol{Ax}=\boldsymbol{b}$ 有解的充要条件为 $\mathrm{r}(\boldsymbol{A})=\mathrm{r}(\boldsymbol{A},\boldsymbol{b})$。题设 $\boldsymbol{A}$ 为 $m\times n$ 矩阵,若 $\mathrm{r}(\boldsymbol{A})=m$,相当于 $\boldsymbol{A}$ 的 m 个行向量线性无关,因此添加一个分量后得 $(\boldsymbol{A},\boldsymbol{b})$ 的 m 个行向量仍线性无关,即有 $\mathrm{r}(\boldsymbol{A})=\mathrm{r}(\boldsymbol{A},\boldsymbol{b})$,所以 $\boldsymbol{Ax}=\boldsymbol{b}$ 有解,故 A 成立。对于 B,C,D 均不能保证 $\mathrm{r}(\boldsymbol{A})=\mathrm{r}(\boldsymbol{A},\boldsymbol{b})$,也即不能保证有解,更谈不上有唯一解或有无穷多解。 □

(5)(1998,数一) 已知线性方程组(Ⅰ)$\begin{cases}a_{11}x_1+a_{12}x_2+\cdots+a_{1,2n}x_{2n}=0,\\ a_{21}x_1+a_{22}x_2+\cdots+a_{2,2n}x_{2n}=0,\\ \quad\vdots\\ a_{n1}x_1+a_{n2}x_2+\cdots+a_{n,2n}x_{2n}=0\end{cases}$ 的一个基础解系

为 $\begin{pmatrix} b_{11} \\ b_{12} \\ \vdots \\ b_{1,2n} \end{pmatrix}, \begin{pmatrix} b_{21} \\ b_{22} \\ \vdots \\ b_{2,2n} \end{pmatrix}, \cdots, \begin{pmatrix} b_{n1} \\ b_{n2} \\ \vdots \\ b_{n,2n} \end{pmatrix}$。试求出线性方程组(Ⅱ) $\begin{cases} b_{11}y_1 + b_{12}y_2 + \cdots + b_{1,2n}y_{2n} = 0, \\ b_{21}y_1 + b_{22}y_2 + \cdots + b_{2,2n}y_{2n} = 0, \\ \quad\vdots \\ b_{n1}y_1 + b_{n2}y_2 + \cdots + b_{n,2n}y_{2n} = 0 \end{cases}$ 的一个基础解系。

解 设线性方程组(Ⅰ)、(Ⅱ)的系数矩阵分别为 $\boldsymbol{A},\boldsymbol{B}$。将 $\boldsymbol{A}$ 的基础解系依次代入(Ⅰ)中，用矩阵形式可以写成 $\boldsymbol{AB}^{\mathrm{T}}=\boldsymbol{0}$。两边取转置，得 $\boldsymbol{BA}^{\mathrm{T}}=(\boldsymbol{AB}^{\mathrm{T}})^{\mathrm{T}}=\boldsymbol{0}$。此式表明 $\boldsymbol{A}$ 的 n 个行向量的转置向量为线性方程组(Ⅱ)的 n 个解向量。

因为 $\mathrm{R}(\boldsymbol{B})=n$，所以线性方程组(Ⅱ)的解空间维数为 $2n-n=n$。又 $\mathrm{R}(\boldsymbol{A})=2n-n=n$，表明 $\boldsymbol{A}$ 的 n 个行向量线性无关，从而它们的转置向量构成线性方程组(Ⅱ)的一个基础解系。于是得到线性方程组(Ⅱ)的通解为

$$\boldsymbol{y}=\begin{pmatrix} y_1 \\ y_2 \\ \vdots \\ y_{2n} \end{pmatrix}=k_1\begin{pmatrix} a_{11} \\ a_{12} \\ \vdots \\ a_{1,2n} \end{pmatrix}+k_2\begin{pmatrix} a_{21} \\ a_{22} \\ \vdots \\ a_{2,2n} \end{pmatrix}+\cdots+k_n\begin{pmatrix} a_{n1} \\ a_{n2} \\ \vdots \\ a_{n,2n} \end{pmatrix} \quad (k_1,k_2,\cdots,k_n \text{ 为任意常数})。$$ □

(6)(1998,数四) 已知下列非齐次线性方程组(Ⅰ)、(Ⅱ)：

$$(\text{Ⅰ})\begin{cases} x_1+x_2 \qquad -2x_4=-6, \\ 4x_1-x_2-x_3-x_4=1, \\ 3x_1-x_2-x_3 \qquad =3; \end{cases} \qquad (\text{Ⅱ})\begin{cases} x_1+mx_2-x_3-x_4=-5, \\ nx_2-x_3-2x_4=-11, \\ x_3-2x_4=-t+1。 \end{cases}$$

(Ⅰ) 求解线性方程组(Ⅰ)，用其导出方程组的基础解系表示通解。

(Ⅱ) 当线性方程组(Ⅱ)中的参数 m,n,t 为何值时，线性方程组(Ⅰ)与(Ⅱ)同解。

解 (Ⅰ) 设线性方程组(Ⅰ)的系数矩阵为 $\boldsymbol{A}_1$，增广矩阵为 $\bar{\boldsymbol{A}}_1$，对 $\bar{\boldsymbol{A}}_1$ 作初等行变换，得

$$\bar{\boldsymbol{A}}_1=\left(\begin{array}{cccc:c} 1 & 1 & 0 & -2 & -6 \\ 4 & -1 & -1 & -1 & 1 \\ 3 & -1 & -1 & 0 & 3 \end{array}\right) \to \left(\begin{array}{cccc:c} 1 & 0 & 0 & -1 & -2 \\ 0 & 1 & 0 & -1 & -4 \\ 0 & 0 & 1 & -2 & -5 \end{array}\right)$$

由于 $\mathrm{r}(\boldsymbol{A}_1)=\mathrm{r}(\bar{\boldsymbol{A}}_1)=3<4$，所以线性方程组有无穷多解，且通解为

$$\boldsymbol{x}=\begin{pmatrix} -2 \\ -4 \\ -5 \\ 0 \end{pmatrix}+k\begin{pmatrix} 1 \\ 1 \\ 2 \\ 1 \end{pmatrix} \quad (k \text{ 为任意常数})。$$

(Ⅱ) 将 $\boldsymbol{x}$ 代入线性方程组(Ⅱ)的第一个方程，得

$$(-2+k)+m(-4+k)-(-5+2k)-k=-5, \quad \text{解得 } m=2。$$

将 $\boldsymbol{x}$ 代入线性方程组(Ⅱ)的第二个方程，得

$$n(-4+k)-(-5+2k)-2k=-11, \quad \text{从而得 } n=4。$$

将 $\boldsymbol{x}$ 代入线性方程组(Ⅱ)的第三个方程，得

$$(-5+2k)-2k=-t+1, \quad \text{解得 } t=6。$$

故当 $m=2,n=4,t=6$ 时线性方程组(Ⅰ)的全部解都是线性方程组(Ⅱ)的解。这时线性方程组(Ⅱ)化为

$$(\text{Ⅱ})\begin{cases}x_1+2x_2-x_3-x_4=-5,\\ 4x_2-x_3-2x_4=-11,\\ x_3-2x_4=-5。\end{cases}$$

设线性方程组(Ⅱ)的系数矩阵为$\boldsymbol{A}_2$，增广矩阵为$\overline{\boldsymbol{A}}_2$，对$\overline{\boldsymbol{A}}_2$作初等行变换，得

$$\overline{\boldsymbol{A}}_2=\left(\begin{array}{cccc:c}1&2&-1&-1&-5\\0&4&-1&-2&-11\\0&0&1&-2&-5\end{array}\right)\to\left(\begin{array}{cccc:c}1&0&0&-1&-2\\0&1&0&-1&-4\\0&0&1&-2&-5\end{array}\right),$$

于是线性方程组(Ⅱ)的通解为

$$\boldsymbol{x}=\begin{pmatrix}-2\\-4\\-5\\0\end{pmatrix}+k\begin{pmatrix}1\\1\\2\\1\end{pmatrix}\quad(k\text{ 为任意常数})。$$

显然，线性方程组(Ⅰ)、(Ⅱ)的解完全相同，即线性方程组(Ⅰ)、(Ⅱ)同解。 □

(7)(2001，数二) 已知$\boldsymbol{\alpha}_1,\boldsymbol{\alpha}_2,\boldsymbol{\alpha}_3,\boldsymbol{\alpha}_4$是线性方程组$\boldsymbol{Ax}=\boldsymbol{0}$的一个基础解系，若$\boldsymbol{\beta}_1=\boldsymbol{\alpha}_1+t\boldsymbol{\alpha}_2$，$\boldsymbol{\beta}_2=\boldsymbol{\alpha}_2+t\boldsymbol{\alpha}_3$，$\boldsymbol{\beta}_3=\boldsymbol{\alpha}_3+t\boldsymbol{\alpha}_4$，$\boldsymbol{\beta}_4=\boldsymbol{\alpha}_4+t\boldsymbol{\alpha}_1$，讨论实数$t$满足什么条件时，$\boldsymbol{\beta}_1,\boldsymbol{\beta}_2,\boldsymbol{\beta}_3,\boldsymbol{\beta}_4$也是$\boldsymbol{Ax}=\boldsymbol{0}$的基础解系。

解法1 (用线性变换的性质)由于

$$(\boldsymbol{\beta}_1,\boldsymbol{\beta}_2,\boldsymbol{\beta}_3,\boldsymbol{\beta}_4)=(\boldsymbol{\alpha}_1,\boldsymbol{\alpha}_2,\boldsymbol{\alpha}_3,\boldsymbol{\alpha}_4)\begin{pmatrix}1&0&0&t\\t&1&0&0\\0&t&1&0\\0&0&t&1\end{pmatrix},$$

故$\boldsymbol{\beta}_1,\boldsymbol{\beta}_2,\boldsymbol{\beta}_3,\boldsymbol{\beta}_4$线性无关当且仅当$\begin{vmatrix}1&0&0&t\\t&1&0&0\\0&t&1&0\\0&0&t&1\end{vmatrix}\neq0$，即$t^4-1\neq0$。所以$t\neq\pm1$时，$\boldsymbol{\beta}_1,\boldsymbol{\beta}_2,\boldsymbol{\beta}_3,\boldsymbol{\beta}_4$是$\boldsymbol{Ax}=\boldsymbol{0}$的基础解系。

解法2 (用线性无关定义)$\boldsymbol{\beta}_1,\boldsymbol{\beta}_2,\boldsymbol{\beta}_3,\boldsymbol{\beta}_4$线性无关当且仅当下式中的$k_1,k_2,k_3,k_4$全部为零$k_1\boldsymbol{\beta}_1+k_2\boldsymbol{\beta}_2+k_3\boldsymbol{\beta}_3+k_4\boldsymbol{\beta}_4=\boldsymbol{0}$，即

$$k_1(\boldsymbol{\alpha}_1+t\boldsymbol{\alpha}_2)+k_2(\boldsymbol{\alpha}_2+t\boldsymbol{\alpha}_3)+k_3(\boldsymbol{\alpha}_3+t\boldsymbol{\alpha}_4)+k_4(\boldsymbol{\alpha}_4+t\boldsymbol{\alpha}_1)=\boldsymbol{0},$$

$$(k_1+tk_4)\boldsymbol{\alpha}_1+(tk_1+k_2)\boldsymbol{\alpha}_2+(tk_2+k_3)\boldsymbol{\alpha}_3+(tk_3+k_4)\boldsymbol{\alpha}_4=\boldsymbol{0}。$$

由$\boldsymbol{\alpha}_1,\boldsymbol{\alpha}_2,\boldsymbol{\alpha}_3,\boldsymbol{\alpha}_4$的线性无关性得到下列齐次线性方程组：

$$k_1+tk_4=0,\quad tk_1+k_2=0,\quad tk_2+k_3=0,\quad tk_3+k_4=0。$$

此线性方程组只有零解，所以系数行列式不等于零。以下与解法1相同。 □

(8)(2001，数三) 设$\boldsymbol{A}$是n阶矩阵，$\boldsymbol{\alpha}$是n维列向量，若$\mathrm{r}\begin{pmatrix}\boldsymbol{A}&\boldsymbol{\alpha}\\\boldsymbol{\alpha}^{\mathrm{T}}&0\end{pmatrix}=\mathrm{r}(\boldsymbol{A})$，则( )。

A. $\boldsymbol{Ax}=\boldsymbol{\alpha}$必有无穷多解

B. $\boldsymbol{Ax}=\boldsymbol{\alpha}$必有唯一解

C. $\begin{pmatrix}\boldsymbol{A}&\boldsymbol{\alpha}\\\boldsymbol{\alpha}^{\mathrm{T}}&0\end{pmatrix}\begin{pmatrix}\boldsymbol{x}\\y\end{pmatrix}=\boldsymbol{0}$仅有零解

D. $\begin{pmatrix}\boldsymbol{A}&\boldsymbol{\alpha}\\\boldsymbol{\alpha}^{\mathrm{T}}&0\end{pmatrix}\begin{pmatrix}\boldsymbol{x}\\y\end{pmatrix}=\boldsymbol{0}$必有非零解

解 应选D。

由题设 $r\begin{pmatrix}\boldsymbol{A} & \boldsymbol{\alpha}\\ \boldsymbol{\alpha}^{\mathrm{T}} & 0\end{pmatrix}=r(\boldsymbol{A})\leqslant n$ 知系数矩阵 $\begin{pmatrix}\boldsymbol{A} & \boldsymbol{\alpha}\\ \boldsymbol{\alpha}^{\mathrm{T}} & 0\end{pmatrix}$ 的秩小于未知量的个数 $n+1$，故线性方程组 $\begin{pmatrix}\boldsymbol{A} & \boldsymbol{\alpha}\\ \boldsymbol{\alpha}^{\mathrm{T}} & 0\end{pmatrix}\begin{pmatrix}\boldsymbol{x}\\ y\end{pmatrix}=\boldsymbol{0}$ 必有非零解。 □

(9)(2001，数四) 设 $\boldsymbol{\alpha}_i=(a_{i1},a_{i2},\cdots,a_{in})^{\mathrm{T}}(i=1,2,\cdots,r;r<n)$ 是 n 维实向量，且 $\boldsymbol{\alpha}_1,\boldsymbol{\alpha}_2,\cdots,\boldsymbol{\alpha}_r$ 线性无关。已知 $\boldsymbol{\beta}=(b_1,b_2,\cdots,b_n)^{\mathrm{T}}$ 是线性方程组

$$\begin{cases}a_{11}x_1+a_{12}x_2+\cdots+a_{1n}x_n=0,\\ a_{21}x_1+a_{22}x_2+\cdots+a_{2n}x_n=0,\\ \qquad\vdots\\ a_{r1}x_1+a_{r2}x_2+\cdots+a_{rn}x_n=0\end{cases}$$

的非零解。试判断向量组 $\boldsymbol{\alpha}_1,\boldsymbol{\alpha}_2,\cdots,\boldsymbol{\alpha}_r,\boldsymbol{\beta}$ 的线性相关性。

解 用定义法。设有一组数 $k_1,k_2,\cdots,k_r,k$，使得

$$k_1\boldsymbol{\alpha}_1+k_2\boldsymbol{\alpha}_2+\cdots+k_r\boldsymbol{\alpha}_r+k\boldsymbol{\beta}=\boldsymbol{0} \qquad (*)$$

成立。因为 $\boldsymbol{\beta}=(b_1,b_2,\cdots,b_n)^{\mathrm{T}}$ 是线性方程组

$$\begin{cases}a_{11}x_1+a_{12}x_2+\cdots+a_{1n}x_n=0,\\ a_{21}x_1+a_{22}x_2+\cdots+a_{2n}x_n=0,\\ \qquad\vdots\\ a_{r1}x_1+a_{r2}x_2+\cdots+a_{rn}x_n=0\end{cases}$$

的解，且 $\boldsymbol{\beta}\neq\boldsymbol{0}$，故有 $\boldsymbol{\alpha}_i^{\mathrm{T}}\boldsymbol{\beta}=0(i=1,2,\cdots,r)$，这个等式也可以写成 $\boldsymbol{\beta}^{\mathrm{T}}\boldsymbol{\alpha}_i=0(i=1,2,\cdots,r)$。

于是，由 $k_1\boldsymbol{\beta}^{\mathrm{T}}\boldsymbol{\alpha}_1+k_2\boldsymbol{\beta}^{\mathrm{T}}\boldsymbol{\alpha}_2+\cdots+k_r\boldsymbol{\beta}^{\mathrm{T}}\boldsymbol{\alpha}_r+k\boldsymbol{\beta}^{\mathrm{T}}\boldsymbol{\beta}=\boldsymbol{0}$ 得 $k\boldsymbol{\beta}^{\mathrm{T}}\boldsymbol{\beta}=0$。

由于 $\boldsymbol{\beta}\neq\boldsymbol{0}$，所以 $\boldsymbol{\beta}^{\mathrm{T}}\boldsymbol{\beta}=b_1^2+b_2^2+\cdots+b_n^2\neq0$，故 $k\boldsymbol{\beta}^{\mathrm{T}}\boldsymbol{\beta}=0$ 是 $k=0$ 导致的，从而(*)式可以简化为 $k_1\boldsymbol{\alpha}_1+k_2\boldsymbol{\alpha}_2+\cdots+k_r\boldsymbol{\alpha}_r=\boldsymbol{0}$。

由于向量组 $\boldsymbol{\alpha}_1,\boldsymbol{\alpha}_2,\cdots,\boldsymbol{\alpha}_r$ 线性无关，所以有 $k_1=k_2=\cdots=k_r=0$。因此，向量组 $\boldsymbol{\alpha}_1,\boldsymbol{\alpha}_2,\cdots,\boldsymbol{\alpha}_r,\boldsymbol{\beta}$ 线性无关。 □

(10)(2002，数一) 设有三张不同平面的方程 $a_{i1}x+a_{i2}y+a_{i3}z=b_i,i=1,2,3$。它们所组成的线性方程组的系数矩阵与增广矩阵的秩都为2，则这三张平面可能的位置关系为( )

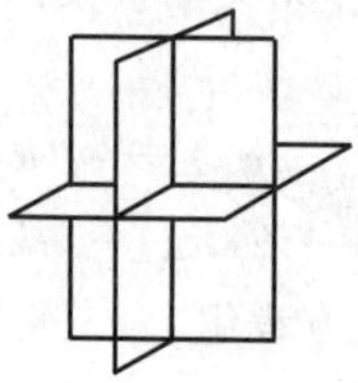

A

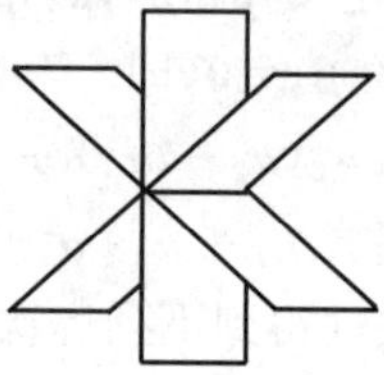

B

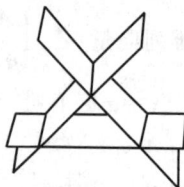

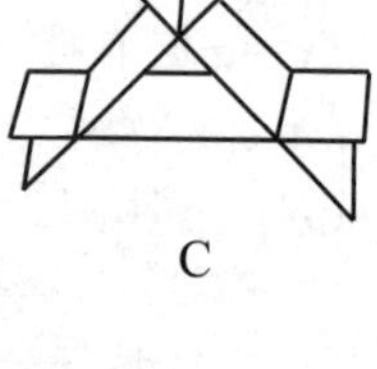

C

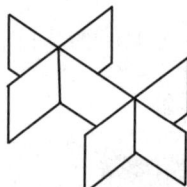

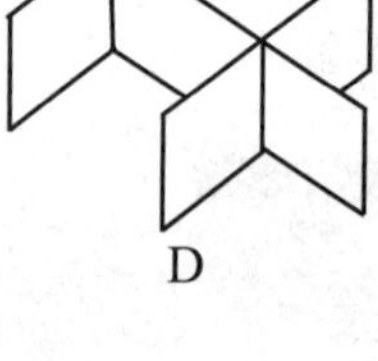

D

解 设用 $\bar{A}$ 表示线性方程组

$$\begin{cases}a_{11}x+a_{12}y+a_{13}z=b_1, & ①\\ a_{21}x+a_{22}y+a_{23}z=b_2, & ②\\ a_{31}x+a_{32}y+a_{33}z=b_3 & ③\end{cases}$$

的增广矩阵，由题设，$r(\bar{A})=2$。不妨设 $\bar{A}$ 的前两行向量线性无关，则第 3 行必是前两行的线性组合。

在几何上，相当于平面①和平面②有一条交线。因为方程③可由方程①和②的线性组合而得到，所以交线上的任一点必在平面③上，即三平面共线。故选 B。 □

(11)(2002，数三) 设齐次线性方程组 $\begin{cases}ax_1+bx_2+\cdots+bx_n=0,\\ bx_1+ax_2+\cdots+bx_n=0,\\ \qquad\vdots\\ bx_1+bx_2+\cdots+ax_n=0,\end{cases}$ $a\neq0,b\neq0,n\geqslant2$，讨论 a,b 为何值时，此线性方程组仅有零解、有无穷多解？有无穷多解时，用基础解系表示全部解。

解 ① $a\neq b$ 且 $a\neq(1-n)b$ 时，只有零解。

② $a=b$ 时，通解为：$k_1\begin{pmatrix}-1\\1\\0\\\vdots\\0\end{pmatrix}+k_2\begin{pmatrix}-1\\0\\1\\\vdots\\0\end{pmatrix}+\cdots+k_{n-1}\begin{pmatrix}-1\\0\\0\\\vdots\\1\end{pmatrix}$，$k_1,k_2,\cdots,k_{n-1}$ 任意常数。

③ $a=(1-n)b$ 时，通解为：$k\begin{pmatrix}1\\1\\\vdots\\1\end{pmatrix}$，$k$ 为任意常数。 □

(12)(2003，数一)设有齐次线性方程组 $\boldsymbol{Ax}=\boldsymbol{0}$ 和 $\boldsymbol{Bx}=\boldsymbol{0}$，其中 $\boldsymbol{A},\boldsymbol{B}$ 均为 $m\times n$ 矩阵，现有 4 个命题：

① 若 $\boldsymbol{Ax}=\boldsymbol{0}$ 的解均是 $\boldsymbol{Bx}=\boldsymbol{0}$ 的解，则 $R(\boldsymbol{A})\geqslant R(\boldsymbol{B})$；

② 若 $R(\boldsymbol{A})\geqslant R(\boldsymbol{B})$，则 $\boldsymbol{Ax}=\boldsymbol{0}$ 的解均是 $\boldsymbol{Bx}=\boldsymbol{0}$ 的解；

③ 若 $\boldsymbol{Ax}=\boldsymbol{0}$ 与 $\boldsymbol{Bx}=\boldsymbol{0}$ 同解，则 $R(\boldsymbol{A})=R(\boldsymbol{B})$；

④ 若 $R(\boldsymbol{A})=R(\boldsymbol{B})$，则 $\boldsymbol{Ax}=\boldsymbol{0}$ 与 $\boldsymbol{Bx}=\boldsymbol{0}$ 同解。以上命题中正确的是(　　)。

A. ①②　　　B. ①③　　　C. ②④　　　D. ③④

解 选 B。

若 $\boldsymbol{Ax}=\boldsymbol{0}$ 与 $\boldsymbol{Bx}=\boldsymbol{0}$ 同解，则 $n-r(\boldsymbol{A})=n-r(\boldsymbol{B})$，即 $r(\boldsymbol{A})=r(\boldsymbol{B})$，命题③成立，可排除 A,C；但反过来，若 $r(\boldsymbol{A})=r(\boldsymbol{B})$，则不能推出 $\boldsymbol{Ax}=\boldsymbol{0}$ 与 $\boldsymbol{Bx}=\boldsymbol{0}$ 同解，如 $\boldsymbol{A}=\begin{pmatrix}1&0\\0&0\end{pmatrix}$，$\boldsymbol{B}=\begin{pmatrix}0&0\\0&1\end{pmatrix}$，则 $r(\boldsymbol{A})=r(\boldsymbol{B})=1$，但 $\boldsymbol{Ax}=\boldsymbol{0}$ 与 $\boldsymbol{Bx}=\boldsymbol{0}$ 不同解，可见命题④不成立，排除 D，故正确选项为 B。 □

(13)(2003，数一、数二、数三) 已知平面上三条不同直线的方程分别为

$$l_1: ax+2by+3c=0,\quad l_2: bx+2cy+3a=0,\quad l_3: cx+2ay+3b=0。$$

试证这三条直线交于一点的充分必要条件是 $a+b+c=0$。

解 必要性：设三条直线 l_1,l_2,l_3 交于一点，则线性方程组

$$\begin{cases}ax+2by=-3c,\\ bx+2cy=-3a,\\ cx+2ay=-3b\end{cases}\tag{*}$$

有唯一解，故系数矩阵 $\boldsymbol{A}=\begin{pmatrix}a&2b\\b&2c\\c&2a\end{pmatrix}$ 与增广矩阵 $\bar{\boldsymbol{A}}=\begin{pmatrix}a&2b&-3c\\b&2c&-3a\\c&2a&-3b\end{pmatrix}$ 的秩均为2，于是 $|\bar{\boldsymbol{A}}|=0$。

由于 $|\bar{\boldsymbol{A}}|=\begin{vmatrix}a&2b&-3c\\b&2c&-3a\\c&2a&-3b\end{vmatrix}=6(a+b+c)[a^2+b^2+c^2-ab-ac-bc]$

$$=3(a+b+c)[(a-b)^2+(b-c)^2+(c-a)^2],$$

但根据题设 $(a-b)^2+(b-c)^2+(c-a)^2\neq0$，故 $a+b+c=0$。

充分性：由 $a+b+c=0$，则从必要性的证明可知，$|\bar{\boldsymbol{A}}|=0$，故 $\mathrm{r}(\bar{\boldsymbol{A}})<3$。

由于 $\begin{vmatrix}a&2b\\b&2c\end{vmatrix}=2(ac-b^2)=-2[a(a+b)+b^2]=-2\left[\left(a+\frac{1}{2}b\right)^2+\frac{3}{4}b^2\right]\neq0$，故 $\mathrm{r}(\boldsymbol{A})=2$。综上，$\mathrm{r}(\boldsymbol{A})=\mathrm{r}(\bar{\boldsymbol{A}})=2$。因此线性方程组(*)有唯一解，即三直线 l_1,l_2,l_3 交于一点。

□

(14)(2004，数二) 设有齐次线性方程组

$$\begin{cases}(1+a)x_1+x_2+x_3+x_4=0,\\ 2x_1+(2+a)x_2+2x_3+2x_4=0,\\ 3x_1+3x_2+(3+a)x_3+3x_4=0,\\ 4x_1+4x_2+4x_3+(4+a)x_4=0。\end{cases}$$

试问 a 取何值时，该线性方程组有非零解，并求出其通解。

解 对齐次线性方程组的系数矩阵 $\boldsymbol{A}$ 作初等行变换，有

$$\begin{pmatrix}1+a&1&1&1\\2&2+a&2&2\\3&3&3+a&3\\4&4&4&4+a\end{pmatrix}\to\begin{pmatrix}1+a&1&1&1\\-2a&a&0&0\\-3a&0&a&0\\-4a&0&0&a\end{pmatrix}=\boldsymbol{B}。$$

当 $a=0$ 时，$\mathrm{r}(\boldsymbol{A})=1<4$，故线性方程组有非零解，其同解的线性方程组为

$$x_1+x_2+x_3+x_4=0。$$

由此得基础解系为

$$\boldsymbol{\eta}_1=(-1,1,0,0)^{\mathrm{T}},\quad \boldsymbol{\eta}_2=(-1,0,1,0)^{\mathrm{T}},\quad \boldsymbol{\eta}_3=(-1,0,0,1)^{\mathrm{T}},$$

于是所求线性方程组的通解为

$$\boldsymbol{x}=k_1\boldsymbol{\eta}_1+k_2\boldsymbol{\eta}_2+k_3\boldsymbol{\eta}_3,\quad 其中\ k_1,k_2,k_3\ 为任意常数。$$

当 $a\neq0$ 时，有

$$B \to \begin{pmatrix} 1+a & 1 & 1 & 1 \\ -2 & 1 & 0 & 0 \\ -3 & 0 & 1 & 0 \\ -4 & 0 & 0 & 1 \end{pmatrix} \to \begin{pmatrix} a+10 & 0 & 0 & 0 \\ -2 & 1 & 0 & 0 \\ -3 & 0 & 1 & 0 \\ -4 & 0 & 0 & 1 \end{pmatrix}。$$

当 $a=-10$ 时，$r(A)=3<4$，故线性方程组也有非零解，其同解的线性方程组为

$$\begin{cases} -2x_1+x_2=0, \\ -3x_1+x_3=0, \\ -4x_1+x_4=0。\end{cases}$$

由此得基础解系为 $\boldsymbol{\eta}=(1,2,3,4)^{\mathrm{T}}$，所以所求的线性方程组的通解为 $\boldsymbol{x}=k\boldsymbol{\eta}$，其中 k 为任意常数。 □

(15)(2004，数三) 设 n 阶矩阵 $\boldsymbol{A}$ 的伴随矩阵 $\boldsymbol{A}^*\neq\boldsymbol{O}$，若 $\boldsymbol{\xi}_1,\boldsymbol{\xi}_2,\boldsymbol{\xi}_3,\boldsymbol{\xi}_4$ 是非齐次线性方程组 $\boldsymbol{Ax}=\boldsymbol{b}$ 的互不相等的解，则对应的齐次线性方程组 $\boldsymbol{Ax}=\boldsymbol{0}$ 的基础解系(　　)。

A. 不存在　　B. 仅有一个非零解向量

C. 含有两个线性无关的解向量　　D. 含有三个线性无关的解向量

解 选 B。

因为基础解系所含向量的个数是 $n-r(\boldsymbol{A})$，而且 $r(\boldsymbol{A}^*)=\begin{cases} n, & r(\boldsymbol{A})=n, \\ 1, & r(\boldsymbol{A})=n-1, \\ 0, & r(\boldsymbol{A})<n-1。\end{cases}$

根据已知条件 $\boldsymbol{A}^*\neq\boldsymbol{O}$，于是 $r(\boldsymbol{A})$ 等于 n 或 $n-1$。又 $\boldsymbol{Ax}=\boldsymbol{b}$ 有互不相等的解，即解不唯一，故 $r(\boldsymbol{A})=n-1$。从而基础解系仅含一个解向量，即选 B。 □

(16)(2004，数四) 设线性方程组 $\begin{cases} x_1+\lambda x_2+\mu x_3+x_4=0, \\ 2x_1+x_2+x_3+2x_4=0, \\ 3x_1+(2+\lambda)x_2+(4+\mu)x_3+4x_4=1。\end{cases}$ 已知 $(1,-1,1,-1)^{\mathrm{T}}$ 是该线性方程组的一个解，试求：

(Ⅰ) 线性方程组的全部解，并用对应的齐次线性方程组的基础解系表示全部解；

(Ⅱ) 该线性方程组满足 $x_2=x_3$ 的全部解。

解 将 $(1,-1,1,-1)^{\mathrm{T}}$ 代入线性方程组，得 $\lambda=\mu$。对线性方程组的增广矩阵 $\overline{\boldsymbol{A}}$ 施以初等行变换，得

$$\overline{\boldsymbol{A}}=\begin{pmatrix} 1 & \lambda & \lambda & 1 & 0 \\ 2 & 1 & 1 & 2 & 0 \\ 3 & 2+\lambda & 4+\lambda & 4 & 1 \end{pmatrix} \to \begin{pmatrix} 1 & 0 & -2\lambda & 1-\lambda & -\lambda \\ 0 & 1 & 3 & 1 & 1 \\ 0 & 0 & 2(2\lambda-1) & 2\lambda-1 & 2\lambda-1 \end{pmatrix}。$$

(Ⅰ) 当 $\lambda\neq\frac{1}{2}$ 时，有 $\overline{\boldsymbol{A}}\to\begin{pmatrix} 1 & 0 & 0 & 1 & 0 \\ 0 & 1 & 0 & -\frac{1}{2} & -\frac{1}{2} \\ 0 & 0 & 1 & \frac{1}{2} & \frac{1}{2} \end{pmatrix}$，故 $r(\boldsymbol{A})=r(\overline{\boldsymbol{A}})=3<4$，故线性方程组有无穷多解，且 $\boldsymbol{\xi}_0=\left(0,-\frac{1}{2},\frac{1}{2},0\right)^{\mathrm{T}}$ 为其一个特解，对应的齐次线性方程组的基础解系为 $\boldsymbol{\eta}=(-2,1,-1,2)^{\mathrm{T}}$，故线性方程组的全部解为

$$\boldsymbol{\xi}=\boldsymbol{\xi}_0+k\boldsymbol{\eta}=\left(0,-\frac{1}{2},\frac{1}{2},0\right)^{\mathrm{T}}+k(-2,1,-1,2)^{\mathrm{T}}\quad(k\text{ 为任意常数})。$$

当 $\lambda=\frac{1}{2}$ 时，有 $\overline{\boldsymbol{A}}\to\begin{pmatrix}1&0&-1&\frac{1}{2}&-\frac{1}{2}\\0&1&3&1&1\\0&0&0&0&0\end{pmatrix}$，故 $\mathrm{r}(\boldsymbol{A})=\mathrm{r}(\overline{\boldsymbol{A}})=2<4$，故线性方程组有无穷多解，且 $\boldsymbol{\xi}_0=\left(-\frac{1}{2},1,0,0\right)^{\mathrm{T}}$ 为其一个特解，对应的齐次线性方程组的基础解系为 $\boldsymbol{\eta}_1=(1,-3,1,0)^{\mathrm{T}}$，$\boldsymbol{\eta}_2=(-1,-2,0,2)^{\mathrm{T}}$，故线性方程组的全部解为

$$\begin{aligned}\boldsymbol{\xi}&=\boldsymbol{\xi}_0+k_1\boldsymbol{\eta}_1+k_2\boldsymbol{\eta}_2\\&=\left(-\frac{1}{2},1,0,0\right)^{\mathrm{T}}+k_1(1,-3,1,0)^{\mathrm{T}}+k_2(-1,-2,0,2)^{\mathrm{T}}\quad(k_1,k_2\text{ 为任意常数})。\end{aligned}$$

（Ⅱ）当 $\lambda\neq\frac{1}{2}$ 时，由于 $x_2=x_3$，即 $-\frac{1}{2}+k=\frac{1}{2}-k$，解得 $k=\frac{1}{2}$，故线性方程组的解为

$$\boldsymbol{\xi}=\left(0,-\frac{1}{2},\frac{1}{2},0\right)^{\mathrm{T}}+\frac{1}{2}(-2,1,-1,2)^{\mathrm{T}}=(-1,0,0,1)^{\mathrm{T}}。$$

当 $\lambda=\frac{1}{2}$ 时，由于 $x_2=x_3$，即 $1-3k_1-2k_2=k_1$，解得 $k_1=\frac{1}{4}-\frac{1}{2}k_2$，故线性方程组的全部解为

$$\begin{aligned}\boldsymbol{\xi}&=\left(-\frac{1}{2},1,0,0\right)^{\mathrm{T}}+\left(\frac{1}{4}-\frac{1}{2}k_2\right)(1,-3,1,0)^{\mathrm{T}}+k_2(-1,-2,0,2)^{\mathrm{T}}\\&=\left(-\frac{1}{4},\frac{1}{4},\frac{1}{4},0\right)^{\mathrm{T}}+k_2\left(-\frac{3}{2},-\frac{1}{2},-\frac{1}{2},2\right)^{\mathrm{T}}\quad(k_2\text{ 为任意常数})。\end{aligned}$$ □

(17)(2005，数一、数二) 已知三阶矩阵 $\boldsymbol{A}$ 的第一行是 (a,b,c)，a,b,c 不全为零，矩阵 $\boldsymbol{B}=\begin{pmatrix}1&2&3\\2&4&6\\3&6&k\end{pmatrix}$ (k 为常数)，且 $\boldsymbol{AB}=\boldsymbol{O}$，求线性方程组 $\boldsymbol{Ax}=\boldsymbol{0}$ 的通解。

解 由 $\boldsymbol{AB}=\boldsymbol{O}$ 知，$\boldsymbol{B}$ 的每一列均为 $\boldsymbol{Ax}=\boldsymbol{0}$ 的解，且 $\mathrm{r}(\boldsymbol{A})+\mathrm{r}(\boldsymbol{B})\leqslant 3$。

（Ⅰ）若 $k\neq 9$，则 $\mathrm{r}(\boldsymbol{B})=2$，于是 $\mathrm{r}(\boldsymbol{A})\leqslant 1$，显然 $\mathrm{r}(\boldsymbol{A})\geqslant 1$，故 $\mathrm{r}(\boldsymbol{A})=1$。可见此时 $\boldsymbol{Ax}=\boldsymbol{0}$ 的基础解系所含解向量的个数为 $3-\mathrm{r}(\boldsymbol{A})=2$，矩阵 $\boldsymbol{B}$ 的第一、第三列线性无关，可作为其基础解系，故 $\boldsymbol{Ax}=\boldsymbol{0}$ 的通解为：$\boldsymbol{x}=k_1\begin{pmatrix}1\\2\\3\end{pmatrix}+k_2\begin{pmatrix}3\\6\\k\end{pmatrix}$，$k_1,k_2$ 为任意常数。

（Ⅱ）若 $k=9$，则 $\mathrm{r}(\boldsymbol{B})=1$，从而 $1\leqslant\mathrm{r}(\boldsymbol{A})\leqslant 2$。

① 若 $\mathrm{r}(\boldsymbol{A})=2$，则 $\boldsymbol{Ax}=\boldsymbol{0}$ 的通解为：$\boldsymbol{x}=k_1\begin{pmatrix}1\\2\\3\end{pmatrix}$，$k_1$ 为任意常数。

② 若 $\mathrm{r}(\boldsymbol{A})=1$，则与 $\boldsymbol{Ax}=\boldsymbol{0}$ 同解的线性方程组为：$ax_1+bx_2+cx_3=0$，不妨设

$a\neq 0$， 则其通解为 $\boldsymbol{x}=k_1\begin{pmatrix}-\dfrac{b}{a}\\1\\0\end{pmatrix}+k_2\begin{pmatrix}-\dfrac{c}{a}\\0\\1\end{pmatrix}$， k_1,k_2 为任意常数。 □

(18)(2005,数三、数四) 已知齐次线性方程组(ⅰ)$\begin{cases}x_1+2x_2+3x_3=0,\\2x_1+3x_2+5x_3=0,\\x_1+2x_2+ax_3=0\end{cases}$和(ⅱ)$\begin{cases}x_1+bx_2+cx_3=0,\\2x_1+b^2x_2+(c+1)x_3=0\end{cases}$同解,求 a,b,c 的值。

解 齐次线性方程组(ⅱ)的未知量个数大于方程的个数,故线性方程组(ⅱ)有无穷多解。因为线性方程组(ⅰ)与(ⅱ)同解,所以线性方程组(ⅰ)的系数矩阵的秩小于3。

对线性方程组(ⅰ)的系数矩阵施以初等行变换

$$\begin{pmatrix}1&2&3\\2&3&5\\1&2&a\end{pmatrix}\to\begin{pmatrix}1&0&1\\0&1&1\\0&0&a-3\end{pmatrix},$$

从而 $a=3$。此时,线性方程组(ⅰ)的系数矩阵可化为

$$\begin{pmatrix}1&2&3\\2&3&5\\1&2&3\end{pmatrix}\to\begin{pmatrix}1&0&1\\0&1&1\\0&0&0\end{pmatrix},$$

故 $(-1,-1,1)^{\mathrm T}$ 是线性方程组(ⅰ)的一个基础解系。

将 $x_1=-1,x_2=-1,x_3=1$ 代入线性方程组(ⅱ)可得

$$b=1,\quad c=2\quad 或\quad b=0,\quad c=1。$$

当 $b=1,c=2$ 时,对线性方程组(ⅱ)的系数矩阵施以初等行变换,有

$$\begin{pmatrix}1&1&2\\2&1&3\end{pmatrix}\to\begin{pmatrix}1&0&1\\0&1&1\end{pmatrix},$$

显然此时线性方程组(ⅰ)与(ⅱ)同解。

当 $b=0,c=1$ 时,对线性方程组(ⅱ)的系数矩阵施以初等行变换,有

$$\begin{pmatrix}1&0&1\\2&0&2\end{pmatrix}\to\begin{pmatrix}1&0&1\\0&0&0\end{pmatrix},$$

显然此时线性方程组(ⅰ)与(ⅱ)的解不相同。

综上所述,当 $a=3,b=1,c=2$ 时,线性方程组(ⅰ)与(ⅱ)同解。 □

(19)(2006,数一、数二) 已知非齐次线性方程组

$\begin{cases}x_1+x_2+x_3+x_4=-1,\\4x_1+3x_2+5x_3-x_4=-1,\\ax_1+x_2+3x_3+bx_4=1\end{cases}$有三个线性无关的解。

(Ⅰ)证明线性方程组系数矩阵 $\boldsymbol{A}$ 的秩 $\mathrm{r}(\boldsymbol{A})=2$;

(Ⅱ)求 a,b 的值及方程组的通解。

解 (Ⅰ)设 $\boldsymbol{\alpha}_1,\boldsymbol{\alpha}_2,\boldsymbol{\alpha}_3$ 是线性方程组 $\boldsymbol{Ax}=\boldsymbol{b}$ 的三个线性无关的解,其中

$$\boldsymbol{A}=\begin{pmatrix}1&1&1&1\\4&3&5&-1\\a&1&3&b\end{pmatrix},\quad \boldsymbol{b}=\begin{pmatrix}-1\\-1\\1\end{pmatrix},$$

则有 $\boldsymbol{A}(\boldsymbol{\alpha}_1-\boldsymbol{\alpha}_2)=\boldsymbol{0}$,$\boldsymbol{A}(\boldsymbol{\alpha}_1-\boldsymbol{\alpha}_3)=\boldsymbol{0}$,则$\boldsymbol{\alpha}_1-\boldsymbol{\alpha}_2$,$\boldsymbol{\alpha}_1-\boldsymbol{\alpha}_3$是对应的齐次线性方程组 $\boldsymbol{Ax}=\boldsymbol{0}$ 的解,且线性无关(否则,易推出$\boldsymbol{\alpha}_1$,$\boldsymbol{\alpha}_2$,$\boldsymbol{\alpha}_3$线性相关,矛盾)。所以

$$n-\mathrm{r}(\boldsymbol{A})\geqslant 2,\quad 即\quad 4-\mathrm{r}(\boldsymbol{A})\geqslant 2\Rightarrow \mathrm{r}(\boldsymbol{A})\leqslant 2。$$

又矩阵 $\boldsymbol{A}$ 中有一个二阶子式$\begin{vmatrix}1&1\\4&3\end{vmatrix}=-1\neq 0$,所以 $\mathrm{r}(\boldsymbol{A})\geqslant 2$。因此 $\mathrm{r}(\boldsymbol{A})=2$。

(Ⅱ)因为

$$\boldsymbol{A}=\begin{pmatrix}1&1&1&1\\4&3&5&-1\\a&1&3&b\end{pmatrix}\to\begin{pmatrix}1&1&1&1\\0&-1&1&-5\\0&1-a&3-a&b-a\end{pmatrix}\to\begin{pmatrix}1&1&1&1\\0&-1&1&-5\\0&0&4-2a&b+4a-5\end{pmatrix},$$

又 $\mathrm{r}(\boldsymbol{A})=2$,则

$$\begin{cases}4-2a=0,\\b+4a-5=0\end{cases}\Rightarrow\begin{cases}a=2,\\b=-3。\end{cases}$$

对原线性方程组的增广矩阵 $\bar{\boldsymbol{A}}$ 施行初等行变换,有

$$\bar{\boldsymbol{A}}=\begin{pmatrix}1&1&1&1&-1\\4&3&5&-1&-1\\2&1&3&-3&1\end{pmatrix}\to\begin{pmatrix}1&0&2&-4&2\\0&1&-1&5&-3\\0&0&0&0&0\end{pmatrix},$$

故原线性方程组与下面的线性方程组同解:

$$\begin{cases}x_1=-2x_3+4x_4+2\\x_2=x_3-5x_4-3。\end{cases}$$

选 x_3,x_4 为自由变量,则

$$\begin{cases}x_1=-2x_3+4x_4+2,\\x_2=x_3-5x_4-3,\\x_3=x_3,\\x_4=x_4。\end{cases}$$

故所求通解为

$$\boldsymbol{x}=k_1\begin{pmatrix}-2\\1\\1\\0\end{pmatrix}+k_2\begin{pmatrix}4\\-5\\0\\1\end{pmatrix}+\begin{pmatrix}2\\-3\\0\\0\end{pmatrix},\quad k_1,k_2 为任意常数。$$ □

(20)(2007,数一、数二、数三、数四) 设线性方程组$\begin{cases}x_1+x_2+x_3=0,\\x_1+2x_2+ax_3=0,\\x_1+4x_2+a^2x_3=0\end{cases}$与方程 $x_1+2x_2+x_3=a-1$ 有公共解,求 a 的值及所有公共解。

解 将线性方程组和线性方程合并后可得线性方程组

$$\begin{cases}x_1+x_2+x_3=0,\\x_1+2x_2+ax_3=0,\\x_1+4x_2+a^2x_3=0,\\x_1+2x_2+x_3=a-1,\end{cases}$$

对其增广矩阵作行初等变换，有

$$\bar{\boldsymbol{A}}=\begin{pmatrix}1&1&1&0\\1&2&a&0\\1&4&a^2&0\\1&2&1&a-1\end{pmatrix}\rightarrow\begin{pmatrix}1&1&1&0\\0&1&a-1&0\\0&3&a^2-1&0\\0&1&0&a-1\end{pmatrix}$$

$$\rightarrow\begin{pmatrix}1&1&1&0\\0&1&a-1&0\\0&0&a^2-3a+2&0\\0&0&1-a&a-1\end{pmatrix}\rightarrow\begin{pmatrix}1&1&1&0\\0&1&a-1&0\\0&0&1-a&a-1\\0&0&(a-1)(a-2)&0\end{pmatrix}。$$

显然，当 $a\neq1,a\neq2$ 时无公共解。

当 $a=1$ 时，可求得公共解为 $\boldsymbol{\xi}=k(1,0,-1)^{\mathrm{T}}$，$k$ 为任意常数；当 $a=2$ 时，可求得公共解为 $\boldsymbol{\xi}=(0,1,-1)^{\mathrm{T}}$。 □

(21)(2008，数一、数二、数三、数四) 设 n 元线性方程组 $\boldsymbol{Ax}=\boldsymbol{b}$，其中

$$\boldsymbol{A}=\begin{pmatrix}2a&1&0&\cdots&0&0\\a^2&2a&1&\cdots&0&0\\0&a^2&2a&\cdots&0&0\\\vdots&\vdots&\vdots&\ddots&\vdots&\vdots\\0&0&0&\cdots&2a&1\\0&0&0&\cdots&a^2&2a\end{pmatrix}_{n\times n},\quad \boldsymbol{x}=\begin{pmatrix}x_1\\x_2\\\vdots\\x_n\end{pmatrix},\quad \boldsymbol{b}=\begin{pmatrix}1\\0\\\vdots\\0\end{pmatrix}。$$

(Ⅰ) 证明行列式 $|\boldsymbol{A}|=(n+1)a^n$；

(Ⅱ) 当 a 为何值时，该线性方程组有唯一解，并求 x_1；

(Ⅲ) 当 a 为何值时，该线性方程组有无穷多解，并求通解。

解 (Ⅰ) 用数学归纳法

当 $n=1$ 时，$|\boldsymbol{A}|=|2a|=2a$。结论成立；当 $n=2$ 时，$|\boldsymbol{A}|=\begin{vmatrix}2a&1\\a^2&2a\end{vmatrix}=3a^2$。结论成立。

假设结论对 $n-2,n-1$ 阶行列式成立，即 $|\boldsymbol{A}|_{n-2}=(n-1)a^{n-2}$，$|\boldsymbol{A}|_{n-1}=na^{n-1}$。

将 $|\boldsymbol{A}|_n$ 按第一行展开有

$$|\boldsymbol{A}|_n=2a|\boldsymbol{A}|_{n-1}-a^2|\boldsymbol{A}|_{n-2}=2a\cdot na^{n-1}-a^2\cdot(n-1)a^{n-2}=(n+1)a^n。$$

即结论对 n 阶行列式仍成立。因此由数学归纳原理知，对任何正整数 n，有

$$|\boldsymbol{A}|=(n+1)a^n。$$

(Ⅱ) 当 $|\boldsymbol{A}|=(n+1)a^n\neq0$，即 $a\neq0$ 时，由克莱姆法则得 $x_1=\dfrac{D_1}{|\boldsymbol{A}|}$，其中

$$D_1=\begin{vmatrix}1&1&0&\cdots&0&0\\0&2a&1&\cdots&0&0\\0&a^2&2a&\cdots&0&0\\\vdots&\vdots&\vdots&\ddots&\vdots&\vdots\\0&0&0&\cdots&2a&1\\0&0&0&\cdots&a^2&2a\end{vmatrix}_{n\times n}=|\boldsymbol{A}|_{n-1}=n\,a^{n-1},$$

故
$$x_1=\frac{n}{(n+1)a}。$$

(Ⅲ) 当$(n+1)a^n=0$,即 $a=0$ 时,线性方程组有无穷多解,此时增广矩阵为

$$\overline{\boldsymbol{A}}=(\boldsymbol{A}\,\vdots\,\boldsymbol{b})=\left(\begin{array}{cccccc:c}0&1&0&\cdots&0&0&1\\0&0&1&\cdots&0&0&0\\0&0&0&\cdots&0&0&0\\\vdots&\vdots&\vdots&\ddots&\vdots&\vdots&\vdots\\0&0&0&\cdots&0&1&0\\0&0&0&\cdots&0&0&0\end{array}\right)。$$

易得特解为$\begin{pmatrix}0\\1\\0\\\vdots\\0\end{pmatrix}$,对应的齐次线性方程组的基础解系只有一个解向量,且可取为$\begin{pmatrix}1\\0\\0\\\vdots\\0\end{pmatrix}$,故

$\boldsymbol{Ax}=\boldsymbol{b}$ 的通解为:$\boldsymbol{x}=\begin{pmatrix}0\\1\\0\\\vdots\\0\end{pmatrix}+k\begin{pmatrix}1\\0\\0\\\vdots\\0\end{pmatrix}$,$k$ 为任意常数。 □

(22) (2012,数一、数二、数三) 设 $\boldsymbol{A}=\begin{pmatrix}1&a&0&0\\0&1&a&0\\0&0&1&a\\a&0&0&1\end{pmatrix}$,$\boldsymbol{\beta}=\begin{pmatrix}1\\-1\\0\\0\end{pmatrix}$。

(Ⅰ) 计算行列式$|\boldsymbol{A}|$;

(Ⅱ) 当实数 a 为何值时,线性方程组 $\boldsymbol{Ax}=\boldsymbol{\beta}$有无穷多解,并求其通解。

解 (Ⅰ) 按第一列展开得

$$|\boldsymbol{A}|=\begin{vmatrix}1&a&0&0\\0&1&a&0\\0&0&1&a\\a&0&0&1\end{vmatrix}=\begin{vmatrix}1&a&0\\0&1&a\\0&0&1\end{vmatrix}+a\cdot(-1)^{4+1}\begin{vmatrix}a&0&0\\1&a&0\\0&1&a\end{vmatrix}=1-a^4。$$

(Ⅱ) 对增广矩阵作初等行变换得

$$(\boldsymbol{A} \vdots \boldsymbol{\beta})=\left(\begin{array}{cccc:c}1 & a & 0 & 0 & 1\\0 & 1 & a & 0 & -1\\0 & 0 & 1 & a & 0\\a & 0 & 0 & 1 & 0\end{array}\right)\rightarrow\left(\begin{array}{cccc:c}1 & a & 0 & 0 & 1\\0 & 1 & a & 0 & -1\\0 & 0 & 1 & a & 0\\0 & -a^2 & 0 & 1 & -a\end{array}\right)$$

$$\rightarrow\left(\begin{array}{cccc:c}1 & a & 0 & 0 & 1\\0 & 1 & a & 0 & -1\\0 & 0 & 1 & a & 0\\0 & 0 & a^3 & 1 & -a-a^2\end{array}\right)\rightarrow\left(\begin{array}{cccc:c}1 & a & 0 & 0 & 1\\0 & 1 & a & 0 & -1\\0 & 0 & 1 & a & 0\\0 & 0 & 0 & 1-a^4 & -a-a^2\end{array}\right)。$$

当实数 $1-a^4=0$,且 $-a-a^2=0$,即 $a=-1$ 时,线性方程组 $\boldsymbol{Ax}=\boldsymbol{\beta}$ 有无穷多解。此时

$$(\boldsymbol{A} \vdots \boldsymbol{\beta})\rightarrow\left(\begin{array}{cccc:c}1 & -1 & 0 & 0 & 1\\0 & 1 & -1 & 0 & -1\\0 & 0 & 1 & -1 & 0\\0 & 0 & 0 & 0 & 0\end{array}\right)\rightarrow\left(\begin{array}{cccc:c}1 & 0 & 0 & -1 & 0\\0 & 1 & 0 & -1 & -1\\0 & 0 & 1 & -1 & 0\\0 & 0 & 0 & 0 & 0\end{array}\right)。$$

得 $\boldsymbol{Ax}=\boldsymbol{\beta}$ 的通解为 $\boldsymbol{x}=\begin{pmatrix}0\\-1\\0\\0\end{pmatrix}+k\begin{pmatrix}1\\1\\1\\1\end{pmatrix}$,$k$ 为任意常数。 □

【评注】 本题第二问也可由系数矩阵的行列式为 0 得到 $a=\pm1$,再分别讨论得同样结果。

(23)(2013,数一、数二、数三) 设 $\boldsymbol{A}=\begin{pmatrix}1 & a\\1 & 0\end{pmatrix}$,$\boldsymbol{B}=\begin{pmatrix}0 & 1\\1 & b\end{pmatrix}$。当 a,b 为何值时,存在矩阵 $\boldsymbol{C}$ 使得 $\boldsymbol{AC}-\boldsymbol{CA}=\boldsymbol{B}$,并求所有矩阵 $\boldsymbol{C}$。

【分析】 由于从矩阵方程中不能直接得到 $\boldsymbol{C}$,因此转化为求解线性方程组。

解 设 $\boldsymbol{C}=\begin{pmatrix}x_1 & x_2\\x_3 & x_4\end{pmatrix}$,则由 $\boldsymbol{AC}-\boldsymbol{CA}=\boldsymbol{B}$,得

$$\begin{pmatrix}1 & a\\1 & 0\end{pmatrix}\begin{pmatrix}x_1 & x_2\\x_3 & x_4\end{pmatrix}-\begin{pmatrix}x_1 & x_2\\x_3 & x_4\end{pmatrix}\begin{pmatrix}1 & a\\1 & 0\end{pmatrix}=\begin{pmatrix}0 & 1\\1 & b\end{pmatrix},$$

等价地有

$$\begin{cases}-x_2+ax_3=0,\\-ax_1+x_2+ax_4=1,\\x_1-x_3-x_4=1,\\x_2-ax_3=b。\end{cases}\tag{1}$$

对此线性方程组的增广矩阵作初等行变换得

$$\overline{\boldsymbol{A}}=\left(\begin{array}{cccc:c}0 & -1 & a & 0 & 0\\-a & 1 & 0 & a & 1\\1 & 0 & -1 & -1 & 1\\0 & 1 & -a & 0 & b\end{array}\right)\rightarrow\left(\begin{array}{cccc:c}1 & 0 & -1 & -1 & 1\\0 & 1 & -a & 0 & 1+a\\0 & -1 & a & 0 & 0\\0 & 1 & -a & 0 & b\end{array}\right)$$

$$\rightarrow\left(\begin{array}{cccc:c}1&0&-1&-1&1\\0&1&-a&0&0\\0&0&0&0&1+a\\0&0&0&0&b\end{array}\right)。$$

当 $a\neq -1$ 或 $b\neq 0$ 时，线性方程组(1)无解。

当 $a=-1,b=0$ 时，线性方程组(1)有无穷多解，此时

$$\bar{A}\rightarrow\left(\begin{array}{cccc:c}1&0&-1&-1&1\\0&1&1&0&0\\0&0&0&0&0\\0&0&0&0&0\end{array}\right),$$

得线性方程组(1) 的通解为 $x=k_1\begin{pmatrix}1\\-1\\1\\0\end{pmatrix}+k_2\begin{pmatrix}1\\0\\0\\1\end{pmatrix}+\begin{pmatrix}1\\0\\0\\0\end{pmatrix}$，$k_1,k_2$ 为任意常数。所以，当 $a=-1$，$b=0$ 时，存在矩阵 C 使得，$AC-CA=B$，并且 $C=\begin{pmatrix}k_1+k_2+1&-k_1\\k_1&k_2\end{pmatrix}$，$k_1,k_2$ 为任意常数。

□

(24)(2018,数一、数二、数三) 已知 a 是常数，且矩阵 $A=\begin{pmatrix}1&2&a\\1&3&0\\2&7&-a\end{pmatrix}$ 可经过初等列变换化为矩阵 $B=\begin{pmatrix}1&a&2\\0&1&1\\-1&1&1\end{pmatrix}$。

(Ⅰ) 求 a；

(Ⅱ) 求满足 $AP=B$ 的可逆矩阵 P。

【分析】 根据初等变换不改变矩阵的秩即可求出 a 的值，然后根据初等列变换的性质与分块矩阵的乘法得到可逆矩阵 P，或者通过求解非齐次线性方程组得到可逆矩阵 P。

解 (Ⅰ) 易知 A 的秩 $r(A)=2$，而初等变换不改变矩阵的秩，因此 B 的秩 $r(B)=2$，于是行列式

$$|B|=\begin{vmatrix}1&a&2\\0&1&1\\-1&1&1\end{vmatrix}=2-a=0,\quad 即\ a=2。$$

(Ⅱ) 将矩阵 B 按列分块：$B=(\beta_1,\beta_2,\beta_3)$。于是，矩阵方程 $AP=B$ 的求解可化为解三个非齐次线性方程组：$Ax=\beta_j$，$j=1,2,3$。因此，对下列矩阵施以初等行变换得

$$(A\ \vdots\ B)=\left(\begin{array}{ccc:ccc}1&2&2&1&2&2\\1&3&0&0&1&1\\2&7&-2&-1&1&1\end{array}\right)\rightarrow\left(\begin{array}{ccc:ccc}1&0&6&3&4&4\\0&1&-2&-1&-1&-1\\0&0&0&0&0&0\end{array}\right)。$$

显然，三个方程对应的齐次线性方程组是相同的，其基础解系可取为 $\xi=(-6,2,1)^T$，对应的三个方程的特解分别为 $\eta_1=(3,-1,0)^T$，$\eta_2=(4,-1,0)^T$，$\eta_3=(4,-1,0)^T$。

因此，三个非齐次线性方程组 $\boldsymbol{Ax}=\boldsymbol{\beta}_j\ (j=1,2,3)$ 的通解分别为

$$\boldsymbol{x}_1=k_1(-6,2,1)^{\mathrm{T}}+(3,-1,0)^{\mathrm{T}},$$
$$\boldsymbol{x}_2=k_2(-6,2,1)^{\mathrm{T}}+(4,-1,0)^{\mathrm{T}},$$
$$\boldsymbol{x}_3=k_3(-6,2,1)^{\mathrm{T}}+(4,-1,0)^{\mathrm{T}},$$

其中 k_1,k_2,k_3 为任意常数。

从而，矩阵方程 $\boldsymbol{AX}=\boldsymbol{B}$ 的解为

$$\boldsymbol{X}=\begin{pmatrix}3-6k_1 & 4-6k_2 & 4-6k_3\\ -1+2k_1 & -1+2k_2 & -1+2k_3\\ k_1 & k_2 & k_3\end{pmatrix}。$$

经计算，得行列式 $|\boldsymbol{X}|=k_3-k_2$，所以满足 $\boldsymbol{AP}=\boldsymbol{B}$ 的可逆矩阵为

$$\boldsymbol{P}=\begin{pmatrix}3-6k_1 & 4-6k_2 & 4-6k_3\\ -1+2k_1 & -1+2k_2 & -1+2k_3\\ k_1 & k_2 & k_3\end{pmatrix},\quad 其中\ k_2\neq k_3。$$ □

(25)(2019，数二、数三) 设 $\boldsymbol{A}$ 是四阶方阵，$\boldsymbol{A}^*$ 是 $\boldsymbol{A}$ 的伴随矩阵。若齐次线性方程组 $\boldsymbol{Ax}=\boldsymbol{0}$ 的基础解系中只有两个向量，则 $\boldsymbol{A}^*$ 的秩是(　　)

A. 0　　　　B. 1　　　　C. 2　　　　D. 3

解 选 A。

齐次线性方程组 $\boldsymbol{Ax}=\boldsymbol{0}$ 的基础解系中只有两个向量，即 $\boldsymbol{Ax}=\boldsymbol{0}$ 解空间的维数为 2。又因为 $\boldsymbol{Ax}=\boldsymbol{0}$ 解空间的维数等于 $n-\mathrm{R}(\boldsymbol{A})=4-\mathrm{R}(\boldsymbol{A})$，所以 $4-\mathrm{R}(\boldsymbol{A})=2$，即 $\mathrm{R}(\boldsymbol{A})=2$。

根据伴随矩阵的性质：设 $\boldsymbol{A}$ 是 n 阶方阵，则 $\mathrm{R}(\boldsymbol{A}^*)=\begin{cases}n, & \mathrm{R}(\boldsymbol{A})=n,\\ 1, & \mathrm{R}(\boldsymbol{A})=n-1,\\ 0, & \mathrm{R}(\boldsymbol{A})<n-1。\end{cases}$ 在本题中 $n=4$，所以 $\mathrm{R}(\boldsymbol{A})=2$ 属于第三种情况，因此 $\mathrm{R}(\boldsymbol{A}^*)=0$。 □

(26)(2019，数二) 已知向量组(Ⅰ) $\boldsymbol{\alpha}_1=\begin{pmatrix}1\\1\\4\end{pmatrix},\boldsymbol{\alpha}_2=\begin{pmatrix}1\\0\\4\end{pmatrix},\boldsymbol{\alpha}_3=\begin{pmatrix}1\\2\\a^2+3\end{pmatrix}$，(Ⅱ) $\boldsymbol{\beta}_1=\begin{pmatrix}1\\1\\a+3\end{pmatrix},\boldsymbol{\beta}_2=\begin{pmatrix}0\\2\\1-a\end{pmatrix},\boldsymbol{\beta}_3=\begin{pmatrix}1\\3\\a^2+3\end{pmatrix}$，若向量组(Ⅰ)和向量组(Ⅱ)等价，求 a 的取值，并将 $\boldsymbol{\beta}_3$ 用 $\boldsymbol{\alpha}_1,\boldsymbol{\alpha}_2,\boldsymbol{\alpha}_3$ 线性表示。

解 因为向量组(Ⅰ)和向量组(Ⅱ)等价，所以

$$\mathrm{r}(\boldsymbol{\alpha}_1,\boldsymbol{\alpha}_2,\boldsymbol{\alpha}_3)=\mathrm{r}(\boldsymbol{\beta}_1,\boldsymbol{\beta}_2,\boldsymbol{\beta}_3)=\mathrm{r}(\boldsymbol{\alpha}_1,\boldsymbol{\alpha}_2,\boldsymbol{\alpha}_3,\boldsymbol{\beta}_1,\boldsymbol{\beta}_2,\boldsymbol{\beta}_3)。$$

$$而(\boldsymbol{\alpha}_1,\boldsymbol{\alpha}_2,\boldsymbol{\alpha}_3,\boldsymbol{\beta}_1,\boldsymbol{\beta}_2,\boldsymbol{\beta}_3)=\left(\begin{array}{ccc:ccc}1 & 1 & 1 & 1 & 0 & 1\\ 1 & 0 & 2 & 1 & 2 & 3\\ 4 & 4 & a^2+3 & a+3 & 1-a & a^2+3\end{array}\right)$$

$$\rightarrow\left(\begin{array}{ccc:ccc}1 & 1 & 1 & 1 & 0 & 1\\ 0 & -1 & 1 & 0 & 2 & 2\\ 0 & 0 & a^2-1 & a-1 & 1-a & a^2-1\end{array}\right)。$$

易见，当 $a=1$ 时，$r(\boldsymbol{\alpha}_1,\boldsymbol{\alpha}_2,\boldsymbol{\alpha}_3)=r(\boldsymbol{\beta}_1,\boldsymbol{\beta}_2,\boldsymbol{\beta}_3)=r(\boldsymbol{\alpha}_1,\boldsymbol{\alpha}_2,\boldsymbol{\alpha}_3,\boldsymbol{\beta}_1,\boldsymbol{\beta}_2,\boldsymbol{\beta}_3)=2$；

当 $a=-1$ 时，$r(\boldsymbol{\alpha}_1,\boldsymbol{\alpha}_2,\boldsymbol{\alpha}_3)=r(\boldsymbol{\beta}_1,\boldsymbol{\beta}_2,\boldsymbol{\beta}_3)=2$，但 $r(\boldsymbol{\alpha}_1,\boldsymbol{\alpha}_2,\boldsymbol{\alpha}_3,\boldsymbol{\beta}_1,\boldsymbol{\beta}_2,\boldsymbol{\beta}_3)=3$。

当 $a\neq\pm1$ 时，$r(\boldsymbol{\alpha}_1,\boldsymbol{\alpha}_2,\boldsymbol{\alpha}_3)=r(\boldsymbol{\beta}_1,\boldsymbol{\beta}_2,\boldsymbol{\beta}_3)=r(\boldsymbol{\alpha}_1,\boldsymbol{\alpha}_2,\boldsymbol{\alpha}_3,\boldsymbol{\beta}_1,\boldsymbol{\beta}_2,\boldsymbol{\beta}_3)=3$。

综上，只要 $a\neq-1$，即可保证 $r(\boldsymbol{\alpha}_1,\boldsymbol{\alpha}_2,\boldsymbol{\alpha}_3)=r(\boldsymbol{\beta}_1,\boldsymbol{\beta}_2,\boldsymbol{\beta}_3)=r(\boldsymbol{\alpha}_1,\boldsymbol{\alpha}_2,\boldsymbol{\alpha}_3,\boldsymbol{\beta}_1,\boldsymbol{\beta}_2,\boldsymbol{\beta}_3)$ 成立，所以 $a\neq-1$。

当 $a=1$ 时，$(\boldsymbol{\alpha}_1,\boldsymbol{\alpha}_2,\boldsymbol{\alpha}_3,\boldsymbol{\beta}_3)=\begin{pmatrix}1&1&1&1\\1&0&2&3\\4&4&4&4\end{pmatrix}\to\begin{pmatrix}1&0&2&3\\0&1&-1&-2\\0&0&0&0\end{pmatrix}$，所以

$$\boldsymbol{\beta}_3=(3-2k)\boldsymbol{\alpha}_1+(k-2)\boldsymbol{\alpha}_2+k\boldsymbol{\alpha}_3=3\boldsymbol{\alpha}_1-2\boldsymbol{\alpha}_2。$$

当 $a\neq\pm1$ 时，$(\boldsymbol{\alpha}_1,\boldsymbol{\alpha}_2,\boldsymbol{\alpha}_3,\boldsymbol{\beta}_3)=\begin{pmatrix}1&1&1&1\\1&0&2&3\\4&4&a^2+3&a^2+3\end{pmatrix}\to\begin{pmatrix}1&0&0&1\\0&1&0&-1\\0&0&1&1\end{pmatrix}$，所以 $\boldsymbol{\beta}_3=\boldsymbol{\alpha}_1-\boldsymbol{\alpha}_2+\boldsymbol{\alpha}_3$。 □

(27)(2021，数二) 设三阶矩阵 $\boldsymbol{A}=(\boldsymbol{\alpha}_1,\boldsymbol{\alpha}_2,\boldsymbol{\alpha}_3)$，$\boldsymbol{B}=(\boldsymbol{\beta}_1,\boldsymbol{\beta}_2,\boldsymbol{\beta}_3)$，若 $\boldsymbol{\alpha}_1,\boldsymbol{\alpha}_2,\boldsymbol{\alpha}_3$ 能被 $\boldsymbol{\beta}_1$，$\boldsymbol{\beta}_2$ 线性表示，则(　　)。

A. $\boldsymbol{Ax}=\boldsymbol{0}$ 的解均是 $\boldsymbol{Bx}=\boldsymbol{0}$ 的解　　B. $\boldsymbol{A}^{\mathrm{T}}\boldsymbol{x}=\boldsymbol{0}$ 的解均是 $\boldsymbol{B}^{\mathrm{T}}\boldsymbol{x}=\boldsymbol{0}$ 的解

C. $\boldsymbol{Bx}=\boldsymbol{0}$ 的解均是 $\boldsymbol{Ax}=\boldsymbol{0}$ 的解　　D. $\boldsymbol{B}^{\mathrm{T}}\boldsymbol{x}=\boldsymbol{0}$ 的解均是 $\boldsymbol{A}^{\mathrm{T}}\boldsymbol{x}=\boldsymbol{0}$ 的解

解 因为 $\boldsymbol{\alpha}_1,\boldsymbol{\alpha}_2,\boldsymbol{\alpha}_3$ 能被 $\boldsymbol{\beta}_1,\boldsymbol{\beta}_2$ 线性表示，所以可设

$$\boldsymbol{\alpha}_1=(\boldsymbol{\beta}_1,\boldsymbol{\beta}_2)\begin{pmatrix}c_{11}\\c_{21}\end{pmatrix},\quad \boldsymbol{\alpha}_2=(\boldsymbol{\beta}_1,\boldsymbol{\beta}_2)\begin{pmatrix}c_{12}\\c_{22}\end{pmatrix},\quad \boldsymbol{\alpha}_3=(\boldsymbol{\beta}_1,\boldsymbol{\beta}_2)\begin{pmatrix}c_{13}\\c_{23}\end{pmatrix}。$$

记 $\boldsymbol{C}=\begin{pmatrix}c_{11}&c_{12}&c_{13}\\c_{21}&c_{22}&c_{23}\\0&0&0\end{pmatrix}$，则 $\boldsymbol{A}=(\boldsymbol{\alpha}_1,\boldsymbol{\alpha}_2,\boldsymbol{\alpha}_3)=(\boldsymbol{\beta}_1,\boldsymbol{\beta}_2,\boldsymbol{\beta}_3)\begin{pmatrix}c_{11}&c_{12}&c_{13}\\c_{21}&c_{22}&c_{23}\\0&0&0\end{pmatrix}=\boldsymbol{BC}$。

若 $\boldsymbol{x}$ 是 $\boldsymbol{B}^{\mathrm{T}}\boldsymbol{x}=\boldsymbol{0}$ 的解，则 $\boldsymbol{A}^{\mathrm{T}}\boldsymbol{x}=(\boldsymbol{BC})^{\mathrm{T}}\boldsymbol{x}=\boldsymbol{C}^{\mathrm{T}}\boldsymbol{B}^{\mathrm{T}}\boldsymbol{x}=\boldsymbol{C}^{\mathrm{T}}\boldsymbol{0}=\boldsymbol{0}$。由此可知，$\boldsymbol{B}^{\mathrm{T}}\boldsymbol{x}=\boldsymbol{0}$ 的解均是 $\boldsymbol{A}^{\mathrm{T}}\boldsymbol{x}=\boldsymbol{0}$ 的解。故正确选项为 D。 □

(28)(2021，数三) 设 $\boldsymbol{A}=(\boldsymbol{\alpha}_1,\boldsymbol{\alpha}_2,\boldsymbol{\alpha}_3,\boldsymbol{\alpha}_4)$ 为四阶正交矩阵，若矩阵 $\boldsymbol{B}=\begin{pmatrix}\boldsymbol{\alpha}_1^{\mathrm{T}}\\\boldsymbol{\alpha}_2^{\mathrm{T}}\\\boldsymbol{\alpha}_3^{\mathrm{T}}\end{pmatrix}$，$\boldsymbol{\beta}=\begin{pmatrix}1\\1\\1\end{pmatrix}$，$k$ 表示任意常数，则 $\boldsymbol{Bx}=\boldsymbol{\beta}$ 的通解为 $\boldsymbol{x}=$(　　)。

A. $\boldsymbol{\alpha}_2+\boldsymbol{\alpha}_3+\boldsymbol{\alpha}_4+k\boldsymbol{\alpha}_1$　　B. $\boldsymbol{\alpha}_1+\boldsymbol{\alpha}_3+\boldsymbol{\alpha}_4+k\boldsymbol{\alpha}_2$

C. $\boldsymbol{\alpha}_1+\boldsymbol{\alpha}_2+\boldsymbol{\alpha}_4+k\boldsymbol{\alpha}_3$　　D. $\boldsymbol{\alpha}_1+\boldsymbol{\alpha}_2+\boldsymbol{\alpha}_3+k\boldsymbol{\alpha}_4$

解 因为 $\boldsymbol{A}=(\boldsymbol{\alpha}_1,\boldsymbol{\alpha}_2,\boldsymbol{\alpha}_3,\boldsymbol{\alpha}_4)$ 是正交矩阵，所以列向量 $\boldsymbol{\alpha}_1,\boldsymbol{\alpha}_2,\boldsymbol{\alpha}_3,\boldsymbol{\alpha}_4$ 线性无关，进而 $R(\boldsymbol{B})=R\begin{pmatrix}\boldsymbol{\alpha}_1^{\mathrm{T}}\\\boldsymbol{\alpha}_2^{\mathrm{T}}\\\boldsymbol{\alpha}_3^{\mathrm{T}}\end{pmatrix}=R(\boldsymbol{\alpha}_1,\boldsymbol{\alpha}_2,\boldsymbol{\alpha}_3)=3$，由此可知齐次线性方程组 $\boldsymbol{Bx}=\boldsymbol{0}$ 的基础解系包括 $4-3=1$ 个向量。

又因为 $\boldsymbol{B}\boldsymbol{\alpha}_4=\begin{pmatrix}\boldsymbol{\alpha}_1^{\mathrm{T}}\\ \boldsymbol{\alpha}_2^{\mathrm{T}}\\ \boldsymbol{\alpha}_3^{\mathrm{T}}\end{pmatrix}\boldsymbol{\alpha}_4=\begin{pmatrix}\boldsymbol{\alpha}_1^{\mathrm{T}}\boldsymbol{\alpha}_4\\ \boldsymbol{\alpha}_2^{\mathrm{T}}\boldsymbol{\alpha}_4\\ \boldsymbol{\alpha}_3^{\mathrm{T}}\boldsymbol{\alpha}_4\end{pmatrix}=\begin{pmatrix}\boldsymbol{\alpha}_1\cdot\boldsymbol{\alpha}_4\\ \boldsymbol{\alpha}_2\cdot\boldsymbol{\alpha}_4\\ \boldsymbol{\alpha}_3\cdot\boldsymbol{\alpha}_4\end{pmatrix}=\begin{pmatrix}0\\0\\0\end{pmatrix}$，所以 $\boldsymbol{\alpha}_4$ 可以视为 $\boldsymbol{B}\boldsymbol{x}=\boldsymbol{0}$ 的一个基础解系，进而 $k\boldsymbol{\alpha}_4$ 是齐次线性方程组 $\boldsymbol{B}\boldsymbol{x}=\boldsymbol{0}$ 的通解。而

$$\boldsymbol{B}(\boldsymbol{\alpha}_1+\boldsymbol{\alpha}_2+\boldsymbol{\alpha}_3)=\begin{pmatrix}\boldsymbol{\alpha}_1^{\mathrm{T}}\\ \boldsymbol{\alpha}_2^{\mathrm{T}}\\ \boldsymbol{\alpha}_3^{\mathrm{T}}\end{pmatrix}(\boldsymbol{\alpha}_1+\boldsymbol{\alpha}_2+\boldsymbol{\alpha}_3)=\begin{pmatrix}\boldsymbol{\alpha}_1^{\mathrm{T}}(\boldsymbol{\alpha}_1+\boldsymbol{\alpha}_2+\boldsymbol{\alpha}_3)\\ \boldsymbol{\alpha}_2^{\mathrm{T}}(\boldsymbol{\alpha}_1+\boldsymbol{\alpha}_2+\boldsymbol{\alpha}_3)\\ \boldsymbol{\alpha}_3^{\mathrm{T}}(\boldsymbol{\alpha}_1+\boldsymbol{\alpha}_2+\boldsymbol{\alpha}_3)\end{pmatrix}=\begin{pmatrix}\boldsymbol{\alpha}_1^{\mathrm{T}}\boldsymbol{\alpha}_1\\ \boldsymbol{\alpha}_2^{\mathrm{T}}\boldsymbol{\alpha}_2\\ \boldsymbol{\alpha}_3^{\mathrm{T}}\boldsymbol{\alpha}_3\end{pmatrix}=\begin{pmatrix}1\\1\\1\end{pmatrix}=\boldsymbol{\beta}。$$

所以 $\boldsymbol{\alpha}_1+\boldsymbol{\alpha}_2+\boldsymbol{\alpha}_3$ 是非齐次线性方程组 $\boldsymbol{B}\boldsymbol{x}=\boldsymbol{\beta}$ 的一个特解。综上 $\boldsymbol{\alpha}_1+\boldsymbol{\alpha}_2+\boldsymbol{\alpha}_3+k\boldsymbol{\alpha}_4$ 是非齐次线性方程组 $\boldsymbol{B}\boldsymbol{x}=\boldsymbol{\beta}$ 的通解，故正确答案为 D。 □

4.6 习题与解答

习题

1. 填空题：

(1) 在 n 元齐次线性方程组 $\boldsymbol{A}_{m\times n}\boldsymbol{x}=\boldsymbol{0}$ 中，若 $\mathrm{R}(\boldsymbol{A})=r$ 且 $\boldsymbol{\xi}_1,\boldsymbol{\xi}_2,\cdots,\boldsymbol{\xi}_s$ 是它的一个基础解系，则 $s=$ ________；当 $r=$ ________时，此齐次线性方程组只有零解。

(2) 设线性方程组 $\begin{pmatrix}a&1&1\\1&a&1\\1&1&a\end{pmatrix}\begin{pmatrix}x_1\\x_2\\x_3\end{pmatrix}=\begin{pmatrix}1\\1\\-2\end{pmatrix}$ 有无穷多个解，则 $a=$ ________。

(3) 设 $\boldsymbol{\alpha}_1,\boldsymbol{\alpha}_2$ 是非齐次线性方程组 $\boldsymbol{A}\boldsymbol{x}=\boldsymbol{b}$ 的解，k_1,k_2 是常数，若 $k_1\boldsymbol{\alpha}_1+k_2\boldsymbol{\alpha}_2$ 也是 $\boldsymbol{A}\boldsymbol{x}=\boldsymbol{b}$ 的一个解，则 $k_1+k_2=$ ________。

(4) 设四元线性方程组 $\boldsymbol{A}\boldsymbol{x}=\boldsymbol{b}$ 的系数矩阵 $\boldsymbol{A}$ 的秩 $\mathrm{R}(\boldsymbol{A})=3$，$\boldsymbol{\eta}_1,\boldsymbol{\eta}_2,\boldsymbol{\eta}_3$ 均为此线性方程组的解，$\boldsymbol{\eta}_1+\boldsymbol{\eta}_2=(2,0,4,6)^{\mathrm{T}}$，$\boldsymbol{\eta}_1+\boldsymbol{\eta}_3=(1,-2,1,2)^{\mathrm{T}}$，则线性方程组 $\boldsymbol{A}\boldsymbol{x}=\boldsymbol{b}$ 的通解为________。

(5) 设线性方程组 $\boldsymbol{A}_{(n+1)\times n}\boldsymbol{x}=\boldsymbol{b}$ 有解，则其增广矩阵的行列式 $|\overline{\boldsymbol{A}},\boldsymbol{b}|=$ ________。

(6) 若 $\begin{cases}x_1+x_2=-a_1,\\x_2+x_3=a_2,\\x_3+x_4=-a_3,\\x_4+x_1=a_4\end{cases}$ 有解，则常数 a_1,a_2,a_3,a_4 应满足条件________。

2. 单项选择题：

(1) 设 $\boldsymbol{A}$ 为 $m\times n$ 矩阵，齐次线性方程组 $\boldsymbol{A}\boldsymbol{x}=\boldsymbol{0}$ 有非零解的充分必要条件是(　　)。

A. $\boldsymbol{A}$ 的列向量组线性相关　　B. $\boldsymbol{A}$ 的列向量组线性无关

C. $\boldsymbol{A}$ 的行向量组线性相关　　D. $\boldsymbol{A}$ 的行向量组线性无关

(2) 设 $\boldsymbol{A}$ 是 $m\times n$ 矩阵，若非齐次线性方程组 $\boldsymbol{A}\boldsymbol{x}=\boldsymbol{b}$ 的解不唯一，则结论(　　)成立。

A. $m\leqslant n$　　B. $m=n$

C. $m>n$　　D. 系数矩阵 $\boldsymbol{A}$ 的秩小于 n

(3) 若线性方程组 $\begin{cases}2x+y+z=0,\\ax+y+z=0,\\x-y+z=0\end{cases}$ 有非零解，则(　　)。

A. $a=1$　　B. $a=2$　　C. $a=-1$　　D. $a=-2$

(4) 设 $\boldsymbol{A}$ 为五阶方阵，且 $\mathrm{R}(\boldsymbol{A})=4$，$\boldsymbol{\alpha}_1,\boldsymbol{\alpha}_2$ 是 $\boldsymbol{Ax}=\boldsymbol{0}$ 的两个不同的解向量，k 为任意常数，则 $\boldsymbol{Ax}=\boldsymbol{0}$ 的通解为(　　)。

A. $k\boldsymbol{\alpha}_1$　　B. $k\boldsymbol{\alpha}_2$　　C. $k(\boldsymbol{\alpha}_1-\boldsymbol{\alpha}_2)$　　D. $k(\boldsymbol{\alpha}_1+\boldsymbol{\alpha}_2)$

(5) 如图 4.8 所示，三张平面两两相交，交线互相平行，它们的方程是 $a_{i1}x+a_{i2}y+a_{i3}z=d_i(i=1,2,3)$。由它们组成的线性方程组，系数矩阵和增广矩阵分别记成 $\boldsymbol{A}$ 和 $\bar{\boldsymbol{A}}$，则(　　)。

A. $\mathrm{r}(\boldsymbol{A})=2,\mathrm{r}(\bar{\boldsymbol{A}})=3$

B. $\mathrm{r}(\boldsymbol{A})=2,\mathrm{r}(\bar{\boldsymbol{A}})=2$

C. $\mathrm{r}(\boldsymbol{A})=1,\mathrm{r}(\bar{\boldsymbol{A}})=2$

D. $\mathrm{r}(\boldsymbol{A})=1,\mathrm{r}(\bar{\boldsymbol{A}})=1$

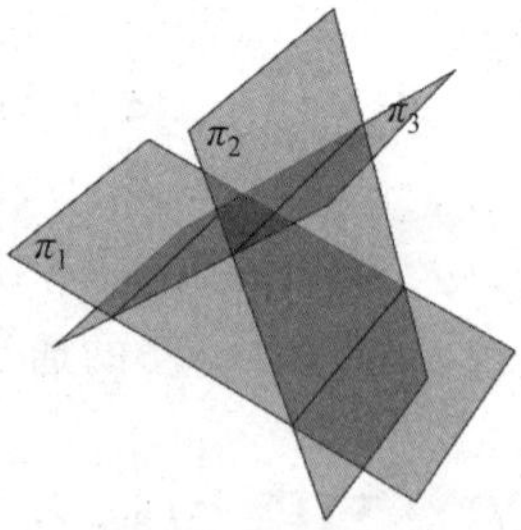

图 4.8

3. 设 $\boldsymbol{A}=\begin{pmatrix}\lambda & 1 & 1\\ 0 & \lambda-1 & 0\\ 1 & 1 & \lambda\end{pmatrix}$，$\boldsymbol{b}=\begin{pmatrix}a\\1\\1\end{pmatrix}$，已知线性方程组 $\boldsymbol{Ax}=\boldsymbol{b}$ 存在两个不同的解。

(Ⅰ) 求 λ,a；　　(Ⅱ) 求线性方程组 $\boldsymbol{Ax}=\boldsymbol{b}$ 的通解。

4. 当 λ 取何值时，非齐次线性方程组 $\begin{cases}-2x_1+x_2+x_3=-2,\\ x_1-2x_2+x_3=\lambda,\\ x_1+x_2-2x_3=\lambda^2\end{cases}$ 有解？并求出它的解。

5. λ 取何值时，非齐次线性方程组

$$\begin{cases}\lambda x_1+x_2+x_3=1,\\ x_1+\lambda x_2+x_3=\lambda,\\ x_1+x_2+\lambda x_3=\lambda^2\end{cases}$$

(1) 有唯一解；(2)无解；(3)有无穷多解。

6. 设有 n 元$(n>2)$齐次线性方程组

$$\begin{cases}bx_1+x_2+x_3+\cdots+x_n=0,\\ x_1+bx_2+x_3+\cdots+x_n=0,\\ x_1+x_2+bx_3+\cdots+x_n=0,\\ \qquad\vdots\\ x_1+x_2+x_3+\cdots+bx_n=0。\end{cases}$$

(1) 问 b 取何值时，线性方程组有非零解；

(2) 当线性方程组有非零解时，求其通解。

7. a,b 取何值时，线性方程组

$$\begin{cases}x_1+x_2+x_3+x_4=0,\\ x_2+2x_3+2x_4=1,\\ -x_2+(a-3)x_3-2x_4=b,\\ 3x_1+2x_2+x_3+ax_4=-1\end{cases}$$

有唯一解，无穷多解，并求出有无穷多解时的通解。

8. 设 $\boldsymbol{A}=\begin{pmatrix}1 & -1 & -1\\ -1 & 1 & 1\\ 0 & -4 & -2\end{pmatrix}$，$\boldsymbol{\xi}_1=\begin{pmatrix}-1\\ 1\\ -2\end{pmatrix}$。

（Ⅰ）求满足 $\boldsymbol{A\xi}_2=\boldsymbol{\xi}_1$，$\boldsymbol{A}^2\boldsymbol{\xi}_3=\boldsymbol{\xi}_1$ 的所有向量 $\boldsymbol{\xi}_2$，$\boldsymbol{\xi}_3$；

（Ⅱ）对（Ⅰ）中的任意向量 $\boldsymbol{\xi}_2$，$\boldsymbol{\xi}_3$，证明 $\boldsymbol{\xi}_1$，$\boldsymbol{\xi}_2$，$\boldsymbol{\xi}_3$ 线性无关。

9. 设矩阵 $\boldsymbol{A}=\begin{pmatrix}1 & 1 & 1-a\\ 1 & 0 & a\\ a+1 & 1 & a+1\end{pmatrix}$，$\boldsymbol{\beta}=\begin{pmatrix}0\\ 1\\ 2a-2\end{pmatrix}$，且线性方程组 $\boldsymbol{Ax}=\boldsymbol{\beta}$ 无解。求（Ⅰ）a 的值；（Ⅱ）线性方程组 $\boldsymbol{A}^{\mathrm{T}}\boldsymbol{Ax}=\boldsymbol{A}^{\mathrm{T}}\boldsymbol{\beta}$ 的通解。

10. 假设 $\boldsymbol{Ax}=\boldsymbol{b}$ 有解，求证：非齐次线性方程组 $\boldsymbol{Ax}=\boldsymbol{b}$ 有唯一解当且仅当它对应的齐次线性方程组 $\boldsymbol{Ax}=\boldsymbol{0}$ 只有零解。

11. 证明：齐次线性方程组 $\boldsymbol{ABx}=\boldsymbol{0}$ 与 $\boldsymbol{Bx}=\boldsymbol{0}$ 的解相同的充要条件是 $\mathrm{r}(\boldsymbol{AB})=\mathrm{r}(\boldsymbol{B})$。

12. 设 $\boldsymbol{\xi}_1,\boldsymbol{\xi}_2,\cdots,\boldsymbol{\xi}_t$ 是齐次线性方程组 $\boldsymbol{Ax}=\boldsymbol{0}$ 的一个基础解系，$\boldsymbol{\eta}_0,\boldsymbol{\eta}_1,\cdots,\boldsymbol{\eta}_t$ 是线性方程组 $\boldsymbol{Ax}=\boldsymbol{b}$（其中 $\boldsymbol{b}\neq\boldsymbol{0}$）的线性无关解，证明：向量组 $\boldsymbol{\eta}_1-\boldsymbol{\eta}_0,\boldsymbol{\eta}_2-\boldsymbol{\eta}_0,\cdots,\boldsymbol{\eta}_t-\boldsymbol{\eta}_0$ 与 $\boldsymbol{\xi}_1$，$\boldsymbol{\xi}_2,\cdots,\boldsymbol{\xi}_t$ 等价。

13. 设 D 为线性方程组 $\sum_{j=1}^{n}a_{ij}x_j=b_j\ (i=1,2,\cdots,n)$ 的系数行列式，D_j 是把 D 中第 j 列换成常数项 $b_1,b_2,\cdots,b_n$ 所得行列式。

(1) 证明：此线性方程组有唯一解的充分必要条件是 $D\neq 0$；

(2) 当 $D=D_1=D_2=\cdots=D_n=0$ 时，此线性方程组一定有无穷多解，对不对？

14. 设有向量组（Ⅰ）：$\boldsymbol{\alpha}_1=(1,0,2)^{\mathrm{T}}$，$\boldsymbol{\alpha}_2=(1,1,3)^{\mathrm{T}}$，$\boldsymbol{\alpha}_3=(1,-1,a+2)^{\mathrm{T}}$ 和向量组（Ⅱ）：$\boldsymbol{\beta}_1=(1,2,a+3)^{\mathrm{T}}$，$\boldsymbol{\beta}_2=(2,1,a+6)^{\mathrm{T}}$，$\boldsymbol{\beta}_3=(2,1,a+4)^{\mathrm{T}}$。试问：当 a 为何值时，向量组（Ⅰ）与（Ⅱ）等价？当 a 为何值时，向量组（Ⅰ）与（Ⅱ）不等价？

15. 某城市部分路段的交通流量如图 4.9 所示（单位：辆/时），写出路段交通流量 x_1，x_2，x_3 满足的线性方程组并求解。再由所得的线性方程组的解讨论 x_3 的取值范围。

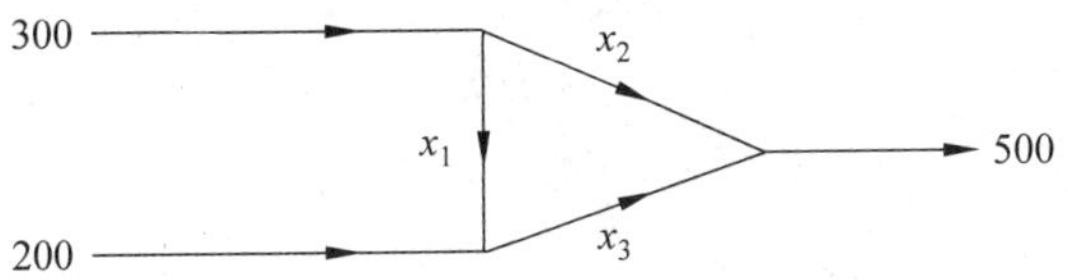

图 4.9

解答

1. 填空题：(1) $n-r,n$。 (2) -2。 (3) 1。 (4) $k(1,2,3,4)^{\mathrm{T}}+(1,0,2,3)^{\mathrm{T}}$。 (5) 0。 (6) $a_1+a_2+a_3+a_4=0$。

2. 单选题：(1) C， (2) D， (3) B， (4) C。

(5) A。推导如下：由于三个平面没有公共的交集，所以由 $a_{i1}x+a_{i2}y+a_{i3}z=d_i\ (i=1,2,3)$ 构成的线性方程组无解，由此可知 $\mathrm{r}(\boldsymbol{A})\neq\mathrm{r}(\bar{\boldsymbol{A}})$。因此 B，D 选项可以排除。若 $\mathrm{r}(\boldsymbol{A})=1$，则三个平面平行，也与已知条件不符，所以 C 也可以排除。综上正确选项为 A。

3. 解　由 $\boldsymbol{Ax}=\boldsymbol{b}$ 存在两个不同的解可以推出 $|\boldsymbol{A}|=(\lambda-1)^2(\lambda+1)=0$，即 $\lambda=1$ 或

$\lambda=-1$。又因为当$\lambda=1$时，线性方程组的第二个等式化为$0=1$，此时线性方程组显然无解，不符合题设中至少有两个不同解的要求，所以$\lambda=1$应舍去。而当$\lambda=-1$时，容易验证当且仅当$a=-2$时有$r(\boldsymbol{A},\boldsymbol{b})=r(\boldsymbol{A})=2<3$成立，所以此时线性方程组有无穷多解，符合题目中至少有两个解的要求。综上$\lambda=-1,a=-2$。此时$\boldsymbol{Ax}=\boldsymbol{b}$的通解为$\boldsymbol{x}=\frac{1}{2}\begin{pmatrix}3\\-1\\0\end{pmatrix}+k\begin{pmatrix}1\\0\\1\end{pmatrix}$，其中$k$可取任意实数。

4. 解　当$\lambda=-2$或1时，线性方程组有解。

当$\lambda=-2$时，通解为$\boldsymbol{x}=\begin{pmatrix}2\\2\\0\end{pmatrix}+k\begin{pmatrix}1\\1\\1\end{pmatrix}$，其中$k$为任意实数；当$\lambda=1$时，通解为$\boldsymbol{x}=\begin{pmatrix}1\\0\\0\end{pmatrix}+k\begin{pmatrix}1\\1\\1\end{pmatrix}$，其中$k$为任意实数。

5. 解　当$\lambda=1$时，线性方程组有无穷多解；当$\lambda=-2$时，线性方程组无解；当$\lambda\neq1,-2$时，线性方程组有唯一解。

6. 解　(1)当$b=1$或$b=1-n$时有非零解。

(2) $b=1$时，原线性方程组的同解方程为$x_1+x_2+\cdots+x_n=0$，其基础解系为

$\boldsymbol{\alpha}_1=(-1,1,0,\cdots,0)^{\mathrm{T}}$,　$\boldsymbol{\alpha}_2=(-1,0,1,\cdots,0)^{\mathrm{T}},\cdots$,　$\boldsymbol{\alpha}_{n-1}=(-1,0,0,\cdots,1)^{\mathrm{T}}$。

故原线性方程组的全部解为$\boldsymbol{x}=c_1\boldsymbol{\alpha}_1+c_2\boldsymbol{\alpha}_2+\cdots+c_{n-1}\boldsymbol{\alpha}_{n-1},c_1,c_2,\cdots,c_{n-1}$为任意常数。

当$b=1-n$时，原线性方程组的同解方程为$\begin{cases}x_1=x_n,\\x_2=x_n,\\\vdots\\x_{n-1}=x_n,\end{cases}$其基础解系为$\boldsymbol{\beta}=(1,1,\cdots,1)^{\mathrm{T}}$。

故原线性方程组的全部解为$\boldsymbol{x}=c\boldsymbol{\beta}$，$c$为任意常数。

7. 解　$\bar{\boldsymbol{A}}=\begin{pmatrix}1&1&1&1&0\\0&1&2&2&1\\0&-1&a-3&-2&b\\3&2&1&a&-1\end{pmatrix}\to\begin{pmatrix}1&1&1&1&0\\0&1&2&2&1\\0&0&a-1&0&b+1\\0&-1&-2&a-3&-1\end{pmatrix}$

$\to\begin{pmatrix}1&0&-1&-1&-1\\0&1&2&2&1\\0&0&a-1&0&b+1\\0&0&0&a-1&0\end{pmatrix}$。

当$a\neq1$时，$r(\bar{\boldsymbol{A}})=r(\boldsymbol{A})=4$，线性方程组有唯一解。

当$a=1$且$b=-1$时，$r(\bar{\boldsymbol{A}})=r(\boldsymbol{A})=2<4$，线性方程组有无穷多解。

同解线性方程组为$\begin{cases}x_1=-1+x_3+x_4,\\x_2=1-2x_3-2x_4,\end{cases}$一般解为$\begin{pmatrix}x_1\\x_2\\x_3\\x_4\end{pmatrix}=\begin{pmatrix}-1\\1\\0\\0\end{pmatrix}+k_1\begin{pmatrix}1\\-2\\1\\0\end{pmatrix}+k_2\begin{pmatrix}1\\-2\\0\\1\end{pmatrix}$，

k_1,k_2为任意常数。

8. 解 （Ⅰ）由 $\boldsymbol{A\xi}_2=\boldsymbol{\xi}_1$，即$\begin{pmatrix}1&-1&-1\\-1&1&1\\0&-4&-2\end{pmatrix}\boldsymbol{\xi}_2=\begin{pmatrix}-1\\1\\-2\end{pmatrix}$可以解出$\boldsymbol{\xi}_2=\begin{pmatrix}0\\0\\1\end{pmatrix}+k_1\begin{pmatrix}1\\-1\\2\end{pmatrix}$。

由 $\boldsymbol{A}^2\boldsymbol{\xi}_3=\boldsymbol{\xi}_1$，即$\begin{pmatrix}2&2&0\\-2&-2&0\\4&4&0\end{pmatrix}\boldsymbol{\xi}_3=\begin{pmatrix}-1\\1\\-2\end{pmatrix}$可以解出$\boldsymbol{\xi}_3=\begin{pmatrix}-1/2\\0\\0\end{pmatrix}+k_2\begin{pmatrix}-1\\1\\0\end{pmatrix}+k_3\begin{pmatrix}0\\0\\1\end{pmatrix}$，其中 k_1,k_2,k_3 可以取任意实数。

（Ⅱ）设

$$k_1\boldsymbol{\xi}_1+k_2\boldsymbol{\xi}_2+k_3\boldsymbol{\xi}_3=\boldsymbol{0},\tag{*}$$

两边同时左乘矩阵 $\boldsymbol{A}$ 得：$k_1\boldsymbol{A\xi}_1+k_2\boldsymbol{A\xi}_2+k_3\boldsymbol{A\xi}_3=\boldsymbol{0}$，注意到 $\boldsymbol{A\xi}_1=\boldsymbol{0}$，$\boldsymbol{A\xi}_2=\boldsymbol{\xi}_1$，所以上式可以简化为

$$k_2\boldsymbol{\xi}_1+k_3\boldsymbol{A\xi}_3=\boldsymbol{0},\tag{**}$$

两边再同时左乘矩阵 $\boldsymbol{A}$ 得：$k_2\boldsymbol{A\xi}_1+k_3\boldsymbol{A}^2\boldsymbol{\xi}_3=\boldsymbol{0}$，再利用关系式 $\boldsymbol{A\xi}_1=\boldsymbol{0}$，$\boldsymbol{A}^2\boldsymbol{\xi}_3=\boldsymbol{\xi}_1$，上式可以简化为 $k_3\boldsymbol{\xi}_1=\boldsymbol{0}$，由此可以解出 $k_3=0$，代入(**)式可得 $k_2=0$，再代入(*)式可得 $k_1=0$，至此即可说明$\boldsymbol{\xi}_1,\boldsymbol{\xi}_2,\boldsymbol{\xi}_3$线性无关。

9. 解 对增广矩阵$(\boldsymbol{A},\boldsymbol{\beta})$作初等行变换得

$$(\boldsymbol{A},\boldsymbol{\beta})=\left(\begin{array}{ccc:c}1&1&1-a&0\\1&0&a&1\\a+1&1&a+1&2a-2\end{array}\right)\to\left(\begin{array}{ccc:c}1&1&1-a&0\\0&1&1-2a&-1\\0&0&a(2-a)&a-2\end{array}\right)。$$

（Ⅰ）由线性方程组 $\boldsymbol{Ax}=\boldsymbol{\beta}$ 无解，知 $\mathrm{r}(\boldsymbol{A})\neq\mathrm{r}(\boldsymbol{A},\boldsymbol{\beta})$，故 $a=0$。

（Ⅱ）经计算得 $\boldsymbol{A}^{\mathrm{T}}\boldsymbol{A}=\begin{pmatrix}3&2&2\\2&2&2\\2&2&2\end{pmatrix}$，$\boldsymbol{A}^{\mathrm{T}}\boldsymbol{\beta}=\begin{pmatrix}-1\\-2\\-2\end{pmatrix}$。对增广矩阵$(\boldsymbol{A}^{\mathrm{T}}\boldsymbol{Ax},\boldsymbol{A}^{\mathrm{T}}\boldsymbol{\beta})$作初等行变换得

$$(\boldsymbol{A}^{\mathrm{T}}\boldsymbol{Ax},\boldsymbol{A}^{\mathrm{T}}\boldsymbol{\beta})=\left(\begin{array}{ccc:c}3&2&2&-1\\2&2&2&-2\\2&2&2&-2\end{array}\right)\to\left(\begin{array}{ccc:c}1&1&1&-1\\3&2&2&-1\\1&1&1&-1\end{array}\right)\to\left(\begin{array}{ccc:c}1&0&0&1\\0&1&1&-2\\0&0&0&0\end{array}\right),$$

故线性方程组 $\boldsymbol{A}^{\mathrm{T}}\boldsymbol{Ax}=\boldsymbol{A}^{\mathrm{T}}\boldsymbol{\beta}$的通解为 $\boldsymbol{x}=(1,-2,0)^{\mathrm{T}}+k(0,-1,1)^{\mathrm{T}}$，其中 k 为任意常数。

10. 证 必要性：因为 $\boldsymbol{Ax}=\boldsymbol{b}$ 有唯一解，所以有 $\mathrm{r}(\boldsymbol{A})=\mathrm{r}(\boldsymbol{A},\boldsymbol{b})=n$，所以 $\boldsymbol{Ax}=\boldsymbol{0}$ 只有零解。

充分性：若 $\boldsymbol{Ax}=\boldsymbol{0}$ 只有零解，则 $\mathrm{r}(\boldsymbol{A})=n$。又因为 $n\geqslant\mathrm{r}(\boldsymbol{A},\boldsymbol{b})\geqslant\mathrm{r}(\boldsymbol{A})=n$。所以有 $\mathrm{r}(\boldsymbol{A})=\mathrm{r}(\boldsymbol{A},\boldsymbol{b})=n$，即线性方程组有唯一解。

11. 证 必要性：$\boldsymbol{ABx}=\boldsymbol{0}$ 与 $\boldsymbol{Bx}=\boldsymbol{0}$ 的解相同，则 $n-\mathrm{R}(\boldsymbol{AB})=n-\mathrm{R}(\boldsymbol{B})$，故 $\mathrm{R}(\boldsymbol{AB})=\mathrm{R}(\boldsymbol{B})$。

充分性：设 W_1,W_2 分别为 $\boldsymbol{ABx}=\boldsymbol{0}$ 与 $\boldsymbol{Bx}=\boldsymbol{0}$ 的解空间。显然 $W_2\subseteq W_1$。又

$$\dim W_2=\dim W_1=n-\mathrm{R}(\boldsymbol{AB})=n-\mathrm{R}(\boldsymbol{B}),\quad 所以\ W_2=W_1。$$

所以 $\boldsymbol{ABx}=\boldsymbol{0}$ 与 $\boldsymbol{Bx}=\boldsymbol{0}$ 的解相同。

12. 证 因为 $\boldsymbol{A}(\boldsymbol{\eta}_i-\boldsymbol{\eta}_0)=\boldsymbol{b}-\boldsymbol{b}=\boldsymbol{0}$，所以$\boldsymbol{\eta}_i-\boldsymbol{\eta}_0$是 $\boldsymbol{Ax}=\boldsymbol{0}$ 的解。而$\boldsymbol{\xi}_1,\boldsymbol{\xi}_2,\cdots,\boldsymbol{\xi}_t$是 $\boldsymbol{Ax}=\boldsymbol{0}$ 的基础解系，故$\boldsymbol{\eta}_1-\boldsymbol{\eta}_0,\boldsymbol{\eta}_2-\boldsymbol{\eta}_0,\cdots,\boldsymbol{\eta}_t-\boldsymbol{\eta}_0$可由$\boldsymbol{\xi}_1,\boldsymbol{\xi}_2,\cdots,\boldsymbol{\xi}_t$线性表出。令 $k_1(\boldsymbol{\eta}_1-\boldsymbol{\eta}_0)+k_2(\boldsymbol{\eta}_2-\boldsymbol{\eta}_0)+\cdots+k_t(\boldsymbol{\eta}_t-\boldsymbol{\eta}_0)=\boldsymbol{0}$，则

$$-(k_1+k_2+\cdots+k_t)\boldsymbol{\eta}_0+k_1\boldsymbol{\eta}_1+k_2\boldsymbol{\eta}_2+\cdots+k_t\boldsymbol{\eta}_t=\mathbf{0}。$$

因为$\boldsymbol{\eta}_0,\boldsymbol{\eta}_1,\cdots,\boldsymbol{\eta}_t$线性无关，从而$k_1=k_2=\cdots=k_t=0$，所以$\boldsymbol{\eta}_1-\boldsymbol{\eta}_0,\boldsymbol{\eta}_2-\boldsymbol{\eta}_0,\cdots,\boldsymbol{\eta}_t-\boldsymbol{\eta}_0$线性无关，故它们是$\boldsymbol{Ax}=\mathbf{0}$的一个基础解系。所以$\boldsymbol{\xi}_1,\boldsymbol{\xi}_2,\cdots,\boldsymbol{\xi}_t$也可由$\boldsymbol{\eta}_0,\boldsymbol{\eta}_1,\cdots,\boldsymbol{\eta}_t$线性表出。故等价。

13. 证 (1) 若$D\neq0$，则由克莱姆法则知，原线性方程组有唯一解。

反之，若原线性方程组有唯一解，则必有$\mathrm{R}(\boldsymbol{A})=\mathrm{R}(\bar{\boldsymbol{A}})=n$，所以$D=|\boldsymbol{A}|\neq0$。

(2) 当$D=D_1=D_2=\cdots=D_n=0$时，线性方程组不一定有无穷多解。因为此时有$\mathrm{R}(\boldsymbol{A})<n$，$\mathrm{R}(\bar{\boldsymbol{A}})<n$，但不能保证$\mathrm{R}(\boldsymbol{A})=\mathrm{R}(\bar{\boldsymbol{A}})$。例如

$$\begin{cases}x_1+x_2+x_3=1,\\2x_1+2x_2+2x_3=1,\\3x_1+3x_2+3x_3=0。\end{cases}$$

显然$D=D_1=D_2=D_3=0$，但是无解。 □

14. 解 记$\boldsymbol{A}=(\boldsymbol{\alpha}_1,\boldsymbol{\alpha}_2,\boldsymbol{\alpha}_3)$，$\boldsymbol{B}=(\boldsymbol{\beta}_1,\boldsymbol{\beta}_2,\boldsymbol{\beta}_3)$。由本章典型例题例13中的解法可知：向量组(Ⅱ)能表示向量组(Ⅰ)$\Leftrightarrow\boldsymbol{AX}=\boldsymbol{B}$有解$\Leftrightarrow\mathrm{r}(\boldsymbol{A}\,\vdots\,\boldsymbol{B})=\mathrm{r}(\boldsymbol{A})$。而

$$(\boldsymbol{A}\,\vdots\,\boldsymbol{B})=\left(\begin{array}{ccc:ccc}1&1&1&1&2&2\\0&1&-1&2&1&1\\2&3&a+2&a+3&a+6&a+4\end{array}\right)\to\left(\begin{array}{ccc:ccc}1&1&1&1&2&2\\0&1&-1&2&1&1\\0&0&a+1&a-1&a+1&a-1\end{array}\right),$$

所以$\mathrm{r}(\boldsymbol{A}\,\vdots\,\boldsymbol{B})=\mathrm{r}(\boldsymbol{A})\Leftrightarrow a\neq-1$。

同理向量组(Ⅰ)能表示向量组(Ⅱ)$\Leftrightarrow\boldsymbol{BX}=\boldsymbol{A}$有解$\Leftrightarrow\mathrm{r}(\boldsymbol{B}\,\vdots\,\boldsymbol{A})=\mathrm{r}(\boldsymbol{B})$。而

$$(\boldsymbol{B}\,\vdots\,\boldsymbol{A})=\left(\begin{array}{ccc:ccc}1&2&2&1&1&1\\2&1&1&0&1&-1\\a+3&a+6&a+4&2&3&a+2\end{array}\right)\to\left(\begin{array}{ccc:ccc}1&2&2&1&1&1\\0&1&1&2/3&1/3&1\\0&0&-2&-1-a/3&-2a/3&a-1\end{array}\right)\to\left(\begin{array}{ccc:ccc}1&2&2&1&1&1\\0&-1&-1&-1&0&-2\\0&0&-2&-1&-a&2a-1\end{array}\right),$$

所以$\mathrm{r}(\boldsymbol{B}\,\vdots\,\boldsymbol{A})=\mathrm{r}(\boldsymbol{B})$恒成立。

综上，只要$a\neq-1$，向量组(Ⅰ)就与向量组(Ⅱ)等价；

相反$a=-1$时，向量组(Ⅰ)的秩$=\mathrm{r}(\boldsymbol{A})=2$，而向量组(Ⅱ)的秩$=\mathrm{r}(\boldsymbol{B})=3$，此时向量组(Ⅰ)与向量组(Ⅱ)不等价。

15. 解 线性方程组为$\begin{cases}x_1+x_2=300,\\200+x_1=x_3,\\x_2+x_3=500,\end{cases}$解得通解$\begin{pmatrix}x_1\\x_2\\x_3\end{pmatrix}=k\begin{pmatrix}1\\-1\\1\end{pmatrix}+\begin{pmatrix}-200\\500\\0\end{pmatrix}$且$200\leqslant x_3\leqslant500$。

第 5 章

矩阵的相似对角化

5.1 本章要点

一、内容小结

本章的核心内容是方阵相似对角化问题。具体要求包括：理解矩阵的特征值、特征向量的概念，掌握求矩阵特征值和特征向量的方法；理解矩阵相似的概念，掌握相似矩阵的性质及矩阵可相似对角化的充分必要条件，掌握将矩阵化为相似对角矩阵的方法；熟悉实对称矩阵的特征值和特征向量的性质。

二、知识框架

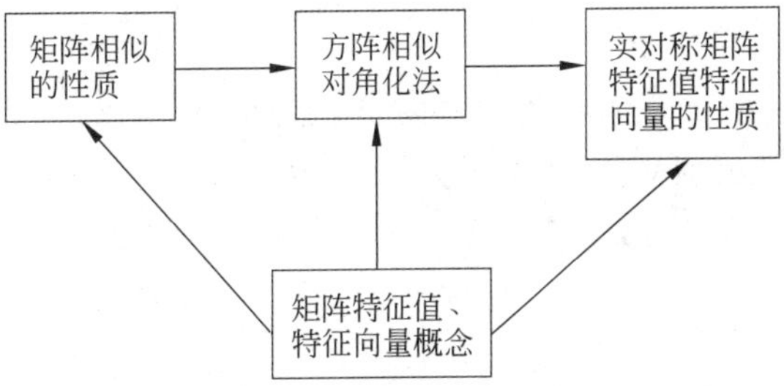

三、知识要点

1. 方阵特征值与特征向量的概念、性质及求法

(1) 设 $\boldsymbol{A}$ 是 n 阶方阵，如果存在数 λ 和 n 维非零向量 $\boldsymbol{x}$，使

$$\boldsymbol{A}\boldsymbol{x}=\lambda\boldsymbol{x}$$

成立，则称数 λ 为方阵 $\boldsymbol{A}$ 的特征值，称 $\boldsymbol{x}$ 为 $\boldsymbol{A}$ 的属于特征值 λ 的特征向量；

$\boldsymbol{A}\boldsymbol{x}=\lambda\boldsymbol{x}$ 等价于 $(\lambda\boldsymbol{E}-\boldsymbol{A})\boldsymbol{x}=\boldsymbol{0}$ 或 $(\boldsymbol{A}-\lambda\boldsymbol{E})\boldsymbol{x}=\boldsymbol{0}$。

矩阵 $\lambda\boldsymbol{E}-\boldsymbol{A}$ 称为 $\boldsymbol{A}$ 的特征矩阵，行列式 $|\lambda\boldsymbol{E}-\boldsymbol{A}|$ 称为 $\boldsymbol{A}$ 的特征多项式。由于 $(\lambda\boldsymbol{E}-\boldsymbol{A})\boldsymbol{x}=\boldsymbol{0}$ 存在非零解的充分必要条件为 $|\lambda\boldsymbol{E}-\boldsymbol{A}|=0$，所以称 $|\lambda\boldsymbol{E}-\boldsymbol{A}|=0$ 为 $\boldsymbol{A}$ 的特征方程，它的根就是 $\boldsymbol{A}$ 的特征值(根)。

(2) 特征值的性质：

① 若 $\boldsymbol{x}_1,\boldsymbol{x}_2$ 均为 $\boldsymbol{A}$ 的属于特征值 λ 的特征向量，则 $\boldsymbol{x}_1,\boldsymbol{x}_2$ 的线性组合 $k_1\boldsymbol{x}_1+k_2\boldsymbol{x}_2(\neq\boldsymbol{0})$ 仍是属于特征值 λ 的特征向量；

② 若 $\boldsymbol{x}\neq\boldsymbol{0}$ 使 $\boldsymbol{A}\boldsymbol{x}=\lambda\boldsymbol{x}$，则对于常数 $k(k\neq0)$ 有 $\boldsymbol{A}(k\boldsymbol{x})=\lambda(k\boldsymbol{x})$；

③ 矩阵 $\boldsymbol{A}$ 的所有特征值的和等于矩阵主对角线上元素的和，所有特征值的乘积等于矩阵 $\boldsymbol{A}$ 的行列式的值；即

$$\lambda_1+\lambda_2+\cdots+\lambda_n=a_{11}+a_{22}+\cdots+a_{nn},\quad \lambda_1\lambda_2\cdots\lambda_n=|\boldsymbol{A}|;$$

④ 若 $\lambda_1\neq\lambda_2$ 是 $\boldsymbol{A}$ 的两个不同的特征值，$\boldsymbol{\alpha}_i\neq\boldsymbol{0}$ 使 $\boldsymbol{A}\boldsymbol{\alpha}_i=\lambda_i\boldsymbol{\alpha}_i(i=1,2)$，则 $\boldsymbol{\alpha}_1,\boldsymbol{\alpha}_2$ 线性无关，且 $\boldsymbol{\alpha}_1+\boldsymbol{\alpha}_2$ 不是 $\boldsymbol{A}$ 的特征向量。

(3) 求方阵 $\boldsymbol{A}$ 特征值与特征向量的步骤为：

① 解特征方程 $|\boldsymbol{A}-\lambda\boldsymbol{E}|=0$，得特征值 $\lambda_1,\lambda_2,\cdots,\lambda_n$；

② 对每个特征值 $\lambda=\lambda_i$，解齐次线性方程组 $(\boldsymbol{A}-\lambda_i\boldsymbol{E})\boldsymbol{x}=\boldsymbol{0}$，得基础解系 $\boldsymbol{\xi}_1,\boldsymbol{\xi}_2,\cdots,\boldsymbol{\xi}_{n-r_i}$，$r_i=\mathrm{r}(\boldsymbol{A}-\lambda_i\boldsymbol{E})$；

③ 属于 $\lambda_i(i=1,2,\cdots,n)$ 的所有特征向量为 $k_1\boldsymbol{\xi}_1+k_2\boldsymbol{\xi}_2+\cdots+k_{n-r_i}\boldsymbol{\xi}_{n-r_i}$，其中 $k_1,k_2,\cdots,k_{n-r_i}$ 不全为零。

特别：若 $|\boldsymbol{A}|=0$，则知 $\lambda=0$ 是 $\boldsymbol{A}$ 的特征值，且 $\boldsymbol{A}\boldsymbol{x}=\boldsymbol{0}$ 的基础解系就是 $\boldsymbol{A}$ 的属于特征值 $\lambda=0$ 的线性无关的特征向量。

(4) 若 λ 是 $\boldsymbol{A}$ 的特征值，$\boldsymbol{x}\neq\boldsymbol{0}$，有 $\boldsymbol{A}\boldsymbol{x}=\lambda\boldsymbol{x}$，则

$$(k\boldsymbol{A})\boldsymbol{x}=(k\lambda)\boldsymbol{x},\quad (a\boldsymbol{A}+b\boldsymbol{E})\boldsymbol{x}=(a\lambda+b)\boldsymbol{x},\quad \boldsymbol{A}^2\boldsymbol{x}=\lambda^2\boldsymbol{x},\quad \boldsymbol{A}^m\boldsymbol{x}=\lambda^m\boldsymbol{x}。$$

$\boldsymbol{A}$ 可逆时，$\boldsymbol{A}^{-1}\boldsymbol{x}=\dfrac{1}{\lambda}\boldsymbol{x}$；$\boldsymbol{A}^*\boldsymbol{x}=\dfrac{|\boldsymbol{A}|}{\lambda}\boldsymbol{x}$。

注意：$\boldsymbol{A}^{\mathrm{T}}$ 与 $\boldsymbol{A}$ 有相同的特征值，但特征向量不一定相同。

2. 相似变换的概念及性质

(1) 对于 n 阶方阵 $\boldsymbol{A},\boldsymbol{B}$，若存在可逆方阵 $\boldsymbol{P}$，使 $\boldsymbol{P}^{-1}\boldsymbol{A}\boldsymbol{P}=\boldsymbol{B}$，则称 $\boldsymbol{P}^{-1}\boldsymbol{A}\boldsymbol{P}=\boldsymbol{B}$ 为由 $\boldsymbol{A}$ 到 $\boldsymbol{B}$ 的相似变换，$\boldsymbol{B}$ 是 $\boldsymbol{A}$ 的相似矩阵，也称矩阵 $\boldsymbol{A}$ 与 $\boldsymbol{B}$ 相似。

(2) 若矩阵 $\boldsymbol{A}=(a_{ij})_{n\times n}$ 与 $\boldsymbol{B}=(b_{ij})_{n\times n}$ 相似，则：

① $\boldsymbol{A}^{\mathrm{T}}$ 与 $\boldsymbol{B}^{\mathrm{T}}$ 相似；

② $\boldsymbol{A}^{-1}$ 与 $\boldsymbol{B}^{-1}$ 相似(若 $\boldsymbol{A},\boldsymbol{B}$ 均可逆)；

③ $\boldsymbol{A}^k$ 与 $\boldsymbol{B}^k$ 相似(k 为正整数)；

④ $\lambda\boldsymbol{E}-\boldsymbol{A}$ 与 $\lambda\boldsymbol{E}-\boldsymbol{B}$ 相似，$|\lambda\boldsymbol{E}-\boldsymbol{A}|=|\lambda\boldsymbol{E}-\boldsymbol{B}|(f_{\boldsymbol{A}}(\lambda)=f_{\boldsymbol{B}}(\lambda))$，从而 $\boldsymbol{A}$ 与 $\boldsymbol{B}$ 有相同的特征值；

⑤ $f(x)=a_mx^m+a_{m-1}x^{m-1}+\cdots+a_1x+a_0$，则 $f(\boldsymbol{A})$ 与 $f(\boldsymbol{B})$ 相似，且 $|f(\boldsymbol{A})|=|f(\boldsymbol{B})|$；

⑥ $\mathrm{r}(\boldsymbol{A})=\mathrm{r}(\boldsymbol{B})$；

⑦ $\mathrm{tr}(\boldsymbol{A})=\mathrm{tr}(\boldsymbol{B})$(注：$\mathrm{tr}(\boldsymbol{A})$ 表示方阵 $\boldsymbol{A}$ 的主对角线上的所有元素之和，即 $a_{11}+a_{22}+\cdots+a_{nn}$，读作 $\boldsymbol{A}$ 的迹)；

⑧ $|\boldsymbol{A}|=|\boldsymbol{B}|$，从而 $\boldsymbol{A}$ 与 $\boldsymbol{B}$ 同时可逆或同时不可逆；

⑨ 一般地，$|\lambda\boldsymbol{E}-\boldsymbol{A}|=|\lambda\boldsymbol{E}-\boldsymbol{B}|$ 时，$\boldsymbol{A}$ 与 $\boldsymbol{B}$ 未必相似。

(3) 若 $\boldsymbol{B}_1=\boldsymbol{P}^{-1}\boldsymbol{A}_1\boldsymbol{P}$，$\boldsymbol{B}_2=\boldsymbol{P}^{-1}\boldsymbol{A}_2\boldsymbol{P}$，则 $\boldsymbol{A}_1+\boldsymbol{A}_2$ 与 $\boldsymbol{B}_1+\boldsymbol{B}_2$ 相似，$\boldsymbol{A}_1\boldsymbol{A}_2$ 与 $\boldsymbol{B}_1\boldsymbol{B}_2$ 相似。此时 $\boldsymbol{B}_1\boldsymbol{B}_2=\boldsymbol{B}_2\boldsymbol{B}_1\Leftrightarrow\boldsymbol{A}_1\boldsymbol{A}_2=\boldsymbol{A}_2\boldsymbol{A}_1$。

3. 方阵可相似对角化的条件

(1) 定义：若 n 阶方阵 $\boldsymbol{A}$ 与对角阵 $\boldsymbol{\Lambda}$ 相似，则称 $\boldsymbol{A}$ 可以相似对角化。

(2) $\boldsymbol{n}$ 阶方阵 $\boldsymbol{A}$ 可对角化的充分必要条件是：$\boldsymbol{A}$ 有 n 个线性无关的特征向量；

(3) n 阶方阵 $\boldsymbol{A}$ 可对角化的充分必要条件是：对于任意的 k_i 重特征值 λ_i，有 $\mathrm{r}(\boldsymbol{A}-\lambda_i\boldsymbol{E})=n-k_i$；

(4) 若 n 阶方阵 $\boldsymbol{A}$ 有 n 个不同的特征值，则 $\boldsymbol{A}$ 与对角阵相似。

4. 方阵相似对角化的方法

设 $\boldsymbol{p}_1,\boldsymbol{p}_2,\cdots,\boldsymbol{p}_n$ 是 $\boldsymbol{A}$ 的分别属于特征值 $\lambda_1,\lambda_2,\cdots,\lambda_n$ 的 n 个线性无关的特征向量，令 $\boldsymbol{P}=(\boldsymbol{p}_1,\boldsymbol{p}_2,\cdots,\boldsymbol{p}_n)$，则

$$\boldsymbol{P}^{-1}\boldsymbol{A}\boldsymbol{P}=\boldsymbol{\Lambda}=\begin{pmatrix}\lambda_1 & & & \\ & \lambda_2 & & \\ & & \ddots & \\ & & & \lambda_n\end{pmatrix}。$$

5. 实对称矩阵的特征值与特征向量的性质

(1) 设 $\boldsymbol{A}$ 为 n 阶实方阵，若 $\boldsymbol{A}=\boldsymbol{A}^{\mathrm{T}}$，则称 $\boldsymbol{A}$ 为 n 阶实对称矩阵；

(2) 实对称矩阵 $\boldsymbol{A}$ 的特征值必为实数；

(3) 实对称矩阵 $\boldsymbol{A}$ 不同的特征值对应的特征向量不仅线性无关且必定正交；

(4) 若 λ_0 是 n 阶实对称阵 $\boldsymbol{A}$ 的 n_0 重特征值，则 $\mathrm{r}(\lambda_0\boldsymbol{E}-\boldsymbol{A})=n-n_0$；

(5) n 阶实对称矩阵 $\boldsymbol{A}$ 一定有 n 个线性无关的特征向量，从而，$\boldsymbol{A}$ 必相似于对角矩阵，且存在正交矩阵 $\boldsymbol{P}$，使

$$\boldsymbol{P}^{-1}\boldsymbol{A}\boldsymbol{P}=\boldsymbol{P}^{\mathrm{T}}\boldsymbol{A}\boldsymbol{P}=\mathrm{diag}(\lambda_1,\lambda_2,\cdots,\lambda_n),$$

其中 $\lambda_1,\lambda_2,\cdots,\lambda_n$ 为 $\boldsymbol{A}$ 的特征值。

① 当 n 阶实对称矩阵 $\boldsymbol{A}$ 有 n 个不同的特征值 $\lambda_1,\lambda_2,\cdots,\lambda_n$ 时，则对应的特征向量 $\boldsymbol{\alpha}_1,\boldsymbol{\alpha}_2,\cdots,\boldsymbol{\alpha}_n$ 两两正交，将其单位化得

$$\boldsymbol{\beta}_1=\frac{\boldsymbol{\alpha}_1}{\|\boldsymbol{\alpha}_1\|},\quad \boldsymbol{\beta}_2=\frac{\boldsymbol{\alpha}_2}{\|\boldsymbol{\alpha}_2\|},\quad \cdots,\quad \boldsymbol{\beta}_n=\frac{\boldsymbol{\alpha}_n}{\|\boldsymbol{\alpha}_n\|},$$

此时，令 $\boldsymbol{P}=(\boldsymbol{\beta}_1,\boldsymbol{\beta}_2,\cdots,\boldsymbol{\beta}_n)$，则 $\boldsymbol{P}$ 为正交矩阵，使

$$\boldsymbol{P}^{-1}\boldsymbol{A}\boldsymbol{P}=\boldsymbol{P}^{\mathrm{T}}\boldsymbol{A}\boldsymbol{P}=\mathrm{diag}(\lambda_1,\lambda_2,\cdots,\lambda_n)。$$

② 当 $\boldsymbol{A}$ 的特征值有重根 λ_i 时，需要先将重根对应的特征向量正交化，再单位化，则由所有特征值对应的单位正交化的特征向量可构造所求的正交矩阵 $\boldsymbol{P}$。

6. 实对称矩阵的相似对角化

(1) 实对称矩阵必与对角矩阵相似；

(2) 设 $\boldsymbol{A}$ 为 n 阶实对称矩阵，则必存在正交矩阵 $\boldsymbol{P}$，使 $\boldsymbol{P}^{-1}\boldsymbol{A}\boldsymbol{P}=\boldsymbol{P}^{\mathrm{T}}\boldsymbol{A}\boldsymbol{P}=\boldsymbol{\Lambda}$，其中 $\boldsymbol{\Lambda}$ 是以 $\boldsymbol{A}$ 的 n 个特征值为对角元素的对角矩阵；

(3) 用正交矩阵将实对称矩阵相似对角化的方法：

① 解特征方程 $|\boldsymbol{A}-\lambda\boldsymbol{E}|=0$，得 $\boldsymbol{A}$ 互不相同的特征值 $\lambda_1,\lambda_2,\cdots,\lambda_s$，其中 λ_i 是 n_i 重特征值，$n_1+n_2+\cdots+n_s=n$；

② 对于 n_i 重特征值 $\lambda=\lambda_i$，有 $\mathrm{r}(\boldsymbol{A}-\lambda_i\boldsymbol{E})=n-n_i$，解齐次线性方程组 $(\boldsymbol{A}-\lambda_i\boldsymbol{E})\boldsymbol{x}=\boldsymbol{0}$，可得基础解系 $\boldsymbol{\xi}_{i1},\boldsymbol{\xi}_{i2},\cdots,\boldsymbol{\xi}_{in_i}$，将其正交化、单位化得：$\boldsymbol{p}_{i1},\boldsymbol{p}_{i2},\cdots,\boldsymbol{p}_{in_i}$；

③ 令 $\boldsymbol{P}=(\boldsymbol{p}_1,\boldsymbol{p}_2,\cdots,\boldsymbol{p}_n)$，则 $\boldsymbol{P}$ 是正交矩阵，使得 $\boldsymbol{P}^{-1}\boldsymbol{A}\boldsymbol{P}=\boldsymbol{P}^{\mathrm{T}}\boldsymbol{A}\boldsymbol{P}=\boldsymbol{\Lambda}$ 为对角矩阵，其

中$\boldsymbol{\Lambda}$是以$\boldsymbol{A}$的n个特征值为对角元素的对角矩阵。

5.2 补充内容:特征值与特征向量的应用

本节给出特征值与特征向量理论和方法在实际问题中应用的一些例子。

1. 数列通项公式的矩阵解法

利用矩阵对角化的方法可以求解某些数列的通项公式。

例1 已知数列$\{F_n\}$满足

$$F_{k+2}=F_{k+1}+F_k \quad (k=0,1,2,\cdots), \tag{5.1}$$

其中$F_0=0,F_1=1$。该数列即著名的斐波那契(Fibonacci)数列。求F_n的表达式。

解 我们用矩阵的工具来求数列的通项。

记$\boldsymbol{A}=\begin{pmatrix}1&1\\1&0\end{pmatrix},\boldsymbol{\alpha}_k=\begin{pmatrix}F_{k+1}\\F_k\end{pmatrix},\boldsymbol{\alpha}_0=\begin{pmatrix}F_1\\F_0\end{pmatrix}=\begin{pmatrix}1\\0\end{pmatrix}$,则递推关系

$$\begin{cases}F_{k+2}=F_{k+1}+F_k,\\F_{k+1}=F_{k+1}\end{cases} \quad (k=0,1,2,\cdots)$$

可以简化为

$$\boldsymbol{\alpha}_{k+1}=\boldsymbol{A}\boldsymbol{\alpha}_k \quad (k=0,1,2,\cdots)。 \tag{5.2}$$

由(5.2)式递推可得

$$\boldsymbol{\alpha}_k=\boldsymbol{A}^k\boldsymbol{\alpha}_0 \quad (k=0,1,2,\cdots),$$

于是求F_k的问题就归结为求$\boldsymbol{\alpha}_k$,也就是求$\boldsymbol{A}^k$的问题。

由$|\lambda\boldsymbol{E}-\boldsymbol{A}|=\begin{vmatrix}\lambda-1&-1\\-1&\lambda\end{vmatrix}=\lambda^2-\lambda-1=0$,得$\boldsymbol{A}$的特征值

$$\lambda_1=\frac{1+\sqrt{5}}{2}, \quad \lambda_2=\frac{1-\sqrt{5}}{2}。 \tag{5.3}$$

相应于λ_1,λ_2的特征向量分别为

$$\boldsymbol{x}_1=(\lambda_1,1)^{\mathrm{T}}, \quad \boldsymbol{x}_2=(\lambda_2,1)^{\mathrm{T}}。$$

取$\boldsymbol{P}=(\boldsymbol{x}_1,\boldsymbol{x}_2)=\begin{pmatrix}\lambda_1&\lambda_2\\1&1\end{pmatrix}$,则$\boldsymbol{P}^{-1}=\dfrac{1}{\lambda_1-\lambda_2}\begin{pmatrix}1&-\lambda_2\\-1&\lambda_1\end{pmatrix}$。

于是就有$\boldsymbol{P}^{-1}\boldsymbol{A}\boldsymbol{P}=\mathrm{diag}(\lambda_1,\lambda_2)$和

$$\boldsymbol{A}^k=\boldsymbol{P}\begin{pmatrix}\lambda_1^k&0\\0&\lambda_2^k\end{pmatrix}\boldsymbol{P}^{-1}=\frac{1}{\lambda_1-\lambda_2}\begin{pmatrix}\lambda_1^{k+1}-\lambda_2^{k+1}&\lambda_1\lambda_2^{k+1}-\lambda_2\lambda_1^{k+1}\\\lambda_1^k-\lambda_2^k&\lambda_1\lambda_2^k-\lambda_2\lambda_1^k\end{pmatrix},$$

$$\begin{pmatrix}F_{k+1}\\F_k\end{pmatrix}=\boldsymbol{\alpha}_k=\boldsymbol{A}^k\begin{pmatrix}1\\0\end{pmatrix}=\frac{1}{\lambda_1-\lambda_2}\begin{pmatrix}\lambda_1^{k+1}-\lambda_2^{k+1}\\\lambda_1^k-\lambda_2^k\end{pmatrix}。 \tag{5.4}$$

将(5.3)式代入(5.4)式得

$$F_k=\frac{1}{\sqrt{5}}\left[\left(\frac{1+\sqrt{5}}{2}\right)^k-\left(\frac{1-\sqrt{5}}{2}\right)^k\right]。 \tag{5.5}$$

对于任何正整数k,由(5.5)式求得的F_k都是正整数,这可能出乎人们的预料,然而上面的求解过程说明这是准确无误的。

若记 $r_k=\frac{1}{\sqrt{5}}\left|\left(\frac{1-\sqrt{5}}{2}\right)^k\right|$，则

$$F_k=\begin{cases}\frac{1}{\sqrt{5}}\left(\frac{1+\sqrt{5}}{2}\right)^k+r_k, & k=\text{奇数},\\ \frac{1}{\sqrt{5}}\left(\frac{1+\sqrt{5}}{2}\right)^k-r_k, & k=\text{偶数}。\end{cases} \tag{5.6}$$

由于 $\left|\frac{1-\sqrt{5}}{2}\right|\approx 0.618<1$，所以 $0<r_k<\frac{1}{2}$。因此由(5.6)式可知，F_k 是等于 $\frac{1}{\sqrt{5}}\left(\frac{1+\sqrt{5}}{2}\right)^k$ 所最接近的正整数。例如，当 $k=19,20$ 时，有

$$\frac{1}{\sqrt{5}}\left(\frac{1+\sqrt{5}}{2}\right)^k\approx\begin{cases}4180.999\ 964, & k=19\\ 6765.000\ 052, & k=20\end{cases}$$

得到 $F_{19}=4181$，$F_{20}=6765$（利用(5.5)式可验算结果是正确的）。

当 k 很大时，$|\lambda_2|^k\approx(0.618)^k\ll 1$，此时

$$F_{k+1}/F_k\approx\lambda_1^{k+1}/\lambda_1^k=\lambda_1\approx 1.618,$$

或

$$F_k/F_{k+1}\approx 1/\lambda_1=|\lambda_2|\approx 0.618。$$

例 2 在一个太平洋岛国，鱼种 A 和鱼种 B 的数量是每年变化的。鱼种 A 以一定的速度吃掉鱼种 B，有下面的经验公式

$$\begin{cases}s_{i+1}=0.7s_i+0.000\ 04F_i,\\ F_{i+1}=ks_i+1.2F_i,\end{cases}$$

其中 s_i，F_i 分别是 i 年底鱼种 A 和鱼种 B 的数量，k 是鱼种 A 吃掉鱼种 B 的速度。将上述方程组写成矩阵形式，有

$$\boldsymbol{p}_{i+1}=\boldsymbol{C}\boldsymbol{p}_i,$$

其中

$$\boldsymbol{C}=\begin{pmatrix}0.7 & 0.000\ 04\\ k & 1.2\end{pmatrix},\quad \boldsymbol{p}_i=\begin{pmatrix}s_i\\ F_i\end{pmatrix},$$

设 $s_0=10000$ 和 $F_0=50000$ 是现在两种鱼的数量，$k=-0.02$。

(1) 找出矩阵 $\boldsymbol{C}$ 的特征值和特征向量；

(2) 将现在的鱼种数量的向量写作矩阵 $\boldsymbol{C}$ 的特征向量的线性组合；

(3) 使用(2)中的线性组合，确定 5 年、10 年、13 年、14 年后鱼种数量；

(4) 请推测一定时间后，是否有鱼种将灭绝。

解 (1) 矩阵 $\boldsymbol{C}$ 的特征方程为

$$\begin{vmatrix}0.7-\lambda & 0.000\ 04\\ -0.02 & 1.2-\lambda\end{vmatrix}=0,$$

由于 0.000 04 非常小，所以计算过程中，我们可以将其近似视为 0，进而解出两个特征值分别为 $\lambda_1=0.7$，$\lambda_2=1.2$。

对应特征值 $\lambda_1=0.7$ 的特征向量满足

$$\begin{pmatrix}0 & 0.000\ 04\\ -0.02 & 1.2-0.7\end{pmatrix}\begin{pmatrix}x_1\\ x_2\end{pmatrix}=\begin{pmatrix}0\\ 0\end{pmatrix},$$

求解此齐次线性方程组，得对应于特征值 $\lambda_1=0.7$ 的特征向量为

$$\boldsymbol{v}_1=\begin{pmatrix}-0.9992\\-0.04\end{pmatrix},$$

类似地可求得对应于特征值 $\lambda_2=1.2$ 的特征向量为 $\boldsymbol{v}_2=\begin{pmatrix}-0.0001\\-1\end{pmatrix}$。

(2) 为将现在的鱼种数量的向量写作矩阵 $\boldsymbol{C}$ 的特征向量的线性组合，只需令

$$\begin{pmatrix}10^4\\5\times10^4\end{pmatrix}=t_1\begin{pmatrix}-0.9992\\-0.04\end{pmatrix}+t_2\begin{pmatrix}-0.0001\\-1\end{pmatrix},$$

求出 t_1,t_2 即可。而上述等式等价于

$$\begin{pmatrix}-0.9992&-0.0001\\-0.04&-1\end{pmatrix}\begin{pmatrix}t_1\\t_2\end{pmatrix}=\begin{pmatrix}10^4\\5\times10^4\end{pmatrix}。$$

求解此线性方程组得：$t_1=-1.004\times10^4$，$t_2=-4.9600\times10^4$，所以

$$\boldsymbol{p}_0=\begin{pmatrix}s_0\\F_0\end{pmatrix}=(-1.004)\times10^4\boldsymbol{v}_1+(-4.9600)\times10^4\boldsymbol{v}_2。$$

(3) 因为 $\boldsymbol{p}_{i+1}=\boldsymbol{C}\boldsymbol{p}_i$，所以

$$\boldsymbol{p}_5=\boldsymbol{C}\boldsymbol{p}_4=\boldsymbol{C}\boldsymbol{C}\boldsymbol{p}_3=\boldsymbol{C}^2\boldsymbol{p}_3=\boldsymbol{C}^2\boldsymbol{C}\boldsymbol{p}_2=\boldsymbol{C}^3\boldsymbol{p}_2=\cdots=\boldsymbol{C}^5\boldsymbol{p}_0,$$

即 5 年后鱼种数量向量为 $\boldsymbol{C}^5\boldsymbol{p}_0$。

类似可得 10 年、13 年、14 年后鱼种数量分别为 $\boldsymbol{C}^{10}\boldsymbol{p}_0,\boldsymbol{C}^{13}\boldsymbol{p}_0,\boldsymbol{C}^{14}\boldsymbol{p}_0$。

为了计算 5 年、10 年、13 年、14 年后鱼种数量，关键是计算 $\boldsymbol{C}^5,\boldsymbol{C}^{10},\boldsymbol{C}^{13},\boldsymbol{C}^{14}$。由特征值和特征向量的定义，我们有

$$\begin{cases}C\boldsymbol{v}_1=\lambda_1\boldsymbol{v}_1,\\C\boldsymbol{v}_2=\lambda_2\boldsymbol{v}_2。\end{cases}$$

将上述两式合并得 $\boldsymbol{C}(\boldsymbol{v}_1,\boldsymbol{v}_2)=(\boldsymbol{v}_1,\boldsymbol{v}_2)\begin{pmatrix}\lambda_1&0\\0&\lambda_2\end{pmatrix}$。

由于行列式

$$|(\boldsymbol{v}_1,\boldsymbol{v}_2)|=\begin{vmatrix}-0.9992&-0.0001\\-0.04&-1\end{vmatrix}\neq0,$$

故方阵 $(\boldsymbol{v}_1,\boldsymbol{v}_2)$ 可逆，即

$$\boldsymbol{C}=(\boldsymbol{v}_1,\boldsymbol{v}_2)\begin{pmatrix}\lambda_1&0\\0&\lambda_2\end{pmatrix}(\boldsymbol{v}_1,\boldsymbol{v}_2)^{-1},$$

$$\boldsymbol{C}^5=\left((\boldsymbol{v}_1,\boldsymbol{v}_2)\begin{pmatrix}\lambda_1&0\\0&\lambda_2\end{pmatrix}(\boldsymbol{v}_1,\boldsymbol{v}_2)^{-1}\right)^5=(\boldsymbol{v}_1,\boldsymbol{v}_2)\begin{pmatrix}\lambda_1^5&0\\0&\lambda_2^5\end{pmatrix}(\boldsymbol{v}_1,\boldsymbol{v}_2)^{-1},$$

$$\begin{aligned}\boldsymbol{p}_5=\boldsymbol{C}^5\boldsymbol{p}_0&=(\boldsymbol{v}_1,\boldsymbol{v}_2)\begin{pmatrix}\lambda_1^5&0\\0&\lambda_2^5\end{pmatrix}(\boldsymbol{v}_1,\boldsymbol{v}_2)^{-1}(\boldsymbol{v}_1,\boldsymbol{v}_2)\begin{pmatrix}t_1\\t_2\end{pmatrix}\\&=\begin{pmatrix}-0.9992&-0.0001\\-0.04&-1\end{pmatrix}\begin{pmatrix}0.7^5&0\\0&1.2^5\end{pmatrix}\begin{pmatrix}-1.004\times10^4\\-4.9600\times10^4\end{pmatrix}=10^5\begin{pmatrix}0.0169\\1.2349\end{pmatrix}。\end{aligned}$$

类似计算可得

$$\boldsymbol{p}_{10}=10^5\begin{pmatrix}0.0031\\3.0712\end{pmatrix},\quad \boldsymbol{p}_{13}=10^5\begin{pmatrix}0.0014\\5.3068\end{pmatrix},\quad \boldsymbol{p}_{14}=10^5\begin{pmatrix}0.0012\\6.3682\end{pmatrix}。\qquad\square$$

(4) 由(3)的计算可知：一段时间后鱼种 A 将灭绝。

2. 一阶线性常系数微分方程组的矩阵解法

将常系数线性微分方程组

$$\begin{cases}\dfrac{\mathrm{d}u_1}{\mathrm{d}t}=a_{11}u_1+a_{12}u_2+\cdots+a_{1n}u_n,\\ \dfrac{\mathrm{d}u_2}{\mathrm{d}t}=a_{21}u_1+a_{22}u_2+\cdots+a_{2n}u_n,\\ \qquad\vdots\\ \dfrac{\mathrm{d}u_n}{\mathrm{d}t}=a_{n1}u_1+a_{n2}u_2+\cdots+a_{nn}u_n\end{cases}\tag{5.7}$$

写成矩阵形式

$$\frac{\mathrm{d}\boldsymbol{u}}{\mathrm{d}t}=\boldsymbol{A}\boldsymbol{u},\tag{5.8}$$

其中 $\boldsymbol{u}=(u_1,u_2,\cdots,u_n)^{\mathrm{T}}$，$\boldsymbol{A}=(a_{ij})_{n\times n}$ 为系数矩阵。令(5.8)式的解为

$$\boldsymbol{u}=\mathrm{e}^{\lambda t}\boldsymbol{x},\tag{5.9}$$

即 $(u_1,u_2,\cdots,u_n)^{\mathrm{T}}=\mathrm{e}^{\lambda t}(x_1,x_2,\cdots,x_n)^{\mathrm{T}}$。

将(5.9)式代入(5.8)式得

$$\lambda\mathrm{e}^{\lambda t}\boldsymbol{x}=\boldsymbol{A}\mathrm{e}^{\lambda t}\boldsymbol{x}=\mathrm{e}^{\lambda t}\boldsymbol{A}\boldsymbol{x},$$

化简得 $\boldsymbol{A}\boldsymbol{x}=\lambda\boldsymbol{x}$，即(5.9)式中的 λ 为 $\boldsymbol{A}$ 的特征值，$\boldsymbol{x}$ 为 λ 对应的特征向量，若 $\boldsymbol{A}$ 可对角化，则存在 n 个线性无关的特征向量 $\boldsymbol{x}_1,\boldsymbol{x}_2,\cdots,\boldsymbol{x}_n$。于是得到(5.8)式的 n 个线性无关的特解

$$\boldsymbol{u}_1=\mathrm{e}^{\lambda_1 t}\boldsymbol{x}_1,\boldsymbol{u}_2=\mathrm{e}^{\lambda_2 t}\boldsymbol{x}_2,\cdots,\boldsymbol{u}_n=\mathrm{e}^{\lambda_n t}\boldsymbol{x}_n,$$

它们的线性组合

$$\boldsymbol{u}=c_1\mathrm{e}^{\lambda_1 t}\boldsymbol{x}_1+c_2\mathrm{e}^{\lambda_2 t}\boldsymbol{x}_2+\cdots+c_n\mathrm{e}^{\lambda_n t}\boldsymbol{x}_n\tag{5.10}$$

(其中 $c_1,c_2,\cdots,c_n$ 为任意常数)为(5.7)式的一般解，将(5.10)式改写成矩阵形式

$$\boldsymbol{u}=(\boldsymbol{x}_1,\boldsymbol{x}_2,\cdots,\boldsymbol{x}_n)\begin{pmatrix}\mathrm{e}^{\lambda_1 t}&&&\\&\mathrm{e}^{\lambda_2 t}&&\\&&\ddots&\\&&&\mathrm{e}^{\lambda_n t}\end{pmatrix}\begin{pmatrix}c_1\\c_2\\\vdots\\c_n\end{pmatrix}。$$

若记 $\boldsymbol{c}=(c_1,c_2,\cdots,c_n)^{\mathrm{T}}$，$\mathrm{e}^{t\boldsymbol{\Lambda}}=\mathrm{diag}(\mathrm{e}^{\lambda_1 t},\mathrm{e}^{\lambda_2 t},\cdots,\mathrm{e}^{\lambda_n t})$，$\boldsymbol{P}=(\boldsymbol{x}_1,\boldsymbol{x}_2,\cdots,\boldsymbol{x}_n)$，则(5.7)式或(5.8)式有一般解

$$\boldsymbol{u}=\boldsymbol{P}\mathrm{e}^{t\boldsymbol{\Lambda}}\boldsymbol{c}。\tag{5.11}$$

对于初值问题

$$\begin{cases}\dfrac{\mathrm{d}\boldsymbol{u}}{\mathrm{d}t}=\boldsymbol{A}\boldsymbol{u},\\ \boldsymbol{u}\big|_{t=0}=\boldsymbol{u}_0。\end{cases}$$

其解为

$$\boldsymbol{u}=\boldsymbol{P}\mathrm{e}^{t\boldsymbol{\Lambda}}\boldsymbol{P}^{-1}\boldsymbol{u}_0,$$

因为 $t=0$ 代入(5.11)式得 $\boldsymbol{c}=\boldsymbol{P}^{-1}\boldsymbol{u}_0$。

例3 图5.1所示电阻、电容线路图，已知 $R_1=3, R_2=2$（单位为 Ω），$C_1=1, C_2=2$（单位为 F），开关合上时，容器 C_1 上初始电压为 11V，右边闭合回路的初始电流和 C_2 上的初始电压全为0。试求：开关闭合后两个电容器上的电压 u_1 和 u_2 与时间 t 的函数关系，即求 $u_1(t)$ 和 $u_2(t)$。

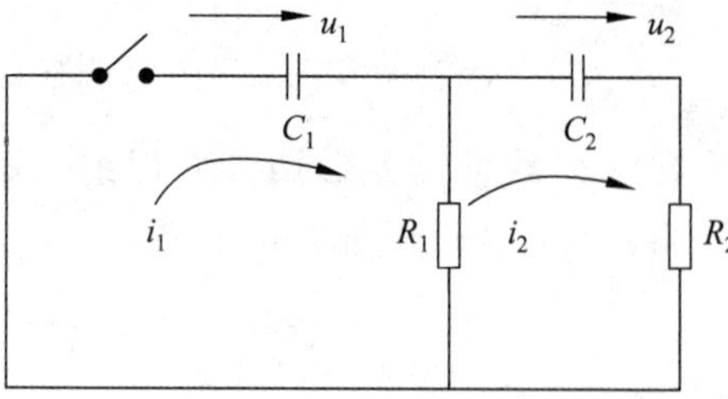

图 5.1

解 由物理学的知识可知，电容器两端电流与电压的关系为

$$i_1=C_1\frac{\mathrm{d}u_1}{\mathrm{d}t}=\frac{\mathrm{d}u_1}{\mathrm{d}t},\quad i_2=C_2\frac{\mathrm{d}u_2}{\mathrm{d}t}=2\frac{\mathrm{d}u_2}{\mathrm{d}t}。$$

根据基尔霍夫定律，容易列出两个回路的电压方程

$$\begin{cases}u_1+3\left(\dfrac{\mathrm{d}u_1}{\mathrm{d}t}-2\dfrac{\mathrm{d}u_2}{\mathrm{d}t}\right)=0,\\ u_2+4\dfrac{\mathrm{d}u_2}{\mathrm{d}t}+3\left(2\dfrac{\mathrm{d}u_2}{\mathrm{d}t}-\dfrac{\mathrm{d}u_1}{\mathrm{d}t}\right)=0。\end{cases}\tag{5.12}$$

将之化成一阶线性常系数齐次微分方程组的标准形式

$$\begin{cases}\dfrac{\mathrm{d}u_1}{\mathrm{d}t}=-\dfrac{5}{6}u_1-\dfrac{1}{2}u_2,\\ \dfrac{\mathrm{d}u_2}{\mathrm{d}t}=-\dfrac{1}{4}u_1-\dfrac{1}{4}u_2。\end{cases}\tag{5.13}$$

初始条件为

$$u_1(0)=11,\quad u_2(0)=0。\tag{5.14}$$

以矩阵表示方程(5.13)，(5.14)，即得

$$\begin{cases}\dfrac{\mathrm{d}\boldsymbol{u}}{\mathrm{d}t}=\boldsymbol{A}\boldsymbol{u},\\ \boldsymbol{u}\Big|_{t=0}=\boldsymbol{u}_0=(11,0)^{\mathrm{T}},\end{cases}\tag{5.15}$$

其中

$$\boldsymbol{A}=\begin{pmatrix}-5/6 & -1/2\\ -1/4 & -1/4\end{pmatrix}。$$

先求特征值和特征向量。由 $|\lambda\boldsymbol{E}-\boldsymbol{A}|=0$，得 $\lambda_1=-1, \lambda_2=-1/12$，对应的特征向量分别为

$$\boldsymbol{x}_1=(3,1)^{\mathrm{T}},\quad \boldsymbol{x}_2=(2,-3)^{\mathrm{T}},$$

且 $\mathrm{e}^{t\boldsymbol{\Lambda}}=\mathrm{diag}(\mathrm{e}^{-t},\mathrm{e}^{-t/12})$，$\boldsymbol{P}=(\boldsymbol{x}_1,\boldsymbol{x}_2)$。

初值问题(5.15)的解为 $\boldsymbol{u}=\boldsymbol{P}\mathrm{e}^{t\boldsymbol{\Lambda}}\boldsymbol{P}^{-1}\boldsymbol{u}_0$，即

$$\begin{pmatrix}u_1\\ u_2\end{pmatrix}=\frac{-1}{11}\begin{pmatrix}3 & 2\\ 1 & -3\end{pmatrix}\begin{pmatrix}\mathrm{e}^{-t} & 0\\ 0 & \mathrm{e}^{-t/12}\end{pmatrix}\begin{pmatrix}-3 & -2\\ -1 & 3\end{pmatrix}\begin{pmatrix}11\\ 0\end{pmatrix}=\begin{pmatrix}9\mathrm{e}^{-t}+2\mathrm{e}^{-t/12}\\ 3\mathrm{e}^{-t}-3\mathrm{e}^{-t/12}\end{pmatrix}$$

为所求解。 □

5.3 典型例题

题型 1 求矩阵的特征值与特征向量

解题思路 (1) 数值型矩阵的特征值与特征向量

一般可由特征方程$|\boldsymbol{A}-\lambda\boldsymbol{E}|=0$直接解出矩阵的特征值$\lambda_i(i=1,2,\cdots,n)$，再由线性方程组$(\boldsymbol{A}-\lambda_i\boldsymbol{E})\boldsymbol{x}=\boldsymbol{0}$求出相应的特征向量。

(2) 含待定参数的矩阵的特征值与特征向量

首先要利用题目给定的条件，根据有关矩阵特征值、特征向量等的结论确定矩阵中的待定参数，再按上述步骤求出特征值和特征向量。

(3) 关于抽象矩阵的特征值与特征向量的问题

对于没有给出具体元素的抽象矩阵，其特征值可按如下思路求解：

① 利用矩阵特征值的定义$\boldsymbol{Ax}=\lambda\boldsymbol{x},\boldsymbol{x}\neq\boldsymbol{0}$，满足该定义式的值$\lambda$即为矩阵$\boldsymbol{A}$的特征值，满足该定义式的非零向量$\boldsymbol{x}$即为属于$\lambda$的特征向量，由此可进一步解决有关抽象矩阵特征值和特征向量的问题。

② 利用矩阵的特征方程$|\boldsymbol{A}-\lambda\boldsymbol{E}|=0$。满足该特征方程的值$\lambda$即为矩阵$\boldsymbol{A}$的特征值，再进一步确定对应的特征向量。

③ 综合运用有关向量组线性相关性及矩阵的特征值与特征向量的已知结论解题。

例 1 求n阶方阵$\boldsymbol{A}=\begin{pmatrix} a & a & \cdots & a \\ a & a & \cdots & a \\ \vdots & \vdots & & \vdots \\ a & a & \cdots & a \end{pmatrix}(a\neq 0)$的特征值。

解 $\boldsymbol{A}$的特征多项式

$$f(\lambda)=|\boldsymbol{A}-\lambda\boldsymbol{E}|=\begin{vmatrix} a-\lambda & a & \cdots & a \\ a & a-\lambda & \cdots & a \\ \vdots & \vdots & \ddots & \vdots \\ a & a & \cdots & a-\lambda \end{vmatrix}$$

$$=\begin{vmatrix} na-\lambda & na-\lambda & \cdots & na-\lambda \\ a & a-\lambda & \cdots & a \\ \vdots & \vdots & \ddots & \vdots \\ a & a & \cdots & a-\lambda \end{vmatrix}=(na-\lambda)\begin{vmatrix} 1 & 1 & \cdots & 1 \\ a & a-\lambda & \cdots & a \\ \vdots & \vdots & \ddots & \vdots \\ a & a & \cdots & a-\lambda \end{vmatrix}$$

$$=(na-\lambda)\begin{vmatrix} 1 & 1 & \cdots & 1 \\ 0 & -\lambda & \cdots & 0 \\ \vdots & \vdots & \ddots & \vdots \\ 0 & 0 & \cdots & -\lambda \end{vmatrix}=(-\lambda)^{n-1}(na-\lambda),$$

所以，$\boldsymbol{A}$的特征值为$\lambda_1=\lambda_2=\cdots=\lambda_{n-1}=0,\lambda_n=na$。 □

例 2 设三阶矩阵$\boldsymbol{A}$的特征值为$2,-2,1$，$\boldsymbol{B}=\boldsymbol{A}^2-\boldsymbol{A}+\boldsymbol{E}$，其中$\boldsymbol{E}$为三阶单位矩阵，则行列式$|\boldsymbol{B}|=$________。

解 由$\boldsymbol{B}=\boldsymbol{A}^2-\boldsymbol{A}+\boldsymbol{E}$，且$\boldsymbol{A}$的特征值为$2,-2,1$，得$\boldsymbol{B}$的所有特征值为

$2^2-2+1=3$， $(-2)^2-(-2)+1=7$， $1^2-1+1=1$， 所以 $|\boldsymbol{B}|=3\times7\times1=21$。

注 虽然本题的最终目标是计算行列式，但核心技巧是利用特征值的性质，由 $\boldsymbol{A}$ 的特征值推断出 $\boldsymbol{B}$ 的特征值。 □

例 3 $\boldsymbol{A}$ 是四阶实矩阵，满足 $|\boldsymbol{A}+\sqrt{3}\boldsymbol{E}|=0$，且 $|\boldsymbol{A}|=9$，求 $\boldsymbol{A}^*$ 与 $|\boldsymbol{A}|^2\boldsymbol{A}^{-1}$ 的各一个特征值。

解 因为 $|\boldsymbol{A}+\sqrt{3}\boldsymbol{E}|=(-1)^4\left|-\sqrt{3}\boldsymbol{E}-\boldsymbol{A}\right|=0$，所以 $\boldsymbol{A}$ 的一个特征值为 $\lambda_0=-\sqrt{3}$。

设 $\boldsymbol{A}\boldsymbol{x}_0=\lambda_0\boldsymbol{x}_0$，$\boldsymbol{x}_0\neq\boldsymbol{0}$，则 $\boldsymbol{A}^*\boldsymbol{A}\boldsymbol{x}_0=\lambda_0\boldsymbol{A}^*\boldsymbol{x}_0$，即 $|\boldsymbol{A}|\boldsymbol{x}_0=\lambda_0\boldsymbol{A}^*\boldsymbol{x}_0$，于是

$$\boldsymbol{A}^*\boldsymbol{x}_0=\frac{|\boldsymbol{A}|}{\lambda_0}\boldsymbol{x}_0\Rightarrow\lambda_0^*=\frac{|\boldsymbol{A}|}{\lambda_0}=-\frac{9}{\sqrt{3}}=-3\sqrt{3}。$$

由 $\boldsymbol{A}\boldsymbol{x}_0=\lambda_0\boldsymbol{x}_0$，得 $|\boldsymbol{A}|^2\boldsymbol{A}^{-1}\boldsymbol{A}\boldsymbol{x}_0=\lambda_0|\boldsymbol{A}|^2\boldsymbol{A}^{-1}\boldsymbol{x}_0$，即 $|\boldsymbol{A}|^2\boldsymbol{A}^{-1}\boldsymbol{x}_0=\dfrac{1}{\lambda_0}|\boldsymbol{A}|^2\boldsymbol{x}_0$，所以，$|\boldsymbol{A}|^2\boldsymbol{A}^{-1}$ 的特征值 $\lambda_1=\dfrac{1}{\lambda_0}|\boldsymbol{A}|^2=-\dfrac{81}{\sqrt{3}}=-27\sqrt{3}$。 □

例 4 若三维列向量 $\boldsymbol{\alpha}$，$\boldsymbol{\beta}$ 满足 $\boldsymbol{\alpha}^{\mathrm{T}}\boldsymbol{\beta}=2$，其中 $\boldsymbol{\alpha}^{\mathrm{T}}$ 为 $\boldsymbol{\alpha}$ 的转置，求矩阵 $\boldsymbol{\beta}\boldsymbol{\alpha}^{\mathrm{T}}$ 的非零特征值。

解 设 $\boldsymbol{A}=\boldsymbol{\beta}\boldsymbol{\alpha}^{\mathrm{T}}$，则 $\boldsymbol{A}^2=(\boldsymbol{\beta}\boldsymbol{\alpha}^{\mathrm{T}})^2=(\boldsymbol{\beta}\boldsymbol{\alpha}^{\mathrm{T}})(\boldsymbol{\beta}\boldsymbol{\alpha}^{\mathrm{T}})=\boldsymbol{\beta}(\boldsymbol{\alpha}^{\mathrm{T}}\boldsymbol{\beta})\boldsymbol{\alpha}^{\mathrm{T}}=2\boldsymbol{\beta}\boldsymbol{\alpha}^{\mathrm{T}}=2\boldsymbol{A}$。

设 λ 为 $\boldsymbol{A}$ 的一个特征值，$\boldsymbol{\eta}$ 是属于 λ 的特征向量，即 $\boldsymbol{A}\boldsymbol{\eta}=\lambda\boldsymbol{\eta}$。由此可知

$$\boldsymbol{A}^2\boldsymbol{\eta}=\lambda^2\boldsymbol{\eta}。\tag{*}$$

另一方面

$$\boldsymbol{A}^2\boldsymbol{\eta}=2\boldsymbol{A}\boldsymbol{\eta}=2\lambda\boldsymbol{\eta},\tag{**}$$

(*)式与(**)式对比得 $\lambda^2=2\lambda$，即 $\lambda=2$ 或 $\lambda=0$。综上得矩阵 $\boldsymbol{\beta}\boldsymbol{\alpha}^{\mathrm{T}}$ 的非零特征值为 2。 □

例 5 设 $\boldsymbol{\alpha}=(a_1,a_2,\cdots,a_n)^{\mathrm{T}}$，$\boldsymbol{\beta}=(b_1,b_2,\cdots,b_n)^{\mathrm{T}}$ 都是非零向量，且满足条件 $\boldsymbol{\alpha}^{\mathrm{T}}\boldsymbol{\beta}=0$；记 n 阶矩阵 $\boldsymbol{A}=\boldsymbol{\alpha}\boldsymbol{\beta}^{\mathrm{T}}$，求：（Ⅰ）$\boldsymbol{A}^2$；（Ⅱ）矩阵 $\boldsymbol{A}$ 的特征值和特征向量。

解 （Ⅰ）$\boldsymbol{A}^2=(\boldsymbol{\alpha}\boldsymbol{\beta}^{\mathrm{T}})^2=(\boldsymbol{\alpha}\boldsymbol{\beta}^{\mathrm{T}})(\boldsymbol{\alpha}\boldsymbol{\beta}^{\mathrm{T}})=\boldsymbol{\alpha}(\boldsymbol{\beta}^{\mathrm{T}}\boldsymbol{\alpha})\boldsymbol{\beta}^{\mathrm{T}}=\boldsymbol{O}$。

（Ⅱ）设 λ 为 $\boldsymbol{A}$ 的一个特征值，$\boldsymbol{\eta}$ 是属于 λ 的特征向量，即 $\boldsymbol{A}\boldsymbol{\eta}=\lambda\boldsymbol{\eta}$。由此可知 $\boldsymbol{A}^2\boldsymbol{\eta}=\lambda^2\boldsymbol{\eta}$。因为 $\boldsymbol{A}^2=\boldsymbol{O}$，所以 $\lambda^2=0$。由此可知 $\lambda=0$ 是 $\boldsymbol{A}$ 的唯一的特征值。

又因为 $\boldsymbol{A}\boldsymbol{\eta}=(\boldsymbol{\alpha}\boldsymbol{\beta}^{\mathrm{T}})\boldsymbol{\eta}=\boldsymbol{\alpha}(\boldsymbol{\beta}^{\mathrm{T}}\boldsymbol{\eta})$，同时 $\boldsymbol{A}\boldsymbol{\eta}=0\boldsymbol{\eta}=\boldsymbol{0}$，所以 $\boldsymbol{\beta}^{\mathrm{T}}\boldsymbol{\eta}=0$，即满足 $\boldsymbol{\beta}^{\mathrm{T}}\boldsymbol{\eta}=0$ 的 $\boldsymbol{\eta}$ 都是 $\boldsymbol{A}$ 的特征向量。记 $\boldsymbol{\eta}=(x_1,x_2,\cdots,x_n)^{\mathrm{T}}$，则 $\boldsymbol{\beta}^{\mathrm{T}}\boldsymbol{\eta}=0\Leftrightarrow b_1x_1+b_2x_2+\cdots+b_nx_n=0$，从而可以解出 $\boldsymbol{\eta}=k_1\begin{pmatrix}-b_2\\b_1\\0\\\vdots\\0\end{pmatrix}+k_2\begin{pmatrix}-b_3\\0\\b_1\\\vdots\\0\end{pmatrix}+\cdots+k_{n-1}\begin{pmatrix}-b_n\\0\\0\\\vdots\\b_1\end{pmatrix}$，$k_1,k_2,\cdots,k_{n-1}$ 是不全为零的常数。

所以属于 0 的特征向量为 $\boldsymbol{\eta}=k_1\begin{pmatrix}-b_2\\b_1\\0\\\vdots\\0\end{pmatrix}+k_2\begin{pmatrix}-b_3\\0\\b_1\\\vdots\\0\end{pmatrix}+\cdots+k_{n-1}\begin{pmatrix}-b_n\\0\\0\\\vdots\\b_1\end{pmatrix}$。 □

例 6 设 $\boldsymbol{A}=\begin{pmatrix}a&-1&c\\5&b&3\\1-c&0&-a\end{pmatrix}$，$|\boldsymbol{A}|=-1$，$\boldsymbol{A}^*$ 有一个特征值 λ_0，且属于 λ_0 的一个特

征向量为$\boldsymbol{\alpha}=(-1,-1,1)^{\mathrm{T}}$，求 a,b,c 及 λ_0 的值。

解 由题设，$|\boldsymbol{A}|=-1$，则有

$\boldsymbol{A}^*\boldsymbol{\alpha}=\lambda_0\boldsymbol{\alpha}\Rightarrow \boldsymbol{A}\boldsymbol{A}^*\boldsymbol{\alpha}=\lambda_0\boldsymbol{A}\boldsymbol{\alpha}\Rightarrow|\boldsymbol{A}|\boldsymbol{E}\boldsymbol{\alpha}=\lambda_0\boldsymbol{A}\boldsymbol{\alpha}\Rightarrow-\boldsymbol{\alpha}=\lambda_0\boldsymbol{A}\boldsymbol{\alpha}$，即

$$\lambda_0\begin{pmatrix}a&-1&c\\5&b&3\\1-c&0&-a\end{pmatrix}\begin{pmatrix}-1\\-1\\1\end{pmatrix}=-\begin{pmatrix}-1\\-1\\1\end{pmatrix}。$$

改写为$\begin{cases}\lambda_0(-a+1+c)=1,\\\lambda_0(-5-b+3)=1,\\\lambda_0(-1+c-a)=-1。\end{cases}$

由上式解得 $\lambda_0=1,b=-3,c=a$。再将这些结果代入$|\boldsymbol{A}|=-1$中，有

$$\begin{vmatrix}a&-1&a\\5&-3&3\\1-a&0&-a\end{vmatrix}=a-3=-1,\quad 故\ a=2。$$ □

例 7 已知 $\boldsymbol{A}=\begin{pmatrix}3&2&2\\2&3&2\\2&2&3\end{pmatrix}$，$\boldsymbol{P}=\begin{pmatrix}0&1&0\\1&0&1\\0&0&1\end{pmatrix}$，$\boldsymbol{B}=\boldsymbol{P}^{-1}\boldsymbol{A}^*\boldsymbol{P}$，求 $\boldsymbol{B}+2\boldsymbol{E}$ 的特征值与特征向量。

解 由于$|\lambda\boldsymbol{E}-\boldsymbol{A}|=\begin{vmatrix}\lambda-3&-2&-2\\-2&\lambda-3&-2\\-2&-2&\lambda-3\end{vmatrix}=(\lambda-1)^2(\lambda-7)$，故 $\boldsymbol{A}$ 的特征值为$\lambda_1=\lambda_2=1,\lambda_3=7$ 且$|\boldsymbol{A}|=7$。由此可知 $\boldsymbol{A}^*=|\boldsymbol{A}|\boldsymbol{A}^{-1}=7\boldsymbol{A}^{-1}$的特征值为 7,7,1。

而 $\boldsymbol{B}$ 与 $\boldsymbol{A}^*$ 相似，因此 $\boldsymbol{B}$ 的特征值也是 7,7,1，进而求 $\boldsymbol{B}+2\boldsymbol{E}$ 的特征值为 9,9,3。

再求 $\boldsymbol{A}$ 的特征向量

当 $\lambda_1=\lambda_2=1$ 时，对应的线性无关特征向量可取为 $\boldsymbol{\eta}_1=\begin{pmatrix}-1\\1\\0\end{pmatrix}$，$\boldsymbol{\eta}_2=\begin{pmatrix}-1\\0\\1\end{pmatrix}$。

当 $\lambda_3=7$ 时，对应的一个特征向量为$\boldsymbol{\eta}_3=\begin{pmatrix}1\\1\\1\end{pmatrix}$。

若$\boldsymbol{\eta}$是 $\boldsymbol{A}$ 的属于λ 的特征向量，则 $\boldsymbol{A}\boldsymbol{\eta}=\lambda\boldsymbol{\eta}\Rightarrow\boldsymbol{A}^{-1}\boldsymbol{\eta}=\frac{1}{\lambda}\boldsymbol{\eta}\Rightarrow\boldsymbol{A}^*\boldsymbol{\eta}=\frac{|\boldsymbol{A}|}{\lambda}\boldsymbol{\eta}=\frac{7}{\lambda}\boldsymbol{\eta}$。

$$\begin{aligned}(\boldsymbol{B}+2\boldsymbol{E})(\boldsymbol{P}^{-1}\boldsymbol{\eta})&=\boldsymbol{B}\boldsymbol{P}^{-1}\boldsymbol{\eta}+2\boldsymbol{P}^{-1}\boldsymbol{\eta}=\boldsymbol{P}^{-1}\boldsymbol{A}^*\boldsymbol{P}\boldsymbol{P}^{-1}\boldsymbol{\eta}+2\boldsymbol{P}^{-1}\boldsymbol{\eta}=\boldsymbol{P}^{-1}\boldsymbol{A}^*\boldsymbol{\eta}+2\boldsymbol{P}^{-1}\boldsymbol{\eta}\\&=\boldsymbol{P}^{-1}\frac{7}{\lambda}\boldsymbol{\eta}+2\boldsymbol{P}^{-1}\boldsymbol{\eta}=\left(\frac{7}{\lambda}+2\right)\boldsymbol{P}^{-1}\boldsymbol{\eta},\end{aligned}$$

由此可知 $\boldsymbol{P}^{-1}\boldsymbol{\eta}$ 是 $\boldsymbol{B}+2\boldsymbol{E}$ 的属于$\frac{7}{\lambda}+2$ 的特征向量。

由 $\boldsymbol{P}^{-1}=\begin{pmatrix}0&1&-1\\1&0&0\\0&0&1\end{pmatrix}$，得 $\boldsymbol{P}^{-1}\boldsymbol{\eta}_1=\begin{pmatrix}1\\-1\\0\end{pmatrix}$，$\boldsymbol{P}^{-1}\boldsymbol{\eta}_2=\begin{pmatrix}-1\\-1\\1\end{pmatrix}$，$\boldsymbol{P}^{-1}\boldsymbol{\eta}_3=\begin{pmatrix}0\\1\\1\end{pmatrix}$。

知 $\boldsymbol{B}+2\boldsymbol{E}$ 的对应于特征值 9 的全部特征向量为$\boldsymbol{\xi}_1=k_1\begin{pmatrix}1\\-1\\0\end{pmatrix}+k_2\begin{pmatrix}-1\\-1\\1\end{pmatrix}$,其中 k_1,k_2 不全为零,对应于特征值 3 的特征向量为$\boldsymbol{\xi}_2=k_3\begin{pmatrix}0\\1\\1\end{pmatrix}$,其中 k_3 不为零。 □

例 8 设 $\boldsymbol{A}$ 是三阶方阵,$\lambda_1,\lambda_2,\lambda_3$ 是 $\boldsymbol{A}$ 的 3 个不同的特征值,对应的特征向量为$\boldsymbol{\alpha}_1,\boldsymbol{\alpha}_2,\boldsymbol{\alpha}_3$,令$\boldsymbol{\beta}=\boldsymbol{\alpha}_1+\boldsymbol{\alpha}_2+\boldsymbol{\alpha}_3$。

(1) 证明$\boldsymbol{\beta},\boldsymbol{A\beta},\boldsymbol{A}^2\boldsymbol{\beta}$线性无关;

(2) 若 $\boldsymbol{A}^3\boldsymbol{\beta}=\boldsymbol{A\beta}$,求 $\mathrm{r}(\boldsymbol{A}-\boldsymbol{E})$及$|\boldsymbol{A}+2\boldsymbol{E}|$。

解 (1) 因$\boldsymbol{\beta}=\boldsymbol{\alpha}_1+\boldsymbol{\alpha}_2+\boldsymbol{\alpha}_3$,故

$$\boldsymbol{A\beta}=\boldsymbol{A\alpha}_1+\boldsymbol{A\alpha}_2+\boldsymbol{A\alpha}_3=\lambda_1\boldsymbol{\alpha}_1+\lambda_2\boldsymbol{\alpha}_2+\lambda_3\boldsymbol{\alpha}_3,$$

$$\boldsymbol{A}^2\boldsymbol{\beta}=\boldsymbol{A}^2\boldsymbol{\alpha}_1+\boldsymbol{A}^2\boldsymbol{\alpha}_2+\boldsymbol{A}^2\boldsymbol{\alpha}_3=\lambda_1^2\boldsymbol{\alpha}_1+\lambda_2^2\boldsymbol{\alpha}_2+\lambda_3^2\boldsymbol{\alpha}_3,$$

于是

$$(\boldsymbol{\beta},\boldsymbol{A\beta},\boldsymbol{A}^2\boldsymbol{\beta})=(\boldsymbol{\alpha}_1,\boldsymbol{\alpha}_2,\boldsymbol{\alpha}_3)\begin{pmatrix}1&\lambda_1&\lambda_1^2\\1&\lambda_2&\lambda_2^2\\1&\lambda_3&\lambda_3^2\end{pmatrix}。$$

因 $\lambda_1,\lambda_2,\lambda_3$ 互异,故$\boldsymbol{\alpha}_1,\boldsymbol{\alpha}_2,\boldsymbol{\alpha}_3$线性无关,且

$$\begin{vmatrix}1&\lambda_1&\lambda_1^2\\1&\lambda_2&\lambda_2^2\\1&\lambda_3&\lambda_3^2\end{vmatrix}=(\lambda_3-\lambda_1)(\lambda_2-\lambda_1)(\lambda_3-\lambda_2)\neq0,$$

于是

$$|\boldsymbol{\beta},\boldsymbol{A\beta},\boldsymbol{A}^2\boldsymbol{\beta}|=|\boldsymbol{\alpha}_1,\boldsymbol{\alpha}_2,\boldsymbol{\alpha}_3|\begin{vmatrix}1&\lambda_1&\lambda_1^2\\1&\lambda_2&\lambda_2^2\\1&\lambda_3&\lambda_3^2\end{vmatrix}\neq0,$$

所以$\boldsymbol{\beta},\boldsymbol{A\beta},\boldsymbol{A}^2\boldsymbol{\beta}$线性无关。

(2) 由 $\boldsymbol{A}^3\boldsymbol{\beta}=\boldsymbol{A\beta}$,$\boldsymbol{\beta}=\boldsymbol{\alpha}_1+\boldsymbol{\alpha}_2+\boldsymbol{\alpha}_3$得

$$\boldsymbol{A}^3\boldsymbol{\beta}=\boldsymbol{A}^3\boldsymbol{\alpha}_1+\boldsymbol{A}^3\boldsymbol{\alpha}_2+\boldsymbol{A}^3\boldsymbol{\alpha}_3=\lambda_1^3\boldsymbol{\alpha}_1+\lambda_2^3\boldsymbol{\alpha}_2+\lambda_3^3\boldsymbol{\alpha}_3,$$

$$\boldsymbol{A\beta}=\boldsymbol{A\alpha}_1+\boldsymbol{A\alpha}_2+\boldsymbol{A\alpha}_3=\lambda_1\boldsymbol{\alpha}_1+\lambda_2\boldsymbol{\alpha}_2+\lambda_3\boldsymbol{\alpha}_3,$$

$$\lambda_1^3\boldsymbol{\alpha}_1+\lambda_2^3\boldsymbol{\alpha}_2+\lambda_3^3\boldsymbol{\alpha}_3=\lambda_1\boldsymbol{\alpha}_1+\lambda_2\boldsymbol{\alpha}_2+\lambda_3\boldsymbol{\alpha}_3。$$

又$\boldsymbol{\alpha}_1,\boldsymbol{\alpha}_2,\boldsymbol{\alpha}_3$线性无关,因此 $\lambda_1^3=\lambda_1,\lambda_2^3=\lambda_2,\lambda_3^3=\lambda_3$,即 $\lambda_1,\lambda_2,\lambda_3$ 是方程 $x^3-x=0$ 的解。又 $\lambda_1,\lambda_2,\lambda_3$ 互异,$\lambda_1,\lambda_2,\lambda_3$ 是方程 $x^3-x=0$ 的全部根$-1,0,1$,因此 $\boldsymbol{A}$ 与$\boldsymbol{B}=\begin{pmatrix}-1&0&0\\0&0&0\\0&0&1\end{pmatrix}$相似,故 $\boldsymbol{A}-\boldsymbol{E}$ 与 $\boldsymbol{B}-\boldsymbol{E}=\begin{pmatrix}-2&0&0\\0&-1&0\\0&0&0\end{pmatrix}$相似,$\boldsymbol{A}+2\boldsymbol{E}$ 与 $\boldsymbol{B}+2\boldsymbol{E}=\begin{pmatrix}1&0&0\\0&2&0\\0&0&3\end{pmatrix}$相似,故

$$\mathrm{r}(\boldsymbol{A}-\boldsymbol{E})=\mathrm{r}(\boldsymbol{B}-\boldsymbol{E})=2,\quad|\boldsymbol{A}+2\boldsymbol{E}|=|\boldsymbol{B}+2\boldsymbol{E}|=6。$$

□

题型 2 求解特征值与特征向量的逆问题

解题思路 (1) 已知特征向量或特征值反求矩阵中的参数。

若题设条件中给出了特征向量，可用定义 $\boldsymbol{A}\boldsymbol{x}=\lambda\boldsymbol{x},\boldsymbol{x}\neq\boldsymbol{0}$ 得到关于待求参数的方程组，解出所求参数；若题设条件中仅给出了矩阵的特征值，则可用特征方程 $|\boldsymbol{A}-\lambda\boldsymbol{E}|=0$ 求解。

(2) 已知矩阵的全部或部分特征值、特征向量反求矩阵本身，可通过特征值的定义表达式 $\boldsymbol{A}\boldsymbol{x}=\lambda\boldsymbol{x},\boldsymbol{x}\neq\boldsymbol{0}$，求出 $\boldsymbol{A}$。

此类问题主要针对实对称矩阵来讨论，涉及的结论是：实对称矩阵属于不同特征值的特征向量相互正交。利用此结论可得到关于所求特征向量满足的线性方程组，解得特征向量，进而确定所求矩阵。

例 9 已知 $\boldsymbol{\xi}=(1,1,-1)^{\mathrm{T}}$ 是矩阵 $\boldsymbol{A}=\begin{pmatrix}2&-1&2\\5&a&3\\-1&b&-2\end{pmatrix}$ 的一个特征向量。求 a,b 及 $\boldsymbol{\xi}$ 所对应的特征值。

解 根据已知条件 $\boldsymbol{A\xi}=\lambda\boldsymbol{\xi}\Rightarrow\begin{pmatrix}2&-1&2\\5&a&3\\-1&b&-2\end{pmatrix}\begin{pmatrix}1\\1\\-1\end{pmatrix}=\lambda\begin{pmatrix}1\\1\\-1\end{pmatrix}\Rightarrow\begin{pmatrix}-1\\a+2\\b+1\end{pmatrix}=\lambda\begin{pmatrix}1\\1\\-1\end{pmatrix}$。

两边比较可得 $\lambda=-1,a=-3,b=0$。 □

例 10 设 $\boldsymbol{A}=\begin{pmatrix}a&-1&c\\c+1&-3&a-1\\b&0&-4\end{pmatrix}$，$|\boldsymbol{A}|=1$。又 $\boldsymbol{\alpha}=(-1,-1,1)^{\mathrm{T}}$ 是 $\boldsymbol{A}^{-1}$ 的特征向量，求 a,b,c。

解 由 $\boldsymbol{A}^{-1}\boldsymbol{\alpha}=\lambda\boldsymbol{\alpha}\Rightarrow\boldsymbol{\alpha}=\lambda\boldsymbol{A\alpha}$，即

$$\lambda\begin{pmatrix}a&-1&c\\c+1&-3&a-1\\b&0&-4\end{pmatrix}\begin{pmatrix}-1\\-1\\1\end{pmatrix}=\begin{pmatrix}-1\\-1\\1\end{pmatrix},$$

$$\begin{cases}\lambda(-a+1+c)=-1,\\\lambda(-c-1+3+a-1)=-1,\\\lambda(-b-4)=1,\end{cases}\Rightarrow c-a+1=a-c+1,$$

$$\Rightarrow a=c\Rightarrow\lambda=-1,b=-3。$$

所以 $|\boldsymbol{A}|=1\Rightarrow1=\begin{vmatrix}a&-1&a\\a+1&-3&a-1\\-3&0&-4\end{vmatrix}=2a-7\Rightarrow a=4=c$。 □

例 11 设 $\boldsymbol{A}=\begin{pmatrix}0&1&0&0\\1&0&0&0\\0&0&y&1\\0&0&1&2\end{pmatrix}$。(1) 已知 $\boldsymbol{A}$ 有特征值 3，求 y；(2) 求 $\boldsymbol{P}$，使得 $(\boldsymbol{AP})^{\mathrm{T}}(\boldsymbol{AP})$ 为对角形。

解 首先 $|3\boldsymbol{E}-\boldsymbol{A}|=\begin{vmatrix} 3 & -1 & & 0 \\ -1 & 3 & & \\ & & 3-y & -1 \\ 0 & & -1 & 1 \end{vmatrix}=8(2-y)=0\Rightarrow y=2$。

其次，$(\boldsymbol{AP})^{\mathrm{T}}(\boldsymbol{AP})=\boldsymbol{P}^{\mathrm{T}}\boldsymbol{A}^2\boldsymbol{P}$。

设 $\boldsymbol{A}\boldsymbol{x}_0=\lambda\boldsymbol{x}_0\Rightarrow\boldsymbol{A}^2\boldsymbol{x}_0=\lambda\boldsymbol{A}\boldsymbol{x}_0=\lambda^2\boldsymbol{x}_0$，故 $\boldsymbol{A}^2$ 与 $\boldsymbol{A}$ 有相同的特征向量，特征值 $\mu=\lambda^2$。

又 $\boldsymbol{A}=\begin{pmatrix} 0 & 1 & & 0 \\ 1 & 0 & & \\ & & 2 & 1 \\ 0 & & 1 & 2 \end{pmatrix}$，$\boldsymbol{A}$ 为实对称阵。求解特征方程

$$|\lambda\boldsymbol{E}-\boldsymbol{A}|=\begin{vmatrix} \lambda & -1 & & 0 \\ -1 & \lambda & & \\ & & \lambda-2 & -1 \\ 0 & & -1 & \lambda-2 \end{vmatrix}=(\lambda-1)^2(\lambda+1)(\lambda-3)=0$$

$\Rightarrow\lambda_{1,2}=1,\lambda_3=-1,\lambda_4=3$。

求 $\boldsymbol{A}$ 的特征向量：

$$\lambda_{1,2}=1,\begin{pmatrix} 1 & -1 & & 0 \\ -1 & 1 & & \\ & & -1 & -1 \\ 0 & & -1 & -1 \end{pmatrix}\to\begin{pmatrix} 1 & -1 & 0 & 0 \\ 0 & 0 & 1 & 1 \\ & & 0 & \end{pmatrix},$$

$\boldsymbol{x}_1=(1,1,0,0)^{\mathrm{T}}$，$\boldsymbol{x}_2=(0,0,1,-1)^{\mathrm{T}}$。

$$\lambda_3=-1,\begin{pmatrix} -1 & -1 & & 0 \\ -1 & -1 & & \\ & & -3 & -1 \\ 0 & & -1 & -3 \end{pmatrix}\to\begin{pmatrix} 1 & 1 & & 0 \\ 0 & 0 & & \\ & & 0 & 8 \\ 0 & & 1 & 3 \end{pmatrix}\to\begin{pmatrix} 1 & 1 & 0 & 0 \\ 0 & 0 & 1 & 0 \\ 0 & 0 & 0 & 1 \\ 0 & 0 & 0 & 0 \end{pmatrix},\boldsymbol{x}_3=\begin{pmatrix} -1 \\ 1 \\ 0 \\ 0 \end{pmatrix}。$$

$$\lambda_4=3,\begin{pmatrix} 3 & -1 & & 0 \\ -1 & 3 & & \\ & & 1 & -1 \\ 0 & & -1 & 1 \end{pmatrix}\to\begin{pmatrix} 0 & 1 & & 0 \\ 1 & 0 & & \\ & & 1 & -1 \\ 0 & & 0 & 0 \end{pmatrix}\to\begin{pmatrix} 1 & 0 & 0 & 0 \\ 0 & 1 & 0 & 0 \\ 0 & 0 & 1 & -1 \\ 0 & 0 & 0 & 0 \end{pmatrix},\boldsymbol{x}_4=\begin{pmatrix} 0 \\ 0 \\ 1 \\ 1 \end{pmatrix}。$$

$\boldsymbol{x}_1,\boldsymbol{x}_2,\boldsymbol{x}_3,\boldsymbol{x}_4$ 是正交向量组，再单位化后，可以得到正交矩阵

$$\boldsymbol{P}=\frac{1}{\sqrt{2}}\begin{pmatrix} 1 & 0 & -1 & 0 \\ 1 & 0 & 1 & 0 \\ 0 & 1 & 0 & 1 \\ 0 & -1 & 0 & 1 \end{pmatrix},\quad \boldsymbol{P}^{\mathrm{T}}=\boldsymbol{P}^{-1},\quad 使(\boldsymbol{AP})^{\mathrm{T}}(\boldsymbol{AP})=\boldsymbol{P}^{\mathrm{T}}\boldsymbol{A}^2\boldsymbol{P}=\begin{pmatrix} 1 & & & 0 \\ & 1 & & \\ & & 1 & \\ 0 & & & 9 \end{pmatrix}。$$

□

例 12 已知 $\boldsymbol{A}\boldsymbol{\alpha}_i=i\boldsymbol{\alpha}_i(i=1,2,3)$，其中 $\boldsymbol{\alpha}_1=(1,2,2)^{\mathrm{T}}$，$\boldsymbol{\alpha}_2=(2,-2,1)^{\mathrm{T}}$，$\boldsymbol{\alpha}_3=(-2,-1,2)^{\mathrm{T}}$，求 $\boldsymbol{A}$。

解 根据对角化定理有 $\begin{pmatrix}1&2&-2\\2&-2&-1\\2&1&2\end{pmatrix}^{-1}A\begin{pmatrix}1&2&-2\\2&-2&-1\\2&1&2\end{pmatrix}=\begin{pmatrix}1&0&0\\0&2&0\\0&0&3\end{pmatrix}$，整理得

$$A=\begin{pmatrix}1&2&-2\\2&-2&-1\\2&1&2\end{pmatrix}\begin{pmatrix}1&0&0\\0&2&0\\0&0&3\end{pmatrix}\begin{pmatrix}1&2&-2\\2&-2&-1\\2&1&2\end{pmatrix}^{-1}=\begin{pmatrix}\frac{7}{3}&0&-\frac{2}{3}\\0&\frac{5}{3}&-\frac{2}{3}\\-\frac{2}{3}&-\frac{2}{3}&2\end{pmatrix}。$$ □

例 13 已知 A 是三阶实对称矩阵，特征值为 1，1，−1，$\lambda_3=-1$ 对应的特征向量为 $\eta_3=(1,0,1)^T$，求矩阵 A。

解 由于 A 是实对称矩阵，所以 $\lambda_{1,2}=1$ 对应的特征向量 $(x_1,x_2,x_3)^T$ 必与 η_3 正交，则

$$x_1+x_3=0\Rightarrow \eta_1=(0,1,0)^T,\quad \eta_2=(1,0,-1)^T。$$

显然 η_1,η_2,η_3 是正交向量组，单位化后可以得到正交矩阵

$$P=\begin{pmatrix}0&\frac{1}{\sqrt{2}}&\frac{1}{\sqrt{2}}\\1&0&0\\0&-\frac{1}{\sqrt{2}}&\frac{1}{\sqrt{2}}\end{pmatrix},\quad 使\ P^TAP=\Lambda=\begin{pmatrix}1&&0\\&1&\\0&&-1\end{pmatrix},$$

即 $A=P\Lambda P^T=\begin{pmatrix}0&0&-1\\0&1&0\\-1&0&0\end{pmatrix}$。 □

题型 3 特征值与特征向量有关命题的证明

解题思路 涉及特征值、特征向量问题，若所给矩阵是抽象矩阵，则往往直接从定义 $Ax=\lambda x, x\neq 0$ 着手分析，有时用反证法加以说明。

例 14 设 α_1,α_2 是矩阵 A 的对应于不同特征值 $\lambda_1,\lambda_2(\lambda_1\lambda_2\neq 0)$ 的特征向量，试证：$\lambda_1\alpha_1+\lambda_2\alpha_2$ 不是 A 的特征向量。

证 用反证法。假设 $\lambda_1\alpha_1+\lambda_2\alpha_2$ 是 A 对应于特征值 λ 的特征向量，则有

$$A(\lambda_1\alpha_1+\lambda_2\alpha_2)=\lambda(\lambda_1\alpha_1+\lambda_2\alpha_2)。$$

而

$$A(\lambda_1\alpha_1+\lambda_2\alpha_2)=\lambda_1(A\alpha_1)+\lambda_2(A\alpha_2)=\lambda_1^2\alpha_1+\lambda_2^2\alpha_2。\quad (*)$$

$$\lambda(\lambda_1\alpha_1+\lambda_2\alpha_2)=\lambda\lambda_1\alpha_1+\lambda\lambda_2\alpha_2。\quad (**)$$

比较(*)式，(**)式得

$$\lambda_1^2\alpha_1+\lambda_2^2\alpha_2=\lambda\lambda_1\alpha_1+\lambda\lambda_2\alpha_2,\quad 即\quad (\lambda_1^2-\lambda\lambda_1)\alpha_1+(\lambda_2^2-\lambda\lambda_2)\alpha_2=0,$$

由于 α_1,α_2 是矩阵 A 的对应于不同特征值 λ_1,λ_2 的特征向量，所以，α_1,α_2 线性无关。因此，必有

$$\lambda_1^2-\lambda\lambda_1=\lambda_2^2-\lambda\lambda_2=0,$$

又 $\lambda_1\lambda_2\neq 0$，即 $\lambda_1=\lambda_2=\lambda$。这与 $\lambda_1\neq\lambda_2$ 矛盾，从而，$\lambda_1\alpha_1+\lambda_2\alpha_2$ 不是 A 的特征向量。 □

例 15 设 A 是 n 阶实对称矩阵，且 $A^2=A$，证明：存在正交矩阵 P，使

$$P^{\mathrm{T}}AP=\begin{pmatrix}1&&&&&\\&\ddots&&&&\\&&1&&&\\&&&0&&\\&&&&\ddots&\\&&&&&0\end{pmatrix},$$ 其中对角线上 1 的个数等于 A 的秩。

证 设 λ 是 A 的任一特征值，$\boldsymbol{\alpha}\neq\mathbf{0}$ 是 A 的对应于 λ 的特征向量，则有 $A\boldsymbol{\alpha}=\lambda\boldsymbol{\alpha}$，$A^2\boldsymbol{\alpha}=A(A\boldsymbol{\alpha})=A(\lambda\boldsymbol{\alpha})=\lambda(A\boldsymbol{\alpha})=\lambda^2\boldsymbol{\alpha}$。而 $A^2=A$，故 $A^2\boldsymbol{\alpha}=A\boldsymbol{\alpha}$，得 $(\lambda^2-\lambda)\boldsymbol{\alpha}=\mathbf{0}$，由 $\boldsymbol{\alpha}\neq\mathbf{0}$，所以，$\lambda^2-\lambda=0$。从而，$\lambda=0$，或 $\lambda=1$。

又因为 A 是实对称矩阵，所以存在正交矩阵 P，使

$$P^{-1}AP=P^{\mathrm{T}}AP=\boldsymbol{\Lambda}=\begin{pmatrix}1&&&&&\\&\ddots&&&&\\&&1&&&\\&&&0&&\\&&&&\ddots&\\&&&&&0\end{pmatrix}。$$

由于 $\mathrm{R}(P^{-1}AP)=\mathrm{R}(P^{\mathrm{T}}AP)=\mathrm{R}(A)$，所以，主对角线上 1 的个数等于 A 的秩。 □

例 16 设三阶矩阵 A 的特征值互不相同，若 $|A|=0$，求证 A 的秩为 2。

证 因 A 的特征值互不相同，所以 A 可以相似对角化。又 $|A|=0$，于是 A 有一个特征值为 0，其余两个特征值 $\lambda_1\neq0,\lambda_2\neq0$，即存在可逆矩阵 P，使得 $P^{-1}AP=\begin{pmatrix}\lambda_1&&\\&\lambda_2&\\&&0\end{pmatrix}$。

故 $\mathrm{r}(A)=\mathrm{r}\begin{pmatrix}\lambda_1&&\\&\lambda_2&\\&&0\end{pmatrix}=2$。 □

题型 4 矩阵可相似对角化的判定

解题思路 判断方阵 A 是否可相似对角化的常见方法有：

(1) 验证 A 有 n 个线性无关的特征向量；

(2) 验证 A 的所有特征值 λ_i 都满足 $\mathrm{r}(A-\lambda_iE)=n-n_i$，其中 n_i 为特征值 λ_i 的重数(该方法的证明，我们以例题的形式补充如下，见例 17)。

例 17 已知 A 为 n 阶方阵，其特征值设为 $\lambda_1,\lambda_2,\cdots,\lambda_k$，其中特征值 λ_i 的重数记为 n_i。求证：A 可以对角化的充要条件为 $\mathrm{r}(A-\lambda_iE)=n-n_i,i=1,2,\cdots,k$。

证 先证充分性。若 $\mathrm{r}(A-\lambda_iE)=n-n_i$，则齐次线性方程组 $(A-\lambda_iE)\boldsymbol{x}=\mathbf{0}$ 的基础解系中包含了 $n-(n-n_i)=n_i$ 个线性无关的解向量，这就意味着：λ_i 对应的特征向量中能选出 n_i 个线性无关的，进而 A 的全部特征值可以提供 $n_1+n_2+\cdots+n_k$ 个线性无关的特征向量。注意到 $n_1+n_2+\cdots+n_k$(作为特征值的重数之和)等于 n，所以到此我们推出了 A 有 n 个线性无关的特征向量，故 A 可以对角化。

再证必要性。

若 A 可以对角化，则 A 相似于 $\boldsymbol{\Lambda}=\mathrm{diag}(\lambda_1,\cdots,\lambda_1,\cdots,\lambda_i,\cdots,\lambda_i,\cdots,\lambda_k,\cdots,\lambda_k)$，即存在

可逆阵 $\boldsymbol{P}$ 满足 $\boldsymbol{P}^{-1}\boldsymbol{AP}=\boldsymbol{\Lambda}$，进而 $\boldsymbol{P}^{-1}(\boldsymbol{A}-\lambda_i\boldsymbol{E})\boldsymbol{P}=\boldsymbol{\Lambda}-\lambda_i\boldsymbol{E}$，由于 $\boldsymbol{P}$ 可逆，因此 $\mathrm{r}(\boldsymbol{A}-\lambda_i\boldsymbol{E})=\mathrm{r}(\boldsymbol{\Lambda}-\lambda_i\boldsymbol{E})$。由$\boldsymbol{\Lambda}$ 的具体形式可知 $\mathrm{r}(\boldsymbol{\Lambda}-\lambda_i\boldsymbol{E})=n-n_i$ 所以 $\mathrm{r}(\boldsymbol{A}-\lambda_i\boldsymbol{E})=n-n_i$。

□

例 18 矩阵 $\boldsymbol{A}=\begin{pmatrix}0&\alpha&1\\0&2&0\\4&\beta&0\end{pmatrix}$有三个线性无关特征向量，求 α,β。

解 因为$|\lambda\boldsymbol{E}-\boldsymbol{A}|=\begin{vmatrix}\lambda&-\alpha&-1\\0&\lambda-2&0\\-4&-\beta&\lambda\end{vmatrix}=(\lambda-2)^2(\lambda+2)$，所以 $\lambda_{1,2}=2,\lambda_3=-2$。

矩阵 $\boldsymbol{A}$ 有三个线性无关特征向量$\Leftrightarrow\boldsymbol{A}$ 可以相似对角化$\Leftrightarrow$对于任意的 k_i 重特征值λ_i，有 $\mathrm{r}(\boldsymbol{A}-\lambda_i\boldsymbol{E})=3-k_i$，所以对 $\lambda_{1,2}=2$，必有 $\mathrm{R}(2\boldsymbol{E}-\boldsymbol{A})=1$。由

$$2\boldsymbol{E}-\boldsymbol{A}=\begin{pmatrix}2&-\alpha&-1\\0&0&0\\-4&-\beta&2\end{pmatrix}\to\begin{pmatrix}2&-\alpha&-1\\0&-2\alpha-\beta&0\\0&0&0\end{pmatrix},$$

得$-2\alpha-\beta=0$，即 $\beta=-2\alpha$。

而对 $\lambda_3=-2$，$\mathrm{R}(-2\boldsymbol{E}-\boldsymbol{A})=2$，即

$$-2\boldsymbol{E}-\boldsymbol{A}=\begin{pmatrix}-2&-\alpha&-1\\0&-4&0\\-4&2\alpha&-2\end{pmatrix}\to\begin{pmatrix}-2&-\alpha&-1\\0&1&0\\0&4\alpha&0\end{pmatrix}\to\begin{pmatrix}-2&0&-1\\0&1&0\\0&0&0\end{pmatrix},$$

所以 $\forall\alpha\in\mathbf{R},\beta=-2\alpha$。 □

例 19 已知矩阵 $\boldsymbol{A}=\begin{pmatrix}2&0&0\\0&2&1\\0&0&1\end{pmatrix},\boldsymbol{B}=\begin{pmatrix}2&1&0\\0&2&0\\0&0&1\end{pmatrix},\boldsymbol{C}=\begin{pmatrix}1&0&0\\0&2&0\\0&0&2\end{pmatrix}$，则(　　)。

A. $\boldsymbol{A}$ 与 $\boldsymbol{C}$ 相似，$\boldsymbol{B}$ 与 $\boldsymbol{C}$ 相似　　B. $\boldsymbol{A}$ 与 $\boldsymbol{C}$ 相似，$\boldsymbol{B}$ 与 $\boldsymbol{C}$ 不相似

C. $\boldsymbol{A}$ 与 $\boldsymbol{C}$ 不相似，$\boldsymbol{B}$ 与 $\boldsymbol{C}$ 相似　　D. $\boldsymbol{A}$ 与 $\boldsymbol{C}$ 不相似，$\boldsymbol{B}$ 与 $\boldsymbol{C}$ 不相似

分析 因 $\boldsymbol{C}$ 为对角阵，并且 $\boldsymbol{A},\boldsymbol{B}$ 与 $\boldsymbol{C}$ 有相同的特征值 2,2,1，故它们与 $\boldsymbol{C}$ 是否相似只要讨论 $\boldsymbol{A},\boldsymbol{B}$ 是否可相似对角化即可。

解 显然 $\boldsymbol{A},\boldsymbol{B}$ 与 $\boldsymbol{C}$ 的特征值均为$\lambda_1=\lambda_2=2,\lambda_3=1$。

矩阵 $2\boldsymbol{E}-\boldsymbol{A}=\begin{pmatrix}0&0&0\\0&0&-1\\0&0&1\end{pmatrix}$，即 $\mathrm{r}(2\boldsymbol{E}-\boldsymbol{A})=1$，故 $\boldsymbol{A}$ 的属于特征值$\lambda_1=\lambda_2=2$ 的线性无关的特征向量有 $3-\mathrm{r}(2\boldsymbol{E}-\boldsymbol{A})=2$ 个，从而 $\boldsymbol{A}$ 可对角化，即 $\boldsymbol{A}$ 与 $\boldsymbol{C}$ 相似。

矩阵 $2\boldsymbol{E}-\boldsymbol{B}=\begin{pmatrix}0&-1&0\\0&0&0\\0&0&1\end{pmatrix}$，即 $\mathrm{r}(2\boldsymbol{E}-\boldsymbol{B})=2$，因此 $\boldsymbol{B}$ 的属于特征值$\lambda_1=\lambda_2=2$ 的线性无关的特征向量只有 $3-\mathrm{r}(2\boldsymbol{E}-\boldsymbol{A})=1$ 个，从而 $\boldsymbol{B}$ 不可对角化，即 $\boldsymbol{B}$ 与 $\boldsymbol{C}$ 不相似。

故选 B。 □

例 20 设 $\boldsymbol{A}$ 为 n 阶下三角形矩阵，证明：

(1) 若 $a_{ii}\neq a_{jj}(i\neq j,i,j=1,2,\cdots,n)$，则 $\boldsymbol{A}$ 与对角阵相似；

(2) 若 $a_{11}=a_{22}=\cdots=a_{nn}$，且至少有一个 $a_{ij}\neq 0(i>j)$，则 $\boldsymbol{A}$ 不能与对角阵相似。

证 (1) $\boldsymbol{A}$ 的特征多项式

$$|\boldsymbol{A}-\lambda\boldsymbol{E}|=(a_{11}-\lambda)(a_{22}-\lambda)\cdots(a_{nn}-\lambda)。$$

因为 $a_{ii}\neq a_{jj}(i\neq j, i,j=1,2,\cdots,n)$，所以 $\boldsymbol{A}$ 有 n 个互不相同的特征值 $\lambda_i=a_{ii}(i=1,2,\cdots,n)$，故 $\boldsymbol{A}$ 可与对角阵相似。

(2) 证法1：若 $a_{11}=a_{22}=\cdots=a_{nn}$，且至少有一个 $a_{ij}\neq 0(i>j)$，假设 $\boldsymbol{A}$ 可与对角阵 $\boldsymbol{B}$ 相似，则 $\boldsymbol{B}$ 的特征值，也即主对角线上的元素与 $\boldsymbol{A}$ 的特征值相同，故

$$\boldsymbol{B}=\begin{pmatrix} a_{11} & & & \\ & a_{22} & & \\ & & \ddots & \\ & & & a_{nn} \end{pmatrix}=a_{11}\boldsymbol{E},$$

且存在可逆矩阵 $\boldsymbol{Q}$，使 $\boldsymbol{Q}^{-1}\boldsymbol{AQ}=\boldsymbol{B}$，即

$$\boldsymbol{A}=\boldsymbol{QBQ}^{-1}=\boldsymbol{Q}(a_{11}\boldsymbol{E})\boldsymbol{Q}^{-1}=a_{11}\boldsymbol{E}=\boldsymbol{B}$$

为对角阵，这与 $\boldsymbol{A}$ 至少有一个 $a_{ij}\neq 0(i>j)$ 矛盾，故 $\boldsymbol{A}$ 不能与对角阵相似。

(2) 证法2：因为 $\boldsymbol{A}$ 的特征值只有 a_{11}(n 重)，且 $\boldsymbol{A}$ 至少有一个 $a_{ij}\neq 0(i>j)$，故对应于特征值 a_{11} 的齐次线性方程组 $(\boldsymbol{A}-a_{11}\boldsymbol{E})\boldsymbol{x}=\boldsymbol{0}$，有 $\mathrm{r}(\boldsymbol{A}-a_{11}\boldsymbol{E})\geqslant 1$，故齐次线性方程组的基础解系所含向量个数 $n-r<n$，故 $\boldsymbol{A}$ 不可能有 n 个线性无关的特征向量。所以，$\boldsymbol{A}$ 不能与对角形矩阵相似。 □

题型5 矩阵的相似关系

解题思路 (1) 判断两个同阶方阵的相似性：若 $\boldsymbol{A},\boldsymbol{B}$ 相似，则这两个矩阵的特征多项式、特征方程、特征值、行列式、秩及迹均相等，其逆命题常用来判断两矩阵不相似。

(3) 由矩阵 $\boldsymbol{A},\boldsymbol{B}$ 相似反求矩阵中的参数。此类问题一般均从 $|\boldsymbol{A}-\lambda\boldsymbol{E}|=|\boldsymbol{B}-\lambda\boldsymbol{E}|$ 着手进行分析。

例21 设 $\boldsymbol{\alpha}=(1,1,1)^{\mathrm{T}}$，$\boldsymbol{\beta}=(1,0,k)^{\mathrm{T}}$。若矩阵 $\boldsymbol{\alpha\beta}^{\mathrm{T}}$ 相似于 $\begin{pmatrix} 3 & 0 & 0 \\ 0 & 0 & 0 \\ 0 & 0 & 0 \end{pmatrix}$，求 k。

解 $\boldsymbol{\alpha\beta}^{\mathrm{T}}=\begin{pmatrix} 1 & 0 & k \\ 1 & 0 & k \\ 1 & 0 & k \end{pmatrix}$，因为 $\boldsymbol{\alpha\beta}^{\mathrm{T}}$ 相似于 $\begin{pmatrix} 3 & 0 & 0 \\ 0 & 0 & 0 \\ 0 & 0 & 0 \end{pmatrix}$，所以它们的迹相等，即 $1+0+k=3+0+0$，由此可知 $k=2$。 □

例22 设矩阵 $\boldsymbol{A}$ 与 $\boldsymbol{B}$ 相似，其中

$$\boldsymbol{A}=\begin{pmatrix} -2 & 0 & 0 \\ 2 & x & 2 \\ 3 & 1 & 1 \end{pmatrix},\quad \boldsymbol{B}=\begin{pmatrix} -1 & 0 & 0 \\ 0 & 2 & 0 \\ 0 & 0 & y \end{pmatrix}。$$

(1) 求 x 和 y 的值；(2) 求可逆矩阵 $\boldsymbol{P}$，使 $\boldsymbol{P}^{-1}\boldsymbol{AP}=\boldsymbol{B}$。

解 (1) 因为矩阵 $\boldsymbol{A}$ 与 $\boldsymbol{B}$ 相似，所以 $|\lambda\boldsymbol{E}-\boldsymbol{A}|=|\lambda\boldsymbol{E}-\boldsymbol{B}|$，即

$$(\lambda+2)[(\lambda-x)(\lambda-1)-2]=(\lambda+1)(\lambda-2)(\lambda-y),$$

取 $\lambda=-1$，得 $x=0$；取 $\lambda=-2$，得 $y=-2$。所以，$x=0$，$y=-2$。

(2) $\boldsymbol{A}$ 的特征值为 $\lambda_1=-1$，$\lambda_2=2$，$\lambda_3=-2$，下面求 $\boldsymbol{A}$ 分别对应于 $\lambda_1=-1$，$\lambda_2=2$，$\lambda_3=$

-2 的特征向量。

分别解线性方程组 $(\boldsymbol{A}+\boldsymbol{E})\boldsymbol{x}=\boldsymbol{0}$，$(\boldsymbol{A}-2\boldsymbol{E})\boldsymbol{x}=\boldsymbol{0}$，$(\boldsymbol{A}+2\boldsymbol{E})\boldsymbol{x}=\boldsymbol{0}$，得

$$\boldsymbol{p}_1=\begin{pmatrix}0\\2\\-1\end{pmatrix},\quad \boldsymbol{p}_2=\begin{pmatrix}0\\1\\1\end{pmatrix},\quad \boldsymbol{p}_3=\begin{pmatrix}1\\0\\-1\end{pmatrix}。$$

令 $\boldsymbol{P}=(\boldsymbol{p}_1,\boldsymbol{p}_2,\boldsymbol{p}_3)=\begin{pmatrix}0&0&1\\2&1&0\\-1&1&-1\end{pmatrix}$，则

$$\boldsymbol{P}^{-1}\boldsymbol{A}\boldsymbol{P}=\boldsymbol{B}=\boldsymbol{\Lambda}=\begin{pmatrix}-1&0&0\\0&2&0\\0&0&-2\end{pmatrix}。$$

□

例 23 设矩阵 $\boldsymbol{B}=\begin{pmatrix}0&0&1\\0&1&0\\1&0&0\end{pmatrix}$，已知矩阵 $\boldsymbol{A}$ 相似于 $\boldsymbol{B}$，则 $\mathrm{R}(\boldsymbol{A}-2\boldsymbol{E})$ 与 $\mathrm{R}(\boldsymbol{A}-\boldsymbol{E})$ 之和等于（　　）。

A. 2　　B. 3　　C. 4　　D. 5

解 $\boldsymbol{A}$ 相似于 $\boldsymbol{B}$，即存在可逆阵 $\boldsymbol{P}$ 使得 $\boldsymbol{P}^{-1}\boldsymbol{A}\boldsymbol{P}=\boldsymbol{B}$。因此 $\boldsymbol{P}^{-1}(\boldsymbol{A}-2\boldsymbol{E})\boldsymbol{P}=\boldsymbol{P}^{-1}\boldsymbol{A}\boldsymbol{P}-\boldsymbol{P}^{-1}2\boldsymbol{E}\boldsymbol{P}=\boldsymbol{B}-2\boldsymbol{E}$，即 $\boldsymbol{A}-2\boldsymbol{E}$ 相似于 $\boldsymbol{B}-2\boldsymbol{E}$。

同理 $\boldsymbol{A}-\boldsymbol{E}$ 相似于 $\boldsymbol{B}-\boldsymbol{E}$。所以

$$\mathrm{R}(\boldsymbol{A}-2\boldsymbol{E})+\mathrm{R}(\boldsymbol{A}-\boldsymbol{E})=\mathrm{R}(\boldsymbol{B}-2\boldsymbol{E})+\mathrm{R}(\boldsymbol{B}-\boldsymbol{E})=3+1=4。$$

故选 C。□

例 24 已知三阶矩阵 $\boldsymbol{A}$ 与三维列向量 $\boldsymbol{x}$，使得向量组 $\boldsymbol{x},\boldsymbol{A}\boldsymbol{x},\boldsymbol{A}^2\boldsymbol{x}$ 线性无关，且满足 $\boldsymbol{A}^3\boldsymbol{x}=3\boldsymbol{A}\boldsymbol{x}-2\boldsymbol{A}^2\boldsymbol{x}$。（Ⅰ）记 $\boldsymbol{P}=(\boldsymbol{x},\boldsymbol{A}\boldsymbol{x},\boldsymbol{A}^2\boldsymbol{x})$，求三阶矩阵 $\boldsymbol{B}$，使 $\boldsymbol{A}=\boldsymbol{P}\boldsymbol{B}\boldsymbol{P}^{-1}$；（Ⅱ）计算行列式 $|\boldsymbol{A}+\boldsymbol{E}|$。

解 （Ⅰ）

$$\begin{aligned}\boldsymbol{A}\boldsymbol{P}&=\boldsymbol{A}(\boldsymbol{x},\boldsymbol{A}\boldsymbol{x},\boldsymbol{A}^2\boldsymbol{x})=(\boldsymbol{A}\boldsymbol{x},\boldsymbol{A}^2\boldsymbol{x},\boldsymbol{A}^3\boldsymbol{x})=(\boldsymbol{A}\boldsymbol{x},\boldsymbol{A}^2\boldsymbol{x},3\boldsymbol{A}\boldsymbol{x}-2\boldsymbol{A}^2\boldsymbol{x})\\&=(\boldsymbol{x},\boldsymbol{A}\boldsymbol{x},\boldsymbol{A}^2\boldsymbol{x})\begin{pmatrix}0&0&0\\1&0&3\\0&1&-2\end{pmatrix},\end{aligned}$$

即 $\boldsymbol{A}\boldsymbol{P}=\boldsymbol{P}\begin{pmatrix}0&0&0\\1&0&3\\0&1&-2\end{pmatrix}\Rightarrow\boldsymbol{B}=\boldsymbol{P}^{-1}\boldsymbol{A}\boldsymbol{P}=\begin{pmatrix}0&0&0\\1&0&3\\0&1&-2\end{pmatrix}$。

（Ⅱ）因为向量组 $\boldsymbol{x},\boldsymbol{A}\boldsymbol{x},\boldsymbol{A}^2\boldsymbol{x}$ 线性无关，所以 $|\boldsymbol{P}|=|\boldsymbol{x},\boldsymbol{A}\boldsymbol{x},\boldsymbol{A}^2\boldsymbol{x}|\neq0$，因此 $\boldsymbol{P}$ 可逆。

又因为 $\boldsymbol{P}^{-1}(\boldsymbol{A}+\boldsymbol{E})\boldsymbol{P}=\boldsymbol{P}^{-1}\boldsymbol{A}\boldsymbol{P}+\boldsymbol{P}^{-1}\boldsymbol{E}\boldsymbol{P}=\boldsymbol{B}+\boldsymbol{E}$，所以 $\boldsymbol{A}+\boldsymbol{E}$ 相似于 $\boldsymbol{B}+\boldsymbol{E}$，进而

$$|\boldsymbol{A}+\boldsymbol{E}|=|\boldsymbol{B}+\boldsymbol{E}|=\begin{vmatrix}1&0&0\\1&1&3\\0&1&-1\end{vmatrix}=-4。$$

□

例 25 设 $\boldsymbol{A}$ 为三阶矩阵，$\boldsymbol{\alpha}_1,\boldsymbol{\alpha}_2,\boldsymbol{\alpha}_3$ 是线性无关的三维列向量，且满足 $\boldsymbol{A}\boldsymbol{\alpha}_1=\boldsymbol{\alpha}_1+\boldsymbol{\alpha}_2+\boldsymbol{\alpha}_3$，$\boldsymbol{A}\boldsymbol{\alpha}_2=2\boldsymbol{\alpha}_2+\boldsymbol{\alpha}_3$，$\boldsymbol{A}\boldsymbol{\alpha}_3=2\boldsymbol{\alpha}_2+3\boldsymbol{\alpha}_3$。

（Ⅰ）求矩阵 $\boldsymbol{B}$，使得 $\boldsymbol{A}(\boldsymbol{\alpha}_1,\boldsymbol{\alpha}_2,\boldsymbol{\alpha}_3)=(\boldsymbol{\alpha}_1,\boldsymbol{\alpha}_2,\boldsymbol{\alpha}_3)\boldsymbol{B}$；

（Ⅱ）求矩阵 $\boldsymbol{A}$ 的特征值；

（Ⅲ）求可逆矩阵 $\boldsymbol{P}$，使得 $\boldsymbol{P}^{-1}\boldsymbol{AP}$ 为对角矩阵。

解 （Ⅰ）

$$\boldsymbol{A}(\boldsymbol{\alpha}_1,\boldsymbol{\alpha}_2,\boldsymbol{\alpha}_3)=(\boldsymbol{A\alpha}_1,\boldsymbol{A\alpha}_2,\boldsymbol{A\alpha}_3)=(\boldsymbol{\alpha}_1+\boldsymbol{\alpha}_2+\boldsymbol{\alpha}_3,2\boldsymbol{\alpha}_2+\boldsymbol{\alpha}_3,2\boldsymbol{\alpha}_2+3\boldsymbol{\alpha}_3)$$

$$=(\boldsymbol{\alpha}_1,\boldsymbol{\alpha}_2,\boldsymbol{\alpha}_3)\begin{pmatrix}1&0&0\\1&2&2\\1&1&3\end{pmatrix},$$

可知 $\boldsymbol{B}=\begin{pmatrix}1&0&0\\1&2&2\\1&1&3\end{pmatrix}$。

（Ⅱ）因为 $\boldsymbol{\alpha}_1,\boldsymbol{\alpha}_2,\boldsymbol{\alpha}_3$ 是线性无关的三维列向量，可知矩阵 $\boldsymbol{C}=(\boldsymbol{\alpha}_1,\boldsymbol{\alpha}_2,\boldsymbol{\alpha}_3)$ 可逆，所以 $\boldsymbol{C}^{-1}\boldsymbol{AC}=\boldsymbol{B}$，即矩阵 $\boldsymbol{A}$ 与 $\boldsymbol{B}$ 相似，由此可得矩阵 $\boldsymbol{A}$ 与 $\boldsymbol{B}$ 有相同的特征值。

由

$$|\lambda\boldsymbol{E}-\boldsymbol{B}|=\begin{vmatrix}\lambda-1&0&0\\-1&\lambda-2&-2\\-1&-1&\lambda-3\end{vmatrix}=(\lambda-1)^2(\lambda-4)=0,$$

得矩阵 $\boldsymbol{B}$ 的特征值，也即矩阵 $\boldsymbol{A}$ 的特征值为 $\lambda_1=\lambda_2=1,\lambda_3=4$。

（Ⅲ）对应于 $\lambda_1=\lambda_2=1$，解齐次线性方程组 $(\boldsymbol{B}-\boldsymbol{E})\boldsymbol{x}=\boldsymbol{0}$，得基础解系 $\boldsymbol{\xi}_1=(-1,1,0)^{\mathrm{T}},\boldsymbol{\xi}_2=(-2,0,1)^{\mathrm{T}}$；

对应于 $\lambda_3=4$，解齐次线性方程组 $(\boldsymbol{B}-4\boldsymbol{E})\boldsymbol{x}=\boldsymbol{0}$，得基础解系 $\boldsymbol{\xi}_3=(0,1,1)^{\mathrm{T}}$。

令矩阵 $\boldsymbol{Q}=(\boldsymbol{\xi}_1,\boldsymbol{\xi}_2,\boldsymbol{\xi}_3)=\begin{pmatrix}-1&-2&0\\1&0&1\\0&1&1\end{pmatrix}$，则 $\boldsymbol{Q}^{-1}\boldsymbol{BQ}=\begin{pmatrix}1&0&0\\0&1&0\\0&0&4\end{pmatrix}$。

因 $\boldsymbol{Q}^{-1}\boldsymbol{BQ}=\boldsymbol{Q}^{-1}\boldsymbol{C}^{-1}\boldsymbol{ACQ}=(\boldsymbol{CQ})^{-1}\boldsymbol{A}(\boldsymbol{CQ})$，记矩阵

$$\boldsymbol{P}=\boldsymbol{CQ}=(\boldsymbol{\alpha}_1,\boldsymbol{\alpha}_2,\boldsymbol{\alpha}_3)\begin{pmatrix}-1&-2&0\\1&0&1\\0&1&1\end{pmatrix}=(-\boldsymbol{\alpha}_1+\boldsymbol{\alpha}_2,-2\boldsymbol{\alpha}_1+\boldsymbol{\alpha}_3,\boldsymbol{\alpha}_2+\boldsymbol{\alpha}_3),$$

故 $\boldsymbol{P}$ 即为所求的可逆矩阵。 □

题型6　方阵相似对角化的应用

解题思路　(1) 求方阵 $\boldsymbol{A}$ 的高次幂。可按如下思路进行：

① 将方阵 $\boldsymbol{A}$ 相似对角化，解出可逆矩阵 $\boldsymbol{P}$，使

$$\boldsymbol{P}^{-1}\boldsymbol{AP}=\boldsymbol{\Lambda}\Rightarrow\boldsymbol{A}=\boldsymbol{P\Lambda P}^{-1}\Rightarrow\boldsymbol{A}^m=\boldsymbol{P\Lambda}^m\boldsymbol{P}^{-1},$$

其中 $\boldsymbol{\Lambda}$ 为对角阵，从而可方便地求出矩阵的幂 $\boldsymbol{A}^m$；

② 利用矩阵特征值的定义 $\boldsymbol{Ax}=\lambda\boldsymbol{x}$，则

$$\boldsymbol{A}^m\boldsymbol{x}=\boldsymbol{A}^{m-1}(\boldsymbol{Ax})=\lambda\boldsymbol{A}^{m-1}\boldsymbol{x}=\cdots=\lambda^m\boldsymbol{x},$$

若 $\boldsymbol{x}$ 不是特征向量，可将其表示为特征向量的线性组合，从而方便地计算出 $\boldsymbol{A}^m\boldsymbol{x}$。

(2) 求方阵的行列式：

① 利用特征多项式。设 $\lambda_1,\lambda_2,\cdots,\lambda_n$ 是 $\boldsymbol{A}$ 的特征值，则

$$|\lambda\boldsymbol{E}-\boldsymbol{A}|=(\lambda-\lambda_1)\cdots(\lambda-\lambda_n),\quad |\boldsymbol{A}|=\lambda_1\lambda_2\cdots\lambda_n。$$

更一般的

$$|a\boldsymbol{E}+b\boldsymbol{A}|=|(-b)(-a/b)\boldsymbol{E}-\boldsymbol{A}|=(-b)^n\,|(-a/b)\boldsymbol{E}-\boldsymbol{A}|。$$

② 利用相似矩阵的性质计算行列式。相似矩阵有相同的特征值和相同的特征多项式。

例 26 已知线性方程组 $\begin{cases}x_1+2x_2+x_3=3,\\2x_1+(a+4)x_2-5x_3=6,\\-x_1-2x_2+ax_3=-3\end{cases}$ 有无穷多解，当矩阵 $\boldsymbol{A}$ 有特征值 1，-1，0，对应的特征向量依次是 $(1,2a,-1)^{\mathrm{T}}$，$(a-2,-1,a+1)^{\mathrm{T}}$，$(a,a+3,a+2)^{\mathrm{T}}$ 时，求 $\boldsymbol{A}$ 及 $\boldsymbol{A}^{10}$。

解 参数 a 的值必须满足使线性方程组有无穷多解，而

$$\left(\begin{array}{ccc:c}1&2&1&3\\2&a+4&-5&6\\-1&-2&a&-3\end{array}\right)\to\left(\begin{array}{ccc:c}1&2&1&3\\0&a&-7&0\\0&0&a+1&0\end{array}\right),$$

$$\begin{vmatrix}1&2&1\\0&a&-7\\0&0&a+1\end{vmatrix}=a(a+1)=0\Rightarrow a_1=0,\quad a_2=-1$$

都能满足使线性方程组有无穷多解。

(1) $a_1=0$，特征值为 $1,-1,0$，其对应特征向量为

$$\begin{pmatrix}1\\0\\-1\end{pmatrix},\begin{pmatrix}-2\\-1\\1\end{pmatrix},\begin{pmatrix}0\\3\\2\end{pmatrix}\Rightarrow\boldsymbol{A}=\boldsymbol{P\Lambda P}^{-1},\boldsymbol{\Lambda}=\begin{pmatrix}1&&\\&-1&\\&&0\end{pmatrix},$$

其中

$$\boldsymbol{P}=\begin{pmatrix}1&-2&0\\0&-1&3\\-1&1&2\end{pmatrix},\quad\boldsymbol{P}^{-1}=\begin{pmatrix}-5&4&-6\\-3&2&-3\\-1&1&-1\end{pmatrix},\quad\boldsymbol{A}=\begin{pmatrix}-11&8&-12\\-3&2&-3\\8&-6&9\end{pmatrix}。$$

$$\boldsymbol{A}^{10}=\boldsymbol{P\Lambda}^{10}\boldsymbol{P}^{-1}=\boldsymbol{P}\begin{pmatrix}1&&\\&1&\\&&0\end{pmatrix}\boldsymbol{P}^{-1}=\begin{pmatrix}1&0&0\\3&-2&3\\2&-2&3\end{pmatrix}。$$

(2) $a=-1$，其特征值为 $1,-1,0$，得 $\begin{pmatrix}1\\-2\\-1\end{pmatrix},\begin{pmatrix}-3\\-1\\0\end{pmatrix},\begin{pmatrix}-1\\2\\1\end{pmatrix}$ 为对应的特征向量。

而特征向量 $\boldsymbol{p}_1=-\boldsymbol{p}_3$ 与特征值 $\lambda_1=1\neq0=\lambda_3$ 对应的特征向量线性无关矛盾。故 $a=-1$ 舍去。 □

例 27 已知三阶矩阵 $\boldsymbol{A}$ 的特征值为 $1,-1,2$，设矩阵 $\boldsymbol{B}=\boldsymbol{A}^3-5\boldsymbol{A}^2$，试计算：

(1) $|\boldsymbol{B}|$；　　(2) $|\boldsymbol{A}-5\boldsymbol{E}|$。

解 (1) **解法 1** 设 λ 是 $\boldsymbol{A}$ 的一个特征值，由于 $\boldsymbol{B}=\boldsymbol{A}^3-5\boldsymbol{A}^2$，因此 $\boldsymbol{B}$ 有一特征值为 $\lambda^3-5\lambda^2$，于是根据 $\boldsymbol{A}$ 的特征值为 $1,-1,2$ 知 $\boldsymbol{B}$ 的特征值为 $-4,-6,-12$. 于是 $|\boldsymbol{B}|=(-4)\times(-6)\times(-12)=-288$。

解法 2 $\boldsymbol{A}$ 有三个不同的特征值，所以存在可逆矩阵 $\boldsymbol{P}$，使

$$P^{-1}AP=\begin{pmatrix}1&&\\&-1&\\&&2\end{pmatrix},\quad 即\ A=P\begin{pmatrix}1&&\\&-1&\\&&2\end{pmatrix}P^{-1},$$

于是

$$B=A^3-5A^2=P\left[\begin{pmatrix}1&&\\&-1&\\&&2\end{pmatrix}^3-5\begin{pmatrix}1&&\\&-1&\\&&2\end{pmatrix}^2\right]P^{-1}$$

$$=P\begin{pmatrix}1^3-5\times1^2&&\\&(-1)^3-5\times(-1)^2&\\&&2^3-5\times2^2\end{pmatrix}P^{-1}=P\begin{pmatrix}-4&&\\&-6&\\&&-12\end{pmatrix}P^{-1},$$

从而

$$|B|=\left|P\begin{pmatrix}-4&&\\&-6&\\&&-12\end{pmatrix}P^{-1}\right|=(-4)\times(-6)\times(-12)=-288。$$

(2) **解法1** A 有三个特征值 $1,-1,2$,故 $|\lambda E-A|=(\lambda-1)(\lambda+1)(\lambda-2)$。

令 $\lambda=5$,由上式得

$$|5E-A|=(5-1)\times(5+1)\times(5-2)=72,$$

故 $|A-5E|=(-1)^3|5E-A|=-72$。

解法2 设 λ 是 A 的特征值,则 $A-5E$ 的特征值为 $\lambda-5$。又题设 A 的特征值为 $1,-1,2$,于是 $A-5E$ 的特征值分别为 $-4,-6,-3$,故 $|A-5E|=(-4)\times(-6)\times(-3)=-72$。

□

例28 已知矩阵 $A=\begin{pmatrix}0&-1&1\\2&-3&0\\0&0&0\end{pmatrix}$。(Ⅰ)求 A^{99};(Ⅱ)设三阶矩阵 $B=(\alpha_1,\alpha_2,\alpha_3)$ 满足 $B^2=BA$。记 $B^{100}=(\beta_1,\beta_2,\beta_3)$,将 β_1,β_2,β_3 分别表示为 $\alpha_1,\alpha_2,\alpha_3$ 的线性组合。

解 我们将利用矩阵的相似对角化计算矩阵 A 的高次幂,利用已知条件 $B^2=BA$ 与矩阵运算来计算矩阵 B 的高次幂。

解 (Ⅰ)由 $|\lambda E-A|=\begin{vmatrix}\lambda&1&-1\\-2&\lambda+3&0\\0&0&\lambda\end{vmatrix}=\lambda(\lambda+1)(\lambda+2)=0$ 得 A 的特征值为 $\lambda_1=0,\lambda_2=-1,\lambda_3=-2$。于是,$A$ 可以对角化。

当 $\lambda_1=0$ 时,解线性方程组 $(A-0E)x=0$ 可得对应于特征值 $\lambda_1=0$ 的特征向量为 $\xi_1=k_1(3,2,2)^{T}$。

当 $\lambda_2=-1$ 时,解线性方程组 $(A+E)x=0$ 可得对应于特征值 $\lambda_2=-1$ 的特征向量为 $\xi_2=k_2(1,1,0)^{T}$。

当 $\lambda_3=-2$ 时,解线性方程组 $(A+2E)x=0$ 可得对应于特征值 $\lambda_3=-2$ 的特征向量为 $\xi_3=k_3(1,2,0)^{T}$。

记 $P=(\xi_1,\xi_2,\xi_3)=\begin{pmatrix}3&1&1\\2&1&2\\2&0&0\end{pmatrix}$,则有 $P^{-1}AP=\begin{pmatrix}0&&\\&-1&\\&&-2\end{pmatrix}$,即 $A=$

$\boldsymbol{P}\begin{pmatrix}0 & & \\ & -1 & \\ & & -2\end{pmatrix}\boldsymbol{P}^{-1}$。

于是

$$\boldsymbol{A}^{99}=\boldsymbol{P}\begin{pmatrix}0 & & \\ & -1 & \\ & & -2\end{pmatrix}^{99}\boldsymbol{P}^{-1}=\begin{pmatrix}3 & 1 & 1\\ 2 & 1 & 2\\ 2 & 0 & 0\end{pmatrix}\begin{pmatrix}0 & & \\ & -1 & \\ & & -2^{99}\end{pmatrix}\begin{pmatrix}0 & 0 & \frac{1}{2}\\ 2 & -1 & -2\\ -1 & 1 & \frac{1}{2}\end{pmatrix}$$

$$=\begin{pmatrix}-2+2^{99} & 1-2^{99} & 2-2^{98}\\ -2+2^{100} & 1-2^{100} & 2-2^{99}\\ 0 & 0 & 0\end{pmatrix}。$$

（Ⅱ）由 $\boldsymbol{B}^2=\boldsymbol{BA}$，有 $\boldsymbol{B}^3=\boldsymbol{B}(\boldsymbol{B}^2)=\boldsymbol{B}(\boldsymbol{BA})=\boldsymbol{B}^2\boldsymbol{A}=\boldsymbol{B}\,\boldsymbol{AA}=\boldsymbol{BA}^2$。类似可得$\boldsymbol{B}^{100}=\boldsymbol{BA}^{99}$，即

$$(\boldsymbol{\beta}_1,\boldsymbol{\beta}_2,\boldsymbol{\beta}_3)=(\boldsymbol{\alpha}_1,\boldsymbol{\alpha}_2,\boldsymbol{\alpha}_3)\begin{pmatrix}-2+2^{99} & 1-2^{99} & 2-2^{98}\\ -2+2^{100} & 1-2^{100} & 2-2^{99}\\ 0 & 0 & 0\end{pmatrix},$$

即

$$\begin{cases}\boldsymbol{\beta}_1=(-2+2^{99})\boldsymbol{\alpha}_1+(-2+2^{100})\boldsymbol{\alpha}_2,\\ \boldsymbol{\beta}_2=(1-2^{99})\boldsymbol{\alpha}_1+(1-2^{100})\boldsymbol{\alpha}_2,\\ \boldsymbol{\beta}_3=(2-2^{98})\boldsymbol{\alpha}_1+(2-2^{99})\boldsymbol{\alpha}_2。\end{cases}$$ □

5.4 考研真题选讲

（1）（1994，数三、数四） 设 $\boldsymbol{A}=\begin{pmatrix}0 & 0 & 1\\ x & 1 & y\\ 1 & 0 & 0\end{pmatrix}$有三个线性无关的特征向量，求 x 和 y 应满足的条件。

解 本题应先求出特征值，由题设三阶矩阵要有三个线性无关特征向量，则重特征值时，对应的线性无关特征向量的个数必须等于特征值的重数，进而 $\mathrm{r}(\lambda\boldsymbol{E}-\boldsymbol{A})=n-$特征值的重数，由此导出参数应满足的条件。

特征方程为$|\lambda\boldsymbol{E}-\boldsymbol{A}|=\lambda^3-\lambda^2-\lambda+1=(\lambda-1)^2(\lambda+1)=0$，得特征值 $\lambda_1=1$（二重），$\lambda_2=-1$。

欲使 $\lambda_1=1$ 有二个线性无关的特征向量，矩阵

$$\boldsymbol{E}-\boldsymbol{A}=\begin{pmatrix}1 & 0 & -1\\ -x & 0 & -y\\ -1 & 0 & 1\end{pmatrix}\to\begin{pmatrix}1 & 0 & -1\\ -x & 0 & -y\\ 0 & 0 & 0\end{pmatrix}$$

的秩必须等于 1，故$\begin{vmatrix}1 & -1\\ -x & -y\end{vmatrix}=-y-x=0$，于是得 $x+y=0$。

因为不同特征值所对应的特征向量线性无关，所以矩阵 $\boldsymbol{A}$ 要有三个线性无关的特征向量，必须满足条件 $x+y=0$。 □

(2)(1996，数四) 设有四阶方阵 $\boldsymbol{A}$ 满足条件 $|\sqrt{2}\boldsymbol{E}+\boldsymbol{A}|=0$，$\boldsymbol{AA}^{\mathrm{T}}=2\boldsymbol{E}$，$|\boldsymbol{A}|<0$，其中 $\boldsymbol{E}$ 是四阶单位阵，求方阵 $\boldsymbol{A}$ 的伴随矩阵 $\boldsymbol{A}^*$ 的一个特征值。

解 由 $\boldsymbol{AA}^*=\boldsymbol{A}^*\boldsymbol{A}=|\boldsymbol{A}|\boldsymbol{E}$，知 $\boldsymbol{A}^*=|\boldsymbol{A}|\boldsymbol{A}^{-1}$。

设 λ 为 $\boldsymbol{A}$ 的一个特征值，题设 $|\boldsymbol{A}|<0$，所以 $\lambda\neq 0$，且设有 $\boldsymbol{Ax}=\lambda\boldsymbol{x}$，$\boldsymbol{x}\neq\boldsymbol{0}$，则 $\boldsymbol{A}^*\boldsymbol{x}=|\boldsymbol{A}|\boldsymbol{A}^{-1}\boldsymbol{x}=|\boldsymbol{A}|\cdot\dfrac{1}{\lambda}\boldsymbol{x}=\dfrac{|\boldsymbol{A}|}{\lambda}\boldsymbol{x}$，即 $\boldsymbol{A}^*$ 有一特征值为 $\dfrac{|\boldsymbol{A}|}{\lambda}$。因此，本题关键在于计算 $|\boldsymbol{A}|$ 以及 $\boldsymbol{A}$ 的一个特征值，而这由已知条件均很容易得到。

由 $\left|\sqrt{2}\boldsymbol{E}+\boldsymbol{A}\right|=\left|\boldsymbol{A}-(-\sqrt{2})\boldsymbol{E}\right|=0$，得 $\boldsymbol{A}$ 的一个特征值 $\lambda=-\sqrt{2}$。由条件有 $|\boldsymbol{AA}^{\mathrm{T}}|=|2\boldsymbol{E}|=2^4|\boldsymbol{E}|=16$，$|\boldsymbol{A}||\boldsymbol{A}^{\mathrm{T}}|=|\boldsymbol{A}|^2=16$，于是 $|\boldsymbol{A}|=-4$，所以 $\boldsymbol{A}^*$ 有特征值 $2\sqrt{2}$。 □

(3)(1997，数三) 设三阶实对称矩阵 $\boldsymbol{A}$ 的特征值是 1，2，3，$\boldsymbol{A}$ 的属于特征值 1，2 的特征向量分别为 $\boldsymbol{\alpha}_1=(-1,-1,1)^{\mathrm{T}}$，$\boldsymbol{\alpha}_2=(1,-2,-1)^{\mathrm{T}}$，求：

① $\boldsymbol{A}$ 的属于特征值 3 的特征向量； ② 矩阵 $\boldsymbol{A}$。

解 ① 设 $\boldsymbol{A}$ 的属于特征值 3 的特征向量为 $\boldsymbol{\alpha}_3=(x_1,x_2,x_3)^{\mathrm{T}}$。因为对于实对称矩阵，属于不同特征值的特征向量相互正交，所以 $\boldsymbol{\alpha}_1\cdot\boldsymbol{\alpha}_3=\boldsymbol{\alpha}_2\cdot\boldsymbol{\alpha}_3=0$。即 x_1,x_2,x_3 是齐次线性方程组 $\begin{cases}-x_1-x_2+x_3=0,\\ x_1-2x_2-x_3=0\end{cases}$ 的非零解。

解上列线性方程组，得其基础解系为 $(1,0,1)^{\mathrm{T}}$。因此 $\boldsymbol{A}$ 的属于特征值 3 的特征向量为 $\boldsymbol{\alpha}_3=k(1,0,1)^{\mathrm{T}}$（$k$ 为任意非零常数）。

② 令矩阵 $\boldsymbol{P}=\begin{pmatrix}-1&1&1\\-1&-2&0\\1&-1&1\end{pmatrix}$，则有 $\boldsymbol{P}^{-1}\boldsymbol{AP}=\begin{pmatrix}1&0&0\\0&2&0\\0&0&3\end{pmatrix}$，即 $\boldsymbol{A}=\boldsymbol{P}\begin{pmatrix}1&0&0\\0&2&0\\0&0&3\end{pmatrix}\boldsymbol{P}^{-1}$。由于 $\boldsymbol{P}^{-1}=\begin{pmatrix}-\frac{1}{3}&-\frac{1}{3}&\frac{1}{3}\\ \frac{1}{6}&-\frac{1}{3}&-\frac{1}{6}\\ \frac{1}{2}&0&\frac{1}{2}\end{pmatrix}$，可见

$$\boldsymbol{A}=\boldsymbol{P}\begin{pmatrix}1&0&0\\0&2&0\\0&0&3\end{pmatrix}\boldsymbol{P}^{-1}=\frac{1}{6}\begin{pmatrix}13&-2&5\\-2&10&2\\5&2&13\end{pmatrix}。$$ □

(4)(1998，数一) 设有 n 阶矩阵 $\boldsymbol{A}$，$|\boldsymbol{A}|\neq 0$，$\boldsymbol{A}^*$ 为 $\boldsymbol{A}$ 的伴随矩阵，$\boldsymbol{E}$ 为 n 阶单位矩阵，若 $\boldsymbol{A}$ 有特征值 λ，则 $(\boldsymbol{A}^*)^2+\boldsymbol{E}$ 必有特征值________。

解 根据"若 $\boldsymbol{A}$ 有特征值，则多项式 $f(\boldsymbol{A})$ 有特征值 $f(\lambda)$"，由于 $(\boldsymbol{A}^*)^2+\boldsymbol{E}=(|\boldsymbol{A}|\boldsymbol{A}^{-1})^2+\boldsymbol{E}$，故所求特征值为 $\left(\dfrac{|\boldsymbol{A}|}{\lambda}\right)^2+1$。 □

(5)(1999，数一) 设 n 阶矩阵 $\boldsymbol{A}$ 的元素全是 1，则 $\boldsymbol{A}$ 的 n 个特征值为________。

解

$$|\boldsymbol{A}-\lambda\boldsymbol{E}|=\begin{vmatrix}1-\lambda & 1 & \cdots & 1\\ 1 & 1-\lambda & \cdots & 1\\ \vdots & \vdots & \ddots & \vdots\\ 1 & 1 & \cdots & 1-\lambda\end{vmatrix}\xlongequal[i=2,3,\cdots,n]{c_1+c_i}(n-\lambda)\begin{vmatrix}1 & 1 & \cdots & 1\\ 1 & 1-\lambda & \cdots & 1\\ \vdots & \vdots & \ddots & \vdots\\ 1 & 1 & \cdots & 1-\lambda\end{vmatrix}$$

$$\xlongequal[i=2,3,\cdots,n]{c_i+c_1}(n-\lambda)\begin{vmatrix}1 & 1 & \cdots & 1\\ 0 & -\lambda & \cdots & 0\\ \vdots & \vdots & \ddots & \vdots\\ 0 & 0 & \cdots & -\lambda\end{vmatrix}=(-1)^{n-1}(n-\lambda)\lambda^{n-1}。$$

令 $|\boldsymbol{A}-\lambda\boldsymbol{E}|=0$，得 n 个特征值 $n,0,0,\cdots,0(n-1$ 个)。 □

(6) (1999，数三) 设 $\boldsymbol{A},\boldsymbol{B}$ 为 n 阶矩阵，且 $\boldsymbol{A}$ 与 $\boldsymbol{B}$ 相似，$\boldsymbol{E}$ 为 n 阶单位矩阵，则(　　)。

A. $\lambda\boldsymbol{E}-\boldsymbol{A}=\lambda\boldsymbol{E}-\boldsymbol{B}$　　B. $\boldsymbol{A}$ 与 $\boldsymbol{B}$ 有相同的特征值和特征向量

C. 矩阵 $\boldsymbol{A}$ 和 $\boldsymbol{B}$ 均与一个对角阵相似　　D. 对任意常数 t，$t\boldsymbol{E}-\boldsymbol{A}$ 与 $t\boldsymbol{E}-\boldsymbol{B}$ 相似

解　应选 D。

若 $\boldsymbol{A}$ 相似于 $\boldsymbol{B}$，则有 $|\lambda\boldsymbol{E}-\boldsymbol{A}|=|\lambda\boldsymbol{E}-\boldsymbol{B}|$，但不一定成立 $\lambda\boldsymbol{E}-\boldsymbol{A}=\lambda\boldsymbol{E}-\boldsymbol{B}$；由 $|\lambda\boldsymbol{E}-\boldsymbol{A}|=|\lambda\boldsymbol{E}-\boldsymbol{B}|$ 知 $\boldsymbol{A},\boldsymbol{B}$ 有相同的特征多项式，从而有相同的特征值，但特征向量却不一定相同；$\boldsymbol{A},\boldsymbol{B}$ 相似，但 $\boldsymbol{A},\boldsymbol{B}$ 自身不一定能对角化，即相似于对角阵矩阵；只有 D 为正确答案，事实上，由 $\boldsymbol{A}$ 相似于 $\boldsymbol{B}$，存在可逆矩阵 $\boldsymbol{P}$，使得 $\boldsymbol{P}^{-1}\boldsymbol{A}\boldsymbol{P}=\boldsymbol{B}$，从而有 $\boldsymbol{P}^{-1}(t\boldsymbol{E}-\boldsymbol{A})\boldsymbol{P}=\boldsymbol{P}^{-1}t\boldsymbol{P}-\boldsymbol{P}^{-1}\boldsymbol{A}\boldsymbol{P}=t\boldsymbol{E}-\boldsymbol{B}$，即 $t\boldsymbol{E}-\boldsymbol{A}$ 相似于 $t\boldsymbol{E}-\boldsymbol{B}$。 □

(7) (1999，数四) 设矩阵 $\boldsymbol{A}=\begin{pmatrix}3 & 2 & -2\\ -k & -1 & k\\ 4 & 2 & -3\end{pmatrix}$，问当 k 为何值时，存在可逆矩阵 $\boldsymbol{P}$，使得 $\boldsymbol{P}^{-1}\boldsymbol{A}\boldsymbol{P}$ 为对角阵？并求出 $\boldsymbol{P}$ 和相应的对角阵。

解　由 $|\lambda\boldsymbol{E}-\boldsymbol{A}|=\begin{vmatrix}\lambda-3 & -2 & 2\\ k & \lambda+1 & -k\\ -4 & -2 & \lambda+3\end{vmatrix}=\begin{vmatrix}\lambda-1 & -2 & 2\\ 0 & \lambda+1 & -k\\ 0 & 0 & \lambda+1\end{vmatrix}=(\lambda+1)^2(\lambda-1)$，可得 $\boldsymbol{A}$ 的特征值为 $\lambda_1=\lambda_2=-1,\lambda_3=1$。

$$-\boldsymbol{E}-\boldsymbol{A}=\begin{pmatrix}-4 & -2 & 2\\ k & 0 & -k\\ -4 & -2 & 2\end{pmatrix}\rightarrow\begin{pmatrix}-4 & -2 & 2\\ k & 0 & -k\\ 0 & 0 & 0\end{pmatrix},$$

由于特征值 -1 的重数为 2，所以为保证 $\boldsymbol{A}$ 可对角化，应使 $\mathrm{r}(-\boldsymbol{E}-\boldsymbol{A})=3-2=1$。若要 $\begin{pmatrix}-4 & 2 & 2\\ k & 0 & -k\\ 0 & 0 & 0\end{pmatrix}$ 秩为 1，则 k 只能取 0。

$$\boldsymbol{E}-\boldsymbol{A}=\begin{pmatrix}-2 & -2 & 2\\ k & 2 & -k\\ -4 & -2 & 4\end{pmatrix}\rightarrow\begin{pmatrix}-2 & -2 & 2\\ 0 & 2 & 0\\ 0 & 0 & 0\end{pmatrix},$$

由于特征值 1 的重数为 1，所以 $\boldsymbol{E}-\boldsymbol{A}$ 满足 $\mathrm{r}(\boldsymbol{E}-\boldsymbol{A})=2=3-1$。

综上，当且仅当 $k=0$ 时，$\boldsymbol{A}$ 满足可对角化的充要条件。此时取 $\boldsymbol{P}=\begin{pmatrix}-1 & 1 & 1\\ 2 & 0 & 0\\ 0 & 2 & 1\end{pmatrix}$，则

$$P^{-1}AP=\begin{pmatrix}-1&0&0\\0&-1&0\\0&0&1\end{pmatrix}。$$ □

(8) (2000,数四) 设矩阵 $A=\begin{pmatrix}1&-1&1\\x&4&y\\-3&-3&5\end{pmatrix}$,已知 A 有三个线性无关的特征向量,$\lambda=2$ 是 A 的二重特征值,试求可逆矩阵 P,使得 $P^{-1}AP$ 为对角矩阵。

解 因为 A 有三个线性无关的特征向量,$\lambda=2$ 是 A 的二重特征值,所以 A 的对应于 $\lambda=2$ 的线性无关的特征向量有两个,故秩$(2E-A)=1$。经过行初等变换

$$2E-A=\begin{pmatrix}1&1&-1\\-x&-2&-y\\3&3&-3\end{pmatrix}\to\begin{pmatrix}1&1&-1\\0&x-2&-x-y\\0&0&0\end{pmatrix}。$$

于是解得 $x=2,y=-2$。

矩阵 $A=\begin{pmatrix}1&-1&1\\2&4&-2\\-3&-3&5\end{pmatrix}$,其特征多项式

$$|\lambda E-A|=\begin{vmatrix}\lambda-1&1&-1\\-2&\lambda-4&2\\3&3&\lambda-5\end{vmatrix}=(\lambda-2)^2(\lambda-6)。$$

由此得特征值为 $\lambda_1=\lambda_2=2,\lambda_3=6$。

对于特征值 $\lambda_1=\lambda_2=2$,解线性方程组 $(A-2E)x=\mathbf{0}$,有

$$\lambda_1E-A=\begin{pmatrix}1&1&-1\\-2&-2&2\\3&3&-3\end{pmatrix}\to\begin{pmatrix}1&1&-1\\0&0&0\\0&0&0\end{pmatrix},$$

对应的特征向量为 $\boldsymbol{\alpha}_1=(1,-1,0)^T,\boldsymbol{\alpha}_2=(1,0,1)^T$。

对于特征值 $\lambda_3=6$,解线性方程组 $(A-6E)x=\mathbf{0}$,有

$$\lambda_3E-A=\begin{pmatrix}5&1&-1\\-2&2&2\\3&3&1\end{pmatrix}\to\begin{pmatrix}1&0&-1/3\\0&1&2/3\\0&0&0\end{pmatrix},$$

对应的特征向量为 $\boldsymbol{\alpha}_3=(1,-2,3)^T$。

令 $P=\begin{pmatrix}1&1&1\\-1&0&-2\\0&1&3\end{pmatrix}$,则 $P^{-1}AP=\begin{pmatrix}2&0&0\\0&2&0\\0&0&6\end{pmatrix}$。 □

(9) (2001,数三、数四) 设矩阵 $A=\begin{pmatrix}1&1&a\\1&a&1\\a&1&1\end{pmatrix}$,$\boldsymbol{\beta}=\begin{pmatrix}1\\1\\-2\end{pmatrix}$,已知线性方程组 $Ax=\boldsymbol{\beta}$ 有解,但不唯一,试求:①a 的值;②求正交矩阵 Q,使 Q^TAQ 为对角矩阵。

解 ① 对线性方程组 $Ax=\boldsymbol{\beta}$ 的增广矩阵作行初等变换,有

$$(\boldsymbol{A}\vdots\boldsymbol{\beta})=\begin{pmatrix}1&1&a&\vdots&1\\1&a&1&\vdots&1\\a&1&1&\vdots&-2\end{pmatrix}\to\begin{pmatrix}1&1&a&\vdots&1\\0&a-1&1-a&\vdots&0\\0&0&(a-1)(a+2)&\vdots&a+2\end{pmatrix}。$$

因为线性方程组的解不唯一，所以 $r(\boldsymbol{A})=r(\boldsymbol{A}\vdots\boldsymbol{\beta})<3$，故 $a=-2$。

② 由①有 $\boldsymbol{A}=\begin{pmatrix}1&1&-2\\1&-2&1\\-2&1&1\end{pmatrix}$。

$\boldsymbol{A}$ 的特征多项式为 $|\lambda\boldsymbol{E}-\boldsymbol{A}|=\lambda(\lambda-3)(\lambda+3)$，故 $\boldsymbol{A}$ 的特征值为 $\lambda_1=3,\lambda_2=-3,\lambda_3=0$。对应的特征向量依次为 $\boldsymbol{\alpha}_1=(1,0,-1)^{\mathrm{T}},\boldsymbol{\alpha}_2=(1,-2,1)^{\mathrm{T}},\boldsymbol{\alpha}_3=(1,1,1)^{\mathrm{T}}$。将 $\boldsymbol{\alpha}_1,\boldsymbol{\alpha}_2,\boldsymbol{\alpha}_3$ 单位化，得

$$\boldsymbol{\beta}_1=\left(\frac{1}{\sqrt{2}},0,-\frac{1}{\sqrt{2}}\right)^{\mathrm{T}},\quad \boldsymbol{\beta}_2=\left(\frac{1}{\sqrt{6}},\frac{-2}{\sqrt{6}},\frac{1}{\sqrt{6}}\right)^{\mathrm{T}},\quad \boldsymbol{\beta}_3=\left(\frac{1}{\sqrt{3}},\frac{1}{\sqrt{3}},\frac{1}{\sqrt{3}}\right)^{\mathrm{T}}。$$

令 $\boldsymbol{Q}=\begin{pmatrix}\frac{1}{\sqrt{2}}&\frac{1}{\sqrt{6}}&\frac{1}{\sqrt{3}}\\0&\frac{-2}{\sqrt{6}}&\frac{1}{\sqrt{3}}\\-\frac{1}{\sqrt{2}}&\frac{1}{\sqrt{6}}&\frac{1}{\sqrt{3}}\end{pmatrix}$，则有 $\boldsymbol{Q}^{\mathrm{T}}\boldsymbol{A}\boldsymbol{Q}=\begin{pmatrix}3&0&0\\0&-3&0\\0&0&0\end{pmatrix}$。 □

(10) (2002，数三) 设 $\boldsymbol{A}$ 是 n 阶实对称矩阵，$\boldsymbol{P}$ 是 n 阶可逆矩阵。已知 n 维列向量 $\boldsymbol{\alpha}$ 是 $\boldsymbol{A}$ 的属于特征值 λ 的特征向量，则矩阵 $(P^{-1}AP)^{\mathrm{T}}$ 属于特征值 λ 的特征向量是(　　)。

A. $\boldsymbol{P}^{-1}\boldsymbol{\alpha}$　　B. $\boldsymbol{P}^{\mathrm{T}}\boldsymbol{\alpha}$　　C. $\boldsymbol{P}\boldsymbol{\alpha}$　　D. $(\boldsymbol{P}^{-1})^{\mathrm{T}}\boldsymbol{\alpha}$

解　选 B。这是因为

$(\boldsymbol{P}^{-1}\boldsymbol{AP})^{\mathrm{T}}(\boldsymbol{P}^{\mathrm{T}}\boldsymbol{\alpha})=\boldsymbol{P}^{\mathrm{T}}\boldsymbol{A}^{\mathrm{T}}(\boldsymbol{P}^{-1})^{\mathrm{T}}\boldsymbol{P}^{\mathrm{T}}\boldsymbol{\alpha}=\boldsymbol{P}^{\mathrm{T}}\boldsymbol{A}(\boldsymbol{PP}^{-1})^{\mathrm{T}}\boldsymbol{\alpha}=\boldsymbol{P}^{\mathrm{T}}\boldsymbol{A\alpha}=\boldsymbol{P}^{\mathrm{T}}\lambda\boldsymbol{\alpha}=\lambda\boldsymbol{P}^{\mathrm{T}}\boldsymbol{\alpha}$。

(11) (2005，数一、数二、数三) 设 λ_1,λ_2 是矩阵 $\boldsymbol{A}$ 的两个不同的特征值，对应的特征向量分别为 $\boldsymbol{\alpha}_1,\boldsymbol{\alpha}_2$，则 $\boldsymbol{\alpha}_1,\boldsymbol{A}(\boldsymbol{\alpha}_1+\boldsymbol{\alpha}_2)$ 线性无关的充分必要条件是(　　)。

A. $\lambda_1\neq0$　　B. $\lambda_2\neq0$　　C. $\lambda_1=0$　　D. $\lambda_2=0$

解法1　令 $k_1\boldsymbol{\alpha}_1+k_2\boldsymbol{A}(\boldsymbol{\alpha}_1+\boldsymbol{\alpha}_2)=\boldsymbol{0}$，则

$$k_1\boldsymbol{\alpha}_1+k_2\lambda_1\boldsymbol{\alpha}_1+k_2\lambda_2\boldsymbol{\alpha}_2=\boldsymbol{0},\quad 即(k_1+k_2\lambda_1)\boldsymbol{\alpha}_1+k_2\lambda_2\boldsymbol{\alpha}_2=\boldsymbol{0}。$$

由于 $\boldsymbol{\alpha}_1,\boldsymbol{\alpha}_2$ 线性无关，于是有 $\begin{cases}k_1+k_2\lambda_1=0,\\k_2\lambda_2=0。\end{cases}$

当 $\lambda_2\neq0$ 时，显然有 $k_1=0,k_2=0$，此时 $\boldsymbol{\alpha}_1,\boldsymbol{A}(\boldsymbol{\alpha}_1+\boldsymbol{\alpha}_2)$ 线性无关；反过来，若 $\boldsymbol{\alpha}_1,\boldsymbol{A}(\boldsymbol{\alpha}_1+\boldsymbol{\alpha}_2)$ 线性无关，则必然有 $\lambda_2\neq0$(否则，$\boldsymbol{\alpha}_1$ 与 $\boldsymbol{A}(\boldsymbol{\alpha}_1+\boldsymbol{\alpha}_2)=\lambda_1\boldsymbol{\alpha}_1$ 线性相关)。

故应选 B。 □

解法2　由于 $(\boldsymbol{\alpha}_1,\boldsymbol{A}(\boldsymbol{\alpha}_1+\boldsymbol{\alpha}_2))=(\boldsymbol{\alpha}_1,\lambda_1\boldsymbol{\alpha}_1+\lambda_2\boldsymbol{\alpha}_2)=(\boldsymbol{\alpha}_1,\boldsymbol{\alpha}_2)\begin{pmatrix}1&\lambda_1\\0&\lambda_2\end{pmatrix}$，可见 $\boldsymbol{\alpha}_1,\boldsymbol{A}(\boldsymbol{\alpha}_1+\boldsymbol{\alpha}_2)$ 线性无关的充要条件是 $\begin{vmatrix}1&\lambda_1\\0&\lambda_2\end{vmatrix}=\lambda_2\neq0$。故应选 B。 □

(12) (2006，数一，二，三，四) 设三阶实对称阵 $\boldsymbol{A}$ 的各行元素之和均为 3，向量 $\boldsymbol{\alpha}_1=(-1,2,-1)^{\mathrm{T}},\boldsymbol{\alpha}_2=(0,-1,1)^{\mathrm{T}}$ 是线性方程组 $\boldsymbol{Ax}=\boldsymbol{0}$ 的两个解。

（Ⅰ）求 $\boldsymbol{A}$ 的特征值和特征向量；

（Ⅱ）求正交矩阵 $\boldsymbol{Q}$ 和对角矩阵$\boldsymbol{\Lambda}$，使得 $\boldsymbol{Q}^{\mathrm{T}}\boldsymbol{A}\boldsymbol{Q}=\boldsymbol{\Lambda}$；

（Ⅲ）求 $\boldsymbol{A}$ 及$\left(\boldsymbol{A}-\frac{3}{2}\boldsymbol{E}\right)^6$，其中 $\boldsymbol{E}$ 为三阶单位矩阵。

解 （Ⅰ）设 $\boldsymbol{A}=\begin{pmatrix} a_{11} & a_{12} & a_{13} \\ a_{21} & a_{22} & a_{23} \\ a_{31} & a_{32} & a_{33} \end{pmatrix}$，则

$$\boldsymbol{A}\begin{pmatrix} k \\ k \\ k \end{pmatrix}=\begin{pmatrix} a_{11} & a_{12} & a_{13} \\ a_{21} & a_{22} & a_{23} \\ a_{31} & a_{32} & a_{33} \end{pmatrix}\begin{pmatrix} k \\ k \\ k \end{pmatrix}=\begin{pmatrix} a_{11}k+a_{12}k+a_{13}k \\ a_{21}k+a_{22}k+a_{23}k \\ a_{31}k+a_{32}k+a_{33}k \end{pmatrix}=\begin{pmatrix} (a_{11}+a_{12}+a_{13})k \\ (a_{21}+a_{22}+a_{23})k \\ (a_{31}+a_{32}+a_{33})k \end{pmatrix}。$$

因为矩阵 $\boldsymbol{A}$ 的各行元素之和均为 3，所以 $\boldsymbol{A}\begin{pmatrix} k \\ k \\ k \end{pmatrix}=\begin{pmatrix} 3k \\ 3k \\ 3k \end{pmatrix}=3\begin{pmatrix} k \\ k \\ k \end{pmatrix}$，由此可知 $\lambda=3$ 是矩阵 $\boldsymbol{A}$ 的一个特征值，$k(1,1,1)^{\mathrm{T}}$ 是对应的特征向量，其中 k 为非零常数。以下记$\boldsymbol{\alpha}=(1,1,1)^{\mathrm{T}}$。

又由题设知 $\boldsymbol{A}\boldsymbol{\alpha}_1=\boldsymbol{A}\boldsymbol{\alpha}_2=\boldsymbol{0}$，即 $\boldsymbol{A}\boldsymbol{\alpha}_1=0\boldsymbol{\alpha}_1$，$\boldsymbol{A}\boldsymbol{\alpha}_2=0\boldsymbol{\alpha}_2$，而且$\boldsymbol{\alpha}_1$，$\boldsymbol{\alpha}_2$线性无关，所以 $\lambda=0$ 是矩阵 $\boldsymbol{A}$ 的二重特征值，$\boldsymbol{\alpha}_1$，$\boldsymbol{\alpha}_2$是其对应的特征向量，对应 $\lambda=0$ 的全部特征向量为 $k_1\boldsymbol{\alpha}_1+k_2\boldsymbol{\alpha}_2$，其中 k_1，k_2 为不全为零的常数。

（Ⅱ）因为 $\boldsymbol{A}$ 是实对称矩阵，所以$\boldsymbol{\alpha}$与$\boldsymbol{\alpha}_1$，$\boldsymbol{\alpha}_2$正交，所以只需将$\boldsymbol{\alpha}_1$，$\boldsymbol{\alpha}_2$正交。取

$$\boldsymbol{\beta}_1=\boldsymbol{\alpha}_1,$$

$$\boldsymbol{\beta}_2=\boldsymbol{\alpha}_2-\frac{\langle\boldsymbol{\alpha}_2,\boldsymbol{\beta}_1\rangle}{\langle\boldsymbol{\beta}_1,\boldsymbol{\beta}_1\rangle}\boldsymbol{\beta}_1=\begin{pmatrix} 0 \\ -1 \\ 1 \end{pmatrix}-\frac{-3}{6}\begin{pmatrix} -1 \\ 2 \\ -1 \end{pmatrix}=\begin{pmatrix} -\frac{1}{2} \\ 0 \\ \frac{1}{2} \end{pmatrix}。$$

再将$\boldsymbol{\alpha}$，$\boldsymbol{\beta}_1$，$\boldsymbol{\beta}_2$单位化，得

$$\boldsymbol{\eta}_1=\frac{\boldsymbol{\alpha}}{\|\boldsymbol{\alpha}\|}=\begin{pmatrix} 1/\sqrt{3} \\ 1/\sqrt{3} \\ 1/\sqrt{3} \end{pmatrix},\quad \boldsymbol{\eta}_2=\frac{\boldsymbol{\beta}_1}{\|\boldsymbol{\beta}_1\|}=\begin{pmatrix} -1/\sqrt{6} \\ 2/\sqrt{6} \\ -1/\sqrt{6} \end{pmatrix},\quad \boldsymbol{\eta}_3=\frac{\boldsymbol{\beta}_2}{\|\boldsymbol{\beta}_2\|}=\begin{pmatrix} -1/\sqrt{2} \\ 0 \\ 1/\sqrt{2} \end{pmatrix}。$$

令 $\boldsymbol{Q}=(\boldsymbol{\eta}_1,\boldsymbol{\eta}_2,\boldsymbol{\eta}_3)$，则 $\boldsymbol{Q}^{-1}=\boldsymbol{Q}^{\mathrm{T}}$，由 $\boldsymbol{A}$ 是实对称矩阵必可相似对角化，得 $\boldsymbol{Q}^{\mathrm{T}}\boldsymbol{A}\boldsymbol{Q}=\begin{pmatrix} 3 & & \\ & 0 & \\ & & 0 \end{pmatrix}=\boldsymbol{\Lambda}$。

（Ⅲ）由（Ⅱ）知 $\boldsymbol{Q}^{\mathrm{T}}\boldsymbol{A}\boldsymbol{Q}=\begin{pmatrix} 3 & & \\ & 0 & \\ & & 0 \end{pmatrix}=\boldsymbol{\Lambda}$，所以

$$A=Q\Lambda Q^{\mathrm{T}}=\begin{pmatrix}\frac{1}{\sqrt{3}} & -\frac{1}{\sqrt{6}} & -\frac{1}{\sqrt{2}}\\ \frac{1}{\sqrt{3}} & \frac{2}{\sqrt{6}} & 0\\ \frac{1}{\sqrt{3}} & -\frac{1}{\sqrt{6}} & \frac{1}{\sqrt{2}}\end{pmatrix}\begin{pmatrix}3 & & \\ & 0 & \\ & & 0\end{pmatrix}\begin{pmatrix}\frac{1}{\sqrt{3}} & \frac{1}{\sqrt{3}} & \frac{1}{\sqrt{3}}\\ -\frac{1}{\sqrt{6}} & \frac{2}{\sqrt{6}} & -\frac{1}{\sqrt{6}}\\ -\frac{1}{\sqrt{2}} & 0 & \frac{1}{\sqrt{2}}\end{pmatrix}=\begin{pmatrix}1 & 1 & 1\\ 1 & 1 & 1\\ 1 & 1 & 1\end{pmatrix},$$

$$Q^{\mathrm{T}}\left(A-\frac{3}{2}E\right)^6Q=\left[Q^{\mathrm{T}}\left(A-\frac{3}{2}E\right)Q\right]^6=\left(Q^{\mathrm{T}}AQ-\frac{3}{2}E\right)^6$$

$$=\left[\begin{pmatrix}3 & & \\ & 0 & \\ & & 0\end{pmatrix}-\begin{pmatrix}\frac{3}{2} & & \\ & \frac{3}{2} & \\ & & \frac{3}{2}\end{pmatrix}\right]^6$$

$$=\begin{pmatrix}\left(\frac{3}{2}\right)^6 & & \\ & \left(\frac{3}{2}\right)^6 & \\ & & \left(\frac{3}{2}\right)^6\end{pmatrix}=\left(\frac{3}{2}\right)^6E,$$

则$\left(A-\frac{3}{2}E\right)^6=Q\left(\frac{3}{2}\right)^6EQ^{\mathrm{T}}=\left(\frac{3}{2}\right)^6E$。 □

(13)(2008,数二)　设三阶矩阵 A 的特征值是 $2,3,\lambda$,若行列式 $|2A|=-48$,则 $\lambda=$________。

解　因 A 的特征值的乘积等于$|A|$,又 A 为三阶矩阵,所以

$|2A|=2^3|A|=2^3\times 2\times 3\lambda=-48$,　故 $\lambda=-1$。 □

(14)(2008,数三)　设三阶矩阵 A 的特征值为 $1,2,2$,E 为三阶单位矩阵,则$|4A^{-1}-E|=$________。

解　由三阶矩阵 A 的特征值是 $1,2,2$,得 A^{-1}的特征值是 $1,\frac{1}{2},\frac{1}{2}$,于是 $4A^{-1}-E$ 的特征值为 $3,1,1$。又矩阵的行列式等于 A 的特征值的乘积,所以 $|4A^{-1}-E|=3\times1\times1=3$,故填 3。 □

(15)(2008,数二、数三、数四)　设 A 为三阶矩阵,$\boldsymbol{\alpha}_1,\boldsymbol{\alpha}_2$分别为 A 的属于特征值-1,1 的特征向量,向量$\boldsymbol{\alpha}_3$满足 $A\boldsymbol{\alpha}_3=\boldsymbol{\alpha}_2+\boldsymbol{\alpha}_3$。

(Ⅰ)证明$\boldsymbol{\alpha}_1,\boldsymbol{\alpha}_2,\boldsymbol{\alpha}_3$线性无关;(Ⅱ)令 $P=(\boldsymbol{\alpha}_1,\boldsymbol{\alpha}_2,\boldsymbol{\alpha}_3)$,求 $P^{-1}AP$。

解　(Ⅰ)　令

$$x_1\boldsymbol{\alpha}_1+x_2\boldsymbol{\alpha}_2+x_3\boldsymbol{\alpha}_3=\mathbf{0}。\tag{1}$$

因为 $A\boldsymbol{\alpha}_1=-\boldsymbol{\alpha}_1,A\boldsymbol{\alpha}_2=\boldsymbol{\alpha}_2,A\boldsymbol{\alpha}_3=\boldsymbol{\alpha}_2+\boldsymbol{\alpha}_3$。用 A 左乘(1)得

$$-x_1\boldsymbol{\alpha}_1+x_2\boldsymbol{\alpha}_2+x_3\boldsymbol{\alpha}_2+x_3\boldsymbol{\alpha}_3=\mathbf{0}。\tag{2}$$

(1)式－(2)式得

$$2x_1\boldsymbol{\alpha}_1-x_3\boldsymbol{\alpha}_2=\mathbf{0}。\tag{3}$$

因为$\boldsymbol{\alpha}_1,\boldsymbol{\alpha}_2$分别为$\boldsymbol{A}$的不同特征值对应的特征值向量，所以线性无关，于是$x_1=x_3=0$。代入(1)式得$x_2\boldsymbol{\alpha}_2=\mathbf{0}$，故$x_2=0$，即有$\boldsymbol{\alpha}_1,\boldsymbol{\alpha}_2,\boldsymbol{\alpha}_3$线性无关。

（Ⅱ）由

$$\begin{aligned}\boldsymbol{AP}&=\boldsymbol{A}(\boldsymbol{\alpha}_1,\boldsymbol{\alpha}_2,\boldsymbol{\alpha}_3)=(\boldsymbol{A\alpha}_1,\boldsymbol{A\alpha}_2,\boldsymbol{A\alpha}_3)=(-\boldsymbol{\alpha}_1,\boldsymbol{\alpha}_2,\boldsymbol{\alpha}_2+\boldsymbol{\alpha}_3)\\&=(\boldsymbol{\alpha}_1,\boldsymbol{\alpha}_2,\boldsymbol{\alpha}_3)\begin{pmatrix}-1&0&0\\0&1&1\\0&0&1\end{pmatrix}=\boldsymbol{P}\begin{pmatrix}-1&0&0\\0&1&1\\0&0&1\end{pmatrix},\end{aligned}$$

由（Ⅰ）知$\boldsymbol{P}$可逆，故$\boldsymbol{P}^{-1}\boldsymbol{AP}=\begin{pmatrix}-1&0&0\\0&1&1\\0&0&1\end{pmatrix}$。 □

(16)(2009,数二) 设$\boldsymbol{\alpha},\boldsymbol{\beta}$为三维列向量，$\boldsymbol{\beta}^{\mathrm{T}}$为$\boldsymbol{\beta}$的转置，若矩阵$\boldsymbol{\alpha\beta}^{\mathrm{T}}$相似于$\begin{pmatrix}2&0&0\\0&0&0\\0&0&0\end{pmatrix}$，则$\boldsymbol{\beta}^{\mathrm{T}}\boldsymbol{\alpha}=$________。

解 记$\boldsymbol{\alpha}=\begin{pmatrix}a_1\\a_2\\a_3\end{pmatrix}$，$\boldsymbol{\beta}=\begin{pmatrix}b_1\\b_2\\b_3\end{pmatrix}$，则$\boldsymbol{\alpha\beta}^{\mathrm{T}}=\begin{pmatrix}a_1b_1&a_1b_2&a_1b_3\\a_2b_1&a_2b_2&a_2b_3\\a_3b_1&a_3b_2&a_3b_3\end{pmatrix}$。因为$\boldsymbol{\alpha\beta}^{\mathrm{T}}$相似于$\begin{pmatrix}2&0&0\\0&0&0\\0&0&0\end{pmatrix}$，所以$\mathrm{tr}(\boldsymbol{\alpha\beta}^{\mathrm{T}})=2+0+0$，即$a_1b_1+a_2b_2+a_3b_3=2$。因此所求的$\boldsymbol{\beta}^{\mathrm{T}}\boldsymbol{\alpha}=(b_1,b_2,b_3)\begin{pmatrix}a_1\\a_2\\a_3\end{pmatrix}=a_1b_1+a_2b_2+a_3b_3=2$。 □

(17)(2010,数一、数二、数三) 设$\boldsymbol{A}$为四阶实对称矩阵，且$\boldsymbol{A}^2+\boldsymbol{A}=\boldsymbol{O}$，若$\boldsymbol{A}$的秩为3，则$\boldsymbol{A}$相似于(　　)。

A. $\begin{pmatrix}1&&&\\&1&&\\&&1&\\&&&0\end{pmatrix}$　　B. $\begin{pmatrix}1&&&\\&1&&\\&&-1&\\&&&0\end{pmatrix}$

C. $\begin{pmatrix}1&&&\\&-1&&\\&&-1&\\&&&0\end{pmatrix}$　　D. $\begin{pmatrix}-1&&&\\&-1&&\\&&-1&\\&&&0\end{pmatrix}$

解 设λ为$\boldsymbol{A}$的特征值，由$\boldsymbol{A}^2+\boldsymbol{A}=\boldsymbol{O}$，知特征方程为$\lambda^2+\lambda=0$，所以$\lambda=-1$或0。由于$\boldsymbol{A}$为实对称矩阵，故$\boldsymbol{A}$可相似对角化，即$\boldsymbol{A}$相似于$\boldsymbol{\Lambda}$，$\mathrm{r}(\boldsymbol{A})=\mathrm{r}(\boldsymbol{\Lambda})=3$，因此$\boldsymbol{A}$相似于$\boldsymbol{\Lambda}=\begin{pmatrix}-1&&&\\&-1&&\\&&-1&\\&&&0\end{pmatrix}$，应选D。 □

(18)(2010,数二、数三) 设 $A=\begin{pmatrix}0&-1&4\\-1&3&a\\4&a&0\end{pmatrix}$,正交矩阵 Q 使得 Q^TAQ 为对角矩阵,若 Q 的第 1 列为 $\frac{1}{\sqrt{6}}(1,2,1)^T$,求 a,Q。

解 记 $\alpha_1=\frac{1}{\sqrt{6}}\begin{pmatrix}1\\2\\1\end{pmatrix}$。由对角化定理知 α_1 是 A 的一个特征向量,其对应的特征值记作 λ_1,

由 $A\alpha_1=\lambda_1\alpha_1$,即 $\begin{pmatrix}0&-1&4\\-1&3&a\\4&a&0\end{pmatrix}\begin{pmatrix}1\\2\\1\end{pmatrix}=\begin{pmatrix}2\\a+5\\2a+4\end{pmatrix}=\lambda_1\begin{pmatrix}1\\2\\1\end{pmatrix}$。左右对比可得

$$a=-1,\quad \lambda_1=2,\quad \text{因此}\quad A=\begin{pmatrix}0&-1&4\\-1&3&-1\\4&-1&0\end{pmatrix}。$$

由 $|\lambda E-A|=\begin{vmatrix}\lambda&1&-4\\1&\lambda-3&1\\-4&1&\lambda\end{vmatrix}=\begin{vmatrix}\lambda+4&1&-4\\0&\lambda-3&1\\-\lambda-4&1&\lambda\end{vmatrix}$

$$=\begin{vmatrix}\lambda+4&1&-4\\0&\lambda-3&1\\0&2&\lambda-4\end{vmatrix}=(\lambda+4)(\lambda-2)(\lambda-5)=0,$$

得 A 的特征值为 $\lambda_1=2,\lambda_2=-4,\lambda_3=5$。

对应于 $\lambda_1=2$ 的一个特征向量为 $\alpha_1=\frac{1}{\sqrt{6}}(1,2,1)^T$。

当 $\lambda_2=-4$ 时,有

$$-4E-A=\begin{pmatrix}-4&1&-4\\1&-7&1\\-4&1&-4\end{pmatrix}\to\begin{pmatrix}1&-7&1\\-4&1&-4\\0&0&0\end{pmatrix}\to\begin{pmatrix}1&0&1\\0&1&0\\0&0&0\end{pmatrix}。$$

由 $(-4E-A)x=0$ 得对应于 $\lambda_2=-4$ 的一个特征向量为 $\alpha_2=(-1,0,1)^T$。

当 $\lambda_3=5$ 时,有

$$5E-A=\begin{pmatrix}5&1&-4\\1&2&1\\-4&1&5\end{pmatrix}\to\begin{pmatrix}1&2&1\\0&1&1\\0&0&0\end{pmatrix}\to\begin{pmatrix}1&0&-1\\0&1&1\\0&0&0\end{pmatrix}。$$

由 $(5E-A)x=0$ 得对应于 $\lambda_3=5$ 的一个特征向量为 $\alpha_3=(1,-1,1)^T$。

将 $\alpha_1,\alpha_2,\alpha_3$ 单位化得

$$\eta_1=\frac{1}{\sqrt{6}}(1,2,1)^T,\quad \eta_2=\frac{1}{\sqrt{2}}(-1,0,1)^T,\quad \eta_3=\frac{1}{\sqrt{3}}(1,-1,1)^T。$$

因 A 为实对称矩阵,$\alpha_1,\alpha_2,\alpha_3$ 为对应于不同特征值的特征向量,所以 η_1,η_2,η_3 为单位正交向量组。令

$$\boldsymbol{Q}=(\boldsymbol{\eta}_1,\boldsymbol{\eta}_2,\boldsymbol{\eta}_3)=\begin{pmatrix}\frac{1}{\sqrt{6}} & -\frac{1}{\sqrt{2}} & \frac{1}{\sqrt{3}}\\ \frac{2}{\sqrt{6}} & 0 & -\frac{1}{\sqrt{3}}\\ \frac{1}{\sqrt{6}} & \frac{1}{\sqrt{2}} & \frac{1}{\sqrt{3}}\end{pmatrix},\quad \text{则}\boldsymbol{Q}\text{为正交矩阵，}\quad \text{且}\boldsymbol{Q}^{\mathrm{T}}\boldsymbol{A}\boldsymbol{Q}=\begin{pmatrix}2 & & \\ & -4 & \\ & & 5\end{pmatrix}。$$

□

(19)(2012,数一、数二、数三) 设 $\boldsymbol{A}$ 为三阶矩阵，$\boldsymbol{P}$ 为三阶可逆矩阵，且 $\boldsymbol{P}^{-1}\boldsymbol{A}\boldsymbol{P}=\begin{pmatrix}1&0&0\\0&1&0\\0&0&2\end{pmatrix}$。若 $\boldsymbol{P}=(\boldsymbol{\alpha}_1,\boldsymbol{\alpha}_2,\boldsymbol{\alpha}_3)$，$\boldsymbol{Q}=(\boldsymbol{\alpha}_1+\boldsymbol{\alpha}_2,\boldsymbol{\alpha}_2,\boldsymbol{\alpha}_3)$，则 $\boldsymbol{Q}^{-1}\boldsymbol{A}\boldsymbol{Q}=$(　　)。

A. $\begin{pmatrix}1&0&0\\0&2&0\\0&0&1\end{pmatrix}$　　B. $\begin{pmatrix}1&0&0\\0&1&0\\0&0&2\end{pmatrix}$　　C. $\begin{pmatrix}2&0&0\\0&1&0\\0&0&2\end{pmatrix}$　　D. $\begin{pmatrix}2&0&0\\0&2&0\\0&0&1\end{pmatrix}$。

解 选 B。由条件 $\boldsymbol{P}^{-1}\boldsymbol{A}\boldsymbol{P}=\begin{pmatrix}1&0&0\\0&1&0\\0&0&2\end{pmatrix}$ 可知 $\boldsymbol{A}$ 相似于 $\begin{pmatrix}1&0&0\\0&1&0\\0&0&2\end{pmatrix}$，所以 $\boldsymbol{A}$ 的特征值即为 $\begin{pmatrix}1&0&0\\0&1&0\\0&0&2\end{pmatrix}$ 的特征值，即 1,1,2。再由对角化定理，$\boldsymbol{\alpha}_1,\boldsymbol{\alpha}_2,\boldsymbol{\alpha}_3$ 为 $\boldsymbol{A}$ 的三个线性无关的特征向量，它们对应的特征值分别为 1,1,2。用常规方法容易验证：$\boldsymbol{\alpha}_1+\boldsymbol{\alpha}_2,\boldsymbol{\alpha}_2,\boldsymbol{\alpha}_3$ 仍然是三个线性无关的特征向量，而且这组向量对应的特征值仍然是 1,1,2。所以由对角化定理可知，一旦令 $\boldsymbol{Q}=(\boldsymbol{\alpha}_1+\boldsymbol{\alpha}_2,\boldsymbol{\alpha}_2,\boldsymbol{\alpha}_3)$，则 $\boldsymbol{Q}$ 也满足 $\boldsymbol{Q}^{-1}\boldsymbol{A}\boldsymbol{Q}=\begin{pmatrix}1&0&0\\0&1&0\\0&0&2\end{pmatrix}$。故选 B。 □

(20)(2017,数一、数三) 设 $\boldsymbol{\alpha}$ 为 n 维单位列向量，$\boldsymbol{E}$ 为 n 阶单位矩阵，则(　　)。

A. $\boldsymbol{E}-\boldsymbol{\alpha}\boldsymbol{\alpha}^{\mathrm{T}}$ 不可逆。　　B. $\boldsymbol{E}+\boldsymbol{\alpha}\boldsymbol{\alpha}^{\mathrm{T}}$ 不可逆。

C. $\boldsymbol{E}+2\boldsymbol{\alpha}\boldsymbol{\alpha}^{\mathrm{T}}$ 不可逆。　　D. $\boldsymbol{E}-2\boldsymbol{\alpha}\boldsymbol{\alpha}^{\mathrm{T}}$ 不可逆。

解 应选 A。

设 $\boldsymbol{A}=\boldsymbol{\alpha}\boldsymbol{\alpha}^{\mathrm{T}}$，则 $\boldsymbol{A}^2=(\boldsymbol{\alpha}\boldsymbol{\alpha}^{\mathrm{T}})^2=(\boldsymbol{\alpha}\boldsymbol{\alpha}^{\mathrm{T}})(\boldsymbol{\alpha}\boldsymbol{\alpha}^{\mathrm{T}})=\boldsymbol{\alpha}(\boldsymbol{\alpha}^{\mathrm{T}}\boldsymbol{\alpha})\boldsymbol{\alpha}^{\mathrm{T}}=\boldsymbol{\alpha}(|\boldsymbol{\alpha}|^2)\boldsymbol{\alpha}^{\mathrm{T}}=\boldsymbol{\alpha}\boldsymbol{\alpha}^{\mathrm{T}}=\boldsymbol{A}$。设 λ 为 $\boldsymbol{A}$ 的一个特征值，$\boldsymbol{\eta}$ 是属于 λ 的特征向量，即

$$\boldsymbol{A}\boldsymbol{\eta}=\lambda\boldsymbol{\eta}。\qquad (*)$$

由此可知 $\boldsymbol{A}^2\boldsymbol{\eta}=\lambda^2\boldsymbol{\eta}$，又因为 $\boldsymbol{A}^2=\boldsymbol{A}$，所以

$$\boldsymbol{A}\boldsymbol{\eta}=\lambda^2\boldsymbol{\eta}。\qquad (**)$$

(*)式与(**)式联立得 $\lambda^2=\lambda$。由此可知 $\boldsymbol{A}$ 的特征值是 0 和 1，进而 $\boldsymbol{E}-\boldsymbol{A}$ 的特征值是 1 和 0。因此 $|\boldsymbol{E}-\boldsymbol{A}|=0$，所以 $\boldsymbol{E}-\boldsymbol{A}=\boldsymbol{E}-\boldsymbol{\alpha}\boldsymbol{\alpha}^{\mathrm{T}}$ 不可逆。

另外，用类似的方法还可以推出其他三个选项中的矩阵均没有零特征值，所以均可逆。

□

(21) (2017,数二) 设 $\boldsymbol{A}$ 为三阶矩阵,$\boldsymbol{P}=(\boldsymbol{\alpha}_1,\boldsymbol{\alpha}_2,\boldsymbol{\alpha}_3)$为可逆矩阵,$\boldsymbol{P}^{-1}\boldsymbol{AP}=\begin{pmatrix}0&0&0\\0&1&0\\0&0&2\end{pmatrix}$,则 $\boldsymbol{A}(\boldsymbol{\alpha}_1+\boldsymbol{\alpha}_2+\boldsymbol{\alpha}_3)=($ $)$。

A. $\boldsymbol{\alpha}_1+\boldsymbol{\alpha}_2$ B. $\boldsymbol{\alpha}_2+2\boldsymbol{\alpha}_3$ C. $\boldsymbol{\alpha}_2+\boldsymbol{\alpha}_3$ D. $\boldsymbol{\alpha}_1+2\boldsymbol{\alpha}_2$。

解 由对角化定理知,$\boldsymbol{A}$ 的三个特征值为 0,1,2,对应的特征向量分别为$\boldsymbol{\alpha}_1,\boldsymbol{\alpha}_2,\boldsymbol{\alpha}_3$,即 $\boldsymbol{A\alpha}_1=0\boldsymbol{\alpha}_1,\boldsymbol{A\alpha}_2=1\boldsymbol{\alpha}_2,\boldsymbol{A\alpha}_3=2\boldsymbol{\alpha}_3$,故 $\boldsymbol{A}(\boldsymbol{\alpha}_1+\boldsymbol{\alpha}_2+\boldsymbol{\alpha}_3)=\boldsymbol{\alpha}_2+2\boldsymbol{\alpha}_3$。

选 B。 □

(22) (2017,数一、数二、数三) 设三阶矩阵 $\boldsymbol{A}=(\boldsymbol{\alpha}_1,\boldsymbol{\alpha}_2,\boldsymbol{\alpha}_3)$有三个不同的特征值,且 $\boldsymbol{\alpha}_3=\boldsymbol{\alpha}_1+2\boldsymbol{\alpha}_2$。

(Ⅰ) 证明 $r(\boldsymbol{A})=2$;

(Ⅱ) 若$\boldsymbol{\beta}=\boldsymbol{\alpha}_1+\boldsymbol{\alpha}_2+\boldsymbol{\alpha}_3$,求线性方程组 $\boldsymbol{Ax}=\boldsymbol{\beta}$的通解。

(Ⅰ)**证** 由$\boldsymbol{\alpha}_3=\boldsymbol{\alpha}_1+2\boldsymbol{\alpha}_2$可知$\boldsymbol{\alpha}_1,\boldsymbol{\alpha}_2,\boldsymbol{\alpha}_3$线性相关,因此,$|\boldsymbol{A}|=|\boldsymbol{\alpha}_1,\boldsymbol{\alpha}_2,\boldsymbol{\alpha}_3|=0$,即 $\boldsymbol{A}$ 的特征值必有 0。

又因为 $\boldsymbol{A}$ 有三个不同的特征值,则三个特征值中只有一个 0,另外两个非 0,且由于 $\boldsymbol{A}$ 必可相似对角化,则可设其对角矩阵为$\boldsymbol{\Lambda}=\begin{pmatrix}\lambda_1&&\\&\lambda_2&\\&&0\end{pmatrix}$,$\lambda_1\neq\lambda_2\neq0$。所以 $r(\boldsymbol{A})=r(\boldsymbol{\Lambda})=2$。

(Ⅱ)**解** 由$\boldsymbol{\alpha}_1+2\boldsymbol{\alpha}_2-\boldsymbol{\alpha}_3=\boldsymbol{0}$,知$(\boldsymbol{\alpha}_1,\boldsymbol{\alpha}_2,\boldsymbol{\alpha}_3)\begin{pmatrix}1\\2\\-1\end{pmatrix}=\boldsymbol{A}\begin{pmatrix}1\\2\\-1\end{pmatrix}=\boldsymbol{0}$,故$\begin{pmatrix}1\\2\\-1\end{pmatrix}$为齐次线性方程组 $\boldsymbol{Ax}=\boldsymbol{0}$ 的一个解。因 $r(\boldsymbol{A})=2$,所以$\begin{pmatrix}1\\2\\-1\end{pmatrix}$是 $\boldsymbol{Ax}=\boldsymbol{0}$ 的一个基础解系。

由$\boldsymbol{\beta}=\boldsymbol{\alpha}_1+\boldsymbol{\alpha}_2+\boldsymbol{\alpha}_3=\boldsymbol{A}\begin{pmatrix}1\\1\\1\end{pmatrix}$,得$\begin{pmatrix}1\\1\\1\end{pmatrix}$为线性方程组 $\boldsymbol{Ax}=\boldsymbol{\beta}$的一个特解。故线性方程组 $\boldsymbol{Ax}=\boldsymbol{\beta}$的通解为 $\boldsymbol{x}=k\begin{pmatrix}1\\2\\-1\end{pmatrix}+\begin{pmatrix}1\\1\\1\end{pmatrix}$,其中 k 为任意常数。 □

(23) (2018,数一、数二、数三) 下列矩阵中,与矩阵$\begin{pmatrix}1&1&0\\0&1&1\\0&0&1\end{pmatrix}$相似的为( )。

A. $\begin{pmatrix}1&1&-1\\0&1&1\\0&0&1\end{pmatrix}$ B. $\begin{pmatrix}1&0&-1\\0&1&1\\0&0&1\end{pmatrix}$ C. $\begin{pmatrix}1&1&-1\\0&1&0\\0&0&1\end{pmatrix}$ D. $\begin{pmatrix}1&0&-1\\0&1&0\\0&0&1\end{pmatrix}$

解 显然题中矩阵均有三重特征值 $\lambda=1$。若两个矩阵 $\boldsymbol{A}$ 与 $\boldsymbol{B}$ 相似,则其对应的特征矩阵 $\lambda\boldsymbol{E}-\boldsymbol{A}$ 与$\lambda\boldsymbol{E}-\boldsymbol{B}$ 的秩相等。而

$$E-\begin{pmatrix}1&1&0\\0&1&1\\0&0&1\end{pmatrix}=\begin{pmatrix}0&-1&0\\0&0&-1\\0&0&0\end{pmatrix},\quad 即\ r\left(E-\begin{pmatrix}1&1&0\\0&1&1\\0&0&1\end{pmatrix}\right)=2,$$

$$E-\begin{pmatrix}1&1&-1\\0&1&1\\0&0&1\end{pmatrix}=\begin{pmatrix}0&-1&1\\0&0&-1\\0&0&0\end{pmatrix},\quad 即\ r\left(E-\begin{pmatrix}1&1&-1\\0&1&1\\0&0&1\end{pmatrix}\right)=2。$$

另外三个特征矩阵的秩都是1,故选A。 □

(24)(2018,数一) 设二阶矩阵 $\boldsymbol{A}$ 有两个不同的特征值,$\boldsymbol{\alpha}_1,\boldsymbol{\alpha}_2$ 为 $\boldsymbol{A}$ 的线性无关的特征向量,$\boldsymbol{A}^2(\boldsymbol{\alpha}_1+\boldsymbol{\alpha}_2)=\boldsymbol{\alpha}_1+\boldsymbol{\alpha}_2$,则 $|\boldsymbol{A}|=$________。

解 由 $\boldsymbol{\alpha}_1,\boldsymbol{\alpha}_2$ 为 $\boldsymbol{A}$ 的线性无关的特征向量,知 $\boldsymbol{\alpha}_1,\boldsymbol{\alpha}_2$ 为 $\boldsymbol{A}^2$ 的线性无关的特征向量。又由 $\boldsymbol{A}^2(\boldsymbol{\alpha}_1+\boldsymbol{\alpha}_2)=\boldsymbol{\alpha}_1+\boldsymbol{\alpha}_2$,得 $\boldsymbol{\alpha}_1+\boldsymbol{\alpha}_2$ 也是 $\boldsymbol{A}^2$ 的特征向量,因此 $\boldsymbol{A}^2$ 有二重特征值 $\lambda=1$。

因为 $\boldsymbol{A}$ 有两个不同的特征值,所以 $\boldsymbol{A}$ 的特征值为 $\lambda_1=-1,\lambda_2=1$,于是 $|\boldsymbol{A}|=-1$。 □

(25)(2018,数二) 设 $\boldsymbol{A}$ 为三阶矩阵,$\boldsymbol{\alpha}_1,\boldsymbol{\alpha}_2,\boldsymbol{\alpha}_3$ 是线性无关的向量组。若 $\boldsymbol{A}\boldsymbol{\alpha}_1=2\boldsymbol{\alpha}_1+\boldsymbol{\alpha}_2+\boldsymbol{\alpha}_3$,$\boldsymbol{A}\boldsymbol{\alpha}_2=\boldsymbol{\alpha}_2+2\boldsymbol{\alpha}_3$,$\boldsymbol{A}\boldsymbol{\alpha}_3=-\boldsymbol{\alpha}_2+\boldsymbol{\alpha}_3$,则 $\boldsymbol{A}$ 的实特征值为________。

解 记 $\boldsymbol{P}=(\boldsymbol{\alpha}_1,\boldsymbol{\alpha}_2,\boldsymbol{\alpha}_3)$,由 $\boldsymbol{\alpha}_1,\boldsymbol{\alpha}_2,\boldsymbol{\alpha}_3$ 线性无关,知 $\boldsymbol{P}$ 可逆。

$$\boldsymbol{AP}=\boldsymbol{A}(\boldsymbol{\alpha}_1,\boldsymbol{\alpha}_2,\boldsymbol{\alpha}_3)=(\boldsymbol{A}\boldsymbol{\alpha}_1,\boldsymbol{A}\boldsymbol{\alpha}_2,\boldsymbol{A}\boldsymbol{\alpha}_3)=(2\boldsymbol{\alpha}_1+\boldsymbol{\alpha}_2+\boldsymbol{\alpha}_3,\boldsymbol{\alpha}_2+2\boldsymbol{\alpha}_3,-\boldsymbol{\alpha}_2+\boldsymbol{\alpha}_3)$$

$$=(\boldsymbol{\alpha}_1,\boldsymbol{\alpha}_2,\boldsymbol{\alpha}_3)\begin{pmatrix}2&0&0\\1&1&-1\\1&2&1\end{pmatrix},$$

$\boldsymbol{P}^{-1}\boldsymbol{AP}=\begin{pmatrix}2&0&0\\1&1&-1\\1&2&1\end{pmatrix}$,即矩阵 $\boldsymbol{A}$ 与 $\boldsymbol{B}=\begin{pmatrix}2&0&0\\1&1&-1\\1&2&1\end{pmatrix}$ 相似。

由 $|\lambda\boldsymbol{E}-\boldsymbol{B}|=\begin{vmatrix}\lambda-2&0&0\\-1&\lambda-1&1\\-1&-2&\lambda-1\end{vmatrix}=(\lambda-2)(\lambda^2-2\lambda+3)=0$,得 $\boldsymbol{B}$ 的实特征值为2。

由相似矩阵有相同特征值,知 $\boldsymbol{A}$ 的实特征值为2。 □

(26)(2019,数三) 已知矩阵 $\boldsymbol{A}=\begin{pmatrix}-2&-2&1\\2&x&-2\\0&0&-2\end{pmatrix}$ 与 $\boldsymbol{B}=\begin{pmatrix}2&1&0\\0&-1&0\\0&0&y\end{pmatrix}$ 相似。

(Ⅰ)求 x,y;

(Ⅱ)求可逆阵 $\boldsymbol{P}$ 使得 $\boldsymbol{P}^{-1}\boldsymbol{AP}=\boldsymbol{B}$。

解 (Ⅰ)因为 $\boldsymbol{A}=\begin{pmatrix}-2&-2&1\\2&x&-2\\0&0&-2\end{pmatrix}$ 与 $\boldsymbol{B}=\begin{pmatrix}2&1&0\\0&-1&0\\0&0&y\end{pmatrix}$ 相似,所以 $\mathrm{tr}(\boldsymbol{A})=\mathrm{tr}(\boldsymbol{B})$ 且 $|\boldsymbol{A}|=|\boldsymbol{B}|$。

由 $\mathrm{tr}(\boldsymbol{A})=\mathrm{tr}(\boldsymbol{B})$ 可得 $x-4=y+1$;由 $|\boldsymbol{A}|=|\boldsymbol{B}|$ 可得 $4x-8=-2y$。两式联立即可解出 $x=3,y=-2$。

(Ⅱ)由 $|\boldsymbol{B}-\lambda\boldsymbol{E}|=0$ 可以解出 $\boldsymbol{B}$ 的特征值为 $\lambda_1=2,\lambda_2=-1,\lambda_3=-2$。

由$(\boldsymbol{B}-\lambda_i\boldsymbol{E})\boldsymbol{x}=\boldsymbol{0}$可以解出$\lambda_1,\lambda_2,\lambda_3$对应的特征向量分别为

$$\boldsymbol{\eta}_1=(1,0,0)^{\mathrm{T}},\quad \boldsymbol{\eta}_2=(-1,3,0)^{\mathrm{T}},\quad \boldsymbol{\eta}_3=(0,0,1)^{\mathrm{T}}。$$

由此可知，若记$\boldsymbol{P}_1=\begin{pmatrix}1&-1&0\\0&3&0\\0&0&1\end{pmatrix}$，则有$\boldsymbol{P}_1^{-1}\boldsymbol{B}\boldsymbol{P}_1=\begin{pmatrix}2&0&0\\0&-1&0\\0&0&-2\end{pmatrix}$。

又因为$\boldsymbol{A}$与$\boldsymbol{B}$相似，所以$\boldsymbol{A}$的特征值也是$\lambda_1=2,\lambda_2=-1,\lambda_3=-2$。同理可以解出$\lambda_1,\lambda_2,\lambda_3$对应的特征向量分别为

$$\boldsymbol{\xi}_1=(-1,2,0)^{\mathrm{T}},\quad \boldsymbol{\xi}_2=(-2,1,0)^{\mathrm{T}},\quad \boldsymbol{\xi}_3=(-1,2,4)^{\mathrm{T}}。$$

由此可知，若记$\boldsymbol{P}_2=\begin{pmatrix}-1&-2&-1\\2&1&2\\0&0&4\end{pmatrix}$，则有$\boldsymbol{P}_2^{-1}\boldsymbol{A}\boldsymbol{P}_2=\begin{pmatrix}2&0&0\\0&-1&0\\0&0&-2\end{pmatrix}$。

所以$\boldsymbol{P}_2^{-1}\boldsymbol{A}\boldsymbol{P}_2=\boldsymbol{P}_1^{-1}\boldsymbol{B}\boldsymbol{P}_1$，进而$\boldsymbol{P}_1\boldsymbol{P}_2^{-1}\boldsymbol{A}\boldsymbol{P}_2\boldsymbol{P}_1^{-1}=\boldsymbol{B}$，即$(\boldsymbol{P}_2\boldsymbol{P}_1^{-1})^{-1}\boldsymbol{A}\boldsymbol{P}_2\boldsymbol{P}_1^{-1}=\boldsymbol{B}$。

若记$\boldsymbol{P}=\boldsymbol{P}_2\boldsymbol{P}_1^{-1}=\begin{pmatrix}-1&-1&-1\\2&1&2\\0&0&4\end{pmatrix}$，则这样的$\boldsymbol{P}$就满足$\boldsymbol{P}^{-1}\boldsymbol{A}\boldsymbol{P}=\boldsymbol{B}$。 □

5.5 习题与解答

习题

1. 填空题：

(1) 已知三阶方阵$\boldsymbol{A}$的特征值分别为$1,-2,3$，则$|2\boldsymbol{A}|=$________。

(2)若$\boldsymbol{A}^2=\boldsymbol{E}$，则$\boldsymbol{A}$的特征值为________。

(3) 若可逆矩阵$\boldsymbol{A}$的一个特征值为λ，则矩阵$a\boldsymbol{A}^{-1}+b\boldsymbol{A}^*$的特征值为________。

(4) 三阶方阵$\boldsymbol{A}$的特征值为$1,-1,2$，则$\boldsymbol{B}=2\boldsymbol{A}^3-3\boldsymbol{A}^2$的特征值为________。

(5) n阶方阵$\boldsymbol{A}$有n个特征值$0,1,2,\cdots,n-1$，且方阵$\boldsymbol{B}$与$\boldsymbol{A}$相似，则$|\boldsymbol{B}+\boldsymbol{E}|=$________。

(6) 设$\boldsymbol{A}$为二阶矩阵，$\boldsymbol{\alpha}_1,\boldsymbol{\alpha}_2$为线性无关的二维列向量，$\boldsymbol{A}\boldsymbol{\alpha}_1=\boldsymbol{0},\boldsymbol{A}\boldsymbol{\alpha}_2=2\boldsymbol{\alpha}_1+\boldsymbol{\alpha}_2$，则$\boldsymbol{A}$的非零特征值为________。

(7) 设$\boldsymbol{A}$为三阶矩阵，$\boldsymbol{\alpha}_1,\boldsymbol{\alpha}_2,\boldsymbol{\alpha}_3$是线性无关的向量组。若$\boldsymbol{A}\boldsymbol{\alpha}_1=\boldsymbol{\alpha}_2+\boldsymbol{\alpha}_3,\boldsymbol{A}\boldsymbol{\alpha}_2=\boldsymbol{\alpha}_1+\boldsymbol{\alpha}_3,\boldsymbol{A}\boldsymbol{\alpha}_3=\boldsymbol{\alpha}_1+\boldsymbol{\alpha}_2$，则$|\boldsymbol{A}|=$________。

2. 单项选择题：

(1) 设n阶可逆矩阵$\boldsymbol{A}$有一个特征值为2，对应的特征向量为$\boldsymbol{x}$，则下列等式中不正确的是(　　)。

A. $\boldsymbol{A}\boldsymbol{x}=2\boldsymbol{x}$　　B. $\boldsymbol{A}^{-1}\boldsymbol{x}=\dfrac{1}{2}\boldsymbol{x}$　　C. $\boldsymbol{A}^{-1}\boldsymbol{x}=2\boldsymbol{x}$　　D. $\boldsymbol{A}^2\boldsymbol{x}=4\boldsymbol{x}$

(2) 设$\boldsymbol{A}$为n阶矩阵，$\lambda\neq0$为$\boldsymbol{A}$的一个特征值，则$\boldsymbol{A}$的伴随矩阵$\boldsymbol{A}^*$的一个特征值为(　　)。

A. $\dfrac{|\boldsymbol{A}|^n}{\lambda}$　　B. $\dfrac{|\boldsymbol{A}|}{\lambda}$　　C. $\lambda|\boldsymbol{A}|$　　D. $\lambda|\boldsymbol{A}|^n$

(3) 若 n 阶非奇异矩阵 $\boldsymbol{A}$ 的各行元素之和均为常数 a,则矩阵 $\left(\frac{1}{2}\boldsymbol{A}^2\right)^{-1}$ 有一特征值为( )。

A. $2a^2$ B. $-2a^2$ C. $2a^{-2}$ D. $-2a^{-2}$

(4) 若 λ 为四阶矩阵 $\boldsymbol{A}$ 的特征多项式的三重根,则 $\boldsymbol{A}$ 对应于 λ 的特征向量最多有( )个线性无关。

A. 1 B. 2 C. 3 D. 4

(5) 设 $\boldsymbol{\alpha}$ 是矩阵 $\boldsymbol{A}$ 对应于其特征值 λ 的特征向量,则矩阵 $\boldsymbol{P}^{-1}\boldsymbol{AP}$ 对应于 λ 的特征向量为( )。

A. $\boldsymbol{P}^{-1}\boldsymbol{\alpha}$ B. $\boldsymbol{P\alpha}$ C. $\boldsymbol{P}^{\mathrm{T}}\boldsymbol{\alpha}$ D. $\boldsymbol{\alpha}$

(6) 若矩阵 $\boldsymbol{A}$ 可逆,则 $\boldsymbol{A}$ 的特征值( )。

A. 互不相等 B. 全都相等 C. 不全为零 D. 全不为零

(7) 设 $\boldsymbol{A}$ 是三阶矩阵,$\boldsymbol{\alpha}_1,\boldsymbol{\alpha}_2$ 为 $\boldsymbol{A}$ 的属于特征值 1 的线性无关的特征向量,$\boldsymbol{\alpha}_3$ 为 $\boldsymbol{A}$ 的属于特征值 -1 的特征向量,则使 $\boldsymbol{P}^{-1}\boldsymbol{AP}=\begin{pmatrix}1 & 0 & 0\\ 0 & -1 & 0\\ 0 & 0 & 1\end{pmatrix}$ 的可逆阵 $\boldsymbol{P}$ 为( )。

A. $(\boldsymbol{\alpha}_1+\boldsymbol{\alpha}_3,\boldsymbol{\alpha}_2,-\boldsymbol{\alpha}_3)$ B. $(\boldsymbol{\alpha}_1+\boldsymbol{\alpha}_2,\boldsymbol{\alpha}_2,-\boldsymbol{\alpha}_3)$

C. $(\boldsymbol{\alpha}_1+\boldsymbol{\alpha}_3,-\boldsymbol{\alpha}_3,\boldsymbol{\alpha}_2)$ D. $(\boldsymbol{\alpha}_1+\boldsymbol{\alpha}_2,-\boldsymbol{\alpha}_3,\boldsymbol{\alpha}_2)$

3. 设 $\boldsymbol{A}$ 是三阶矩阵,它的三个特征值为 $1,-2,-3$,设 $\boldsymbol{B}=\boldsymbol{A}^3+3\boldsymbol{A}^2-2\boldsymbol{A}$,求 $|\boldsymbol{B}|$,$|\boldsymbol{A}+5\boldsymbol{E}|$。

4. 设矩阵 $\boldsymbol{A}=\begin{pmatrix}a & 2b\\ 3b & 2a\end{pmatrix}$ 有特征值 1,相应的特征向量为 $(1,-1)^{\mathrm{T}}$,求 a,b。

5. 设 $\boldsymbol{A}$ 为正交阵,若 $|\boldsymbol{A}|=-1$,求证 $\boldsymbol{A}$ 一定有特征值 -1。

6. 若 $\boldsymbol{A}$ 与 $\boldsymbol{B}$ 相似,$\boldsymbol{C}$ 与 $\boldsymbol{D}$ 相似,证明 $\begin{pmatrix}\boldsymbol{A} & \boldsymbol{O}\\ \boldsymbol{O} & \boldsymbol{C}\end{pmatrix}$ 与 $\begin{pmatrix}\boldsymbol{B} & \boldsymbol{O}\\ \boldsymbol{O} & \boldsymbol{D}\end{pmatrix}$ 相似。

7. 设 n 阶矩阵 $\boldsymbol{A}$ 有 n 个互异的特征值,$\boldsymbol{B}$ 与 $\boldsymbol{A}$ 的特征值相同,证明:存在矩阵 $\boldsymbol{R}$ 及可逆矩阵 $\boldsymbol{Q}$,使得 $\boldsymbol{A}=\boldsymbol{QR}$,$\boldsymbol{B}=\boldsymbol{RQ}$。

8. 设 $\boldsymbol{A}=\begin{pmatrix}1 & 0 & 1\\ 0 & 1 & 1\\ 1 & 1 & 2\end{pmatrix}$,求正交矩阵 $\boldsymbol{P}$,使 $\boldsymbol{P}^{-1}\boldsymbol{AP}=\boldsymbol{P}^{\mathrm{T}}\boldsymbol{AP}=\boldsymbol{\Lambda}$ 为对角矩阵。

9. 设 n 阶矩阵 $\boldsymbol{A}=\begin{pmatrix}1 & b & \cdots & b\\ b & 1 & \cdots & b\\ \vdots & \vdots & \ddots & \vdots\\ b & b & \cdots & 1\end{pmatrix}$。求:(Ⅰ)$\boldsymbol{A}$ 的特征值和特征向量;(Ⅱ)可逆矩阵 $\boldsymbol{P}$,使得 $\boldsymbol{P}^{-1}\boldsymbol{AP}$ 为对角矩阵。

10. 设 $\boldsymbol{A}=\begin{pmatrix}1 & 2 & 4\\ 2 & -2 & 2\\ 4 & 2 & 1\end{pmatrix}$,求正交矩阵 $\boldsymbol{P}$,使 $\boldsymbol{P}^{-1}\boldsymbol{AP}=\boldsymbol{P}^{\mathrm{T}}\boldsymbol{AP}=\boldsymbol{\Lambda}$ 为对角矩阵。

11. 若矩阵 $\boldsymbol{A}=\begin{pmatrix}2&2&0\\8&2&a\\0&0&6\end{pmatrix}$ 相似于对角矩阵 $\boldsymbol{B}$，试确定常数 a 的值；并求可逆矩阵 $\boldsymbol{P}$，使 $\boldsymbol{P}^{-1}\boldsymbol{AP}=\boldsymbol{B}$。

12. 设 $\boldsymbol{A}$ 与 $\boldsymbol{B}$ 相似，且 $\boldsymbol{A}=\begin{pmatrix}1&-1&1\\2&4&-2\\-3&-3&a\end{pmatrix}$，$\boldsymbol{B}=\begin{pmatrix}2&0&0\\0&2&0\\0&0&b\end{pmatrix}$。

①求 a 和 b 的值；②求可逆矩阵 $\boldsymbol{P}$，使 $\boldsymbol{P}^{-1}\boldsymbol{AP}=\boldsymbol{B}$。

13. 设三阶实对称矩阵 $\boldsymbol{A}$ 的秩为 2，$\lambda_1=\lambda_2=6$ 是 $\boldsymbol{A}$ 的二重特征值。若 $\boldsymbol{\alpha}_1=(1,1,0)^{\mathrm{T}}$，$\boldsymbol{\alpha}_2=(2,1,1)^{\mathrm{T}}$，$\boldsymbol{\alpha}_3=(-1,2,-3)^{\mathrm{T}}$ 都是 $\boldsymbol{A}$ 的属于特征值 6 的特征向量。求：

（Ⅰ）$\boldsymbol{A}$ 的另一特征值和对应的特征向量；（Ⅱ）矩阵 $\boldsymbol{A}$。

14. 设三阶方阵 $\boldsymbol{A}$ 的特征值为 $\lambda_1=1$，$\lambda_2=2$，$\lambda_3=3$，对应的特征向量依次为 $\boldsymbol{\xi}_1=(1,1,1)^{\mathrm{T}}$，$\boldsymbol{\xi}_2=(1,2,4)^{\mathrm{T}}$，$\boldsymbol{\xi}_3=(1,3,9)^{\mathrm{T}}$，又有向量 $\boldsymbol{\beta}=(1,1,3)^{\mathrm{T}}$，

(1) 将 $\boldsymbol{\beta}$ 用 $\boldsymbol{\xi}_1,\boldsymbol{\xi}_2,\boldsymbol{\xi}_3$ 线性表出；(2) 求 $\boldsymbol{A}^n\boldsymbol{\beta}$（$n$ 为自然数）。

15. 设三阶对称矩阵 $\boldsymbol{A}$ 的特征向量值为 $\lambda_1=1$，$\lambda_2=2$，$\lambda_3=-2$，$\boldsymbol{\alpha}_1=(1,-1,1)^{\mathrm{T}}$ 是 $\boldsymbol{A}$ 的属于 λ_1 的一个特征向量，记 $\boldsymbol{B}=\boldsymbol{A}^5-4\boldsymbol{A}^3+\boldsymbol{E}$，其中 $\boldsymbol{E}$ 为三阶单位矩阵。

（Ⅰ）验证 $\boldsymbol{\alpha}_1$ 是矩阵 $\boldsymbol{B}$ 的特征向量，并求 $\boldsymbol{B}$ 的全部特征值与特征向量；

（Ⅱ）求矩阵 $\boldsymbol{B}$。

解答

1. 填空题：(1) -48；　(2) 1 或 -1；　(3) $\dfrac{a+b|\boldsymbol{A}|}{\lambda}$；　(4) $-1,-5,4$；

(5) $n!$。　(6) 答案为 1。计算如下：

由已知条件 $\boldsymbol{A}(\boldsymbol{\alpha}_1,\boldsymbol{\alpha}_2)=(\boldsymbol{A\alpha}_1,\boldsymbol{A\alpha}_2)=(\boldsymbol{0},2\boldsymbol{\alpha}_1+\boldsymbol{\alpha}_2)=(\boldsymbol{\alpha}_1,\boldsymbol{\alpha}_2)\begin{pmatrix}0&2\\0&1\end{pmatrix}$。

又 $\boldsymbol{\alpha}_1,\boldsymbol{\alpha}_2$ 线性无关，故矩阵 $(\boldsymbol{\alpha}_1,\boldsymbol{\alpha}_2)$ 可逆。因此 $(\boldsymbol{\alpha}_1,\boldsymbol{\alpha}_2)^{-1}\boldsymbol{A}(\boldsymbol{\alpha}_1,\boldsymbol{\alpha}_2)=\begin{pmatrix}0&2\\0&1\end{pmatrix}$，即 $\boldsymbol{A}$ 与矩阵 $\begin{pmatrix}0&2\\0&1\end{pmatrix}$ 相似，从而有相同特征值。易得 $\begin{pmatrix}0&2\\0&1\end{pmatrix}$ 的特征值为 0 和 1，故 $\boldsymbol{A}$ 的非零特征值为 1。

(7) 答案为 2。计算如下：记 $\boldsymbol{P}=(\boldsymbol{\alpha}_1,\boldsymbol{\alpha}_2,\boldsymbol{\alpha}_3)$，由 $\boldsymbol{\alpha}_1,\boldsymbol{\alpha}_2,\boldsymbol{\alpha}_3$ 线性无关，知 $\boldsymbol{P}$ 可逆。由已知条件

$$\begin{aligned}\boldsymbol{AP}&=\boldsymbol{A}(\boldsymbol{\alpha}_1,\boldsymbol{\alpha}_2,\boldsymbol{\alpha}_3)=(\boldsymbol{A\alpha}_1,\boldsymbol{A\alpha}_2,\boldsymbol{A\alpha}_3)=(\boldsymbol{\alpha}_2+\boldsymbol{\alpha}_3,\boldsymbol{\alpha}_1+\boldsymbol{\alpha}_3,\boldsymbol{\alpha}_1+\boldsymbol{\alpha}_2)\\&=(\boldsymbol{\alpha}_1,\boldsymbol{\alpha}_2,\boldsymbol{\alpha}_3)\begin{pmatrix}0&1&1\\1&0&1\\1&1&0\end{pmatrix},\end{aligned}$$

即 $\boldsymbol{AP}=\boldsymbol{P}\begin{pmatrix}0&1&1\\1&0&1\\1&1&0\end{pmatrix}$，于是 $\boldsymbol{P}^{-1}\boldsymbol{AP}=\begin{pmatrix}1&0&1\\1&1&0\\0&1&1\end{pmatrix}$，即矩阵 $\boldsymbol{A}$ 与 $\begin{pmatrix}1&0&1\\1&1&0\\0&1&1\end{pmatrix}$ 相似，从而其行列式

相等，即$|A|=\begin{vmatrix}1&0&1\\1&1&0\\0&1&1\end{vmatrix}=\begin{vmatrix}1&0&1\\0&1&-1\\0&1&1\end{vmatrix}=2$。

2. 单选题：(1) C；　(2) B；　(3) C；　(4) C；　(5) A；　(6) D。

(7) D。推导如下：根据对角化定理，为保证$P^{-1}AP=\begin{pmatrix}1&0&0\\0&-1&0\\0&0&1\end{pmatrix}$，矩阵$P$的三个列向量分别为1，−1，1的特征向量且线性无关。在D选项中：

由$\boldsymbol{\alpha}_1,\boldsymbol{\alpha}_2$是属于特征值1的特征向量，可以推出$\boldsymbol{\alpha}_1+\boldsymbol{\alpha}_2$也是属于特征值1的特征向量。

由$\boldsymbol{\alpha}_3$为A的属于特征值−1的特征向量，可以推出$-\boldsymbol{\alpha}_3$也是属于特征值−1的特征向量。

另外由于$\boldsymbol{\alpha}_1,\boldsymbol{\alpha}_2$线性无关，而$(\boldsymbol{\alpha}_1+\boldsymbol{\alpha}_2,\boldsymbol{\alpha}_2)=(\boldsymbol{\alpha}_1,\boldsymbol{\alpha}_2)\begin{pmatrix}1&0\\1&1\end{pmatrix}$，其中$\begin{pmatrix}1&0\\1&1\end{pmatrix}$可逆，所以$\boldsymbol{\alpha}_1+\boldsymbol{\alpha}_2,\boldsymbol{\alpha}_2$线性无关，进而$\boldsymbol{\alpha}_1+\boldsymbol{\alpha}_2,-\boldsymbol{\alpha}_3,\boldsymbol{\alpha}_2$线性无关。由对角化定理，若记$P=(\boldsymbol{\alpha}_1+\boldsymbol{\alpha}_2,-\boldsymbol{\alpha}_3,\boldsymbol{\alpha}_2)$，则有$P^{-1}AP=\begin{pmatrix}1&0&0\\0&-1&0\\0&0&1\end{pmatrix}$。

3. 解　由题意可得B的特征值分别为2，8，6，则$|B|=6\times8\times2=96$；

$A+5E$的特征值分别为6，3，2，　则$|A+5E|=6\times3\times2=36$。

4. 解　由题知$1A=1\begin{pmatrix}a&2b\\3b&2a\end{pmatrix}=1\begin{pmatrix}1\\-1\end{pmatrix}$，于是得$\begin{cases}a-2b=1,\\3b-2a=-1,\end{cases}$解得$\begin{cases}a=-1,\\b=-1。\end{cases}$

5. 证　因为A为正交矩阵，即有$AA^{\mathrm T}=E$。从而

$$|A+E|=|A+AA^{\mathrm T}|=|A||E+A^{\mathrm T}|\quad(因为|A|=-1)$$
$$=-|E+A^{\mathrm T}|=-|(E+A)^{\mathrm T}|=-|E+A|,$$

所以$2|A+E|=0$，即$|A+E|=0$，可知−1为A的特征值。

6. 证　因为A与B相似，C与D相似，则存在可逆矩阵P_1,P_2，使得

$B=P_1^{-1}AP_1,D=P_2^{-1}CP_2$。令$P=\begin{pmatrix}P_1&O\\O&P_2\end{pmatrix}$，则$P^{-1}=\begin{pmatrix}P_1^{-1}&O\\O&P_2^{-1}\end{pmatrix}$，所以

$$P^{-1}\begin{pmatrix}A&O\\O&C\end{pmatrix}P=\begin{pmatrix}P_1^{-1}AP_1&O\\O&P_2^{-1}CP_2\end{pmatrix}=\begin{pmatrix}B&O\\O&D\end{pmatrix}。$$

7. 证　设$\lambda_1,\lambda_2,\cdots,\lambda_n$是$A$的$n$个互异特征值，则$B$与$A$都与对角矩阵$\boldsymbol{\Lambda}=\mathrm{diag}(\lambda_1,\lambda_2,\cdots,\lambda_n)$相似。

从而A与B相似。所以，存在可逆矩阵Q，使$Q^{-1}AQ=B$，即$Q^{-1}A=BQ^{-1}$，令$Q^{-1}A=BQ^{-1}=R$，则$A=QR,B=RQ$。

8. 解　$|A-\lambda E|=\begin{vmatrix}1-\lambda&0&1\\0&1-\lambda&1\\1&1&2-\lambda\end{vmatrix}=\lambda(1-\lambda)(\lambda-3)$，故$A$的特征值为$\lambda_1=0$，$\lambda_2=1,\lambda_3=3$。

当$\lambda_1=0$时，解线性方程组$(A-0E)\boldsymbol{x}=\boldsymbol{0}$，即$\begin{pmatrix}1&0&1\\0&1&1\\1&1&2\end{pmatrix}\begin{pmatrix}x_1\\x_2\\x_3\end{pmatrix}=\begin{pmatrix}0\\0\\0\end{pmatrix}$，得基础解系$\boldsymbol{\xi}_1=$

$(1,1,-1)^{\mathrm{T}}$，单位化得 $\boldsymbol{p}_1=\dfrac{1}{\sqrt{3}}(1,1,-1)^{\mathrm{T}}$。

当 $\lambda_2=1$ 时，解线性方程组 $(\boldsymbol{A}-\boldsymbol{E})\boldsymbol{x}=\boldsymbol{0}$，即 $\begin{pmatrix}0&0&1\\0&0&1\\1&1&1\end{pmatrix}\begin{pmatrix}x_1\\x_2\\x_3\end{pmatrix}=\begin{pmatrix}0\\0\\0\end{pmatrix}$，得基础解系 $\boldsymbol{\xi}_2=$ $(1,-1,0)^{\mathrm{T}}$，单位化得 $\boldsymbol{p}_2=\dfrac{1}{\sqrt{2}}(1,-1,0)^{\mathrm{T}}$。

当 $\lambda_3=3$ 时，解线性方程组 $(\boldsymbol{A}-3\boldsymbol{E})\boldsymbol{x}=\boldsymbol{0}$，即 $\begin{pmatrix}-2&0&1\\0&-2&1\\1&1&-1\end{pmatrix}\begin{pmatrix}x_1\\x_2\\x_3\end{pmatrix}=\begin{pmatrix}0\\0\\0\end{pmatrix}$，得基础解系 $\boldsymbol{\xi}_3=(1,1,2)^{\mathrm{T}}$，单位化得 $\boldsymbol{p}_3=\dfrac{1}{\sqrt{6}}(1,1,2)^{\mathrm{T}}$。

取 $\boldsymbol{P}=(\boldsymbol{p}_1,\boldsymbol{p}_2,\boldsymbol{p}_3)=\begin{pmatrix}\frac{1}{\sqrt{3}}&\frac{1}{\sqrt{2}}&\frac{1}{\sqrt{6}}\\\frac{1}{\sqrt{3}}&-\frac{1}{\sqrt{2}}&\frac{1}{\sqrt{6}}\\-\frac{1}{\sqrt{3}}&0&\frac{2}{\sqrt{6}}\end{pmatrix}$，有 $\boldsymbol{P}^{-1}\boldsymbol{A}\boldsymbol{P}=\boldsymbol{P}^{\mathrm{T}}\boldsymbol{A}\boldsymbol{P}=\boldsymbol{\Lambda}=\begin{pmatrix}0&&\\&1&\\&&3\end{pmatrix}$。

9. 解 （Ⅰ）$\lambda_1=1+(n-1)b,\lambda_2=\cdots=\lambda_n=1-b$。

$\lambda=1-b$ 的全部特征向量为 $k_1\begin{pmatrix}1\\-1\\0\\\vdots\\0\end{pmatrix}+k_2\begin{pmatrix}1\\0\\-1\\\vdots\\0\end{pmatrix}+\cdots+k_{n-1}\begin{pmatrix}1\\0\\0\\\vdots\\-1\end{pmatrix}$，$k_1,k_2,\cdots,k_{n-1}$ 不全为零的常数；

$\lambda=1+(n-1)b$ 的全部特征向量为 $k\begin{pmatrix}1\\1\\\vdots\\1\end{pmatrix}$，$k$ 为非零任意常数。

（Ⅱ）$\boldsymbol{P}=\begin{pmatrix}1&1&\cdots&1&1\\-1&0&\cdots&0&1\\0&-1&\cdots&0&1\\\vdots&\vdots&\ddots&\vdots&\vdots\\0&0&\cdots&-1&1\end{pmatrix}$。

10. 解 $\boldsymbol{A}$ 的特征值为 $\lambda_1=\lambda_2=-3,\lambda_3=6$。

当 $\lambda_1=\lambda_2=-3$ 时，解线性方程组 $(\boldsymbol{A}+3\boldsymbol{E})\boldsymbol{x}=\boldsymbol{0}$，得 $\boldsymbol{\xi}_1=(1,-2,0)^{\mathrm{T}}$，$\boldsymbol{\xi}_2=(1,0,-1)^{\mathrm{T}}$，将它们正交化得 $\boldsymbol{\eta}_1=\boldsymbol{\xi}_1=(1,-2,0)^{\mathrm{T}}$，$\boldsymbol{\eta}_2=\boldsymbol{\xi}_2-\dfrac{\langle\boldsymbol{\xi}_2,\boldsymbol{\eta}_1\rangle}{\langle\boldsymbol{\eta}_1,\boldsymbol{\eta}_1\rangle}\boldsymbol{\eta}_1=(1,0,-1)^{\mathrm{T}}-\dfrac{1}{5}(1,-2,0)^{\mathrm{T}}=$

$\left(\frac{4}{5},\frac{2}{5},-1\right)^{T}$，单位化得 $\boldsymbol{p}_1=\frac{1}{\sqrt{5}}(1,-2,0)^{T}=\left(\frac{1}{\sqrt{5}},-\frac{2}{\sqrt{5}},0\right)^{T}$，$\boldsymbol{p}_2=\frac{\sqrt{5}}{3}\left(\frac{4}{5},\frac{2}{5},-1\right)^{T}$ $=\left(\frac{4}{3\sqrt{5}},\frac{2}{3\sqrt{5}},-\frac{\sqrt{5}}{3}\right)^{T}$。

当 $\lambda_3=6$ 时，解线性方程组 $(\boldsymbol{A}-6\boldsymbol{E})\boldsymbol{x}=\boldsymbol{0}$，得 $\boldsymbol{\xi}_3=(2,1,2)^{T}$，单位化得 $\boldsymbol{p}_3=\left(\frac{2}{3},\frac{1}{3},\frac{2}{3}\right)$。

取 $\boldsymbol{P}=(\boldsymbol{p}_1,\boldsymbol{p}_2,\boldsymbol{p}_3)=\begin{pmatrix}\frac{1}{\sqrt{5}} & \frac{4}{3\sqrt{5}} & \frac{2}{3}\\ -\frac{2}{\sqrt{5}} & \frac{2}{3\sqrt{5}} & \frac{1}{3}\\ 0 & -\frac{\sqrt{5}}{3} & \frac{2}{3}\end{pmatrix}$，则 $\boldsymbol{P}$ 为正交矩阵，且 $\boldsymbol{P}^{-1}\boldsymbol{A}\boldsymbol{P}=\boldsymbol{P}^{T}\boldsymbol{A}\boldsymbol{P}$ $=\begin{pmatrix}-3 & & \\ & -3 & \\ & & 6\end{pmatrix}$。

11. 解 $|\boldsymbol{A}-\lambda\boldsymbol{E}|=\begin{vmatrix}2-\lambda & 2 & 0\\ 8 & 2-\lambda & a\\ 0 & 0 & 6-\lambda\end{vmatrix}=(6-\lambda)(\lambda-6)(\lambda+2)$，所以特征值为 $\lambda_1=\lambda_2=6,\lambda_3=-2$。

因为 $\boldsymbol{A}$ 可以对角化，所以 $\mathrm{R}(\boldsymbol{A}-6\boldsymbol{E})=3-2=1$，由此可知 $a=0$。

由 $(\boldsymbol{A}-6\boldsymbol{E})\boldsymbol{x}=\boldsymbol{0}$ 可以解得 6 对应的特征向量为 $k_1\begin{pmatrix}1\\2\\0\end{pmatrix}+k_2\begin{pmatrix}0\\0\\1\end{pmatrix}$，$k_1,k_2$ 不全为 0；由 $(\boldsymbol{A}+2\boldsymbol{E})\boldsymbol{x}=\boldsymbol{0}$ 可以解得 -2 对应的特征向量为 $k_3\begin{pmatrix}1\\-2\\0\end{pmatrix}$，$k_3$ 不为 0。

取 $\boldsymbol{\eta}_1=\begin{pmatrix}1\\2\\0\end{pmatrix}$，$\boldsymbol{\eta}_2=\begin{pmatrix}0\\0\\1\end{pmatrix}$，$\boldsymbol{\eta}_3=\begin{pmatrix}1\\-2\\0\end{pmatrix}$，$\boldsymbol{P}=(\boldsymbol{\eta}_1,\boldsymbol{\eta}_2,\boldsymbol{\eta}_3)=\begin{pmatrix}1 & 0 & 1\\ 2 & 0 & -2\\ 0 & 1 & 0\end{pmatrix}$。

上述 $\boldsymbol{P}$ 就满足 $\boldsymbol{P}^{-1}\boldsymbol{A}\boldsymbol{P}=\begin{pmatrix}6 & & \\ & 6 & \\ & & -2\end{pmatrix}$。

12. 解 由 $\boldsymbol{A}$ 与 $\boldsymbol{B}$ 相似，可知 $\mathrm{tr}(\boldsymbol{A})=\mathrm{tr}(\boldsymbol{B})$ 且 $|\boldsymbol{A}|=|\boldsymbol{B}|$，由此可以解出 $a=5,b=6$。

再根据 $\boldsymbol{A}$ 与 $\boldsymbol{B}$ 相似，可知 $\boldsymbol{A}$ 的特征值即为 $\boldsymbol{B}$ 的特征值，即 2,2,6。

当 $\lambda=2$ 时，求解齐次线性方程组 $(\boldsymbol{A}-2\boldsymbol{E})\boldsymbol{x}=\boldsymbol{0}$，其基础解系为 $\boldsymbol{\alpha}_1=(1,-1,0)^{T}$，$\boldsymbol{\alpha}_2=(1,0,1)^{T}$。

当 $\lambda=6$ 时，求解齐次线性方程组 $(\boldsymbol{A}-6\boldsymbol{E})\boldsymbol{x}=\boldsymbol{0}$，其基础解系为 $\boldsymbol{\alpha}_3=(1,-2,3)^{T}$。

令 $\boldsymbol{P}=(\boldsymbol{\alpha}_1,\boldsymbol{\alpha}_2,\boldsymbol{\alpha}_3)=\begin{pmatrix}1 & 1 & 1\\ -1 & 0 & -2\\ 0 & 1 & 3\end{pmatrix}$，则有 $\boldsymbol{P}^{-1}\boldsymbol{A}\boldsymbol{P}=\boldsymbol{B}$。

13. 解　因为 $\boldsymbol{A}$ 是对称矩阵，所以 $\boldsymbol{A}$ 可以对角化，若另一特征值为 λ，则 $\boldsymbol{A}$ 相似于对角阵 $\boldsymbol{\Lambda}=\begin{pmatrix}6 & & \\ & 6 & \\ & & \lambda\end{pmatrix}$，进而 $\mathrm{R}(\boldsymbol{\Lambda})=\mathrm{R}(\boldsymbol{A})=2$，由此可以解出 $\lambda=0$。

再设 $\lambda=0$ 对应的特征向量为 $\boldsymbol{\eta}=(x_1,x_2,x_3)$，由 $\boldsymbol{A}$ 是对称阵可知：$\boldsymbol{\eta}$ 与 6 对应的特征向量 $\boldsymbol{\alpha}_1,\boldsymbol{\alpha}_2,\boldsymbol{\alpha}_3$ 正交，由此可以建立线性方程组 $\begin{cases}x_1+x_2=0,\\ 2x_1+x_2+x_3=0,\\ -x_1+2x_2-3x_3=0,\end{cases}$ 解得 $\begin{pmatrix}x_1\\x_2\\x_3\end{pmatrix}=k\begin{pmatrix}-1\\1\\1\end{pmatrix}$，其中 k 为任意非零常数。易见 $\boldsymbol{\alpha}_1,\boldsymbol{\alpha}_2,\boldsymbol{\eta}$ 是三个线性无关的特征向量，所以若记 $\boldsymbol{P}=\begin{pmatrix}1 & 2 & -1\\1 & 1 & 1\\0 & 1 & 1\end{pmatrix}$，则有 $\boldsymbol{P}^{-1}\boldsymbol{AP}=\begin{pmatrix}6 & & \\ & 6 & \\ & & 0\end{pmatrix}$，由此可以解得 $\boldsymbol{A}=\boldsymbol{P}\begin{pmatrix}6 & & \\ & 6 & \\ & & 0\end{pmatrix}\boldsymbol{P}^{-1}$

$$=\begin{pmatrix}4 & 2 & 2\\2 & 4 & -2\\2 & -2 & 4\end{pmatrix}。$$

14. 解　(1) 设 $\boldsymbol{\beta}=x_1\boldsymbol{\xi}_1+x_2\boldsymbol{\xi}_2+x_3\boldsymbol{\xi}_3$，即 $\begin{cases}x_1+x_2+x_3=1,\\ x_1+2x_2+3x_3=1,,\\ x_1+4x_2+9x_3=3,\end{cases}$

由增广矩阵 $(\boldsymbol{A},\boldsymbol{b})=\begin{pmatrix}1 & 1 & 1 & 1\\1 & 2 & 3 & 1\\1 & 4 & 9 & 3\end{pmatrix}\to\begin{pmatrix}1 & 0 & 0 & 2\\0 & 1 & 0 & -2\\0 & 0 & 1 & 1\end{pmatrix}$，

得唯一解 $(x_1,x_2,x_3)=(2,-2,1)$，故 $\boldsymbol{\beta}=2\boldsymbol{\xi}_1-2\boldsymbol{\xi}_2+\boldsymbol{\xi}_3$。

(2) **解法 1**　由于 $\boldsymbol{A}\boldsymbol{\xi}_i=\lambda_i\boldsymbol{\xi}_i$，有 $\boldsymbol{A}^n\boldsymbol{\xi}_i=\lambda_i^n\boldsymbol{\xi}_i\ (i=1,2,3)$，所以

$$\boldsymbol{A}^n\boldsymbol{\beta}=\boldsymbol{A}^n(2\boldsymbol{\xi}_1-2\boldsymbol{\xi}_2+\boldsymbol{\xi}_3)=2\boldsymbol{A}^n\boldsymbol{\xi}_1-2\boldsymbol{A}^n\boldsymbol{\xi}_2+\boldsymbol{A}^n\boldsymbol{\xi}_3=2\lambda_1^n\boldsymbol{\xi}_1-2\lambda_2^n\boldsymbol{\xi}_2+\lambda_3^n\boldsymbol{\xi}_3$$

$$=2\begin{pmatrix}1\\1\\1\end{pmatrix}-2\cdot 2^n\begin{pmatrix}1\\2\\4\end{pmatrix}+3^n\begin{pmatrix}1\\3\\9\end{pmatrix}=\begin{pmatrix}2-2^{n+1}+3^n\\2-2^{n+2}+3^{n+1}\\2-2^{n+3}+3^{n+2}\end{pmatrix}。$$

解法 2　令 $\boldsymbol{P}=(\boldsymbol{\xi}_1,\boldsymbol{\xi}_2,\boldsymbol{\xi}_3)$，则有 $\boldsymbol{P}^{-1}\boldsymbol{AP}=\boldsymbol{\Lambda}$，其中

$$\boldsymbol{\Lambda}=\begin{pmatrix}1 & 0 & 0\\0 & 2 & 0\\0 & 0 & 3\end{pmatrix}。\quad 从而，\quad \boldsymbol{A}=\boldsymbol{P\Lambda P}^{-1},\quad \boldsymbol{A}^n=\boldsymbol{P\Lambda}^n\boldsymbol{P}^{-1}=\boldsymbol{P}\begin{pmatrix}1 & 0 & 0\\0 & 2^n & 0\\0 & 0 & 3^n\end{pmatrix}\boldsymbol{P}^{-1},$$

所以，$\boldsymbol{A}^n\boldsymbol{\beta}=\boldsymbol{P\Lambda}^n\boldsymbol{P}^{-1}\boldsymbol{\beta}=\boldsymbol{P}\begin{pmatrix}1 & 0 & 0\\0 & 2^n & 0\\0 & 0 & 3^n\end{pmatrix}\boldsymbol{P}^{-1}\boldsymbol{\beta}$。

又 $\boldsymbol{\beta}=2\boldsymbol{\xi}_1-2\boldsymbol{\xi}_2+\boldsymbol{\xi}_3=(\boldsymbol{\xi}_1,\boldsymbol{\xi}_2,\boldsymbol{\xi}_3)\begin{pmatrix}2\\-2\\1\end{pmatrix}=\boldsymbol{P}\begin{pmatrix}2\\-2\\1\end{pmatrix}$，得

$$\boldsymbol{A}^n\boldsymbol{\beta}=\boldsymbol{P}\begin{pmatrix}1&0&0\\0&2^n&0\\0&0&3^n\end{pmatrix}\boldsymbol{P}^{-1}\boldsymbol{\beta}=\boldsymbol{P}\begin{pmatrix}1&0&0\\0&2^n&0\\0&0&3^n\end{pmatrix}\boldsymbol{P}^{-1}\boldsymbol{P}\begin{pmatrix}2\\-2\\1\end{pmatrix}=\boldsymbol{P}\begin{pmatrix}1&0&0\\0&2^n&0\\0&0&3^n\end{pmatrix}\begin{pmatrix}2\\-2\\1\end{pmatrix}$$

$$=\begin{pmatrix}1&1&1\\1&2&3\\1&4&9\end{pmatrix}\begin{pmatrix}1&0&0\\0&2^n&0\\0&0&3^n\end{pmatrix}\begin{pmatrix}2\\-2\\1\end{pmatrix}=\begin{pmatrix}2-2^{n+1}+3^n\\2-2^{n+2}+3^{n+1}\\2-2^{n+3}+3^{n+2}\end{pmatrix}。$$

15. 解 （Ⅰ）根据已知条件有

$$\boldsymbol{B\alpha}_1=(\boldsymbol{A}^5-4\boldsymbol{A}^3+\boldsymbol{E})\boldsymbol{\alpha}_1=\lambda_1^5\boldsymbol{\alpha}_1-4\lambda_1^3\boldsymbol{\alpha}_1+\boldsymbol{\alpha}_1=(\lambda_1^5-4\lambda_1^3+1)\boldsymbol{\alpha}_1=-2\boldsymbol{\alpha}_1,$$

则$\boldsymbol{\alpha}_1$是矩阵 $\boldsymbol{B}$ 的属于-2的特征向量。同理可得 $\boldsymbol{B\alpha}_2=(\lambda_2^5-4\lambda_2^3+1)\boldsymbol{\alpha}_2=\boldsymbol{\alpha}_2$，$\boldsymbol{B\alpha}_3=(\lambda_3^5-4\lambda_3^3+1)\boldsymbol{\alpha}_3=\boldsymbol{\alpha}_3$，则$\boldsymbol{\alpha}_2,\boldsymbol{\alpha}_3$是矩阵 $\boldsymbol{B}$ 的属于1的特征向量。所以 $\boldsymbol{B}$ 的全部特征值为$-2,1,1$。

设 $\boldsymbol{B}$ 的属于1的特征向量为$\boldsymbol{\alpha}_2=(x_1,x_2,x_3)^{\mathrm{T}}$，显然 $\boldsymbol{B}$ 为对称矩阵，所以根据不同特征值所对应的特征向量正交，可得$\boldsymbol{\alpha}_1\cdot\boldsymbol{\alpha}_2=0$，即 $x_1-x_2+x_3=0$，解此线性方程可得 $\boldsymbol{B}$ 的属于1的特征向量 $\boldsymbol{\alpha}_2=k_1(1,0,-1)^{\mathrm{T}}+k_2(1,1,0)^{\mathrm{T}}$，其中 k_1,k_2 为不全为零的任意常数。由前可知 $\boldsymbol{B}$ 的属于-2的特征向量为 $k_3(1,-1,1)^{\mathrm{T}}$，其中 k_3 不为零。

（Ⅱ）令 $\boldsymbol{P}=\begin{pmatrix}1&1&1\\0&1&-1\\-1&0&1\end{pmatrix}$，由(Ⅰ)可得 $\boldsymbol{P}^{-1}\boldsymbol{BP}=\begin{pmatrix}1&0&0\\0&1&0\\0&0&-2\end{pmatrix}$，则 $\boldsymbol{B}=\begin{pmatrix}0&1&-1\\1&0&1\\-1&1&0\end{pmatrix}$。

第6章

二　次　型

6.1　本章要点

一、内容小结

本章的核心内容是了解二次型及其秩的概念，会用矩阵形式表示二次型，了解惯性定理；会用正交变换和配方法化二次型为标准形、规范形；理解合同矩阵、正定二次型、正定矩阵的概念，并掌握其判别法。

二、知识框架

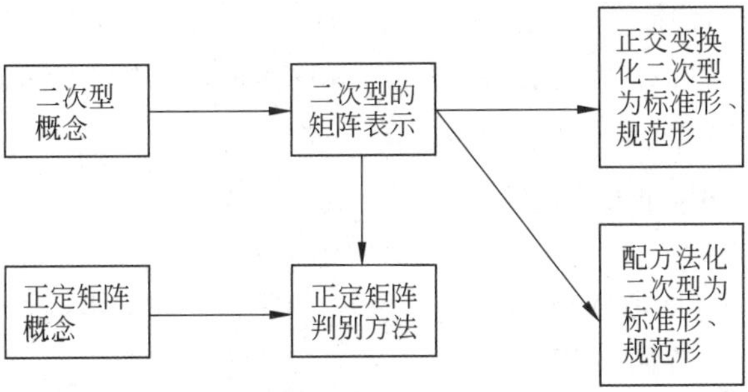

三、知识要点

1. 化二次型为标准形

(1) 合同变换：

设 $\boldsymbol{A},\boldsymbol{B}$ 均为 n 阶实对称矩阵，$\boldsymbol{C}$ 为 n 阶可逆(满秩)矩阵，若：$\boldsymbol{C}^{\mathrm{T}}\boldsymbol{A}\boldsymbol{C}=\boldsymbol{B}$，称矩阵 $\boldsymbol{A}$ 与 $\boldsymbol{B}$ 合同。从 $\boldsymbol{A}$ 到 $\boldsymbol{C}^{\mathrm{T}}\boldsymbol{A}\boldsymbol{C}$ 称为对 $\boldsymbol{A}$ 进行合同变换，$\boldsymbol{C}$ 为合同变换矩阵。

① 合同的矩阵秩相等，但行列式不一定相等；

② 两方阵相似不一定合同，合同也不一定相似；

③ 两实对称矩阵相似必合同，合同必等价。

(2) 二次型的标准形：二次型 $f(x_1,x_2,\cdots,x_n)=\boldsymbol{x}^{\mathrm{T}}\boldsymbol{A}\boldsymbol{x}$ 经过合同变换 $\boldsymbol{x}=\boldsymbol{C}\boldsymbol{y}$ 化为

$$f=\boldsymbol{x}^{\mathrm{T}}\boldsymbol{A}\boldsymbol{x}=(\boldsymbol{C}\boldsymbol{y})^{\mathrm{T}}\boldsymbol{A}(\boldsymbol{C}\boldsymbol{y})=\boldsymbol{y}^{\mathrm{T}}(\boldsymbol{C}^{\mathrm{T}}\boldsymbol{A}\boldsymbol{C})\boldsymbol{y}=\sum_{i=1}^{r}d_i y_i^2,\quad (r=\mathrm{r}(\boldsymbol{A})\leqslant n)。$$

若 $\boldsymbol{C}^{\mathrm{T}}\boldsymbol{A}\boldsymbol{C}$ 为对角矩阵，则称为是 f 的标准形。

二次型的标准形是不唯一的，与所作的合同变换有关，但系数不为零的平方项的个数由 $r=\mathrm{r}(\boldsymbol{A})$ 唯一确定。

化二次型为标准形的方法有：配方法、正交变换法。

(3) 惯性定理：任一实二次型 f 都可经过合同变换化为规范形

$$f=z_1^2+z_2^2+\cdots+z_p^2-z_{p+1}^2-\cdots-z_{p+q}^2。$$

其中 $p+q=r=\mathrm{r}(\boldsymbol{A})$，$p$ 为正惯性指数，q 为负惯性指数，且规范形唯一。

结论：

① 任一实对称矩阵合同于一个对角阵。

② 实对称矩阵 $\boldsymbol{A}$，$\boldsymbol{B}$ 合同的充分必要条件是二次型 $\boldsymbol{x}^{\mathrm{T}}\boldsymbol{A}\boldsymbol{x}$ 和 $\boldsymbol{x}^{\mathrm{T}}\boldsymbol{B}\boldsymbol{x}$ 有相同的正、负惯性指数。

2. 用正交变换法化二次型为标准形

二次型 $f(x_1,x_2,\cdots,x_n)=\boldsymbol{x}^{\mathrm{T}}\boldsymbol{A}\boldsymbol{x}$ 经过正交变换 $\boldsymbol{x}=\boldsymbol{P}\boldsymbol{y}$（$\boldsymbol{P}$ 为正交阵）化为

$$f=\boldsymbol{x}^{\mathrm{T}}\boldsymbol{A}\boldsymbol{x}=\boldsymbol{y}^{\mathrm{T}}(\boldsymbol{P}^{\mathrm{T}}\boldsymbol{A}\boldsymbol{P})\boldsymbol{y}=\sum_{i=1}^{n}\lambda_i y_i^2,$$

称为化二次型为标准形的正交变换法，其中 $\lambda_1,\lambda_2,\cdots,\lambda_n$ 是 f 的矩阵 $\boldsymbol{A}=(a_{ij})$ 的 n 个特征值。

正交变换矩阵 $\boldsymbol{P}$ 的求法（设 $\boldsymbol{A}$ 为 n 阶实对称矩阵）：

(1) 求出 $\boldsymbol{A}$ 的全部特征值 $\lambda_1,\lambda_2,\cdots,\lambda_t$（$\lambda_i$ 为 n_i 重特征值，$n_1+n_2+\cdots+n_t=n$）；

(2) 对每个 $\lambda_i\ (i=1,2,\cdots,t)$，求出 $(\lambda_i\boldsymbol{E}-\boldsymbol{A})\boldsymbol{x}=\boldsymbol{0}$ 的一个基础解系

$$\boldsymbol{\alpha}_{i1},\quad \boldsymbol{\alpha}_{i2},\quad \cdots,\quad \boldsymbol{\alpha}_{in_i};$$

(3) 将 $\boldsymbol{\alpha}_{i1},\boldsymbol{\alpha}_{i2},\cdots,\boldsymbol{\alpha}_{in_i}$ 正交化、单位化，得

$$\boldsymbol{p}_{i1},\quad \boldsymbol{p}_{i2},\quad \cdots,\quad \boldsymbol{p}_{in_i},$$

它们是单位正交向量组，且是 $\boldsymbol{A}$ 的属于特征值 λ_i 的特征向量，即 $\boldsymbol{p}_{i1},\boldsymbol{p}_{i2},\cdots,\boldsymbol{p}_{in_i}$ 是 $\boldsymbol{A}$ 的属于特征值 λ_i 的单位正交特征向量；

(4) 以 $\lambda_1,\lambda_2,\cdots,\lambda_t$ 的单位正交特征向量为列向量，可构造出正交矩阵 $\boldsymbol{P}$，$\boldsymbol{P}=(\boldsymbol{p}_{11},\boldsymbol{p}_{12},\cdots,\boldsymbol{p}_{t1},\cdots,\boldsymbol{p}_{tn_t})$，$\boldsymbol{P}$ 就是所求的正交变换矩阵，使：$\boldsymbol{P}^{-1}\boldsymbol{A}\boldsymbol{P}=\boldsymbol{P}^{\mathrm{T}}\boldsymbol{A}\boldsymbol{P}=\boldsymbol{\Lambda}$ 为对角矩阵，其中

$$\boldsymbol{\Lambda}=\mathrm{diag}(\lambda_1,\lambda_2,\cdots,\lambda_t),$$

$\boldsymbol{\Lambda}$ 中有 n_i 个 λ_i，为 n 阶对角矩阵；

对二次型 $f=\boldsymbol{x}^{\mathrm{T}}\boldsymbol{A}\boldsymbol{x}$，令 $\boldsymbol{x}=\boldsymbol{P}\boldsymbol{y}$，则 $f=\boldsymbol{x}^{\mathrm{T}}\boldsymbol{A}\boldsymbol{x}$ 可化为标准形

$$f=\boldsymbol{y}^{\mathrm{T}}(\boldsymbol{P}^{\mathrm{T}}\boldsymbol{A}\boldsymbol{P})\boldsymbol{y}=\boldsymbol{y}^{\mathrm{T}}\boldsymbol{\Lambda}\boldsymbol{y}。$$

3. 二次型和矩阵的正定性及其判别

(1) 定义：如果实二次型 $f(x_1,x_2,\cdots,x_n)=\boldsymbol{x}^{\mathrm{T}}\boldsymbol{A}\boldsymbol{x}$，对于任意一组不全为零的实数 $\boldsymbol{x}=(x_1,x_2,\cdots,x_n)^{\mathrm{T}}$，都有 $f(x_1,x_2,\cdots,x_n)=\boldsymbol{x}^{\mathrm{T}}\boldsymbol{A}\boldsymbol{x}>0(<0)$，则称该二次型为正（负）定二次型，正（负）定二次型的矩阵 $\boldsymbol{A}$ 称为正（负）定矩阵。

如果实二次型 $f(x_1,x_2,\cdots,x_n)=\boldsymbol{x}^{\mathrm{T}}\boldsymbol{A}\boldsymbol{x}$，对于任意一组不全为零的实数 $\boldsymbol{x}=(x_1,x_2,\cdots,x_n)^{\mathrm{T}}$，都有 $f(x_1,x_2,\cdots,x_n)=\boldsymbol{x}^{\mathrm{T}}\boldsymbol{A}\boldsymbol{x}\geqslant 0(\leqslant 0)$，则称该二次型为半正（负）定二次型，

半正(负)定二次型的矩阵 $\boldsymbol{A}$ 称为半正(负)定矩阵。

合同变换不改变二次型的正定性。因为：对于可逆矩阵 $\boldsymbol{C}$，$\boldsymbol{y}\neq\boldsymbol{0}$，由 $\boldsymbol{x}=\boldsymbol{C}\boldsymbol{y}$，有 $\boldsymbol{x}\neq\boldsymbol{0}$，故

$$f=(\boldsymbol{C}\boldsymbol{y})^{\mathrm{T}}\boldsymbol{A}(\boldsymbol{C}\boldsymbol{y})=\boldsymbol{y}^{\mathrm{T}}(\boldsymbol{C}^{\mathrm{T}}\boldsymbol{A}\boldsymbol{C})\boldsymbol{y}=\boldsymbol{x}^{\mathrm{T}}\boldsymbol{A}\boldsymbol{x}>0。$$

即若 $\boldsymbol{A}$ 为正定矩阵，$\boldsymbol{C}$ 为可逆矩阵，则 $\boldsymbol{C}^{\mathrm{T}}\boldsymbol{A}\boldsymbol{C}$ 也为正定矩阵。

(2) 实二次型 $f(x_1,x_2,\cdots,x_n)=\boldsymbol{x}^{\mathrm{T}}\boldsymbol{A}\boldsymbol{x}$ 正(负)定的充分必要条件：

① $f=\boldsymbol{x}^{\mathrm{T}}\boldsymbol{A}\boldsymbol{x}$ 正定($\boldsymbol{A}$ 正定) $\Leftrightarrow$ 正惯性指数为 $p=n$(标准形的 n 个系数全为正数)，$f=\boldsymbol{x}^{\mathrm{T}}\boldsymbol{A}\boldsymbol{x}$ 负定($\boldsymbol{A}$ 负定) $\Leftrightarrow$ 负惯性指数为 $q=n$(标准形的 n 个系数全为负数)；

② $\boldsymbol{A}$ 正定$\Leftrightarrow$特征值全正$\Leftrightarrow$所有顺序主子式都大于零；

③ $\boldsymbol{A}$ 负定$\Leftrightarrow$特征值全负

$\Leftrightarrow$所有奇数阶顺序主子式都小于零，且所有偶数阶顺序主子式都大于零

$\Leftrightarrow -\boldsymbol{A}$ 正定。

(3) 结论：

① 若 $\boldsymbol{A}$ 是正定矩阵，则 $k\boldsymbol{A}(k>0)$，$\boldsymbol{A}^{-1}$，$\boldsymbol{A}^{*}$ 也是正定的；

② 若 $\boldsymbol{A}$ 是正定矩阵，则 $|\boldsymbol{A}|>0$，即 $\boldsymbol{A}$ 可逆；

③ 若 $\boldsymbol{A}$ 是正定矩阵，则 $\boldsymbol{A}$ 的主对角线上的元素均为正数。

6.2 典型例题

题型 1 化二次型为标准形

解题思路 (1) 利用有关二次型的基本概念解题。熟悉二次型的矩阵表示，二次型与其矩阵之间存在一一对应关系，定义二次型矩阵的秩为二次型的秩。理解矩阵合同的概念，任一实对称矩阵必合同于一个对角矩阵。两矩阵合同的充要条件是这两个矩阵对应的二次型有相同的正、负惯性指数。

(2) 化二次型为标准形的基本方法：

① 配方法(如例 1)；

② 正交变换法(如例 2)。

(3) 求解二次型标准形的逆问题。

① 已知二次型通过正交变换化为标准形，反求二次型中的参数：若矩阵 $\boldsymbol{A}$ 经正交变换化为标准形 $\boldsymbol{B}$，则有 $\boldsymbol{A}$，$\boldsymbol{B}$ 相似，从而它们的特征多项式相等，由此可求出二次型中的待定参数(如例 3)；

② 已知二次型的惯性指数或秩等反求其中参数(如例 4、例 5)。

例 1 用配方法将二次型 $f(x_1,x_2,x_3)=x_1x_2+x_2x_3+4x_1x_3$ 化为标准形，并求出线性变换 $\boldsymbol{x}=\boldsymbol{P}\boldsymbol{y}$ 之矩阵 $\boldsymbol{P}$。

解 令 $\begin{cases}x_1=y_1+y_2,\\x_2=y_1-y_2,\\x_3=y_3,\end{cases}$ 即 $\begin{pmatrix}x_1\\x_2\\x_3\end{pmatrix}=\begin{pmatrix}1&1&0\\1&-1&0\\0&0&1\end{pmatrix}\begin{pmatrix}y_1\\y_2\\y_3\end{pmatrix}$，则有

$$\begin{aligned}f(\boldsymbol{x})&=x_1x_2+x_2x_3+4x_1x_3\\&=(y_1+y_2)(y_1-y_2)+(y_1-y_2)y_3+4(y_1+y_2)y_3\\&=y_1^2-y_2^2+5y_1y_3+3y_2y_3\end{aligned}$$

$$=\left(y_1^2+2y_1\frac{5}{2}y_3+\frac{25}{4}y_3^2\right)-\frac{25}{4}y_3^2-y_2^2+3y_2y_3$$
$$=\left(y_1+\frac{5}{2}y_3\right)^2-\left(y_2-\frac{3}{2}y_3\right)^2-4y_3^2。$$

令$\begin{cases}z_1=y_1+\frac{5}{2}y_3,\\ z_2=y_2-\frac{3}{2}y_3,\\ z_3=y_3,\end{cases}$即$\begin{pmatrix}z_1\\z_2\\z_3\end{pmatrix}=\begin{pmatrix}1&0&\frac{5}{2}\\0&1&-\frac{3}{2}\\0&0&1\end{pmatrix}\begin{pmatrix}y_1\\y_2\\y_3\end{pmatrix}\Rightarrow f(\boldsymbol{Pz})=z_1^2-z_2^2-4z_3^2$。

而

$$\left(\begin{array}{ccc|ccc}1&0&\frac{5}{2}&1&&0\\0&1&-\frac{3}{2}&&1&\\0&0&1&0&&1\end{array}\right)\to\left(\begin{array}{ccc|ccc}1&&0&1&0&-\frac{5}{2}\\&1&&0&1&\frac{3}{2}\\0&&1&0&0&1\end{array}\right)$$

$$\Rightarrow\begin{pmatrix}x_1\\x_2\\x_3\end{pmatrix}=\begin{pmatrix}1&1&0\\1&-1&0\\0&0&1\end{pmatrix}\begin{pmatrix}1&0&-\frac{5}{2}\\0&1&\frac{3}{2}\\0&0&1\end{pmatrix}\begin{pmatrix}z_1\\z_2\\z_3\end{pmatrix}。$$

$$\boldsymbol{x}=\boldsymbol{Pz}\Rightarrow\boldsymbol{P}=\begin{pmatrix}1&1&-1\\1&-1&-4\\0&0&1\end{pmatrix}。$$ □

例2 求一个正交变换将二次型 $f(x_1,x_2,x_3)=3x_1^2+2x_2^2+2x_3^2+6x_2x_3$ 化成标准形。

解 显然$\boldsymbol{A}=\begin{pmatrix}3&0&0\\0&2&3\\0&3&2\end{pmatrix}$。由$|\boldsymbol{A}-\lambda\boldsymbol{E}|=\begin{vmatrix}3-\lambda&0&0\\0&2-\lambda&3\\0&3&2-\lambda\end{vmatrix}=-(\lambda-3)(\lambda-5)(\lambda+1)$，得特征值$\lambda_1=3,\lambda_2=5,\lambda_3=-1$。

对于特征值$\lambda_1=3$，对应的齐次线性方程组为$\begin{pmatrix}0&0&0\\0&-1&3\\0&3&-1\end{pmatrix}\begin{pmatrix}x_1\\x_2\\x_3\end{pmatrix}=\begin{pmatrix}0\\0\\0\end{pmatrix}$，求得属于特征值$\lambda_1=3$的特征向量为$\boldsymbol{p}_1=\begin{pmatrix}1\\0\\0\end{pmatrix}$。

对于特征值$\lambda_2=5$，对应的齐次线性方程组为$\begin{pmatrix}2&0&0\\0&-3&3\\0&3&-3\end{pmatrix}\begin{pmatrix}x_1\\x_2\\x_3\end{pmatrix}=\begin{pmatrix}0\\0\\0\end{pmatrix}$，求得属于特征值$\lambda_2=5$的特征向量为$\boldsymbol{p}_2=\begin{pmatrix}0\\1\\1\end{pmatrix}$。

对于特征值 $\lambda_3=-1$，同样可以求得其特征向量为 $\boldsymbol{p}_3=\begin{pmatrix}0\\-1\\1\end{pmatrix}$。

由于属于不同特征值的特征向量两两正交，因此只需将 $\boldsymbol{p}_1,\boldsymbol{p}_2,\boldsymbol{p}_3$ 单位化，即得三个相互正交的单位特征向量

$$\boldsymbol{e}_1=\begin{pmatrix}1\\0\\0\end{pmatrix},\quad \boldsymbol{e}_2=\begin{pmatrix}0\\\frac{1}{\sqrt{2}}\\\frac{1}{\sqrt{2}}\end{pmatrix},\quad \boldsymbol{e}_3=\begin{pmatrix}0\\-\frac{1}{\sqrt{2}}\\\frac{1}{\sqrt{2}}\end{pmatrix},\quad \boldsymbol{P}=(\boldsymbol{e}_1,\boldsymbol{e}_2,\boldsymbol{e}_3)=\begin{pmatrix}1&0&0\\0&\frac{1}{\sqrt{2}}&-\frac{1}{\sqrt{2}}\\0&\frac{1}{\sqrt{2}}&\frac{1}{\sqrt{2}}\end{pmatrix}$$ 为正交矩阵，

于是所求的正交变换为 $\boldsymbol{x}=\boldsymbol{P}\boldsymbol{y}$。在此变换下，二次型化成标准形 $f(y_1,y_2,y_3)=3y_1^2+5y_2^2-y_3^2$。 □

例 3 已知二次型 $f(x_1,x_2,x_3)=2x_1^2+3x_2^2+3x_3^2+2ax_2x_3$ 通过正交变换可化为标准形 $f=y_1^2+2y_2^2+5y_3^2$，求常数 a。

解法 1 二次型的矩阵为 $\boldsymbol{A}=\begin{pmatrix}2&0&0\\0&3&a\\0&a&3\end{pmatrix}$。化为标准形 $f=y_1^2+2y_2^2+5y_3^2$ 后的矩阵为

$\boldsymbol{\Lambda}=\begin{pmatrix}1&0&0\\0&2&0\\0&0&5\end{pmatrix}$。

由题设，存在正交矩阵 $\boldsymbol{P}$，使 $\boldsymbol{P}^{\mathrm{T}}\boldsymbol{A}\boldsymbol{P}=\boldsymbol{\Lambda}$，必有 $|\boldsymbol{A}|=|\boldsymbol{\Lambda}|$，即 $2(9-a^2)=10$，得 $a=\pm 2$。易验证，$a=\pm 2$ 时，$\boldsymbol{A}$ 有特征值 1,2,5。所以 $a=\pm 2$。 □

解法 2 由题设，$\boldsymbol{A}$ 应有特征值 1,2,5。$\boldsymbol{A}$ 的特征多项式

$$|\boldsymbol{A}-\lambda\boldsymbol{E}|=\begin{vmatrix}2-\lambda&0&0\\0&3-\lambda&a\\0&a&3-\lambda\end{vmatrix}=(2-\lambda)[(3-\lambda)^2-a^2]$$
$$=(2-\lambda)(3-a-\lambda)(3+a-\lambda)。$$

所以 $\boldsymbol{A}$ 的特征值为 $\lambda=2,3+a,3-a$。故有

$$\begin{cases}3+a=5,\\3-a=1,\end{cases}\quad 得\ a=2;\quad 或\quad \begin{cases}3+a=1,\\3-a=5,\end{cases}\quad 得\ a=-2。$$

所以 $a=\pm 2$。 □

例 4 设二次型 $f(x_1,x_2,x_3)=x_1^2-x_2^2+2ax_1x_3+4x_2x_3$ 的负惯性指数是 1，则 a 的取值范围________。

分析 由于 f 对应的矩阵为 $\begin{pmatrix}1&0&a\\0&-1&2\\a&2&0\end{pmatrix}$，计算它的特征值非常繁琐，所以我们用配方法将 f 化为标准形。

解 $f(x_1,x_2,x_3)=x_1^2-x_2^2+2ax_1x_3+4x_2x_3$

$$=(x_1^2+2ax_1x_3+a^2x_3^2)-(x_2^2-4x_2x_3+4x_3^2)+(4-a^2)x_3^2$$

$$=(x_1+ax_3)^2-(x_2-2x_3)^2+(4-a^2)x_3^2。$$

令$\begin{pmatrix}y_1\\y_2\\y_3\end{pmatrix}=\begin{pmatrix}1&0&a\\0&1&-2\\0&0&1\end{pmatrix}\begin{pmatrix}x_1\\x_2\\x_3\end{pmatrix}$,易见该变换为可逆变换。在此变换下 $f=y_1^2-y_2^2+(4-a^2)y_3^2$。由已知条件 f 的负惯性指数是1,所以 f 的标准形中只有一个系数为负,即 $-y_2^2$,其他两项系数均为非负,所以 $4-a^2\geqslant 0$,解得 a 的取值范围是 $-2\leqslant a\leqslant 2$。 □

例5 已知二次型 $f(x_1,x_2,x_3)=5x_1^2+ax_2^2+3x_3^2-2x_1x_2+6x_1x_3-6x_2x_3$ 的正惯性指数为 $p=2$,负惯性指数为 $q=0$。

(1) 求参数 a;(2) 用可逆线性变换将 $f(x_1,x_2,x_3)$ 化为规范形;

(3) 求方程 $f(x_1,x_2,x_3)=0$ 的解。

解 二次型的矩阵为$\boldsymbol{A}=\begin{pmatrix}5&-1&3\\-1&a&-3\\3&-3&3\end{pmatrix}$。

(1) 由题设 $\mathrm{r}(\boldsymbol{A})=p+q=2$,故$|\boldsymbol{A}|=0$,由此得 $a=5$。

(2) $\boldsymbol{A}$ 的特征值为 $\lambda_1=0,\lambda_2=4,\lambda_3=9$。

对应 $\lambda_1=0$ 的特征向量 $\boldsymbol{p}_1=(-1,1,2)^{\mathrm{T}}$;对应 $\lambda_2=4$ 的特征向量 $\boldsymbol{p}_2=(1,1,0)^{\mathrm{T}}$;对应 $\lambda_3=9$ 的特征向量 $\boldsymbol{p}_3=(1,-1,1)^{\mathrm{T}}$。将 $\boldsymbol{p}_1,\boldsymbol{p}_2,\boldsymbol{p}_3$ 单位化,得

$$\boldsymbol{\xi}_1=\frac{1}{\sqrt{6}}(-1,1,2)^{\mathrm{T}},\quad \boldsymbol{\xi}_2=\frac{1}{\sqrt{2}}(1,1,0)^{\mathrm{T}},\quad \boldsymbol{\xi}_3=\frac{1}{\sqrt{3}}(1,-1,1)^{\mathrm{T}}。$$

令 $\boldsymbol{P}=(\boldsymbol{\xi}_1,\boldsymbol{\xi}_2,\boldsymbol{\xi}_3)$,作正交变换 $\boldsymbol{x}=\boldsymbol{P}\boldsymbol{y}$,则将原二次型化为标准形 $f=4y_2^2+9y_3^2$。

令$\begin{cases}y_1=z_3,\\y_2=\dfrac{1}{2}z_1,\\y_3=\dfrac{1}{3}z_2,\end{cases}\boldsymbol{C}=\begin{pmatrix}0&0&1\\\dfrac{1}{2}&0&0\\0&\dfrac{1}{3}&0\end{pmatrix}$,

经可逆线性变换 $\boldsymbol{x}=(\boldsymbol{PC})\boldsymbol{z}=\boldsymbol{D}\boldsymbol{z}$,其中 $\boldsymbol{D}=\boldsymbol{PC}=\begin{pmatrix}\dfrac{1}{2\sqrt{2}}&\dfrac{1}{3\sqrt{3}}&-\dfrac{1}{\sqrt{6}}\\\dfrac{1}{2\sqrt{2}}&-\dfrac{1}{3\sqrt{3}}&\dfrac{1}{\sqrt{6}}\\0&\dfrac{1}{3\sqrt{3}}&\dfrac{2}{\sqrt{6}}\end{pmatrix}$,二次型化为规范形 $f=z_1^2+z_2^2$。

(3) 因为 $f(x_1,x_2,x_3)$对应的标准形为 $4y_2^2+9y_3^2$,所以

$$f(x_1,x_2,x_3)=0\Leftrightarrow 4y_2^2+9y_3^2=0\Leftrightarrow\begin{cases}y_2=0,\\y_3=0。\end{cases}$$

再注意到 $\boldsymbol{x}=\boldsymbol{P}\boldsymbol{y}$,其中 $\boldsymbol{P}$ 是正交阵,由此可以解出 $\boldsymbol{y}=\boldsymbol{P}^{-1}\boldsymbol{x}=\boldsymbol{P}^{\mathrm{T}}\boldsymbol{x}$,即

$$\begin{pmatrix}y_1\\y_2\\y_3\end{pmatrix}=\begin{pmatrix}-1/\sqrt{6}&1/\sqrt{6}&2/\sqrt{6}\\1/\sqrt{2}&1/\sqrt{2}&0\\1/\sqrt{3}&-1/\sqrt{3}&1/\sqrt{3}\end{pmatrix}\begin{pmatrix}x_1\\x_2\\x_3\end{pmatrix},\quad 因此\begin{cases}y_2=\dfrac{x_1+x_2}{\sqrt{2}},\\y_3=\dfrac{x_1-x_2+x_3}{\sqrt{3}}。\end{cases}$$

所以$\begin{cases}y_2=0,\\y_3=0\end{cases}\Leftrightarrow\begin{cases}\dfrac{x_1+x_2}{\sqrt{2}}=0,\\\dfrac{x_1-x_2+x_3}{\sqrt{3}}=0\end{cases}\Leftrightarrow\begin{cases}x_1+x_2=0,\\x_1-x_2+x_3=0。\end{cases}$

因此方程 $f(x_1,x_2,x_3)=0$ 的解即线性方程组$\begin{cases}x_1+x_2=0,\\x_1-x_2+x_3=0\end{cases}$的通解。由

$\begin{pmatrix}1&1&0\\1&-1&1\end{pmatrix}\sim\begin{pmatrix}1&0&1/2\\0&1&-1/2\end{pmatrix}$可得所求的解为$\begin{pmatrix}x_1\\x_2\\x_3\end{pmatrix}=k\begin{pmatrix}-1\\1\\2\end{pmatrix}$，$k$ 可以取任意实数。 □

题型 2 合同关系的判定

解题思路 假设 $\boldsymbol{A}$ 与 $\boldsymbol{B}$ 都是 n 阶实对称矩阵，判断方阵 $\boldsymbol{A}$ 与 $\boldsymbol{B}$ 合同的主要方法：

(1) 若 $\boldsymbol{A}$ 的正特征值个数$=\boldsymbol{B}$ 的正特征值个数，且 $\boldsymbol{A}$ 的负特征值个数$=\boldsymbol{B}$ 的负特征值个数，则 $\boldsymbol{A}$ 与 $\boldsymbol{B}$ 合同(这个结论的证明，我们将以例题的形式给出，见例 6)；

(2) 假设 $\boldsymbol{A}$ 与 $\boldsymbol{B}$ 都是实对称矩阵，若 $\boldsymbol{A}$ 与 $\boldsymbol{B}$ 相似，则 $\boldsymbol{A}$ 与 $\boldsymbol{B}$ 合同。

例 6 设 $\boldsymbol{A}$ 与 $\boldsymbol{B}$ 都是 n 阶实对称矩阵，若 $\boldsymbol{A}$ 的正特征值个数$=\boldsymbol{B}$ 的正特征值个数，且 $\boldsymbol{A}$ 的负特征值个数$=\boldsymbol{B}$ 的负特征值个数，求证：$\boldsymbol{A}$ 与 $\boldsymbol{B}$ 合同。

证 因为 $\boldsymbol{A}$ 与 $\boldsymbol{B}$ 都是 n 阶实对称矩阵，所以我们可以考虑 $\boldsymbol{A}$ 与 $\boldsymbol{B}$ 对应的二次型。记 $\boldsymbol{A}$ 对应的二次型为 $f(x_1,x_2,\cdots,x_n)=\boldsymbol{x}^{\mathrm{T}}\boldsymbol{A}\boldsymbol{x}$，记 $\boldsymbol{B}$ 对应的二次型为 $g(y_1,y_2,\cdots,y_n)=\boldsymbol{y}^{\mathrm{T}}\boldsymbol{B}\boldsymbol{y}$。

由已知条件，$\boldsymbol{A}$ 与 $\boldsymbol{B}$ 的正特征值个数相等，意味着 f 与 g 的正惯性指数相等；同理 $\boldsymbol{A}$ 与 $\boldsymbol{B}$ 的负特征值个数相等，意味着 f 与 g 的负惯性指数也相等。因此 f 与 g 具有相同的规范形，记它们对应的规范形为 $h(z_1,z_2,\cdots,z_n)=\boldsymbol{z}^{\mathrm{T}}\boldsymbol{C}\boldsymbol{z}$。

由 $\boldsymbol{x}^{\mathrm{T}}\boldsymbol{A}\boldsymbol{x}$ 对应的规范形为 $\boldsymbol{z}^{\mathrm{T}}\boldsymbol{C}\boldsymbol{z}$ 可推出：存在可逆阵 $\boldsymbol{P}$，使得 $\boldsymbol{P}^{\mathrm{T}}\boldsymbol{A}\boldsymbol{P}=\boldsymbol{C}$；由 $\boldsymbol{y}^{\mathrm{T}}\boldsymbol{B}\boldsymbol{y}$ 对应的规范形为 $\boldsymbol{z}^{\mathrm{T}}\boldsymbol{C}\boldsymbol{z}$ 可推出：存在可逆阵 $\boldsymbol{Q}$，使得 $\boldsymbol{Q}^{\mathrm{T}}\boldsymbol{B}\boldsymbol{Q}=\boldsymbol{C}$。因此 $\boldsymbol{P}^{\mathrm{T}}\boldsymbol{A}\boldsymbol{P}=\boldsymbol{Q}^{\mathrm{T}}\boldsymbol{B}\boldsymbol{Q}$。由此可以推出 $\boldsymbol{B}=(\boldsymbol{Q}^{\mathrm{T}})^{-1}\boldsymbol{P}^{\mathrm{T}}\boldsymbol{A}\boldsymbol{P}\boldsymbol{Q}^{-1}=(\boldsymbol{Q}^{-1})^{\mathrm{T}}\boldsymbol{P}^{\mathrm{T}}\boldsymbol{A}\boldsymbol{P}\boldsymbol{Q}^{-1}=(\boldsymbol{P}\boldsymbol{Q}^{-1})^{\mathrm{T}}\boldsymbol{A}(\boldsymbol{P}\boldsymbol{Q}^{-1})$。若记 $\boldsymbol{R}=\boldsymbol{P}\boldsymbol{Q}^{-1}$(易见 $\boldsymbol{R}$ 也是可逆阵)，则 $\boldsymbol{B}=\boldsymbol{R}^{\mathrm{T}}\boldsymbol{A}\boldsymbol{R}$，即 $\boldsymbol{A}$ 与 $\boldsymbol{B}$ 合同。 □

例 7 设 $\boldsymbol{P}=\begin{pmatrix}1&2\\2&1\end{pmatrix}$，则在实数域上与 $\boldsymbol{P}$ 合同矩阵为( )。

A. $\begin{pmatrix}-2&1\\1&-2\end{pmatrix}$ B. $\begin{pmatrix}2&-1\\-1&2\end{pmatrix}$ C. $\begin{pmatrix}2&1\\1&2\end{pmatrix}$ D. $\begin{pmatrix}1&-2\\-2&1\end{pmatrix}$

解 选 D。记 $\boldsymbol{D}=\begin{pmatrix}1&-2\\-2&1\end{pmatrix}$，则 $|\lambda\boldsymbol{E}-\boldsymbol{P}|=\begin{vmatrix}\lambda-1&-2\\-2&\lambda-1\end{vmatrix}=(\lambda-1)^2-4$，

$$|\lambda\boldsymbol{E}-\boldsymbol{D}|=\begin{vmatrix}\lambda-1&2\\2&\lambda-1\end{vmatrix}=(\lambda-1)^2-4。$$

因为 $\boldsymbol{P}$ 与 $\boldsymbol{D}$ 都是实对称矩阵，对于实对称矩阵而言，特征值相同必合同，由此可知 $\boldsymbol{P}$ 与 $\boldsymbol{D}$ 合同。 □

题型 3 二次型或实对称矩阵正定性的判定

解题思路

判断二次型及矩阵的正定性的主要方法：

(1) 定义法：若 $\forall\boldsymbol{x}\in\mathbf{R}^n$，$\boldsymbol{x}\neq\mathbf{0}$，恒有 $f=\boldsymbol{x}^{\mathrm{T}}\boldsymbol{A}\boldsymbol{x}>0$，则二次型 f 正定，矩阵 $\boldsymbol{A}$ 为正定

矩阵；

(2) 规范形中正惯性指数与矩阵阶数相等；

(3) 二次型矩阵的顺序主子式大于0；

(4) 二次型矩阵的特征值均大于0。

题目主要类型：

(1) 判别二次型或矩阵正定；

(2) 已知二次型或其矩阵正定反求参数(如例10)；

(3) 证明抽象矩阵为正定(如例8,例9)。

例8 已知$\boldsymbol{A}$是$m\times n$矩阵，$\mathrm{r}(\boldsymbol{A})=n$，证明$\boldsymbol{A}^{\mathrm{T}}\boldsymbol{A}$正定。

证 $\mathrm{r}(\boldsymbol{A})=n\Rightarrow\boldsymbol{Ax}=\boldsymbol{0}$只有零解，即$\forall\boldsymbol{x}\neq\boldsymbol{0},\boldsymbol{Ax}\neq\boldsymbol{0}$。因此$\forall\boldsymbol{x}\neq\boldsymbol{0},\boldsymbol{Ax}=\boldsymbol{y}\neq\boldsymbol{0},0<\boldsymbol{y}^{\mathrm{T}}\boldsymbol{y}=\boldsymbol{x}^{\mathrm{T}}\boldsymbol{A}^{\mathrm{T}}\boldsymbol{Ax}=\boldsymbol{x}^{\mathrm{T}}(\boldsymbol{A}^{\mathrm{T}}\boldsymbol{A})\boldsymbol{x}$，所以$\boldsymbol{A}^{\mathrm{T}}\boldsymbol{A}$正定。 □

例9 已知$\boldsymbol{A}$正定，$\boldsymbol{A}-\boldsymbol{E}$正定，证明$\boldsymbol{E}-\boldsymbol{A}^{-1}$正定。

证 设$\boldsymbol{A}$的特征值为$\lambda_1,\lambda_2,\cdots,\lambda_n$，因$\boldsymbol{A}$正定，因此$\lambda_i>0(i=1,2,\cdots,n)$，于是

$$(\boldsymbol{A}-\boldsymbol{E})\boldsymbol{x}=\boldsymbol{Ax}-\boldsymbol{x}=(\lambda_i-1)\boldsymbol{x}。$$

又$\boldsymbol{A}-\boldsymbol{E}$正定，它的特征值$\lambda_1-1>0,\lambda_2-1>0,\cdots,\lambda_n-1>0$。设

$$(\boldsymbol{E}-\boldsymbol{A}^{-1})\boldsymbol{x}=\gamma\boldsymbol{x}\Rightarrow\boldsymbol{x}-\boldsymbol{A}^{-1}\boldsymbol{x}=\gamma\boldsymbol{x},$$

$$\boldsymbol{Ax}=\lambda\boldsymbol{x}\Rightarrow\boldsymbol{x}=\lambda\boldsymbol{A}^{-1}\boldsymbol{x}\Rightarrow\boldsymbol{A}^{-1}\boldsymbol{x}=\frac{1}{\lambda_i}\boldsymbol{x}\Rightarrow\left(1-\frac{1}{\lambda_i}\right)\boldsymbol{x}=\gamma\boldsymbol{x}。$$

即$\boldsymbol{E}-\boldsymbol{A}^{-1}$特征值为$\gamma_i=1-\dfrac{1}{\lambda_i}=\dfrac{\lambda_i-1}{\lambda_i}>0(i=1,2,\cdots,n)$。所以$\boldsymbol{E}-\boldsymbol{A}^{-1}$正定。 □

例10 讨论t为何值时，二次型$f=2x_1^2+6x_2^2-tx_3^2+2x_1x_2+2x_1x_3$是正定的。

解 二次型的矩阵为$\boldsymbol{A}=\begin{pmatrix}2&1&1\\1&6&0\\1&0&-t\end{pmatrix}$，计算各阶顺序主子式得

$$a_{11}=2>0,\quad\begin{vmatrix}a_{11}&a_{12}\\a_{21}&a_{22}\end{vmatrix}=\begin{vmatrix}2&1\\1&6\end{vmatrix}=11>0,\quad|\boldsymbol{A}|=\begin{vmatrix}2&1&1\\1&6&0\\1&0&-t\end{vmatrix}=-11t-6。$$

因为二次型正定的充分必要条件是其矩阵的各阶顺序主子式大于零，故$-11t-6>0$，即$t<-\dfrac{6}{11}$时，二次型正定。 □

6.3 考研真题选讲

(1) (1996，数一) 已知二次型$f(x_1,x_2,x_3)=5x_1^2+5x_2^2+cx_3^2-2x_1x_2+6x_1x_3-6x_2x_3$的秩为2。

(Ⅰ) 求参数c及此二次型对应矩阵的特征值；

(Ⅱ) 指出方程$f(x_1,x_2,x_3)=1$表示何种二次曲面？

解 (Ⅰ) 二次型对应的矩阵为$\boldsymbol{A}=\begin{pmatrix}5&-1&3\\-1&5&-3\\3&-3&c\end{pmatrix}$。

$$A\to\begin{pmatrix}5&-1&3\\24&0&12\\-12&0&c-9\end{pmatrix}\to\begin{pmatrix}5&-1&3\\2&0&1\\0&0&c-3\end{pmatrix}。$$

因为 R($\boldsymbol{A}$)=2,所以得 $c=3$。此时 $\boldsymbol{A}$ 的特征多项式为

$$|\boldsymbol{A}-\lambda\boldsymbol{E}|=\begin{vmatrix}5-\lambda&-1&3\\-1&5-\lambda&-3\\3&-3&3-\lambda\end{vmatrix}=-(4-\lambda)\lambda(9-\lambda),$$

故所有特征值为 $\lambda_1=0,\lambda_2=4,\lambda_3=9$。

(Ⅱ)二次型 f 的标准形可表示为 $f=4y_2^2+9y_3^2$。令 $4y_2^2+9y_3^2=1$,这是椭圆柱面. □

(2)(1997,数三) 二次型 $f(x_1,x_2,x_3)=2x_1^2+x_2^2+x_3^2+2x_1x_2+tx_2x_3$ 是正定的,那么 t 应满足不等式________。

解 f 是正定的充要条件是 f 对应的矩阵各阶顺序主子式大于零,因此

$$\begin{vmatrix}2&1&0\\1&1&t/2\\0&t/2&1\end{vmatrix}>0,\quad 解得-\sqrt{2}<t<\sqrt{2}。$$ □

(3)(1998,数一) 已知二次曲面方程 $x^2+ay^2+z^2+2bxy+2xz+2yz=4$ 可经过正交变换 $(x,y,z)^{\mathrm{T}}=\boldsymbol{P}(\xi,\eta,\zeta)^{\mathrm{T}}$ 可化为椭圆柱面方程 $\eta^2+4\zeta^2=4$,求 a,b 的值和正交矩阵。

解 二次曲面方程左边的二次型矩阵为 $\boldsymbol{A}=\begin{pmatrix}1&b&1\\b&a&1\\1&1&1\end{pmatrix}$,而将它经过正交变换化为标准形后的矩阵是 $\boldsymbol{B}=\begin{pmatrix}0&&\\&1&\\&&4\end{pmatrix}$。由于 $\boldsymbol{A}$ 与 $\boldsymbol{B}$ 相似,因此 $\mathrm{tr}(\boldsymbol{A})=\mathrm{tr}(\boldsymbol{B})$ 且 $|\boldsymbol{A}|=|\boldsymbol{B}|$。由前式可得 $1+a+1=0+1+4\Rightarrow a=3$。

由后式可得 $0=\begin{vmatrix}1&b&1\\b&3&1\\1&1&1\end{vmatrix}=-(b-1)^2$,即 $b=1$。

矩阵 $\boldsymbol{A}=\begin{pmatrix}1&1&1\\1&3&1\\1&1&1\end{pmatrix}$ 的三个特征值为 $\lambda_1=0,\lambda_2=1,\lambda_3=4$,可依次求得如下互相正交的特征向量:

$$\boldsymbol{p}_1=(1,0,-1)^{\mathrm{T}},\quad \boldsymbol{p}_2=(1,-1,1)^{\mathrm{T}},\boldsymbol{p}_3=(1,2,1)^{\mathrm{T}}。$$

将这些列向量单位化,并依次排列,得到所求得正交矩阵

$$\boldsymbol{P}=\begin{pmatrix}\frac{1}{\sqrt{2}}&\frac{1}{\sqrt{3}}&\frac{1}{\sqrt{6}}\\0&-\frac{1}{\sqrt{3}}&\frac{2}{\sqrt{6}}\\-\frac{1}{\sqrt{2}}&\frac{1}{\sqrt{3}}&\frac{1}{\sqrt{6}}\end{pmatrix}。$$ □

(4)(2000,数三) 设 $a_1,a_2,\cdots,a_n$ 均为实数,二次型 $f=(x_1+a_1x_2)^2+(x_2+a_2x_3)^2+\cdots+(x_{n-1}+a_{n-1}x_n)^2+(x_n+a_nx_1)^2$,求 f 为正定二次型的条件。

解 由于 f 的表达式各项均为两项和的平方,所以 $f\geqslant 0$,而且等号成立当且仅当

$$x_1+a_1x_2=0,x_2+a_2x_3=0,\cdots,x_{n-1}+a_{n-1}x_n=0,x_n+a_nx_1=0。\qquad (*)$$

为保证 f 是正定二次型,只需要确保 f 只在 $(x_1,x_2,\cdots,x_n)^{\mathrm{T}}=(0,0,\cdots,0)^{\mathrm{T}}$ 处取值为零,在其他点处取值为正,即只要保证线性方程组(*)只有零解。而这个线性方程组只有零解当且仅当系数行列式

$$\begin{vmatrix} 1 & a_1 & 0 & \cdots & 0 & 0 \\ 0 & 1 & a_2 & \cdots & 0 & 0 \\ 0 & 0 & 1 & \cdots & 0 & 0 \\ \vdots & \vdots & \vdots & \ddots & \vdots & \vdots \\ 0 & 0 & 0 & \cdots & 1 & a_{n-1} \\ a_n & 0 & 0 & \cdots & 0 & 1 \end{vmatrix}=1+(-1)^{n+1}a_1a_2\cdots a_n\neq 0,$$

于是,当 $1+(-1)^{n+1}a_1a_2\cdots a_n\neq 0$,即 $a_1a_2\cdots a_n\neq(-1)^n$ 时,对于任意的不全为零的 $x_1,x_2,\cdots,x_n$,有 $f(x_1,x_2,\cdots,x_n)>0$,即题给二次型为正定。 □

(5)(2005,数一) 已知二次型 $f(x_1,x_2,x_3)=(1-a)x_1^2+(1-a)x_2^2+2x_3^2+2(1+a)x_1x_2$ 的秩为2。

(Ⅰ)求 a 的值;

(Ⅱ)求正交变换 $\boldsymbol{x}=\boldsymbol{Q}\boldsymbol{y}$,把 $f(x_1,x_2,x_3)$ 化成标准形;

(Ⅲ)求方程 $f(x_1,x_2,x_3)=0$ 的解。

解 (Ⅰ)二次型对应矩阵为 $\boldsymbol{A}=\begin{pmatrix} 1-a & 1+a & 0 \\ 1+a & 1-a & 0 \\ 0 & 0 & 2 \end{pmatrix}$,由二次型的秩为2,知 $|\boldsymbol{A}|=\begin{vmatrix} 1-a & 1+a & 0 \\ 1+a & 1-a & 0 \\ 0 & 0 & 2 \end{vmatrix}=0$,得 $a=0$。

(Ⅱ)这里 $\boldsymbol{A}=\begin{pmatrix} 1 & 1 & 0 \\ 1 & 1 & 0 \\ 0 & 0 & 2 \end{pmatrix}$,可求出其特征值为 $\lambda_1=\lambda_2=2,\lambda_3=0$。

解 $(2\boldsymbol{E}-\boldsymbol{A})\boldsymbol{x}=\boldsymbol{0}$,得特征向量为 $\boldsymbol{\alpha}_1=\begin{pmatrix} 1 \\ 1 \\ 0 \end{pmatrix},\boldsymbol{\alpha}_2=\begin{pmatrix} 0 \\ 0 \\ 1 \end{pmatrix}$。

解 $(0\boldsymbol{E}-\boldsymbol{A})\boldsymbol{x}=\boldsymbol{0}$,得特征向量为 $\boldsymbol{\alpha}_3=\begin{pmatrix} 1 \\ -1 \\ 0 \end{pmatrix}$。

由于 $\boldsymbol{\alpha}_1,\boldsymbol{\alpha}_2$ 已经正交,直接将 $\boldsymbol{\alpha}_1,\boldsymbol{\alpha}_2,\boldsymbol{\alpha}_3$ 单位化,得

$$\boldsymbol{\eta}_1=\frac{1}{\sqrt{2}}\begin{pmatrix} 1 \\ 1 \\ 0 \end{pmatrix},\boldsymbol{\eta}_2=\begin{pmatrix} 0 \\ 0 \\ 1 \end{pmatrix},\boldsymbol{\eta}_3=\frac{1}{\sqrt{2}}\begin{pmatrix} 1 \\ -1 \\ 0 \end{pmatrix}。$$

令 $Q=(\boldsymbol{\alpha}_1,\boldsymbol{\alpha}_2,\boldsymbol{\alpha}_3)$，即为所求的正交变换矩阵，$\boldsymbol{x}=Q\boldsymbol{y}$，可化原二次型为标准形：$f(x_1,x_2,x_3)=2y_1^2+2y_2^2$。

（Ⅲ）由 $f(x_1,x_2,x_3)=2y_1^2+2y_2^2=0$，得 $y_1=0,y_2=0,y_3=k$（k 为任意常数）。从而所求解为：$\boldsymbol{x}=Q\boldsymbol{y}=(\boldsymbol{\eta}_1,\boldsymbol{\eta}_2,\boldsymbol{\eta}_3)\begin{pmatrix}0\\0\\k\end{pmatrix}=k\boldsymbol{\eta}_3=\begin{pmatrix}c\\-c\\0\end{pmatrix}$，其中 c 为任意常数。 □

(6)（2009，数一、数二、数三） 设二次型 $f(x_1,x_2,x_3)=ax_1^2+ax_2^2+(a-1)x_3^2+2x_1x_3-2x_2x_3$。

（Ⅰ）求二次型 f 的矩阵的所有特征值；

（Ⅱ）若二次型 f 的规范形为 $y_1^2+y_2^2$，求 a 的值。

解 （Ⅰ）二次型 f 的矩阵 $\boldsymbol{A}=\begin{pmatrix}a&0&1\\0&a&-1\\1&-1&a-1\end{pmatrix}$。

由

$$|\lambda\boldsymbol{E}-\boldsymbol{A}|=\begin{vmatrix}\lambda-a&0&-1\\0&\lambda-a&1\\-1&1&\lambda-a+1\end{vmatrix}=(\lambda-a)(\lambda-a+2)(\lambda-a-1),$$

得 $\boldsymbol{A}$ 的特征值为 $\lambda_1=a-2,\lambda_2=a,\lambda_3=a+1$。

（Ⅱ）由 f 的规范形为 $y_1^2+y_2^2$，知 $\boldsymbol{A}$ 有两个特征值为正，1 个特征值为零。

由于 $a-2<a<a+1$，所以等于零的特征值只能是 $a-2$，所以 $a=2$。 □

(7)（2011，数三） 设二次型 $f(x_1,x_2,x_3)=\boldsymbol{x}^{\mathrm{T}}\boldsymbol{A}\boldsymbol{x}$ 的秩为 1，$\boldsymbol{A}$ 的行元素之和为 3，则 f 在正交变换 $\boldsymbol{x}=Q\boldsymbol{y}$ 下的标准形为 ________。

解 因 $\boldsymbol{A}$ 中行元素之和为 3，故

$$\boldsymbol{A}\begin{pmatrix}1\\1\\1\end{pmatrix}=\begin{pmatrix}a_{11}&a_{12}&a_{13}\\a_{21}&a_{22}&a_{23}\\a_{31}&a_{32}&a_{33}\end{pmatrix}\begin{pmatrix}1\\1\\1\end{pmatrix}=\begin{pmatrix}a_{11}+a_{12}+a_{13}\\a_{21}+a_{22}+a_{23}\\a_{31}+a_{32}+a_{33}\end{pmatrix}=\begin{pmatrix}3\\3\\3\end{pmatrix}=3\begin{pmatrix}1\\1\\1\end{pmatrix},$$

由此可知 $\lambda=3$ 为 $\boldsymbol{A}$ 的一个特征值。又二次型的秩为 1，于是 $\boldsymbol{A}$ 只有一个非零特征值，另外两个特征值都为 0。所以 f 在正交变换下的标准形为 $f(y_1,y_2,y_3)=3y_1^2$。 □

(8)（2012，数一、数二、数三） 已知 $\boldsymbol{A}=\begin{pmatrix}1&0&1\\0&1&1\\-1&0&a\\0&a&-1\end{pmatrix}$，二次型 $f(x_1,x_2,x_3)=\boldsymbol{x}^{\mathrm{T}}(\boldsymbol{A}^{\mathrm{T}}\boldsymbol{A})\boldsymbol{x}$ 的秩为 2。（Ⅰ）求实数 a 的值；（Ⅱ）求正交变换 $\boldsymbol{x}=Q\boldsymbol{y}$ 将 f 化为标准形。

解 （Ⅰ）由已知条件 $\mathrm{r}(\boldsymbol{A}^{\mathrm{T}}\boldsymbol{A})=2$，注意到 $\mathrm{r}(\boldsymbol{A}^{\mathrm{T}}\boldsymbol{A})=\mathrm{r}(\boldsymbol{A})$。于是 $\mathrm{r}(\boldsymbol{A})=2$，因此 $\boldsymbol{A}$ 的任意三阶子式都为零，故

$$\begin{vmatrix}1&0&1\\0&1&1\\-1&0&a\end{vmatrix}=\begin{vmatrix}1&0&1\\0&1&1\\0&0&1+a\end{vmatrix}=a+1=0,\quad 得\ a=-1。$$

（Ⅱ）当 $a=-1$ 时，$\boldsymbol{A}^{\mathrm{T}}\boldsymbol{A}=\begin{pmatrix}2&0&2\\0&2&2\\2&2&4\end{pmatrix}$。

$$|\lambda\boldsymbol{E}-\boldsymbol{A}^{\mathrm{T}}\boldsymbol{A}|=\begin{vmatrix}\lambda-2&0&-2\\0&\lambda-2&-2\\-2&-2&\lambda-4\end{vmatrix}=(\lambda-2)\begin{vmatrix}\lambda-2&-2\\-2&\lambda-4\end{vmatrix}+(-2)(-1)^{3+1}\begin{vmatrix}0&-2\\\lambda-2&-2\end{vmatrix}$$

$$=\lambda(\lambda-2)(\lambda-6),$$

故 $\boldsymbol{A}^{\mathrm{T}}\boldsymbol{A}$ 有特征值 $\lambda_1=0,\lambda_2=2,\lambda_3=6$。

由 $\lambda_1\boldsymbol{E}-\boldsymbol{A}^{\mathrm{T}}\boldsymbol{A}=-\boldsymbol{A}^{\mathrm{T}}\boldsymbol{A}=\begin{pmatrix}-2&0&-2\\0&-2&-2\\-2&-2&-4\end{pmatrix}\to\begin{pmatrix}1&0&1\\0&1&1\\0&0&0\end{pmatrix}$，得 $\boldsymbol{A}^{\mathrm{T}}\boldsymbol{A}$ 的对应于特征值 $\lambda_1=0$ 的特征向量为 $\boldsymbol{\alpha}_1=\begin{pmatrix}-1\\-1\\1\end{pmatrix}$。

由 $\lambda_2\boldsymbol{E}-\boldsymbol{A}^{\mathrm{T}}\boldsymbol{A}=2\boldsymbol{E}-\boldsymbol{A}^{\mathrm{T}}\boldsymbol{A}=\begin{pmatrix}0&0&-2\\0&0&-2\\-2&-2&-2\end{pmatrix}\to\begin{pmatrix}1&1&1\\0&0&1\\0&0&0\end{pmatrix}$，得 $\boldsymbol{A}^{\mathrm{T}}\boldsymbol{A}$ 的对应于特征值 $\lambda_2=2$ 的特征向量为 $\boldsymbol{\alpha}_2=\begin{pmatrix}-1\\1\\0\end{pmatrix}$。

由 $\lambda_3\boldsymbol{E}-\boldsymbol{A}^{\mathrm{T}}\boldsymbol{A}=6\boldsymbol{E}-\boldsymbol{A}^{\mathrm{T}}\boldsymbol{A}=\begin{pmatrix}4&0&-2\\0&4&-2\\-2&-2&2\end{pmatrix}\to\begin{pmatrix}1&0&-\frac{1}{2}\\0&1&-\frac{1}{2}\\0&0&0\end{pmatrix}$，得 $\boldsymbol{A}^{\mathrm{T}}\boldsymbol{A}$ 的对应于特征值 $\lambda_3=6$ 的特征向量为 $\boldsymbol{\alpha}_3=\begin{pmatrix}1\\1\\2\end{pmatrix}$。

将 $\boldsymbol{\alpha}_1,\boldsymbol{\alpha}_2,\boldsymbol{\alpha}_3$ 单位化得 $\boldsymbol{\eta}_1=\begin{pmatrix}-1/\sqrt{3}\\-1/\sqrt{3}\\1/\sqrt{3}\end{pmatrix},\boldsymbol{\eta}_2=\begin{pmatrix}-1/\sqrt{2}\\1/\sqrt{2}\\0\end{pmatrix},\boldsymbol{\eta}_3=\begin{pmatrix}1/\sqrt{6}\\1/\sqrt{6}\\2/\sqrt{6}\end{pmatrix}$。

令 $\boldsymbol{Q}=(\boldsymbol{\eta}_1,\boldsymbol{\eta}_2,\boldsymbol{\eta}_3)$，则 $\boldsymbol{Q}$ 为正交矩阵，且正交变换 $\boldsymbol{x}=\boldsymbol{Q}\boldsymbol{y}$ 将 f 化为标准形 $f=2{y_2}^2+6{y_3}^2$。 □

注：本题若先计算 $\boldsymbol{A}^{\mathrm{T}}\boldsymbol{A}$，再由 $\mathrm{r}(\boldsymbol{A}^{\mathrm{T}}\boldsymbol{A})=2$ 求 a 的值，则计算量较大。

(9)（2013，数一、数二、数三） 设二次型 $f(x_1,x_2,x_3)=2(a_1x_1+a_2x_2+a_3x_3)^2+(b_1x_1+b_2x_2+b_3x_3)^2$，记

$$\boldsymbol{\alpha}=\begin{pmatrix}a_1\\a_2\\a_3\end{pmatrix},\quad \boldsymbol{\beta}=\begin{pmatrix}b_1\\b_2\\b_3\end{pmatrix}。$$

(Ⅰ) 求证二次型 f 对应的矩阵为 $2\boldsymbol{\alpha}\boldsymbol{\alpha}^{\mathrm{T}}+\boldsymbol{\beta}\boldsymbol{\beta}^{\mathrm{T}}$；

(Ⅱ) 若$\boldsymbol{\alpha}$，$\boldsymbol{\beta}$正交且均为单位向量，求证 f 在正交变换下的标准形为 $2y_1^2+y_2^2$。

证 (Ⅰ) 记 $\boldsymbol{x}=\begin{pmatrix}x_1\\x_2\\x_3\end{pmatrix}$，则 $a_1x_1+a_2x_2+a_3x_3=\boldsymbol{x}^{\mathrm{T}}\boldsymbol{\alpha}=\boldsymbol{\alpha}^{\mathrm{T}}\boldsymbol{x}$，所以

$$(a_1x_1+a_2x_2+a_3x_3)^2=(\boldsymbol{x}^{\mathrm{T}}\boldsymbol{\alpha})(\boldsymbol{\alpha}^{\mathrm{T}}\boldsymbol{x})=\boldsymbol{x}^{\mathrm{T}}(\boldsymbol{\alpha}\boldsymbol{\alpha}^{\mathrm{T}})\boldsymbol{x}。$$

同理 $b_1x_1+b_2x_2+b_3x_3=\boldsymbol{x}^{\mathrm{T}}\boldsymbol{\beta}=\boldsymbol{\beta}^{\mathrm{T}}\boldsymbol{x}$，进而 $(b_1x_1+b_2x_2+b_3x_3)^2=(\boldsymbol{x}^{\mathrm{T}}\boldsymbol{\beta})(\boldsymbol{\beta}^{\mathrm{T}}\boldsymbol{x})=\boldsymbol{x}^{\mathrm{T}}(\boldsymbol{\beta}\boldsymbol{\beta}^{\mathrm{T}})\boldsymbol{x}$。

综上 $f(x_1,x_2,x_3)=2\boldsymbol{x}^{\mathrm{T}}(\boldsymbol{\alpha}\boldsymbol{\alpha}^{\mathrm{T}})\boldsymbol{x}+\boldsymbol{x}^{\mathrm{T}}(\boldsymbol{\beta}\boldsymbol{\beta}^{\mathrm{T}})\boldsymbol{x}=\boldsymbol{x}^{\mathrm{T}}(2\boldsymbol{\alpha}\boldsymbol{\alpha}^{\mathrm{T}}+\boldsymbol{\beta}\boldsymbol{\beta}^{\mathrm{T}})\boldsymbol{x}$。

容易验证 $2\boldsymbol{\alpha}\boldsymbol{\alpha}^{\mathrm{T}}+\boldsymbol{\beta}\boldsymbol{\beta}^{\mathrm{T}}$是对称矩阵，所以 $2\boldsymbol{\alpha}\boldsymbol{\alpha}^{\mathrm{T}}+\boldsymbol{\beta}\boldsymbol{\beta}^{\mathrm{T}}$即为二次型 f 对应的矩阵。

(Ⅱ) 记 $\boldsymbol{A}=2\boldsymbol{\alpha}\boldsymbol{\alpha}^{\mathrm{T}}+\boldsymbol{\beta}\boldsymbol{\beta}^{\mathrm{T}}$，则

$$\begin{aligned}\boldsymbol{A}\boldsymbol{\alpha}&=(2\boldsymbol{\alpha}\boldsymbol{\alpha}^{\mathrm{T}}+\boldsymbol{\beta}\boldsymbol{\beta}^{\mathrm{T}})\boldsymbol{\alpha}=2(\boldsymbol{\alpha}\boldsymbol{\alpha}^{\mathrm{T}})\boldsymbol{\alpha}+(\boldsymbol{\beta}\boldsymbol{\beta}^{\mathrm{T}})\boldsymbol{\alpha}=2\boldsymbol{\alpha}(\boldsymbol{\alpha}^{\mathrm{T}}\boldsymbol{\alpha})+\boldsymbol{\beta}(\boldsymbol{\beta}^{\mathrm{T}}\boldsymbol{\alpha})\\&=2\boldsymbol{\alpha}(\boldsymbol{\alpha}\cdot\boldsymbol{\alpha})+\boldsymbol{\beta}(\boldsymbol{\beta}\cdot\boldsymbol{\alpha})=2\boldsymbol{\alpha}\|\boldsymbol{\alpha}\|^2+\boldsymbol{\beta}(\boldsymbol{\beta}\cdot\boldsymbol{\alpha})=2\boldsymbol{\alpha}\cdot1+\boldsymbol{\beta}\cdot0=2\boldsymbol{\alpha}。\end{aligned}$$

同理

$$\begin{aligned}\boldsymbol{A}\boldsymbol{\beta}&=(2\boldsymbol{\alpha}\boldsymbol{\alpha}^{\mathrm{T}}+\boldsymbol{\beta}\boldsymbol{\beta}^{\mathrm{T}})\boldsymbol{\beta}=2(\boldsymbol{\alpha}\boldsymbol{\alpha}^{\mathrm{T}})\boldsymbol{\beta}+(\boldsymbol{\beta}\boldsymbol{\beta}^{\mathrm{T}})\boldsymbol{\beta}=2\boldsymbol{\alpha}(\boldsymbol{\alpha}^{\mathrm{T}}\boldsymbol{\beta})+\boldsymbol{\beta}(\boldsymbol{\beta}^{\mathrm{T}}\boldsymbol{\beta})\\&=2\boldsymbol{\alpha}(\boldsymbol{\alpha}\cdot\boldsymbol{\beta})+\boldsymbol{\beta}(\boldsymbol{\beta}\cdot\boldsymbol{\beta})=2\boldsymbol{\alpha}(\boldsymbol{\alpha}\cdot\boldsymbol{\beta})+\boldsymbol{\beta}\|\boldsymbol{\beta}\|^2=2\boldsymbol{\alpha}\cdot0+\boldsymbol{\beta}\cdot1=\boldsymbol{\beta}。\end{aligned}$$

因为 $\boldsymbol{A}\boldsymbol{\alpha}=2\boldsymbol{\alpha}$，$\boldsymbol{A}\boldsymbol{\beta}=\boldsymbol{\beta}$，所以 $\lambda_1=2,\lambda_2=1$ 为 $\boldsymbol{A}$ 的两个特征值。

又因为 $\boldsymbol{A}$ 是对称矩阵，所以 $\boldsymbol{A}$ 可以对角化，而

$$\mathrm{r}(\boldsymbol{A})=\mathrm{r}(2\boldsymbol{\alpha}\boldsymbol{\alpha}^{\mathrm{T}}+\boldsymbol{\beta}\boldsymbol{\beta}^{\mathrm{T}})\leqslant\mathrm{r}(2\boldsymbol{\alpha}\boldsymbol{\alpha}^{\mathrm{T}})+\mathrm{r}(\boldsymbol{\beta}\boldsymbol{\beta}^{\mathrm{T}})=\mathrm{r}(\boldsymbol{\alpha}\boldsymbol{\alpha}^{\mathrm{T}})+\mathrm{r}(\boldsymbol{\beta}\boldsymbol{\beta}^{\mathrm{T}})=\mathrm{r}(\boldsymbol{\alpha})+\mathrm{r}(\boldsymbol{\beta})=1+1=2。$$

所以 $\boldsymbol{A}$ 的非零特征值的个数$=\mathrm{r}(\boldsymbol{A})\leqslant2$，综上 $\boldsymbol{A}$ 的三个特征值为 $\lambda_1=2,\lambda_2=1,\lambda_3=0$，

因此 f 在正交变换下的标准形为 $2y_1^2+y_2^2+0y_3^2$。 □

(10)(2016，数一) 设二次型 $f(x_1,x_2,x_3)=x_1^2+x_2^2+x_3^2+4x_1x_2+4x_2x_3+4x_3x_1$，$f(x_1,x_2,x_3)=2$ 在空间直角坐标下表示的二次曲面为(　　)。

A. 单叶双曲面　　B. 双叶双曲面　　C. 椭球面　　D. 柱面

解 二次型 $f(x_1,x_2,x_3)=x_1^2+x_2^2+x_3^2+4x_1x_2+4x_2x_3+4x_3x_1$ 的矩阵为

$$\boldsymbol{A}=\begin{pmatrix}1&2&2\\2&1&2\\2&2&1\end{pmatrix}$$

由

$$|\lambda\boldsymbol{E}-\boldsymbol{A}|=\begin{vmatrix}\lambda-1&-2&-2\\-2&\lambda-1&-2\\-2&-2&\lambda-1\end{vmatrix}=(\lambda-5)\begin{vmatrix}1&1&1\\-2&\lambda-1&-2\\-2&-2&\lambda-1\end{vmatrix}$$

$$=(\lambda-5)\begin{vmatrix}1&1&1\\0&\lambda+1&0\\0&0&\lambda+1\end{vmatrix}=(\lambda-5)(\lambda+1)^2=0,$$

得 $\boldsymbol{A}$ 的特征值 $\lambda_1=5,\lambda_2=\lambda_3=-1$，所以二次型 $f(x_1,x_2,x_3)=2$ 的标准形为

$$f=5y_1^2-y_2^2-y_3^2。$$

由 $5y_1^2-y_2^2-y_3^2=2$ 得对应的曲面为双叶双曲面，故选 B。 □

(11)(2017，数一、数二、数三) 设二次型 $f(x_1,x_2,x_3)=2x_1^2-x_2^2+ax_3^2+2x_1x_2-$

$8x_1x_3+2x_2x_3$ 在正交变换 $\boldsymbol{x}=\boldsymbol{Q}\boldsymbol{y}$ 下的标准形为$\lambda_1y_1^2+\lambda_2y_2^2$，求 a 的值及一个正交矩阵$\boldsymbol{Q}$。

解 二次型 f 的矩阵$\boldsymbol{A}=\begin{pmatrix}2&1&-4\\1&-1&1\\-4&1&a\end{pmatrix}$。

由题设知 $\boldsymbol{A}$ 的特征值为$\lambda_1,\lambda_2,0$，因此$|\boldsymbol{A}|=\lambda_1\cdot\lambda_2\cdot 0=0$，于是

$$\begin{vmatrix}2&1&-4\\1&-1&1\\-4&1&a\end{vmatrix}=\begin{vmatrix}3&0&-3\\1&-1&1\\-3&0&1+a\end{vmatrix}=6-3a=0,\quad 得\ a=2。$$

矩阵 $\boldsymbol{A}$ 的特征多项式 $|\lambda\boldsymbol{E}-\boldsymbol{A}|=\begin{vmatrix}\lambda-2&-1&4\\-1&\lambda+1&-1\\4&-1&\lambda-2\end{vmatrix}=\lambda(\lambda-6)(\lambda+3)$，得 $\boldsymbol{A}$ 的特征值$\lambda_1=6,\lambda_2=-3,\lambda_3=0$。

当 $\lambda_1=6$ 时，通过求解$(\boldsymbol{A}-6\boldsymbol{E})\boldsymbol{x}=\boldsymbol{0}$ 可得 $\lambda_1=6$ 对应的特征向量为 $k_1\begin{pmatrix}-1\\0\\1\end{pmatrix}$。

当 $\lambda_2=-3$ 时，通过求解$(\boldsymbol{A}+3\boldsymbol{E})\boldsymbol{x}=\boldsymbol{0}$ 可得 $\lambda_2=-3$ 对应的特征向量为 $k_2\begin{pmatrix}1\\-1\\1\end{pmatrix}$。

当 $\lambda_3=0$ 时，通过求解$(\boldsymbol{A}-0\boldsymbol{E})\boldsymbol{x}=\boldsymbol{0}$ 可得 $\lambda_3=0$ 对应的特征向量为 $k_3\begin{pmatrix}1\\2\\1\end{pmatrix}$。

将$\begin{pmatrix}-1\\0\\1\end{pmatrix},\begin{pmatrix}1\\-1\\1\end{pmatrix},\begin{pmatrix}1\\2\\1\end{pmatrix}$单位化得$\begin{pmatrix}-1/\sqrt{2}\\0\\1/\sqrt{2}\end{pmatrix},\begin{pmatrix}1/\sqrt{3}\\-1/\sqrt{3}\\1/\sqrt{3}\end{pmatrix},\begin{pmatrix}1/\sqrt{6}\\2/\sqrt{6}\\1/\sqrt{6}\end{pmatrix}$。

令 $\boldsymbol{Q}=\begin{pmatrix}-\frac{1}{\sqrt{2}}&\frac{1}{\sqrt{3}}&\frac{1}{\sqrt{6}}\\0&-\frac{1}{\sqrt{3}}&\frac{2}{\sqrt{6}}\\\frac{1}{\sqrt{2}}&\frac{1}{\sqrt{3}}&\frac{1}{\sqrt{6}}\end{pmatrix}$，则 $\boldsymbol{Q}$ 为正交矩阵，且二次型 f 在正交变换 $\boldsymbol{x}=\boldsymbol{Q}\boldsymbol{y}$ 下的标准形为 $6y_1^2-3y_2^2$。 □

(12)(2020，数二) 设二次型 $f(x_1,x_2,x_3)=x_1^2+x_2^2+x_3^2+2ax_1x_2+2ax_2x_3+2ax_3x_1$ 经可逆变换 $\begin{pmatrix}x_1\\x_2\\x_3\end{pmatrix}=\boldsymbol{P}\begin{pmatrix}y_1\\y_2\\y_3\end{pmatrix}$ 可化为 $g(y_1,y_2,y_3)=y_1^2+y_2^2+4y_3^2+2y_1y_2$。(Ⅰ)求 a；(Ⅱ)求可逆矩阵 $\boldsymbol{P}$。

解 (Ⅰ)二次型 $f(x_1,x_2,x_3)$对应的矩阵为 $\boldsymbol{A}=\begin{pmatrix}1&a&a\\a&1&a\\a&a&1\end{pmatrix}$，其特征值为 $\lambda_1=\lambda_2=$

$1-a$，$\lambda_3=2a+1$。

二次型 $g(y_1,y_2,y_3)$ 对应的矩阵为 $\boldsymbol{B}=\begin{pmatrix}1&1&0\\1&1&0\\0&0&4\end{pmatrix}$，其特征值为 $\mu_1=0,\mu_2=2,\mu_3=4$。

由已知条件 $\boldsymbol{A}$ 与 $\boldsymbol{B}$ 合同，所以 $\boldsymbol{A}$ 的正惯性指数 $=\boldsymbol{B}$ 的正惯性指数 $=2$，$\boldsymbol{A}$ 的负惯性指数 $=\boldsymbol{B}$ 的负惯性指数 $=0$。由此可知 $2a+1=0$，即 $a=-\dfrac{1}{2}$。

（Ⅱ）$f(x_1,x_2,x_3)=x_1^2+x_2^2+x_3^2-x_1x_2-x_2x_3-x_3x_1$ 用常规方法可以求出 f 经过正交变换 $\begin{pmatrix}x_1\\x_2\\x_3\end{pmatrix}=\begin{pmatrix}1/\sqrt{6}&-1/\sqrt{2}&1/\sqrt{3}\\-2/\sqrt{6}&0&1/\sqrt{3}\\1/\sqrt{6}&1/\sqrt{2}&1/\sqrt{3}\end{pmatrix}\begin{pmatrix}u_1\\u_2\\u_3\end{pmatrix}$ 化为 $\dfrac{3}{2}u_1^2+\dfrac{3}{2}u_2^2$；$g$ 经过正交变换 $\begin{pmatrix}y_1\\y_2\\y_3\end{pmatrix}=\begin{pmatrix}1/\sqrt{2}&1/\sqrt{2}&0\\-1/\sqrt{2}&1/\sqrt{2}&0\\0&0&1\end{pmatrix}\begin{pmatrix}v_1\\v_2\\v_3\end{pmatrix}$ 化为 $2v_2^2+4v_3^2$；$\dfrac{3}{2}u_1^2+\dfrac{3}{2}u_2^2$ 经过 $\begin{pmatrix}u_1\\u_2\\u_3\end{pmatrix}=\begin{pmatrix}0&2/\sqrt{3}&0\\0&0&2\sqrt{2}/\sqrt{3}\\1&0&0\end{pmatrix}\begin{pmatrix}v_1\\v_2\\v_3\end{pmatrix}$ 化为 $2v_2^2+4v_3^2$。

综上，f 经过下列变换即可化为 g

$$\begin{pmatrix}x_1\\x_2\\x_3\end{pmatrix}=\begin{pmatrix}1/\sqrt{6}&-1/\sqrt{2}&1/\sqrt{3}\\-2/\sqrt{6}&0&1/\sqrt{3}\\1/\sqrt{6}&1/\sqrt{2}&1/\sqrt{3}\end{pmatrix}\begin{pmatrix}0&2/\sqrt{3}&0\\0&0&2\sqrt{2}/\sqrt{3}\\1&0&0\end{pmatrix}\begin{pmatrix}1/\sqrt{2}&1/\sqrt{2}&0\\-1/\sqrt{2}&1/\sqrt{2}&0\\0&0&1\end{pmatrix}^{-1}\begin{pmatrix}y_1\\y_2\\y_3\end{pmatrix}$$

因此

$$\boldsymbol{P}=\begin{pmatrix}1/\sqrt{6}&-1/\sqrt{2}&1/\sqrt{3}\\-2/\sqrt{6}&0&1/\sqrt{3}\\1/\sqrt{6}&1/\sqrt{2}&1/\sqrt{3}\end{pmatrix}\begin{pmatrix}0&2/\sqrt{3}&0\\0&0&2\sqrt{2}/\sqrt{3}\\1&0&0\end{pmatrix}\begin{pmatrix}1/\sqrt{2}&1/\sqrt{2}&0\\-1/\sqrt{2}&1/\sqrt{2}&0\\0&0&1\end{pmatrix}^{-1}$$

$$=\begin{pmatrix}1&2&2\sqrt{3}/3\\0&1&4\sqrt{3}/3\\0&1&0\end{pmatrix}。$$

(13)（2021，数一） 设矩阵 $\boldsymbol{A}=\begin{pmatrix}a&1&-1\\1&a&-1\\-1&-1&a\end{pmatrix}$。

（Ⅰ）求正交矩阵 $\boldsymbol{P}$，使得 $\boldsymbol{P}^{\mathrm{T}}\boldsymbol{AP}$ 为对角矩阵；

（Ⅱ）求正定矩阵 $\boldsymbol{C}$，使得 $\boldsymbol{C}^2=(a+3)\boldsymbol{E}-\boldsymbol{A}$，其中 $\boldsymbol{E}$ 为三阶单位阵。

解 （Ⅰ）由

$$|\boldsymbol{A}-\lambda\boldsymbol{E}|=\begin{vmatrix}a-\lambda&1&-1\\1&a-\lambda&-1\\-1&-1&a-\lambda\end{vmatrix}\xlongequal{r_1-r_2}\begin{vmatrix}a-1-\lambda&\lambda-(a-1)&0\\1&a-\lambda&-1\\-1&-1&a-\lambda\end{vmatrix}$$

$$=(a-1-\lambda)^2(a+2-\lambda),$$

可知 $\lambda_1=\lambda_2=a-1,\lambda_3=a+2$。

由 $(\boldsymbol{A}-\lambda\boldsymbol{E})\boldsymbol{x}=\boldsymbol{0}$ 可以解出：$\lambda_1=\lambda_2=a-1$ 对应的特征向量为 $k_1\begin{pmatrix}1\\0\\1\end{pmatrix}+k_2\begin{pmatrix}0\\1\\1\end{pmatrix}$，$\lambda_3=a+2$ 对应的特征向量为 $k_3\begin{pmatrix}1\\1\\-1\end{pmatrix}$。

对 $\begin{pmatrix}1\\0\\1\end{pmatrix},\begin{pmatrix}0\\1\\1\end{pmatrix},\begin{pmatrix}1\\1\\-1\end{pmatrix}$ 进行施密特正交化可得

$$\boldsymbol{\xi}_1=\begin{pmatrix}1/\sqrt{2}\\0\\1/\sqrt{2}\end{pmatrix},\quad \boldsymbol{\xi}_2=\begin{pmatrix}-1/\sqrt{6}\\2/\sqrt{6}\\1/\sqrt{6}\end{pmatrix},\quad \boldsymbol{\xi}_3=\begin{pmatrix}1/\sqrt{3}\\1/\sqrt{3}\\-1/\sqrt{3}\end{pmatrix}。$$

记 $\boldsymbol{P}=\begin{pmatrix}1/\sqrt{2}&-1/\sqrt{6}&1/\sqrt{3}\\0&2/\sqrt{6}&1/\sqrt{3}\\1/\sqrt{2}&1/\sqrt{6}&-1/\sqrt{3}\end{pmatrix}$，易见 $\boldsymbol{P}$ 是正交矩阵，且满足 $\boldsymbol{P}^{\mathrm{T}}\boldsymbol{A}\boldsymbol{P}=\begin{pmatrix}a-1&0&0\\0&a-1&0\\0&0&a+2\end{pmatrix}$，所以上述矩阵 $\boldsymbol{P}$ 即为所求。

(Ⅱ) $\boldsymbol{P}^{\mathrm{T}}\boldsymbol{A}\boldsymbol{P}=\begin{pmatrix}a-1&0&0\\0&a-1&0\\0&0&a+2\end{pmatrix}\Rightarrow\boldsymbol{P}^{-1}\boldsymbol{A}\boldsymbol{P}=\begin{pmatrix}a-1&0&0\\0&a-1&0\\0&0&a+2\end{pmatrix}$

$$\Rightarrow\boldsymbol{A}=\boldsymbol{P}\begin{pmatrix}a-1&0&0\\0&a-1&0\\0&0&a+2\end{pmatrix}\boldsymbol{P}^{-1}。$$

$$(a+3)\boldsymbol{E}=(a+3)\boldsymbol{P}\boldsymbol{P}^{-1}=(a+3)\boldsymbol{P}\boldsymbol{E}\boldsymbol{P}^{-1}=\boldsymbol{P}(a+3)\boldsymbol{E}\boldsymbol{P}^{-1}。$$

$$\boldsymbol{C}^2=(a+3)\boldsymbol{E}-\boldsymbol{A}=\boldsymbol{P}(a+3)\boldsymbol{E}\boldsymbol{P}^{-1}-\boldsymbol{P}\begin{pmatrix}a-1&0&0\\0&a-1&0\\0&0&a+2\end{pmatrix}\boldsymbol{P}^{-1}$$

$$=\boldsymbol{P}\left[(a+3)\boldsymbol{E}-\begin{pmatrix}a-1&0&0\\0&a-1&0\\0&0&a+2\end{pmatrix}\right]\boldsymbol{P}^{-1}=\boldsymbol{P}\begin{pmatrix}4&0&0\\0&4&0\\0&0&1\end{pmatrix}\boldsymbol{P}^{-1}$$

$$=\boldsymbol{P}\begin{pmatrix}2&0&0\\0&2&0\\0&0&1\end{pmatrix}\begin{pmatrix}2&0&0\\0&2&0\\0&0&1\end{pmatrix}\boldsymbol{P}^{-1}$$

$$=\boldsymbol{P}\begin{pmatrix}2&0&0\\0&2&0\\0&0&1\end{pmatrix}\boldsymbol{P}^{-1}\boldsymbol{P}\begin{pmatrix}2&0&0\\0&2&0\\0&0&1\end{pmatrix}\boldsymbol{P}^{-1}=\left[\boldsymbol{P}\begin{pmatrix}2&0&0\\0&2&0\\0&0&1\end{pmatrix}\boldsymbol{P}^{-1}\right]^2。$$

取 $C=P\begin{pmatrix}2&0&0\\0&2&0\\0&0&1\end{pmatrix}P^{-1}$,易见 C 为正定矩阵,且 $C=\begin{pmatrix}5/3&-1/3&1/3\\-1/3&5/3&1/3\\1/3&1/3&5/3\end{pmatrix}$。 □

6.4 习题与解答

习题

1. 单项选择题:

(1) 二次型 $f(x_1,x_2,x_3)=(x_1+x_2)^2+(x_2+x_3)^2-(x_3-x_1)^2$ 的正负惯性指数依次是(　　)

A. 2,0　　B. 1,1　　C. 2,1　　D. 1,2

(2) 设二次型 $f(x_1,x_2,x_3)=a(x_1^2+x_2^2+x_3^2)+2x_1x_2+2x_2x_3+2x_3x_1$ 的正、负惯性指数分别为 1,2,则(　　)

A. $a>1$.　　B. $a<-2$　　C. $-2<a<1$　　D. $a=1$ 或 $a=-2$

2. 填空题:

(1) 二次型 $f(x_1,x_2,x_3,x_4)=2x_1x_2-ax_3x_4$ 的秩为 2,则 $a=$________。

(2) 二次型 $f(x_1,x_2,x_3)=x_1^2+x_2^2+ax_3^2+4x_1x_2+6x_2x_3$ 的秩为 2,则 $a=$________。

(3) 若二次型 $f(x_1,x_2,x_3)=x_1^2+3x_2^2+x_3^2+2x_1x_2+2x_2x_3+2x_3x_1$,则 f 的正惯性指数为________。

(4) 已知实二次型 $f(x_1,x_2,x_3)=a(x_1^2+x_2^2+x_3^2)+4x_1x_2+4x_1x_3+4x_2x_3$ 经正交变换 $\boldsymbol{x}=\boldsymbol{P}\boldsymbol{y}$ 可化成标准形 $f=6y_1^2$,则 $a=$________。

(5) 二次型 $f(x_1,x_2,x_3)=(x_1+x_2)^2+(x_2-x_3)^2+(x_3+x_1)^2$ 的秩为________。

3. 用正交变换法把 $f(x_1,x_2,x_3)=4x_2^2-3x_3^2+4x_1x_2-4x_1x_3+8x_2x_3$ 化为标准形,并写出所作的变换。

4. 设二次型 $f(x_1,x_2,x_3)=\boldsymbol{x}^{\mathrm T}\boldsymbol{A}\boldsymbol{x}=ax_1^2+2x_2^2-2x_3^2+2bx_1x_3\,(b>0)$,其中二次型的矩阵 $\boldsymbol{A}$ 的特征值之和为 1,特征值之积为 -12。(Ⅰ)求 a,b 的值;(Ⅱ)利用正交变换将二次型 f 化为标准形,并写出所用的正交变换对应的正交矩阵。

5. 将下列二次曲面化简,并判断曲面的类型:

(1) $3x^2+2y^2+z^2-4xy-4yz=5$;

(2) $z=xy$。

6. 求二次型 $f(x_1,x_2,x_3)=(x_1+x_2)^2+(x_2+x_3)^2+(x_1+x_3)^2$ 的正、负惯性指数,并指出 $f(x_1,x_2,x_3)=1$ 表示何种二次曲面。

7. 求 a 的值,使下列二次型为正定二次型:

(1) $f(x_1,x_2,x_3)=x_1^2+x_2^2+5x_3^2+2ax_1x_2-2x_1x_3+4x_2x_3$;

(2) $f(x_1,x_2,x_3)=5x_1^2+x_2^2+ax_3^2+4x_1x_2-2x_1x_3-2x_2x_3$。

8. 已知 $\begin{pmatrix}2-a&1&1\\1&1&0\\0&0&a+3\end{pmatrix}$ 为正定矩阵,求 a 的取值范围。

9. 证明:如果 $\boldsymbol{A}$ 正定,那么 $\boldsymbol{A}^{-1},k\boldsymbol{A}(k>0),\boldsymbol{A}^*$ 也正定。

10. 设 $\boldsymbol{A}$ 为三阶实对称矩阵,且满足关系式 $\boldsymbol{A}^2+2\boldsymbol{A}=\boldsymbol{O}$,已知 $\boldsymbol{A}$ 的秩 $\mathrm{r}(\boldsymbol{A})=2$。(Ⅰ) 求 $\boldsymbol{A}$ 的全部特征值;(Ⅱ) 当 k 为何值时,矩阵 $\boldsymbol{A}+k\boldsymbol{E}$ 为正定矩阵,其中 $\boldsymbol{E}$ 为三阶单位矩阵。

11. 设 $\boldsymbol{A},\boldsymbol{B}$ 分别为 m,n 阶正定矩阵,求证:分块矩阵 $\boldsymbol{C}=\begin{pmatrix}\boldsymbol{A} & \boldsymbol{O}\\ \boldsymbol{O} & \boldsymbol{B}\end{pmatrix}$ 是正定矩阵。

解答

1. 单选题:(1) 选 B。推导如下:$f(x_1,x_2,x_3)=2x_2^2+2x_1x_2+2x_2x_3+2x_3x_1$,该二次型对应的矩阵为 $\boldsymbol{A}=\begin{pmatrix}0 & 1 & 1\\ 1 & 2 & 1\\ 1 & 1 & 0\end{pmatrix}$。

由 $|\boldsymbol{A}-\lambda\boldsymbol{E}|=\begin{vmatrix}-\lambda & 1 & 1\\ 1 & 2-\lambda & 1\\ 1 & 1 & -\lambda\end{vmatrix}\xlongequal{r_1-r_3}\begin{vmatrix}-\lambda-1 & 0 & 1+\lambda\\ 1 & 2-\lambda & 1\\ 1 & 1 & -\lambda\end{vmatrix}=(1+\lambda)(3\lambda-\lambda^2)$,

可知 $\boldsymbol{A}$ 的特征值为 $-1,0,3$。因为正负特征值的个数都是 1,所以 f 的正负惯性指数都是 1,故选 B。

(2) 选 C。推导如下:二次型的矩阵为 $\boldsymbol{A}=\begin{pmatrix}a & 1 & 1\\ 1 & a & 1\\ 1 & 1 & a\end{pmatrix}$,其特征值为 $\lambda_1=a+2,\lambda_2=\lambda_3=a-1$。又二次型的正、负惯性指数分别为 1,2,所以 $a+2>0$,而且 $a-1<0$,即 $-2<a<1$。选 C。

2. 填空题:(1) 0; (2) -3; (3) 2; (4) 2; (5) 2

3. 解 $f(x_1,x_2,x_3)=(x_1,x_2,x_3)\begin{pmatrix}0 & 2 & -2\\ 2 & 4 & 4\\ -2 & 4 & -3\end{pmatrix}\begin{pmatrix}x_1\\ x_2\\ x_3\end{pmatrix}$,矩阵为 $\boldsymbol{A}=\begin{pmatrix}0 & 2 & -2\\ 2 & 4 & 4\\ -2 & 4 & -3\end{pmatrix}$,$\boldsymbol{A}$ 的特征值为 $\lambda_1=1,\lambda_2=6,\lambda_3=-6$。

当 $\lambda_1=1$ 时,解线性方程组 $(\boldsymbol{A}-\boldsymbol{E})\boldsymbol{x}=\boldsymbol{0}$ 得基础解系 $\boldsymbol{\xi}_1=(-2,0,1)^{\mathrm{T}}$,取 $\boldsymbol{\eta}_1=\left(\frac{-2}{\sqrt{5}},0,\frac{1}{\sqrt{5}}\right)^{\mathrm{T}}$。

当 $\lambda_2=6$ 时,解线性方程组 $(\boldsymbol{A}-6\boldsymbol{E})\boldsymbol{x}=\boldsymbol{0}$ 得基础解系 $\boldsymbol{\xi}_2=(1,5,2)^{\mathrm{T}}$,取 $\boldsymbol{\eta}_2=\left(\frac{1}{\sqrt{30}},\frac{5}{\sqrt{30}},\frac{2}{\sqrt{30}}\right)^{\mathrm{T}}$。

当 $\lambda_3=-6$ 时,解线性方程组 $(\boldsymbol{A}+6\boldsymbol{E})\boldsymbol{x}=\boldsymbol{0}$ 得基础解系 $\boldsymbol{\xi}_3=(1,-1,2)^{\mathrm{T}}$,取 $\boldsymbol{\eta}_3=\left(\frac{1}{\sqrt{6}},\frac{-1}{\sqrt{6}},\frac{2}{\sqrt{6}}\right)^{\mathrm{T}}$。

所以,所求正交变换为 $\begin{pmatrix}x_1\\ x_2\\ x_3\end{pmatrix}=\begin{pmatrix}\frac{-2}{\sqrt{5}} & \frac{1}{\sqrt{30}} & \frac{1}{\sqrt{6}}\\ 0 & \frac{5}{\sqrt{30}} & \frac{-1}{\sqrt{6}}\\ \frac{-1}{\sqrt{5}} & \frac{2}{\sqrt{30}} & \frac{2}{\sqrt{6}}\end{pmatrix}\begin{pmatrix}y_1\\ y_2\\ y_3\end{pmatrix}$,标准形为 $f(x_1,x_2,x_3)=y_1^2+$

$6y_2^2-6y_3^2$。

4. 解 （Ⅰ）二次型 f 的矩阵为 $\boldsymbol{A}=\begin{pmatrix}a&0&b\\0&2&0\\b&0&-2\end{pmatrix}$。设 $\boldsymbol{A}$ 的特征值为 $\lambda_i(i=1,2,3)$。

由题设，有

$$\lambda_1+\lambda_2+\lambda_3=a+2+(-2)=1,$$

$$\lambda_1\lambda_2\lambda_3=\begin{vmatrix}a&0&b\\0&2&0\\b&0&-2\end{vmatrix}=-4a-2b^2=-12。$$

解得 $a=1,b=2$。

（Ⅱ）由矩阵 $\boldsymbol{A}$ 的特征多项式

$$|\lambda\boldsymbol{E}-\boldsymbol{A}|=\begin{vmatrix}\lambda-1&0&-2\\0&\lambda-2&0\\-2&0&\lambda+2\end{vmatrix}=(\lambda-2)^2(\lambda+3),$$

得 $\boldsymbol{A}$ 的特征值 $\lambda_1=\lambda_2=2,\lambda_3=-3$。

对于 $\lambda_1=\lambda_2=2$，解齐次线性方程组 $(2\boldsymbol{E}-\boldsymbol{A})\boldsymbol{x}=\boldsymbol{0}$，得其基础解系

$$\boldsymbol{\xi}_1=(2,0,1)^{\mathrm{T}},\quad \boldsymbol{\xi}_2=(0,1,0)^{\mathrm{T}}。$$

对于 $\lambda_3=-3$，解齐次线性方程组 $(-3\boldsymbol{E}-\boldsymbol{A})\boldsymbol{x}=\boldsymbol{0}$，得基础解系

$$\boldsymbol{\xi}_3=(1,0,-2)^{\mathrm{T}}。$$

由于 $\boldsymbol{\xi}_1,\boldsymbol{\xi}_2,\boldsymbol{\xi}_3$ 已是正交向量组，为了得到单位正交向量组，只需将 $\boldsymbol{\xi}_1,\boldsymbol{\xi}_2,\boldsymbol{\xi}_3$ 单位化，由此得 $\boldsymbol{\eta}_1=\left(\frac{2}{\sqrt{5}},0,\frac{1}{\sqrt{5}}\right)^{\mathrm{T}},\boldsymbol{\eta}_2=(0,1,0)^{\mathrm{T}},\boldsymbol{\eta}_3=\left(\frac{1}{\sqrt{5}},0,-\frac{2}{\sqrt{5}}\right)^{\mathrm{T}}$。

令矩阵 $\boldsymbol{Q}=(\boldsymbol{\eta}_1,\boldsymbol{\eta}_2,\boldsymbol{\eta}_3)=\begin{pmatrix}2/\sqrt{5}&0&1/\sqrt{5}\\0&1&0\\1/\sqrt{5}&0&-2/\sqrt{5}\end{pmatrix}$，易见 $\boldsymbol{Q}$ 为正交矩阵。在正交变换 $\boldsymbol{x}=\boldsymbol{Q}\boldsymbol{y}$ 下，有 $\boldsymbol{Q}^{\mathrm{T}}\boldsymbol{A}\boldsymbol{Q}=\begin{pmatrix}2&0&0\\0&2&0\\0&0&-3\end{pmatrix}$，且二次型的标准形为 $f=2y_1^2+2y_2^2-3y_3^2$。

5. 解 (1) 先将二次型 $f=3x^2+2y^2+z^2-4xy-4yz$ 化为标准形。

根据化二次型为标准形的方法，作下列正交变换 $\begin{pmatrix}x\\y\\z\end{pmatrix}=\begin{pmatrix}1/3&2/3&2/3\\2/3&1/3&-2/3\\2/3&-2/3&1/3\end{pmatrix}\begin{pmatrix}x'\\y'\\z'\end{pmatrix}$，将二次型 $f=3x^2+2y^2+z^2-4xy-4yz$ 化为 $f=-(x')^2+2(y')^2+5(z')^2$，从而二次曲面的方程化为 $(x')^2-2(y')^2-5(z')^2+5=0$，即 $\frac{(x')^2}{-5}+\frac{(y')^2}{5/2}+\frac{(z')^2}{1}=1$，因此，原方程表示的曲面为单叶双曲面。

(2) 先将二次型 $f=xy-z$ 化为标准形。

根据化二次型为标准形的方法，作下列可逆变换 $\begin{pmatrix}x\\y\\z\end{pmatrix}=\begin{pmatrix}-1&0&1\\1&0&1\\0&1&0\end{pmatrix}\begin{pmatrix}x'\\y'\\z'\end{pmatrix}$，将二次型

$f=xy-z$ 化为 $f=-(x')^2+(z')^2-y'$，从而二次曲面的方程化为 $-(x')^2+(z')^2-y'=0$，即 $y'=(z')^2-(x')^2$，因此，原方程表示的曲面为双曲抛物面。

6. 解 可设 $\begin{cases} x_1=\dfrac{-y_1+y_2+y_3}{\sqrt{3}}, \\ x_2=\dfrac{y_1-y_2+y_3}{\sqrt{3}}, \\ x_3=\dfrac{y_1+y_2-y_3}{\sqrt{3}}, \end{cases}$ 易验证这是一个可逆变换。代入后，方程可化为 $y_1^2+y_2^2+y_3^2=\dfrac{3}{4}$，容易看出它对应的曲面是一个球面。此外还可以看出二次型的正惯性指数为3，负惯性指数为0。

7. 解 (1) f 的矩阵为 $\boldsymbol{A}=\begin{pmatrix} 1 & a & -1 \\ a & 1 & 2 \\ -1 & 2 & 5 \end{pmatrix}$，则 $\boldsymbol{A}$ 的各阶顺序主子式为

$$|1|=1>0,\quad \begin{vmatrix} 1 & a \\ a & 1 \end{vmatrix}=1-a^2,\quad \begin{vmatrix} 1 & a & -1 \\ a & 1 & 2 \\ -1 & 2 & 5 \end{vmatrix}=-5a\left(a+\frac{4}{5}\right)。$$

因为 f 为正定，即 $\boldsymbol{A}$ 正定的充分必要条件是 $\boldsymbol{A}$ 的各阶顺序主子式都大于零，即 $\begin{cases} 1-a^2>0, \\ -5a\left(a+\dfrac{4}{5}\right)>0。\end{cases}$ 解得 $-\dfrac{4}{5}<a<0$。所以，当 $-\dfrac{4}{5}<a<0$ 时，f 正定。

(2) f 的矩阵为 $\boldsymbol{A}=\begin{pmatrix} 5 & 2 & -1 \\ 2 & 1 & -1 \\ -1 & -1 & a \end{pmatrix}$，则 $\boldsymbol{A}$ 的各阶顺序主子式为

$$|5|=5>0,\quad \begin{vmatrix} 5 & 2 \\ 2 & 1 \end{vmatrix}=1>0,\quad \begin{vmatrix} 5 & 2 & -1 \\ 2 & 1 & -1 \\ -1 & -1 & a \end{vmatrix}=a-2。$$

因为 f 为正定，即 $\boldsymbol{A}$ 正定的充分必要条件是 $\boldsymbol{A}$ 的各阶顺序主子式都大于零，即 $a-2>0$ 解得 $a>2$。所以，当 $a>2$ 时，f 正定。

8. 解 因为 $\boldsymbol{A}=\begin{pmatrix} 2-a & 1 & 1 \\ 1 & 1 & 0 \\ 1 & 0 & a+3 \end{pmatrix}$ 是正定矩阵，所以 $\boldsymbol{A}$ 的各阶顺序主子式都为正，即 $2-a>0$，$\begin{vmatrix} 2-a & 1 \\ 1 & 1 \end{vmatrix}=1-a>0$，$\begin{vmatrix} 2-a & 1 & 1 \\ 1 & 1 & 0 \\ 0 & 0 & a+3 \end{vmatrix}=(a+3)(1-a)>0$。由此可以解出 $-3<a<1$。

9. 证 先证 $\boldsymbol{A}^{-1}$ 正定：设实对称矩阵 $\boldsymbol{A}$ 正定，则 $|\boldsymbol{A}|>0$，故 $\boldsymbol{A}$ 可逆。又因为 $(\boldsymbol{A}^{-1})^{\mathrm{T}}=(\boldsymbol{A}^{\mathrm{T}})^{-1}=\boldsymbol{A}^{-1}$，所以 $\boldsymbol{A}^{-1}$ 也是实对称矩阵。

设 $\boldsymbol{A}$ 的特征值为 $\lambda_1,\lambda_2,\cdots,\lambda_n$，则由 $\boldsymbol{A}$ 的正定性知 $\lambda_i>0(i=1,2,\cdots,n)$，而 $\boldsymbol{A}^{-1}$ 的全部

特征值为$\frac{1}{\lambda_i}>0(i=1,2,\cdots,n)$，即证$\boldsymbol{A}^{-1}$正定。

再证$k\boldsymbol{A}(k>0)$正定：由上知$k\boldsymbol{A}(k>0)$的全部特征值为$k\lambda_i>0(i=1,2,\cdots,n)$，即证$k\boldsymbol{A}(k>0)$正定。

最后证$\boldsymbol{A}^*$正定：因为$\boldsymbol{A}^*=|\boldsymbol{A}|\boldsymbol{A}^{-1}$，$\boldsymbol{A}^*$的全部特征值为$\frac{|\boldsymbol{A}|}{\lambda_i}>0(i=1,2,\cdots,n)$。从而$\boldsymbol{A}^*$正定。

10. 解 （Ⅰ）设λ为$\boldsymbol{A}$的特征值。因为$\boldsymbol{A}$满足方程$\boldsymbol{A}^2+2\boldsymbol{A}=\boldsymbol{O}$，所以$\lambda$满足$\lambda^2+2\lambda=0$，由此可以解出$\lambda=0$或$-2$。

又因为$\boldsymbol{A}$为实对称矩阵，所以$\boldsymbol{A}$可以对角化，进而$\boldsymbol{A}$的非零特征值的个数$=\mathrm{r}(\boldsymbol{A})=2$。

综上，$\boldsymbol{A}$的三个特征值为$\lambda_1=\lambda_2=-2,\lambda_3=0$。

（Ⅱ）因为$\boldsymbol{A}$的三个特征值为$\lambda_1=\lambda_2=-2,\lambda_3=0$，所以$\boldsymbol{A}+k\boldsymbol{E}$的特征值为$\lambda_1=\lambda_2=-2+k,\lambda_3=k$。因此$\boldsymbol{A}+k\boldsymbol{E}$是正定阵$\Leftrightarrow\begin{cases}-2+k>0,\\ k>0\end{cases}\Leftrightarrow k>2$。

11. 解 因为$\boldsymbol{C}^{\mathrm{T}}=\begin{pmatrix}\boldsymbol{A}^{\mathrm{T}} & \boldsymbol{O}\\ \boldsymbol{O} & \boldsymbol{B}^{\mathrm{T}}\end{pmatrix}=\begin{pmatrix}\boldsymbol{A} & \boldsymbol{O}\\ \boldsymbol{O} & \boldsymbol{B}\end{pmatrix}=\boldsymbol{C}$，所以$\boldsymbol{C}$是实对称矩阵。

设$\boldsymbol{z}=\begin{pmatrix}\boldsymbol{x}\\ \boldsymbol{y}\end{pmatrix}$为$m+n$维列向量，其中$\boldsymbol{x},\boldsymbol{y}$分别是$m$维和$n$维列向量，当$\boldsymbol{z}\neq\boldsymbol{0}$时，$\boldsymbol{x},\boldsymbol{y}$不同时为零向量，于是$\boldsymbol{z}^{\mathrm{T}}\boldsymbol{C}\boldsymbol{z}=(\boldsymbol{x}',\boldsymbol{y}')\begin{pmatrix}\boldsymbol{A} & \boldsymbol{O}\\ \boldsymbol{O} & \boldsymbol{B}\end{pmatrix}\begin{pmatrix}\boldsymbol{x}\\ \boldsymbol{y}\end{pmatrix}=\boldsymbol{x}^{\mathrm{T}}\boldsymbol{A}\boldsymbol{x}+\boldsymbol{y}'\boldsymbol{B}\boldsymbol{y}>0$，故$\boldsymbol{C}$是正定矩阵。